"十三五"移动学习型规划教材

微 积 分

第 2 版

主 编 侯亚君 许 可 王宏栋

参 编 孙文娟 张 艳 刘 芳

　　　田贺民 雷 鸣 王俊杰

机械工业出版社

本书是"微积分"课程教材. 全书共分 9 章, 主要内容包括函数的极限与连续、导数与微分、微分中值定理与导数的应用、不定积分、定积分及其应用、多元函数微分学、二重积分、无穷级数、微分方程与差分方程等. 除此之外, 本书还包括了 MATLAB 数学实验.

本书每节后设有习题, 每章后有 A、B 两种层次总习题, 页边设有即时练习.

本书通过"书伴"软件提供即时练习、习题、总习题答案, 还提供数学人物、符号等历史知识, 此外每章提供一个数学模型案例.

本书适合作为经济管理类专业微积分教材, 也适合作为相关领域参考书.

图书在版编目(CIP)数据

微积分/侯亚君, 许可, 王宏栋主编. —2 版.
—北京: 机械工业出版社, 2018.6(2022.6 重印)
"十三五"移动学习型规划教材
ISBN 978-7-111-59588-5

Ⅰ. ①微… Ⅱ. ①侯… ②许… ③王… Ⅲ. ①微积分
—高等学校—教材 Ⅳ. ①O172

中国版本图书馆 CIP 数据核字(2018)第 063043 号

机械工业出版社(北京市百万庄大街 22 号 邮政编码 100037)
策划编辑: 韩效杰 责任编辑: 韩效杰 李 乐
责任校对: 张晓蓉 封面设计: 鞠 杨
责任印制: 郜 敏
北京盛通商印快线网络科技有限公司印刷
2022 年 6 月第 2 版第 3 次印刷
184mm×260mm · 23.25 印张 · 437 千字 · 移动互联网学习材料: 215 千字
标准书号: ISBN 978-7-111-59588-5
定价: 59.00 元

电话服务   网络服务
客服电话: 010-88361066   机 工 官 网: www.cmpbook.com
         010-88379833   机 工 官 博: weibo.com/cmp1952
         010-68326294   金 书 网: www.golden-book.com
封底无防伪标均为盗版   机工教育服务网: www.cmpedu.com

前　言

《微积分(经济类)》于 2011 年 9 月出版以来,一直作为我校经济管理学院高等数学课程的教材使用,同时也为其他 11 所兄弟院校采用.在教材使用过程中,广大师生提出了一些宝贵的意见与建议,特别是网络技术的高度发展促使我们思考如何将现代网络技术引入教材的编写,更好地为读者服务.因此,教材编写组决定对《微积分(经济类)》教材进行修订.本次修订尽量保持原版特色、组织结构和内容体系.与第 1 版相比,修订的主要内容有:

1. 每章在开始部分增加内容导读,对该章的基本概念和基本内容进行概括介绍,以帮助读者在阅读该章时做到心中有数.

2. 对部分主要概念的引入案例进行更新,新的案例强调经济应用,以期使教材更加适合经济类专业.

3. 对有关章节的内容进行顺序调整、充实、更改或者重写,力求做到概念准确、逻辑顺畅、表达清晰.

4. 在主要概念、方法叙述之后设置练习题或思考题,使教材更加符合学生课前预习和课后复习的自学习惯.

5. 取消第 1 版"知识纵横"部分,通过二维码增加大量课余"电子资料",主要内容涉及微积分简史、人物介绍和数学建模知识,学生通过扫描二维码就可以阅读相关内容.

6. 将每章总习题分成 A 和 B 两部分,分别对应基础题和提高题.习题 A 以基本题型为主,习题量稍多,但难度不大,属应知应会的范畴.习题 B 属于提高题,习题量较少,有一定的难度,需要对知识进行综合运用.

7. 每章章末增加了知识点框图和自我检验,帮助学生对该章内容进行归纳总结.

8. 重新编写了数学实验部分,充实了实验内容,增加了与经济相关的实际案例,同时将 MATLAB 的基本介绍放在附录中,修订版数学实验全部使用 MATLAB 8.5 2015 版本编译.

由于编者水平有限,书中难免存在不足之处,欢迎专家、同行及读者批评指正.

编　者

目　　录

第1章

函数、极限与连续

内容导读

极限理论是本章的核心内容，包括极限的概念、性质及求法等知识.极限思想是近代数学的重要思想之一，微积分就是以极限概念为基础、极限理论为主要工具来研究函数的一门学科.

初等数学以常量为研究对象，微积分主要研究变量.微积分能解决许多初等数学无法解决的问题(例如：求瞬时速度、曲线弧长、曲边形面积、曲面体体积等问题)，是由于它采用了极限的思想方法.

所谓极限思想，是指用极限概念分析问题和解决问题的一种数学思想.有时我们要确定某一个量，首先确定的不是这个量的本身而是它的近似值，而且所确定的近似值也不仅仅是一个而是一连串越来越准确的近似值；然后通过考察这一连串近似值的趋向，把那个量的准确值确定下来.这就是运用了极限的思想方法.刘徽的割圆术就是建立在直观基础上的一种原始的极限思想的应用.微积分中的一系列重要概念，如函数的连续性、导数以及定积分等都是借助于极限来定义的.

☐ 割圆术

本章还将介绍函数和连续的概念.函数研究变量之间的关系，是微积分的主要研究对象，连续是函数的重要性质之一，连续函数是微积分主要研究的一类函数.

1.1 函数

客观世界的事物都是在不断发展变化着的，变化是绝对的，不变是相对的，变量数学已经成为各个领域的基本工具，在研究变量之间的关系时形成了函数的概念.本节主要介绍函数的概念及其简单性质.

☐ 函数概念起源
☐ 人物 — 康托

1.1.1 区间

在某一问题中能取不同数值的量称为变量，保持不变的量称为常量，习惯上用字母 x,y,z,u,v 等表示变量，用 a,b,c,d 等表示常量.

变量常在一定范围内取值,这个范围可用集合表示.例如,自然数集 **N**、整数集 **Z**、有理数集 **Q**、实数集 **R** 等,区间是用得较多的一类数集.

1. 区间

设 a 和 b 都是实数,且 $a < b$,则称数集 $\{x \mid a < x < b\}$ 为开区间,记为 (a,b),即

$$(a,b) = \{x \mid a < x < b\}.$$

类似地,

$[a,b] = \{x \mid a \leqslant x \leqslant b\}$ 称为闭区间,

$[a,b) = \{x \mid a \leqslant x < b\}, (a,b] = \{x \mid a < x \leqslant b\}$ 称为半开半闭区间.

以上这些区间称为有限区间,其中 a 和 b 称为区间的端点,$b-a$ 称为区间的长度. 可以在数轴上表示区间,如图 1-1a 所示. 引进记号 $+\infty$(读作正无穷大)和 $-\infty$(读作负无穷大),规定 $[a,+\infty) = \{x \mid x \geqslant a\}, (-\infty,a] = \{x \mid x \leqslant a\}, (a,+\infty) = \{x \mid x > a\}, (-\infty,a) = \{x \mid x < a\}$,称它们为无限区间.用数轴表示如图 1-1b 所示.

以后在不需要辨明所讨论的区间是否包含端点,以及是有限区间还是无限区间时,我们简单地称它为"区间",且用 I 表示.

2. 邻域

下面介绍表达某点邻近区域的区间,它们称为这个点的邻域.

设 x_0 和 δ 为两个实数,且 $\delta > 0$,称开区间 $(x_0-\delta,x_0+\delta)$ 为点 x_0 的 δ 邻域,记作 $U(x_0,\delta)$,即

$$U(x_0,\delta) = \{x \mid x_0-\delta < x < x_0+\delta\} = \{x \mid |x-x_0| < \delta\}.$$

这是以点 x_0 为中心的对称区间,其中点 x_0 称为邻域的中心,δ 称为邻域的半径.

开区间 $(x_0-\delta,x_0) \bigcup (x_0,x_0+\delta)$ 不包含点 x_0,称为点 x_0 的去心 δ 邻域,记作 $\mathring{U}(x_0,\delta)$,即

$$\mathring{U}(x_0,\delta) = \{x \mid 0 < |x-x_0| < \delta\}$$

开区间 $(x_0-\delta,x_0)$ 称为点 x_0 的左 δ 邻域,开区间 $(x_0,x_0+\delta)$ 称为点 x_0 的右 δ 邻域.

1.1.2 函数概念

在研究实际问题时,经常遇到两个相互依赖、相互联系的变量. 例如,圆的面积 S 依赖圆的半径 R,两者关系是 $S = \pi R^2$.销售某种产品的收入 R,等于产品的单位价格 P 乘以销售量 x,即 $R = P \cdot x$.

两个示例共同特点是:给出了两个变量之间的关系.

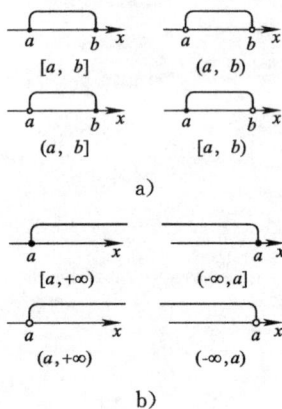

图 1-1

定义 1-1　　设 x 和 y 是两个变量，D 是一个非空数集. 如果按照某个对应法则 f，使得对于每一个 $x \in D$，都有确定的 y 值与之对应，则称这个对应法则 f 为定义在 D 上的函数，记作

$$y = f(x), x \in D.$$

其中，x 称为自变量，y 称为因变量，D 称为定义域. 函数有时简记为 $f(x)$.

在函数 $y = f(x)$ 中，当 x 取定 $x_0(x_0 \in D)$ 时，则称 $f(x_0)$ 为 $y = f(x)$ 在 x_0 处的函数值.

当自变量 x 遍取定义域 D 中的值时，对应的函数值 $f(x)$ 的全体所构成的集合称为函数的值域，记作 W 或者 $f(D)$，即

$$W = \{y \mid y = f(x), x \in D\}.$$

由定义可知，定义域和对应法则确定了函数，称为函数的两要素，而函数的值域一般称为派生要素.

函数的定义域 D 就是使函数 $f(x)$ 有定义的点构成的集合，通常按以下两种情形来确定：一种是对有实际背景的函数，根据变量的实际意义确定. 例如，边长为 x 的正方形面积 $A = x^2$ 的定义域为 $(0, +\infty)$；另一种是对没有实际背景的函数，定义域是使算式表达的函数有意义的一切实数组成的集合. 例如，函数 $y = \ln(x+1)$ 的定义域是开区间 $(-1, +\infty)$. 函数的定义域通常用区间或不等式表示.

在函数的定义中，对每个 $x \in D$，只有唯一的 y 值与之对应，这样的函数称为单值函数，否则称为多值函数. 如函数 $y^2 = x$，对于每个 $x \in (0, +\infty)$，都有两个 y 值与之对应，所以该函数为多值函数. 对于多值函数的问题，往往附加一些条件，转化为单值函数的问题.

坐标平面上的点集

$$\{(x, y) \mid y = f(x), x \in D\}$$

称为函数 $y = f(x), x \in D$ 的图形.

例 1-1　　要建一个容积为 V 的长方体水池，它的底为正方形. 若池底与侧面的单位面积造价比为 $2:1$，试建立总造价与底面边长之间的函数关系.

解　　设水池的底面边长为 x，总造价为 y，侧面的单位面积造价为 a，则由已知可得水池的高为 $\dfrac{V}{x^2}$，从而得

$$y = 2ax^2 + 4a \cdot \frac{V}{x} \quad (0 < x < +\infty).$$

例 1-2　　求函数 $y = \dfrac{1}{x} - \sqrt{x^2 - 4}$ 的定义域.

□ 即时练习 1-1

确定函数 $f(x) = \sqrt{3 + 2x - x^2} + \ln(x-2)$ 的定义域，并求 $f(3), f(t^2)$.

解　要使函数有意义,必须 $x \neq 0$,且 $x^2 - 4 \geqslant 0$.解不等式得 $|x| \geqslant 2$.所以函数的定义域为 $D = \{x \mid |x| \geqslant 2\}$,或 $D = (-\infty, -2] \cup [2, +\infty)$.

例 1-3　某市出租车按如下规定收费:当行驶里程不超过 3km 时,一律收起步费 8 元;当行驶里程超过 3km 时,除起步费外,按每 600m 1 元计费.试建立车费 y 元与行驶里程 x km 之间的函数关系.

解　根据题意可列出函数关系如下:

$$y = \begin{cases} 8, & 0 < x \leqslant 3, \\ 8 + \dfrac{5}{3}(x-3), & x > 3, \end{cases} \quad 即 \quad y = \begin{cases} 8, & 0 < x \leqslant 3, \\ \dfrac{5}{3}x + 3, & x > 3. \end{cases}$$

有些函数在自变量的不同取值范围内,其对应法则是用不同的式子来表示的,这种函数称为分段函数,如例 1-3.应当注意,不论用几个式子表示的分段函数都是一个函数,而不是几个函数.下面举几个特殊的分段函数的例子.

例 1-4　绝对值函数 $y = |x| = \begin{cases} x, & x \geqslant 0, \\ -x, & x < 0, \end{cases}$ 其定义域为 $D = (-\infty, +\infty)$,值域为 $W = [0, +\infty)$,其图形如图 1-2 所示.

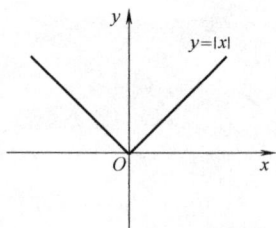

图 1-2

例 1-5　符号函数 $y = \operatorname{sgn} x = \begin{cases} 1, & x > 0, \\ 0, & x = 0, \\ -1, & x < 0, \end{cases}$ 其定义域为 $D = (-\infty, +\infty)$,值域为 $W = \{-1, 0, 1\}$,其图形如图 1-3 所示.

例 1-6　取整函数 $y = [x]$,其中 $[x]$ 表示不超过 x 的最大整数.如 $\left[\dfrac{5}{7}\right] = 0, [\sqrt{2}] = 1, [\pi] = 3, [-1] = -1, [-3.5] = -4$.其定义域为 $D = (-\infty, +\infty)$,值域为 $W = \mathbf{Z}$(所有整数),其图形如图 1-4 所示.

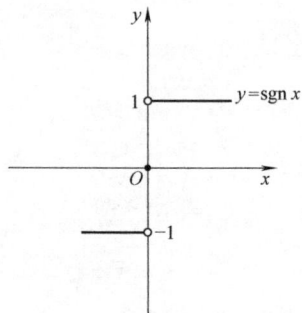

图 1-3

有时可以通过变量代换确定函数关系.

例 1-7　设 $f(x-1) = x^2 + 1$,求 $f(x), f(1)$.

解　令 $x - 1 = t$,则 $x = t + 1$.于是

$$f(t) = (t+1)^2 + 1 = t^2 + 2t + 2.$$

所以　　　　$f(x) = x^2 + 2x + 2, f(1) = 5$.

1.1.3　函数的几种特性

函数有四种特性:奇偶性、周期性、单调性和有界性.因为高中数学对此已有介绍,所以这里不做深入讨论,只做简单描述.

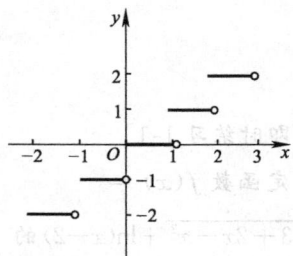

图 1-4

1. 函数的奇偶性

设函数 $f(x)$ 的定义域 D 关于原点对称(即若 $x \in D$,则 $-x \in D$).如果对于任一 $x \in D$,都有

$$f(-x) = f(x),$$

则称 $f(x)$ 为偶函数.如果对于任一 $x \in D$,都有

$$f(-x) = -f(x),$$

则称 $f(x)$ 为奇函数.

偶函数的图形关于 y 轴对称,奇函数的图形关于原点对称.

例如,函数 $y = x^2$ 和 $y = \cos x$ 在 $(-\infty, +\infty)$ 内都是偶函数;函数 $y = x^3$ 和 $y = \sin x$ 在 $(-\infty, +\infty)$ 内都是奇函数,而函数 $y = \sin 2x + \cos 3x$ 在 $(-\infty, +\infty)$ 内是非奇非偶函数.

注意:讨论函数的奇偶性是在关于原点对称的区间上进行的.

2. 函数的周期性

设函数 $f(x)$ 的定义域为 D.如果存在一个正数 T,使得对于任一 $x \in D$,有 $x + T \in D$,且

$$f(x + T) = f(x),$$

则称 $f(x)$ 为周期函数,T 称为 $f(x)$ 的周期.通常所说的周期函数的周期是指它的最小正周期(如果存在最小正周期).周期函数图形的特点是:在函数的定义域内,只要做出函数在长度为周期 T 的一个区间上的图形,就可通过图形的平移画出整个函数的图形.

例如,函数 $\sin x$,$\cos x$ 都是以 2π 为周期的周期函数;函数 $\tan x$,$\cot x$ 都是以 π 为周期的周期函数.需要注意的是,并不是所有周期函数都存在最小正周期,例如常数函数就没有最小正周期.

3. 函数的单调性

设函数 $y = f(x)$ 在区间 I 上有定义.如果对于区间 I 上任意两点 x_1 及 x_2,当 $x_1 < x_2$ 时,恒有

$$f(x_1) < f(x_2),$$

则称函数 $f(x)$ 在区间 I 上是单调增加的.如果对于区间 I 上任意两点 x_1 及 x_2,当 $x_1 < x_2$ 时,恒有

$$f(x_1) > f(x_2),$$

则称函数 $f(x)$ 在区间 I 上是单调减少的.

单调增加函数和单调减少函数统称为单调函数.从图形上看,单调增加函数的图形自左向右逐渐上升;单调减少函数的图形自左向右逐渐下降.

注意:说某一个函数是单调的,必须指明自变量的变化范围.例如,函数 $y = x^2$ 在区间 $(-\infty, 0)$ 上是单调减少的,在区间 $[0, +\infty)$ 上是单调增加的,但在 $(-\infty, +\infty)$ 上却不是单调的.

4.函数的有界性

设函数 $y = f(x)$ 在区间 I 上有定义.如果存在正数 M,使得对任一 $x \in I$,都有 $|f(x)| \leqslant M$,则称函数 $y = f(x)$ 在区间 I 上有界;如果这样的 M 不存在,则称函数 $y = f(x)$ 在 I 上无界.正数 M 称为函数 $f(x)$ 的界.显然,如果函数 $f(x)$ 有界,其界是不唯一的.

例如,正弦函数 $f(x) = \sin x$ 在 $(-\infty, +\infty)$ 上有 $|\sin x| \leqslant 1$,所以 $f(x) = \sin x$ 在 $(-\infty, +\infty)$ 上有界.函数 $f(x) = \dfrac{1}{x}$ 在开区间 $(0, 1)$ 内是无界的,这是因为,对于无论多么大的正数 $M > 1$,总有 x_1,当 $0 < x_1 < \dfrac{1}{M} < 1$ 时,使得 $f(x_1) = \dfrac{1}{x_1} > M$.但函数 $f(x) = \dfrac{1}{x}$ 在 $(1, 2)$ 内却是有界的,这是因为在 $(1, 2)$ 内,有 $\left| \dfrac{1}{x} \right| \leqslant 1$.

如果函数 $y = f(x)$ 在区间 I 上满足 $|f(x)| \leqslant M$,则它在区间 I 上的图形介于两条平行直线 $y = -M$ 和 $y = M$ 之间.

可以类似地定义函数的上(或下)界.

设函数 $y = f(x)$ 在区间 I 上有定义.如果存在数 M,使得对任一 $x \in I$,都有 $f(x) \leqslant M$(或 $f(x) \geqslant M$),则称 $f(x)$ 在 I 上有上(或下)界.

显然,函数 $f(x)$ 在区间 I 上有界的充分必要条件是它在 I 上既有上界也有下界.

1.1.4　反函数与复合函数

1.反函数

在研究变量之间的函数关系时,有时因变量和自变量的地位会相互转换,于是就出现了反函数的概念.例如,在圆的面积公式 $S = \pi R^2$ 中,R 是自变量,S 是因变量,表示圆的面积随半径的变化而变化.事实上,半径 R 与面积 S 同时发生变化,很难说哪个先变、哪个后变,因此没有理由一定要把 R 取作自变量,也可以把面积 S 取作自变量,这时半径 R 就是面积 S 的函数 $R = \sqrt{\dfrac{S}{\pi}}$,这个函数就称为原来面积函数的反函数.一般地,有:

定义 1-2　设函数 $y = f(x)$ 的定义域为 D,值域为 $f(D)$.如

果对每一个 $y \in f(D)$,都有唯一确定且满足 $y = f(x)$ 的 $x \in D$ 与之对应,则按此对应法则就得到一个定义在 $f(D)$ 上的函数,这个函数称为函数 $y = f(x)$ 的反函数,记作

$$x = f^{-1}(y), y \in f(D).$$

由于习惯上用 x 表示自变量,y 表示因变量,所以函数 $y = f(x), x \in D$ 的反函数通常记成 $y = f^{-1}(x), x \in f(D)$.

相对于反函数 $y = f^{-1}(x)$ 来说,原来的函数 $y = f(x)$ 称为直接函数.由定义可知,反函数 $y = f^{-1}(x)$ 的定义域和值域分别是其直接函数 $y = f(x)$ 的值域和定义域.如果把函数 $y = f(x)$ 和它的反函数 $y = f^{-1}(x)$ 的图形画在同一坐标平面上,那么这两个函数的图形关于直线 $y = x$ 是对称的.

一般地,若函数 $y = f(x)$ 是区间 I 上的单调函数,则它的反函数 $y = f^{-1}(x)$ 必定存在,并且反函数与其直接函数具有相同的单调性.例如,函数 $y = x^2$ 在区间 $(-\infty, 0)$ 内的反函数为 $y = -\sqrt{x}(0 < x < +\infty)$,且都是单调减少的.

例 1-8　已知 $y = f(x) = \sqrt{25 - x^2}(0 \leqslant x \leqslant 4)$,求 $f(x)$ 的反函数.

即时练习 1-2

求函数 $y = 1 - \sqrt{1 - x^2}$ $(-1 \leqslant x \leqslant 0)$ 的反函数.

解　由 $0 \leqslant x \leqslant 4$,知 $0 \leqslant x^2 \leqslant 16, 9 \leqslant 25 - x^2 \leqslant 25$,所以 $3 \leqslant y \leqslant 5$.

由 $y = \sqrt{25 - x^2}$,解得 $x^2 = 25 - y^2$.

因为 $0 \leqslant x \leqslant 4$,所以 $x = \sqrt{25 - y^2}(3 \leqslant y \leqslant 5)$.

将 x, y 互换,得到 $f(x)$ 的反函数 $f^{-1}(x) = \sqrt{25 - x^2}(3 \leqslant x \leqslant 5)$.

2. 复合函数

设有函数 $y = f(u) = \sqrt{u}, u = \varphi(x) = x^2 + 1$.若要把 y 表示成 x 的函数,可用代入法来完成:

$$y = f(u) = f(\varphi(x)) = f(x^2 + 1) = \sqrt{x^2 + 1}.$$

这个处理过程就是函数的复合过程.一般地,有:

定义 1-3　设 y 是变量 u 的函数 $y = f(u)$,而 u 又是变量 x 的函数 $u = \varphi(x)$,且 $\varphi(x)$ 的函数值全部或部分落在 $f(u)$ 的定义域内,那么 y 通过 u 的联系而成为 x 的函数,叫作由 $y = f(u)$ 和 $u = \varphi(x)$ 复合而成的函数,简称 x 的复合函数,记作 $y = f(\varphi(x))$,其中 u 叫作中间变量.

注意:

(1) 在复合过程中,中间变量可多于一个,如 $y = f(u), u = \varphi(v), v = \psi(x)$,复合后为 $y = f(\varphi(\psi(x)))$.

（2）并不是任何两个函数 $y = f(u)$，$u = \varphi(x)$ 都可复合成一个函数，只有当内层函数 $u = \varphi(x)$ 的值域没有完全超出外层函数 $y = f(u)$ 的定义域时，两个函数才可以复合成一个新函数，否则便不能复合，例如 $y = \sqrt{u^2 - 2}$，$u = \sin x$ 就不能复合.

（3）分析一个复合函数的复合过程时，每个层次都应是基本初等函数（概念见 1.1.5 节）或常数与基本初等函数的四则运算式（我们称之为简单函数）. 例如，复合函数 $y = \cos[\ln(x - 1)]$ 可分解为三个层次，对应的基本初等函数或简单函数为 $y = \cos u$，$u = \ln v$，$v = x - 1$.

□ 即时练习 1-3

指出下列各函数的复合过程，并求其定义域：

（1）$y = \sqrt{x^2 - 3x + 2}$；

（2）$y = e^{\cos 3x}$；

（3）$y = \ln(2 + \tan^2 x)$.

1.1.5　初等函数

1. 基本初等函数

中学学过的幂函数 $y = x^\alpha$（$\alpha \in \mathbf{R}$ 是常数），指数函数 $y = a^x$（$a > 0$ 且 $a \neq 1$），对数函数 $y = \log_a x$（$a > 0$ 且 $a \neq 1$），三角函数 $y = \sin x$，$y = \cos x$，$y = \tan x$，$y = \cot x$；反三角函数 $y = \arcsin x$，$y = \arccos x$，$y = \arctan x$，$y = \text{arccot} x$ 统称为基本初等函数. 为了便于应用，将它们的定义域、值域、图形及特性列于表 1-1 中.

表 1-1　基本初等函数的图形及其性质

函数名称	表达式	定义域	图形	主要性质
幂函数	$y = x^\alpha$（α 为实数）	随 α 的不同而不同，但在 $(0, +\infty)$ 内总有定义		① 图像过点 $(1, 1)$ ② 若 $\alpha > 0$，函数在 $(0, +\infty)$ 内单调增加；若 $\alpha < 0$，函数在 $(0, +\infty)$ 内单调减少.
指数函数	$y = a^x$（$a > 0$，$a \neq 1$）	$(-\infty, +\infty)$		① 当 $a > 1$ 时，函数单调增加；当 $0 < a < 1$ 时，函数单调减少 ② 图像在 x 轴上方，且都过点 $(0, 1)$
对数函数	$y = \log_a x$（$a > 0$，$a \neq 1$）	$(0, +\infty)$		① 当 $a > 1$ 时，函数单调增加；当 $0 < a < 1$ 时，函数单调减少 ② 图像在 y 轴右侧，且都过点 $(1, 0)$

（续）

函数名称	表达式	定义域	图形	主要性质
三角函数	$y=\sin x$	$(-\infty,+\infty)$		①是奇函数，周期为 2π，是有界函数 ②在 $\left(2k\pi-\dfrac{\pi}{2},2k\pi+\dfrac{\pi}{2}\right)$ 内单调增加；在 $\left(2k\pi+\dfrac{\pi}{2},2k\pi+\dfrac{3\pi}{2}\right)$ 内单调减少 $(k\in\mathbf{Z})$
	$y=\cos x$	$(-\infty,+\infty)$		①是偶函数，周期为 2π，是有界函数 ②在 $((2k-1)\pi,2k\pi)$ 内单调增加；在 $(2k\pi,(2k+1)\pi)$ 内单调减少 $(k\in\mathbf{Z})$
	$y=\tan x$	$x\neq k\pi+\dfrac{\pi}{2}$ $(k\in\mathbf{Z})$		①是奇函数，周期为 π，是无界函数 ②在 $\left(k\pi-\dfrac{\pi}{2},k\pi+\dfrac{\pi}{2}\right)$ 内单调增加 $(k\in\mathbf{Z})$
	$y=\cot x$	$x\neq k\pi$ $(k\in\mathbf{Z})$		①是奇函数，周期为 π，是无界函数 ②在 $(k\pi,k\pi+\pi)$ 内单调减少 $(k\in\mathbf{Z})$
反三角函数	$y=\arcsin x$	$[-1,1]$		①奇函数，单调增加函数，有界 ②$\arcsin(-x)=-\arcsin x$
	$y=\arccos x$	$[-1,1]$		①非奇非偶函数，单调减少函数，有界 ②$\arccos(-x)=\pi-\arccos x$
	$y=\arctan x$	$(-\infty,+\infty)$		①奇函数，单调增加函数，有界 ②$\arctan(-x)=-\arctan x$
	$y=\operatorname{arccot} x$	$(-\infty,+\infty)$		①非奇非偶函数，单调减少函数，有界 ②$\operatorname{arccot}(-x)=\pi-\operatorname{arccot} x$

关于基本初等函数的其他性质请参阅附录 B.

2. 初等函数

利用复合函数的概念可定义初等函数. 由常数和基本初等函数经过有限次的四则运算和有限次的函数复合步骤所构成的, 并且可用一个式子表示的函数称为初等函数.

例如, $y = \sqrt{1 - x^2}$, $y = \sin^2 x$, $y = \sqrt{\cot \dfrac{x}{2}}$, $y = \ln(x + \sqrt{x^2 + 1})$

等都是初等函数. 但并不是所有函数都是初等函数, 如分段函数 $f(x) = \begin{cases} x^2, & 0 \leqslant x \leqslant 1, \\ x - 1, & 1 < x \leqslant 2 \end{cases}$ 就不是初等函数, 因为它不是用一个式子表示的函数. 一般地, 分段函数大多不是初等函数, 但绝对值函数 $y = |x| = \begin{cases} x, & x \geqslant 0, \\ -x, & x < 0 \end{cases}$ 却可以看作是初等函数, 这是因为它可化为 $y = \sqrt{x^2}$, 且可以看成是由 $y = \sqrt{u}$, $u = x^2$ 复合而成的.

习题 1.1

1. 求 $f(x)$ 的表达式. 已知

(1) $f(x - 1) = x^2$;   (2) $f\left(x + \dfrac{1}{x}\right) = x^2 + \dfrac{1}{x^2} - 1$.

2. 求下列函数的定义域:

(1) $y = \dfrac{1}{x^2 - 3x + 2}$;   (2) $y = \dfrac{1}{x} - \sqrt{1 - x^2}$;

(3) $y = \arcsin(x - 5)$;   (4) $y = \ln(x - 2)$.

3. 判断下列函数的奇偶性:

(1) $f(x) = e^{|x|}$;   (2) $f(x) = \dfrac{x \sin 3x}{5 + x^2}$;

(3) $f(x) = \dfrac{e^x - e^{-x}}{2}$;   (4) $f(x) = \ln(x + \sqrt{x^2 + 1})$.

4. 指出下列函数是由哪些函数复合而成的:

(1) $y = (3x - 4)^5$;   (2) $y = e^{\sin x}$;

(3) $y = \ln[\ln(\ln x)]$;   (4) $y = 3^{[\arcsin(2x - 1)]^2}$.

5. 设 $f(x) = \begin{cases} -(x + 1), & x \leqslant -1, \\ \sqrt{1 + x^2}, & -1 < x \leqslant 1, \\ 0, & x > 1, \end{cases}$ 求 $f(-2)$, $f(0)$, $f(2)$.

6. 一边长为 a 的正方形铁皮, 四个角各剪去一个相等的小正方形, 然后折成一个无盖的盒子, 试建立它的容积 V 与剪去的小正方形边长 x 之间的函数关系.

7. 某工厂生产某产品, 每日最多生产 500 单位. 它的日固定成本为 530 元, 生产一个单位产品的可变成本为 6 元. 试建立该厂日总成本 C 与日生产 x 单位产品之间的函数关系.

1.2 数列的极限

极限概念是微积分最基本的概念之一, 用以描述变量在一定变化过程中的终极状态. 从古至今, 人们对于极限概念的认识经历了一段漫长的过程. 从最初时期朴素、直观的极限观经过了 2000 多年的发展, 演变成为近代严格的极限理论. 极限包含数列极限和函数极限, 它们的区别在于一个是离散变化, 而另一个是连续变化. 但不管是离散的, 还是连续的, 都是研究自变量在某一变化中, 因变量随之变化的最终结果. 本节介绍数列的极限及性质, 下节介绍函数的极限及性质.

□ 现代极限概念的发展

1.2.1 数列极限的概念

数列就是有一定的规律, 有一定次序性的 "一列数", 如 $\dfrac{1}{2}, \dfrac{2}{3},$ $\dfrac{3}{4}, \cdots, \dfrac{n}{n+1}, \cdots$ 一般地, 按自然数 $1, 2, 3, \cdots$ 编号依次排列的一列数

$$a_1, a_2, \cdots, a_n, \cdots$$

称为无穷数列, 简称数列, 记为 $\{a_n\}$; 其中的每个数称为数列的项, a_n 称为通项 (一般项).

实际上, 数列是定义在正整数集合 $\mathbf{Z}^+$ 上的函数, 即

$$a_n = f(n) \, (n \in \mathbf{Z}^+).$$

数列对应着数轴上一个点列. 可看作一动点在数轴上依次取 $a_1, a_2, \cdots, a_n, \cdots$ (见图 1-5).

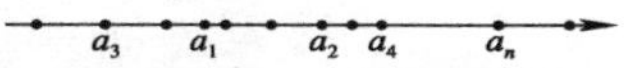

图 1-5

极限的概念是在计算某些实际问题的精确结果时产生的. 在我国古代就有了针对某些问题的极限思想的应用, 如割圆术、截杖问题等.

古代哲学家庄周所著的《庄子・天下篇》有这样一句话:"一尺之棰, 日取其半, 万世不竭", 其含义是: 一根长为一尺的木棒, 每天截下一半, 这样的过程可以无限制地进行下去.

我们把每天截下部分的长度列出如下 (单位为尺):

第一天截下 $\dfrac{1}{2}$, 第二天截下 $\dfrac{1}{2^2}, \cdots,$ 第 n 天截下 $\dfrac{1}{2^n}, \cdots,$ 这样就得到一个数列

$$\frac{1}{2}, \frac{1}{2^2}, \cdots, \frac{1}{2^n}, \cdots; \text{即} \left\{ \frac{1}{2^n} \right\}.$$

不难看出,数列 $\left\{\dfrac{1}{2^n}\right\}$ 的通项 $\dfrac{1}{2^n}$ 随着 n 的无限增大而无限地接近于 0.

一般地,有如下描述性的极限定义:

对于数列 $\{a_n\}$,若当 n 无限增大时,a_n 能无限地接近某一个常数 a,则称此数列为收敛数列,常数 a 称为它的极限.不具有这种特性的数列就不是收敛的数列,或称为发散数列.

据此可以说,数列 $\left\{\dfrac{1}{2^n}\right\}$ 是收敛数列,0 是它的极限.

需要提出的是,上面关于极限的定义,并不是严格的,仅是一种直观的描述,为了用数学语言把它精确地定义下来,做如下进一步分析.

以 $\left\{1+\dfrac{1}{n}\right\}$ 为例,可观察出该数列具有以下特性:

随着 n 的无限增大,$a_n = 1+\dfrac{1}{n}$ 无限地接近于 1 → 随着 n 的无限增大,$1+\dfrac{1}{n}$ 与 1 的距离无限减少 → 随着 n 的无限增大,$\left|1+\dfrac{1}{n}-1\right|$ 无限减少 → $\left|1+\dfrac{1}{n}-1\right|$ 会任意小,只要 n 充分大.

如:要使 $\left|1+\dfrac{1}{n}-1\right| < 0.1$,只要 $n > 10$ 即可;

要使 $\left|1+\dfrac{1}{n}-1\right| < 0.01$,只要 $n > 100$ 即可;….

由此归纳得出:任给无论多么小的正数 ε(如 0.1、0.01 等),都会存在数列的一项 a_N(如 N 取 10、100 等),从该项之后($n > N$),$\left|\left(1+\dfrac{1}{n}\right)-1\right| < \varepsilon$.如何找 N?解上面的数学式子即得 $n > \dfrac{1}{\varepsilon}$,取 $N = \left[\dfrac{1}{\varepsilon}\right]$ 即可.

综上所述,随 n 的无限增大,数列 $\left\{1+\dfrac{1}{n}\right\}$ 的通项 $1+\dfrac{1}{n}$ 无限接近于 1,即对任意给定的正数 ε,总存在正整数 N,当 $n > N$ 时,有 $\left|\left(1+\dfrac{1}{n}\right)-1\right| < \varepsilon$.此即 $\left\{1+\dfrac{1}{n}\right\}$ 以 1 为极限的精确定义.

一般地,有数列的极限的"$\varepsilon - N$"定义.

定义 1-4　设 $\{a_n\}$ 为数列,a 为常数.若对任意 $\varepsilon > 0$,总存在正整数 N,使得当 $n > N$ 时有 $|a_n - a| < \varepsilon$,则称数列 $\{a_n\}$ 收敛于 a,常数 a 称为数列 $\{a_n\}$ 的极限,并记作 $\lim\limits_{n \to \infty} a_n = a$,或 $a_n \to a$($n \to \infty$).读作"当 n 趋于无穷大时,a_n 的极限等于 a 或 a_n 趋于 a".

简记为

$$\lim_{n \to \infty} a_n = a \Leftrightarrow \forall \varepsilon > 0, \exists N > 0, \text{当 } n > N \text{ 时, 有 } |a_n - a| < \varepsilon.$$

注意:

(1) ε 的任意性:正数 ε 可以任意小,说明 a_n 与 a 可以接近到任何程度.

(2) N 的存在性:一般来说, N 随 ε 的变小而变大,由此常把 N 写作 $N(\varepsilon)$,来强调 N 是依赖于 ε 的;但这并不意味着 N 是由 ε 所唯一确定的,因为对给定的 ε,比如当 $N = 100$ 时,能使得当 $n > N$ 时有 $|a_n - a| < \varepsilon$,则 $N = 101$ 或更大时此不等式自然也成立. 这里重要的是 N 的存在性,而不在于它的值的大小.

数列极限的定义未给出求极限的方法,只能用来说明或者证明极限是某已知常数.

例 1-9　已知数列 $\{a_n\}$,设 $a_n \equiv C$,证明 $\lim_{n \to \infty} a_n = C$.

证明　任给 $\varepsilon > 0$,对于一切自然数 n, $|a_n - C| = |C - C| = 0 < \varepsilon$ 恒成立,所以有 $\lim_{n \to \infty} a_n = C$.

由例 1-9 可得,常数数列的极限等于同一个常数.

例 1-10　证明 $\lim_{n \to \infty} q^n = 0$,这里 $|q| < 1$.

证明　对任给的 $\varepsilon > 0$(不妨 $\varepsilon < 1$),若 $q = 0$,则结果是显然的,若 $0 < |q| < 1$,为使 $|q^n - 0| = |q|^n < \varepsilon$,只要 $n \lg |q| < \lg \varepsilon$,即 $n > \dfrac{\lg \varepsilon}{\lg |q|}$ $(0 < |q| < 1)$. 只要取 $N = \left[\dfrac{\lg \varepsilon}{\lg |q|}\right]$ 即可. 当 $n > N$ 时,有 $|q^n - 0| < \varepsilon$. 所以有 $\lim_{n \to \infty} q^n = 0$.

□ 即时练习 1-4

用极限的定义证明

$$\lim_{n \to \infty} \frac{n+1}{2n} = \frac{1}{2}.$$

数列极限 $\lim_{n \to \infty} a_n = a$ 的几何意义是:任给 $\varepsilon > 0$,在 $U(a, \varepsilon)$ 之外数列 $\{a_n\}$ 中的项只有有限个,若设这有限个项的最大下标为 N,那么当 $n > N$ 时有 $a_n \in U(a, \varepsilon)$(见图 1-6).

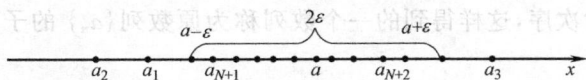

图 1-6

1.2.2　数列极限的性质

定理 1-1　(唯一性)收敛的数列极限是唯一的.

证明　设 $\lim_{n \to \infty} a_n = a$,又 $\lim_{n \to \infty} a_n = b$,由定义,任给 $\varepsilon > 0$,对 $\lim_{n \to \infty} a_n = a$,存在 $N_1 > 0$,当 $n > N_1$ 时,有 $|a_n - a| < \varepsilon$;对于 $\lim_{n \to \infty} a_n = b$,存在 $N_2 > 0$,当 $n > N_2$ 时,有 $|a_n - b| < \varepsilon$. 取 $N = \max\{N_1, N_2\}$,则当 $n > N$ 时,有 $|a - b| = |(x_n - b) - (x_n - a)| \leqslant |x_n - b| + |x_n - a| < \varepsilon + \varepsilon = 2\varepsilon$,仅有 $a = b$ 时才成立,即收敛数列的极限

必唯一.

类似函数有界性的概念,数列有界性是指对于数列$\{a_n\}$,如果存在正数 M,使得对于一切的 a_n 都有 $|a_n|\leqslant M$,则称$\{a_n\}$是有界的;如果这样的 M 不存在,则称$\{a_n\}$是无界的.

定理 1-2　(有界性)收敛的数列必定有界.

证明　$\lim\limits_{n\to\infty}a_n=a$,由定义,取 $\varepsilon=1$,则存在 $N>0$,当 $n>N$ 时,有 $|a_n-a|<1$,即有 $a-1<a_n<a+1$,记 $M=\max\{|a_1|,\cdots,|a_N|,|a-1|,|a+1|\}$,则对于一切自然数 n,皆有 $|a_n|\leqslant M$,故$\{a_n\}$有界.

注意:

(1) 有界性是数列收敛的必要而非充分条件;例如,数列 $a_n=(-1)^{n+1}$ 是有界的,但却是发散的.

(2) 无界数列必定发散.

定理 1-3　(保号性)若 $\lim\limits_{n\to\infty}a_n=a$,且 $a>0(<0)$,则存在 $N>0$,当 $n>N$ 时,$a_n>0(<0)$.

证明　只证 $a>0$ 的情况.对 $a>0$,取 $\varepsilon=\dfrac{a}{2}$,则存在 $N>0$,当 $n>N$ 时,有 $|a_n-a|<\dfrac{a}{2}$.故有 $a_n>a-\dfrac{a}{2}>0$.

注意:定理 1-3 的逆命题不成立,例如$\left\{\dfrac{1}{2^n}\right\}$的项均大于 0,但是该数列的极限等于 0.但可有如下推论:

推论　若数列$\{a_n\}$从某项起,$a_n\geqslant 0(\leqslant 0)$,且 $\lim\limits_{n\to\infty}a_n=a$,则有 $a\geqslant 0(\leqslant 0)$.

在数列$\{a_n\}$中,任意抽取无限多项并保持这些项在原数列$\{a_n\}$中的先后次序,这样得到的一个数列称为原数列$\{a_n\}$的子数列(或子列).

例如:$a_1,a_3,a_5,\cdots,a_{2k-1},\cdots;a_2,a_4,a_6,\cdots,a_{2k},\cdots$ 都是数列$\{a_n\}$的子列.

定理 1-4　数列$\{a_n\}$收敛的充要条件是$\{a_n\}$的任一子数列都收敛且极限相等.

推论　数列$\{a_n\}$发散的充要条件是$\{a_n\}$中有两个子数列极限存在但不相等,或有一个子数列极限不存在.

例 1-11　判断数列$\left\{\sin\dfrac{n\pi}{4}\right\}$的敛散性.

解　由于 $\lim\limits_{n\to\infty}\sin\dfrac{4k\pi}{4}=0$,$\lim\limits_{n\to\infty}\sin\dfrac{(8k+2)\pi}{4}=1$,即数列

$\left\{\sin\dfrac{n\pi}{4}\right\}$ 的两个子数列 $\left\{\sin\dfrac{4k\pi}{4}\right\}$，$\left\{\sin\dfrac{(8k+2)\pi}{4}\right\}$ 的极限都存在

但不相等，故 $\left\{\sin\dfrac{n\pi}{4}\right\}$ 发散.

注意：如果数列 $\{a_n\}$ 存在两个收敛的子列，且两个子列的极限相等，并不能得到数列 $\{a_n\}$ 收敛.（需要任意两个子列都收敛到同一极限），但是可以证明：如果数列 $\{a_n\}$ 的奇数项子列和偶数项子列都收敛到同一极限，则数列 $\{a_n\}$ 也收敛，且它们的极限相等.

习题 1.2

1. 观察下列数列 $\{a_n\}$ 的变化趋势，如果极限存在，写出它们的极限：

$(1)a_n=(-1)^n\dfrac{1}{n}$；　　　　　　$(2)a_n=2+\dfrac{1}{n^2}$；

$(3)a_n=\dfrac{n-1}{n+2}$；　　　　　　$(4)a_n=\sin n$.

2. 用数列极限的定义证明：$\lim\limits_{n\to\infty}\dfrac{1}{\sqrt{n}}=0$.

1.3　函数的极限

1.3.1　函数极限的概念

由于数列可以看作定义在正整数集上的特殊函数，所以把数列的极限加以推广，就可以得到函数的极限，函数极限主要有以下两种情形.

1. 自变量趋于无穷时函数的极限

（1）当 $x\to+\infty$ 时函数 $f(x)$ 的极限

观察函数 $f(x)=\dfrac{1}{x}$ 的变化. 可以看出，当 x 趋于 $+\infty$ 时，对应的函数值 $f(x)$ 无限地趋于 0.

类似于数列极限的定义，我们给出函数当自变量趋于 $+\infty$ 时的极限定义.

定义 1-5　设函数 $f(x)$ 在区间 $(a,+\infty)$ 上有定义，若存在常数 A，对任意 $\varepsilon>0$，总存在 $M>0$，当 $x>M$ 时，有 $|f(x)-A|<\varepsilon$. 则称数 A 是函数 $f(x)$ 当 $x\to+\infty$ 时的极限. 记为

$$\lim_{x\to+\infty}f(x)=A\quad\text{或}\quad f(x)\to A(x\to+\infty).$$

简记为

$$\lim_{x \to +\infty} f(x) = A \Leftrightarrow \forall \varepsilon > 0, \exists M > 0, \text{当 } x > M \text{ 时, 有 } | f(x) - A | < \varepsilon.$$

（2）当 $x \to -\infty$ 时函数 $f(x)$ 的极限

把定义 1-5 中的 "$x > M$" 换成 "$x < -M$", 即得 $\lim\limits_{x \to -\infty} f(x) = A$ 的定义, 即

$$\lim_{x \to -\infty} f(x) = A \Leftrightarrow \forall \varepsilon > 0, \exists M > 0, \text{当 } x < -M \text{ 时, 有 } | f(x) - A | < \varepsilon.$$

（3）当 $x \to \infty$ 时函数 $f(x)$ 的极限

把定义 1-5 中的 "$x > M$" 换成 "$| x | > M$", 即得 $\lim\limits_{x \to \infty} f(x) = A$ 的定义, 即

$$\lim_{x \to \infty} f(x) = A \Leftrightarrow \forall \varepsilon > 0, \exists M > 0, \text{当 } | x | > M \text{ 时, 有 } | f(x) - A | < \varepsilon.$$

例 1-12　证明 $\lim\limits_{x \to \infty} \dfrac{\sin x}{x} = 0$.

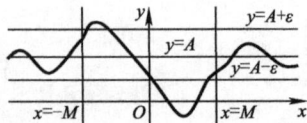
图 1-7

证明　$\forall \varepsilon > 0$, 由 $\left| \dfrac{\sin x}{x} - 0 \right| \leqslant \dfrac{1}{| x |} < \varepsilon$, 得 $| x | > \dfrac{1}{\varepsilon}$, 取 $M = \dfrac{1}{\varepsilon}$. 于是 $\forall \varepsilon > 0, \exists M = \dfrac{1}{\varepsilon}$, 当 $| x | > M$ 时, 有 $\left| \dfrac{\sin x}{x} - 0 \right| < \varepsilon$, 即 $\lim\limits_{x \to \infty} \dfrac{\sin x}{x} = 0$.

由于不等式 $| f(x) - A | < \varepsilon \Leftrightarrow A - \varepsilon < f(x) < A + \varepsilon$, 所以 $\lim\limits_{x \to \infty} f(x) = A$ 的几何意义是: 对于任意给定的 $\varepsilon > 0$, 存在 $M > 0$, 当 $| x | > M$ 时, 曲线 $y = f(x)$ 上的点 $(x, f(x))$ 全部落在直线 $y = A - \varepsilon$ 与 $y = A + \varepsilon$ 之间的带形区域（见图 1-7）.

由前面的定义, 容易得到:

定理 1-5　$\lim\limits_{x \to \infty} f(x) = A$ 的充分必要条件是: $\lim\limits_{x \to -\infty} f(x) = \lim\limits_{x \to +\infty} f(x) = A$.

2. 自变量趋于有限值时函数的极限

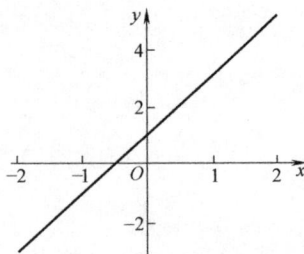
图 1-8

观察函数 $f(x) = 2x + 1$ 的图形, 如图 1-8 所示, 可以看出, 当 x 无限接近于 1 时, 对应的函数值 $f(x)$ 无限地趋于 3.

观察函数 $f(x) = \dfrac{x^2 - 1}{x - 1}$ 的图形, 如图 1-9 所示, 可以看出, 当 x 无限接近于 1 时, $f(x) = \dfrac{x^2 - 1}{x - 1} = x + 1$, 从而对应的函数值 $f(x)$ 无限地趋于 2.

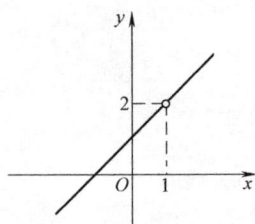
图 1-9

上述两个例子的共同特点是: 当自变量 x 无限接近于有限值 x_0, 即当 $x \to x_0$ 时, 对应的函数值 $f(x)$ 无限接近于确定的常数. 仿照数列极限的 $\varepsilon - N$ 定义, 把 "接近" "无限" 等语言精确化, 便得到一般的函数极限的 "$\varepsilon - \delta$" 定义.

定义 1-6 设函数 $f(x)$ 在 x_0 的某去心邻域内有定义，A 是一个确定的常数. 若对任意给定的 $\varepsilon > 0$，存在 $\delta > 0$，当 $0 < |x - x_0| < \delta$ 时，有

$$|f(x) - A| < \varepsilon,$$

则称 A 是函数 $f(x)$ 当 x 趋于 x_0 时的极限，记为

$$\lim_{x \to x_0} f(x) = A \quad \text{或} \quad f(x) \to A(x \to x_0).$$

几何意义：对于任意给定的 $\varepsilon > 0$，存在 $\delta > 0$，当 $0 < |x - x_0| < \delta$ 时，曲线 $y = f(x)$ 上的点 $(x, f(x))$ 全部落在直线 $y = A - \varepsilon$ 与 $y = A + \varepsilon$ 之间的带形区域（见图 1-10）.

注意

（1）$\lim\limits_{x \to x_0} f(x) = A$ 描述的是当自变量 x 无限接近 x_0 时，相应的函数值 $f(x)$ 无限趋近于常数 A 的一种变化趋势，与函数 $f(x)$ 在点 x_0 是否有定义无关.

（2）在 x 无限趋近 x_0 的过程中，既可以从大于 x_0 的方向趋近于 x_0，也可以从小于 x_0 的方向趋近于 x_0，整个过程没有任何方向限制.

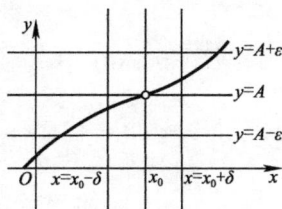

图 1-10

根据定义知，$\lim\limits_{x \to 1}(2x + 1) = 3$，$\lim\limits_{x \to 1} \dfrac{x^2 - 1}{x - 1} = 2$.

例 1-13 证明 $\lim\limits_{x \to 1}(3x + 1) = 4$.

证明 $\forall \varepsilon > 0$，若要 $|3x + 1 - 4| = |3x - 3| = 3|x - 1| < \varepsilon$，只要 $|x - 1| < \dfrac{\varepsilon}{3}$. 令 $\delta = \dfrac{\varepsilon}{3}$，于是，$\forall \varepsilon > 0$，$\exists \delta = \dfrac{\varepsilon}{3} > 0$，当 $0 < |x - 1| < \delta$ 时，都有 $|3x + 1 - 4| < \varepsilon$，即 $\lim\limits_{x \to 1}(3x + 1) = 4$.

考察函数 $f(x) = \begin{cases} 1 + x, & 0 < x \leqslant 1 \\ 1, & x = 0 \\ x, & -1 \leqslant x < 0 \end{cases}$ 在 $x = 0$ 处的极限情况. 首先函数 $f(x)$ 在点 $x = 0$ 的 $\mathring{U}(0, 1)$ 内有定义，容易看出当 x 从 0 的右侧趋近于 0 时，相应的函数值 $f(x) = 1 + x$ 无限趋近于 1；当 x 从 0 的左侧趋近于 0 时，相应的函数值 $f(x) = x$ 无限趋近于 0，所以当 x 从不同的方向趋近于 0 时，其相应的函数值 $f(x)$ 变化的趋势是不同的，所以此函数在 $x = 0$ 处极限不存在，这时我们说它存在左极限 0、右极限 1. 一般地，有如下定义：

定义 1-7 设函数 $f(x)$ 在 x_0 的某个右半邻域 $(x_0, x_0 + \delta)$（或左半邻域 $(x_0 - \delta, x_0)$）内有定义，若对任意给定的 $\varepsilon > 0$，存在 $\delta > 0$，当 $0 < x - x_0 < \delta$（或 $0 < x_0 - x < \delta$）时，有

$$|f(x) - A| < \varepsilon,$$

则称 A 为函数 $f(x)$ 在 x_0 点的右（或左）极限，记作 $\lim\limits_{x \to x_0^+} f(x) = A$（或 $\lim\limits_{x \to x_0^-} f(x) = A$）．或记为 $f(x_0 + 0) = A(f(x_0 - 0) = A)$．

由左、右极限的定义知：

定理 1-6 $\lim\limits_{x \to x_0} f(x) = A$ 的充分必要条件是：

$$\lim\limits_{x \to x_0^+} f(x) = \lim\limits_{x \to x_0^-} f(x) = A.$$

1.3.2 函数极限的性质

函数极限有与数列极限相类似的性质．下面仅就 $x \to x_0$ 的情形给出相关结论，关于自变量在其他变化过程的结论，读者可模仿自行给出．其证明方法也和数列的极限类似．

定理 1-7 （唯一性）若 $\lim\limits_{x \to x_0} f(x) = A, \lim\limits_{x \to x_0} f(x) = B$，则 $A = B$．

定理 1-8 （局部有界性）若 $\lim\limits_{x \to x_0} f(x) = A$，则存在 x_0 的去心邻域 $\mathring{U}(x_0, \delta)$ 和 $M > 0$，使得 $\forall x \in \mathring{U}(x_0, \delta)$，有 $|f(x)| \leqslant M$．

定理 1-9 （局部保号性）若 $\lim\limits_{x \to x_0} f(x) = A$，且 $A > 0$（或 $A < 0$），则存在 $\delta > 0$，使得 $\forall x \in \mathring{U}(x_0, \delta)$，有 $f(x) > 0$（或 $f(x) < 0$）．

推论 若在 x_0 的某个去心邻域 $\mathring{U}(x_0, \delta)$ 内，有 $f(x) \geqslant 0$（或 $f(x) \leqslant 0$），且 $\lim\limits_{x \to x_0} f(x) = A$，则 $A \geqslant 0$（或 $A \leqslant 0$）．

习题 1.3

1. 观察下列函数的变化趋势，如果有极限，写出它们的极限．

(1) $\lim\limits_{x \to -1} (2x^2 + 1)$；　　　　(2) $\lim\limits_{x \to 2} \dfrac{x^2 - 4}{x - 2}$；

(3) $\lim\limits_{x \to \infty} \ln(x^2 + 1)$；　　　　(4) $\lim\limits_{x \to \infty} 2^x$．

2. 设函数 $f(x) = \begin{cases} x, & x \leqslant 0, \\ x^2 + 1, & 0 < x \leqslant 1, \\ 4 - 2x, & x > 1, \end{cases}$ 问 $\lim\limits_{x \to 0} f(x), \lim\limits_{x \to 1} f(x)$ 及 $\lim\limits_{x \to 2} f(x)$ 是否存在？若存在，等于多少？

3. 证明：函数 $f(x) = |x|$ 当 $x \to 0$ 时极限为 0．

4. 求 $f(x) = \dfrac{x}{x}, \varphi(x) = \dfrac{|x|}{x}$ 当 $x \to 0$ 时的左、右极限，并说明它们当 $x \to 0$ 时的极限是否存在．

5. 设函数 $f(x) = \begin{cases} e^x + 1, & x < 0, \\ 2x - a, & x > 0, \end{cases}$ 且 $\lim\limits_{x \to 0} f(x)$ 存在，求 a 的值．

1.4　无穷小量与无穷大量

本节介绍无穷小量和无穷大量的概念及性质,其中无穷小量在微积分的发展史上是个举足轻重的角色,甚至引发了数学的第二次危机

□ 数学史上的三次危机

1.4.1　无穷小量

极限 $\lim\limits_{x\to 1}(x-1)=0$,$\lim\limits_{n\to\infty}\dfrac{1}{\sqrt{n}}=0$,$\lim\limits_{x\to+\infty}e^{-x}=0$ 的共同点是,在自变量的某一变化趋向下,对应的函数值趋于零,称这样的函数在相应的自变量变化趋向下是无穷小量.一般地,定义如下:

定义 1-8　若 $\lim\limits_{x\to x_0}f(x)=0$,则称 $f(x)$ 当 $x\to x_0$ 时是无穷小量(或无穷小).

注意:

(1) 可以将定义中的自变量的变化趋向换成其他任何一种情形,函数可以是数列.

(2) 在极限 $\lim\limits_{x\to x_0}f(x)=A$ 的定义中,只要取 $A=0$ 可以得到无穷小量的精确定义. 即 $\forall\varepsilon,\exists\delta>0$,当 $0<|x-x_0|<\delta$ 时有 $|f(x)|<\varepsilon$,从此定义中可以看出无穷小是指在自变量的某一变化过程中,函数的绝对值无限变小的变量.

(3) 称一个函数为无穷小量,一定要明确指出其自变量的变化趋向.

(4) 零是可以看作无穷小量的唯一常数.

函数的极限与无穷小量之间具有密切的关系.

定理 1-10　$\lim\limits_{x\to x_0}f(x)=A$ 的充分必要条件是:$f(x)=A+\alpha(x)$,其中,当 $x\to x_0$ 时 $\alpha(x)$ 是一个无穷小量.

证明　设 $\lim\limits_{x\to x_0}f(x)=A$,令 $\alpha(x)=f(x)-A$,则

$$\lim_{x\to x_0}\alpha(x)=\lim_{x\to x_0}[f(x)-A]=\lim_{x\to x_0}f(x)-\lim_{x\to x_0}A=A-A=0.$$

就是说,$\alpha(x)$ 是当 $x\to x_0$ 时的无穷小量. 由于 $\alpha(x)=f(x)-A$,所以

$$f(x)=A+\alpha(x).$$

反之,设 $f(x)=A+\alpha(x)$,其中 A 为常数,$\alpha(x)$ 是当 $x\to x_0$ 时的无穷小量,则

$$\lim_{x\to x_0}f(x)=\lim_{x\to x_0}(A+\alpha(x))=A.$$

对于自变量变化趋向的其他情形可类似证明.

□ 即时练习 1-5

指出自变量 x 在怎样的趋向下,函数 $y=x^2-1$ 为无穷小量.

利用极限的定义可以证明无穷小量具有以下性质:

定理 1-11 若 $\lim\limits_{x \to x_0} f(x) = 0, \lim\limits_{x \to x_0} g(x) = 0, C$ 为常数,则:

(1) $\lim\limits_{x \to x_0} Cf(x) = C \lim\limits_{x \to x_0} f(x) = 0$(常数与无穷小量的乘积仍为无穷小量);

(2) $\lim\limits_{x \to x_0} (f(x) \pm g(x)) = \lim\limits_{x \to x_0} f(x) \pm \lim\limits_{x \to x_0} g(x) = 0$(两个无穷小量的和或差仍为无穷小量);

(3) $\lim\limits_{x \to x_0} f(x) = 0, h(x)$ 在 $\mathring{U}(x_0, \delta)$ 内是有界函数,则 $\lim\limits_{x \to x_0} f(x)h(x) = 0$(无穷小量与有界函数的乘积仍为无穷小量);

(4) $\lim\limits_{x \to x_0} f(x)g(x) = \lim\limits_{x \to x_0} f(x) \cdot \lim\limits_{x \to x_0} g(x) = 0$(两个无穷小量的乘积仍为无穷小量).

推论 1 有限个无穷小量的和(差)仍为无穷小量.

推论 2 有限个无穷小量的积是无穷小量.

□ 即时练习 1-6

(1) 无穷多个无穷小量的和是否一定是无穷小量?可举例说明.

(2) 两个无穷小量的商是否一定是无穷小量?可举例说明.

(3) 计算极限

$\lim\limits_{x \to \infty} \dfrac{1}{x} \cos x.$

1.4.2   无穷大量

与无穷小量相对的概念是无穷大量,是指在自变量的某一变化过程中,函数的绝对值无限增大的变量,下面给出当 $x \to x_0$ 时,$f(x)$ 为无穷大量的精确定义(请读者自己写出其他情形下的定义).

定义 1-9 设函数 $f(x)$ 在点 x_0 的某去心邻域内有定义,对于任意给定的正数 M(无论它有多么大),总存在正数 δ,当 $0 < |x - x_0| < \delta$ 时,恒有

$$|f(x)| > M$$

成立,则称函数 $f(x)$ 为 $x \to x_0$ 时的无穷大量(或无穷大).记为 $\lim\limits_{x \to x_0} f(x) = \infty$ 或 $f(x) \to \infty(x \to x_0)$.

注意:当 $x \to x_0$ 时为无穷大量的函数 $f(x)$,按函数极限的定义来说,其极限是不存在的,这里只是为了方便借用极限的符号而已.

无穷大量描述的是一个函数在自变量的某一趋向下,相应的函数值的变化趋势,即 $|f(x)|$ 无限增大.同一个函数在自变量的不同趋向下,相应的函数值可能有不同的变化趋势.如对函数 $\dfrac{1}{x}$,当 $x \to 0$ 时,它为无穷大量;当 $x \to \infty$ 时,它是无穷小量;当 $x \to 1$ 时,它以 1 为极限,既不是无穷大量也不是不穷小量.因此称一个函数为无穷大量时,必须明确指出其自变量的变化趋向,否则毫无意义.

容易证明无穷大量与无穷小量有如下关系:

定理 1-12 在自变量的同一变化过程中,如果 $f(x)$ 为无穷大量,则 $\dfrac{1}{f(x)}$ 为无穷小量;反之,如果 $f(x)$ 为无穷小量且 $f(x) \neq$

0，则 $\dfrac{1}{f(x)}$ 为无穷大量.

例 1-14　求 $\lim\limits_{x\to 0}\dfrac{1}{\cos x-1}$.

解　由于 $\lim\limits_{x\to 0}(\cos x-1)=0$，所以 $\lim\limits_{x\to 0}\dfrac{1}{\cos x-1}=\infty$.

无穷大量的性质：

(1) 有限个无穷大量之积仍是无穷大量；

(2) 无穷大量与有界函数之和仍是无穷大量.

习题 1.4

1. 判断下列各题对错：

(1) 无穷小量是一个很小的数；

(2) 无穷小量是 0；

(3) 无穷大量必是正数.

2. 指出下列函数中，哪些是无穷小量，哪些是无穷大量？

(1) $\ln x$，当 $x\to 1$ 时；　　　　(2) e^x，当 $x\to 0$ 时；

(3) e^x，当 $x\to -\infty$ 时；　　　(4) $\dfrac{1+x^3}{2x}$，当 $x\to 0$ 时.

3. 计算下列极限：

(1) $\lim\limits_{x\to\infty}\dfrac{\sin x}{x}$；　　　　(2) $\lim\limits_{x\to 0}\dfrac{1}{e^x-1}$.

1.5　极限的运算法则

由极限的定义求极限是不可行的，因此需寻求其他方法. 本节将要介绍极限的四则运算法则和复合函数的极限运算法则. 下面定理中没有指明自变量的变化趋向，说明对于任何一种趋向结论都是成立的（以后遇到这种情形做同样的理解）.

1.5.1　极限的四则运算法则

定理 1-13　在自变量的同一变化趋向下，如果 $\lim f(x)=A$，$\lim g(x)=B$，那么

(1) $\lim[f(x)\pm g(x)]=\lim f(x)\pm\lim g(x)=A\pm B$；

(2) $\lim f(x)g(x)=\lim f(x)\cdot\lim g(x)=AB$；

(3) $\lim\dfrac{f(x)}{g(x)}=\dfrac{\lim f(x)}{\lim g(x)}=\dfrac{A}{B}(B\neq 0)$.

下面只给出 (1) 的证明，其他类似.

证明　因为 $\lim f(x)=A$，$\lim g(x)=B$，根据极限与无穷小的关系，有
$$f(x)=A+\alpha,\quad g(x)=B+\beta,$$

其中 α 及 β 为无穷小. 于是

$$f(x) \pm g(x) = (A+\alpha) \pm (B+\beta) = (A \pm B) + (\alpha \pm \beta),$$

即 $f(x) \pm g(x)$ 可表示为常数 $(A \pm B)$ 与无穷小 $(\alpha \pm \beta)$ 之和, 根据定理 1-10, 因此

$$\lim[f(x) \pm g(x)] = \lim f(x) \pm \lim g(x) = A \pm B.$$

定理 1-13 中的 (1)、(2) 可推广到有限个具有极限的函数的情形.

推论 1 如果 $\lim f(x)$ 存在, 而 C 为常数, 则
$$\lim[Cf(x)] = C \lim f(x).$$

推论 2 如果 $\lim f(x)$ 存在, 而 n 是正整数, 则
$$\lim[f(x)]^n = [\lim f(x)]^n.$$

例 1-15 求 $\lim\limits_{x \to 1}(2x-5)$.

解 $\lim\limits_{x \to 1}(2x-5) = \lim\limits_{x \to 1}2x - \lim\limits_{x \to 1}5 = 2\lim\limits_{x \to 1}x - 5 = 2 \times 1 - 5 = -3.$

一般地, 设多项式 $P(x) = a_0 x^n + a_1 x^{n-1} + \cdots + a_{n-1}x + a_n$, 有 $\lim\limits_{x \to x_0}P(x) = P(x_0)$. 即求多项式当 $x \to x_0$ 的极限时, 只要用 x_0 代替多项式中的 x 即可.

例 1-16 求 $\lim\limits_{x \to 2}\dfrac{x^3-1}{x^2-5x+3}$.

解 $\lim\limits_{x \to 2}\dfrac{x^3-1}{x^2-5x+3} = \dfrac{\lim\limits_{x \to 2}(x^3-1)}{\lim\limits_{x \to 2}(x^2-5x+3)} = \dfrac{2^3-1}{2^2-10+3} = -\dfrac{7}{3}.$

一般地, 设有理分式函数 $f(x) = \dfrac{P(x)}{Q(x)} = \dfrac{a_0 x^n + a_1 x^{n-1} + \cdots + a_n}{b_0 x^m + b_1 x^{m-1} + \cdots + b_m}$, 且 $Q(x_0) \neq 0$, 则

$$\lim_{x \to x_0}f(x) = \lim_{x \to x_0}\frac{P(x)}{Q(x)} = \frac{a_0 x_0^n + a_1 x_0^{n-1} + \cdots + a_n}{b_0 x_0^m + b_1 x_0^{m-1} + \cdots + b_m},$$

即 $\lim\limits_{x \to x_0}f(x) = f(x_0)$.

因此, 当 $Q(x_0) \neq 0$ 时, 求有理分式函数的极限 $\lim\limits_{x \to x_0}\dfrac{P(x)}{Q(x)}$, 只要用 x_0 代替函数中的 x 即可.

例 1-17 求 $\lim\limits_{x \to \infty}\dfrac{3x^3-x^2+2}{6x^3+x^2-3}$.

解 先用 x^3 去除分子及分母, 再求极限.

$$\lim_{x \to \infty}\frac{3x^3-x^2+2}{6x^3+x^2-3} = \lim_{x \to \infty}\frac{3 - \dfrac{1}{x} + \dfrac{2}{x^3}}{6 + \dfrac{1}{x} - \dfrac{3}{x^3}} = \frac{1}{2}.$$

例 1-18 求 $\lim\limits_{x \to \infty}\dfrac{5x^2-x-1}{2x^3-7x^2+5}$.

解 先用 x^3 去除分子及分母, 再求极限.

$$\lim_{x \to \infty}\frac{5x^2-x-1}{2x^3-7x^2+5} = \lim_{x \to \infty}\frac{\dfrac{5}{x} - \dfrac{1}{x^2} - \dfrac{1}{x^3}}{2 - \dfrac{7}{x} + \dfrac{5}{x^3}} = \frac{0}{2} = 0.$$

例 1-19　求 $\lim\limits_{x\to\infty}\dfrac{2x^3-3x^2+5}{3x^2-2x-1}$.

解　因为 $\lim\limits_{x\to\infty}\dfrac{3x^2-2x-1}{2x^3-3x^2+5}=0$,所以　$\lim\limits_{x\to\infty}\dfrac{2x^3-3x^2+5}{3x^2-2x-1}=\infty$.

一般地,有

$$\lim_{x\to\infty}\frac{a_0x^n+a_1x^{n-1}+\cdots+a_n}{b_0x^m+b_1x^{m-1}+\cdots+b_m}=\begin{cases}0, & n<m,\\[2mm]\dfrac{a_0}{b_0}, & n=m,\\[2mm]\infty, & n>m.\end{cases}$$

其中,$a_0\neq0,b_0\neq0,m,n$ 均为非负整数.

1.5.2　复合函数的极限运算法则

定理 1-14　设函数 $y=f(g(x))$ 是由函数 $y=f(u)$ 与函数 $u=g(x)$ 复合而成的,若 $\lim\limits_{x\to x_0}g(x)=a$,而 $\lim\limits_{u\to a}f(u)=A$,且在点 x_0 的某个去心邻域内,$g(x)\neq a$,则

$$\lim_{x\to x_0}f(g(x))=A. \tag{1-1}$$

证明　从略.

在定理 1-14 中,如果 $f(u),g(x)$ 满足定理的条件,则式(1-1)也可写成

$$\lim_{x\to x_0}f(g(x))\xrightarrow{u=g(x)}\lim_{u\to a}f(u). \tag{1-2}$$

式(1-2)表明,求复合函数的极限时可以进行变量代换.

例 1-20　求 $\lim\limits_{x\to3}\sqrt{\dfrac{x^2-9}{x-3}}$.

解　$y=\sqrt{\dfrac{x^2-9}{x-3}}$ 是由 $y=\sqrt{u}$ 与 $u=\dfrac{x^2-9}{x-3}$ 复合而成的.

因为 $\lim\limits_{x\to3}\dfrac{x^2-9}{x-3}=6$,所以　$\lim\limits_{x\to3}\sqrt{\dfrac{x^2-9}{x-3}}=\lim\limits_{u\to6}\sqrt{u}=\sqrt{6}$.

在定理 1-14 中,如果 $\lim\limits_{u\to a}f(u)=f(a)$,因为 $\lim\limits_{x\to x_0}g(x)=a$,所以式(1-2)也可写成

$$\lim_{x\to x_0}f(g(x))=f(\lim_{x\to x_0}g(x)). \tag{1-3}$$

式(1-3)表明,在定理 1-14 和上述条件下,求复合函数 $y=f(g(x))$ 的极限时,函数符号与极限记号可以交换次序.例如:$\lim\limits_{x\to3}\sqrt{\dfrac{x^2-9}{x-3}}=\sqrt{\lim\limits_{x\to3}\dfrac{x^2-9}{x-3}}=\sqrt{6}$.

习题 1.5

1.计算下列极限:

(1) $\lim\limits_{x\to-2}(2x^2-5)$;　　　　(2) $\lim\limits_{x\to1}\dfrac{2x}{x^2-3x+4}$;

(3) $\lim\limits_{x \to 2} \dfrac{x^2 - 4}{x - 2}$;

(4) $\lim\limits_{x \to 1} \dfrac{\sqrt{2-x} - \sqrt{x}}{1-x}$;

(5) $\lim\limits_{x \to -1} \left(\dfrac{3}{x^3 + 1} - \dfrac{1}{x + 1} \right)$;

(6) $\lim\limits_{x \to \infty} \dfrac{x^2 + 2}{2x^2 - x - 3}$;

(7) $\lim\limits_{x \to \infty} \dfrac{3x + 2}{x^3 + x^2 - 3}$;

(8) $\lim\limits_{x \to \infty} \dfrac{3x^3 - 4x^2 + 1}{5x - 3}$;

(9) $\lim\limits_{x \to \infty} \left(1 + \dfrac{1}{x} \right) \left(2 - \dfrac{1}{x^2} \right)$;

(10) $\lim\limits_{x \to \infty} \dfrac{3x^2 \sin x}{5x^3 - 3}$.

2. 设 $\lim\limits_{x \to \infty} \left(\dfrac{x^2 + 1}{x + 1} - ax - b \right) = 0$,求 a, b.

3. 设 $\lim\limits_{x \to 1} \dfrac{x^2 - ax + 6}{x - 1} = -5$,求 a 的值.

1.6   极限存在准则及两个重要极限

本节将给出判定极限存在的两个准则,并利用这两个准则得到两个重要极限. 利用两个准则和两个重要极限能解决一些较复杂的极限计算问题.

1.6.1   准则 Ⅰ 和第一个重要极限

1. 准则 Ⅰ

准则 Ⅰ(夹逼准则) 如果数列 $\{a_n\}$,$\{b_n\}$,$\{c_n\}$ 满足下列条件:

(1) 存在正整数 N_0,当 $n > N_0$ 时,$b_n \leqslant a_n \leqslant c_n$;

(2) $\lim\limits_{n \to \infty} b_n = \lim\limits_{n \to \infty} c_n = a$,

那么,数列 $\{a_n\}$ 的极限存在,且 $\lim\limits_{n \to \infty} a_n = a$.

证明   因为 $\lim\limits_{n \to \infty} b_n = \lim\limits_{n \to \infty} c_n = a$,所以对 $\forall \varepsilon > 0$,$\exists N_1 > 0$,当 $n > N_1$ 时,有 $|b_n - a| < \varepsilon$,即 $a - \varepsilon < b_n < a + \varepsilon$,且 $\exists N_2 > 0$,当 $n > N_2$ 时,有 $|c_n - a| < \varepsilon$,即 $a - \varepsilon < c_n < a + \varepsilon$. 又 $b_n \leqslant a_n \leqslant c_n$,所以当 $n > N = \max\{N_0, N_1, N_2\}$ 时,有 $a - \varepsilon < b_n \leqslant a_n \leqslant c_n < a + \varepsilon$,于是

$$a - \varepsilon < a_n < a + \varepsilon,\ 即\ |a_n - a| < \varepsilon,$$

所以 $\lim\limits_{n \to \infty} a_n = a$.

上述数列极限存在准则可以推广到函数的极限:

准则 Ⅰ′ 如果函数 $f(x)$,$g(x)$,$h(x)$ 满足下列条件:

(1) 当 $x \in \mathring{U}(x_0, \delta)$(或 $|x| > M$) 时,有 $g(x) \leqslant f(x) \leqslant h(x)$;

(2) 当 $x \to x_0$(或 $x \to \infty$) 时,有 $g(x) \to A$,$h(x) \to A$,

那么当 $x \to x_0 (x \to \infty)$ 时,$f(x)$ 的极限存在,且等于 A.

2. 第一个重要极限 $\lim\limits_{x \to 0} \dfrac{\sin x}{x} = 1$.

作为准则 Ⅰ′ 的应用,下面将证明第一个重要极限:$\lim\limits_{x \to 0} \dfrac{\sin x}{x} = 1$.

证明 作单位圆,如图 1-11 所示:

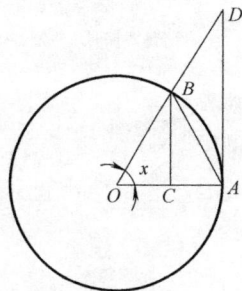

设 x 为圆心角 $\angle AOB$,并设 $0 < x < \dfrac{\pi}{2}$,不难发现:$S_{\triangle AOB} <$

$S_{\text{扇形}AOB} < S_{\triangle AOD}$,即

$$\frac{1}{2}\sin x < \frac{1}{2}x < \frac{1}{2}\tan x,\ \text{即}\ \sin x < x < \tan x,$$

于是

$$1 < \frac{x}{\sin x} < \frac{1}{\cos x},$$

即

$$\cos x < \frac{\sin x}{x} < 1.$$

当 x 改变符号时,$\cos x, \dfrac{x}{\sin x}$ 及 1 的值均不变,故对满足 $0 < |x| <$

$\dfrac{\pi}{2}$ 的一切 x,有

$$\cos x < \frac{\sin x}{x} < 1. \tag{1-4}$$

由于 $\lim\limits_{x\to 0}\cos x = \lim\limits_{x\to 0}1 = 1$,所以

$$\lim_{x\to 0}\frac{\sin x}{x} = 1.$$

在极限 $\lim\dfrac{\sin\alpha(x)}{\alpha(x)}$ 中,只要在自变量 x 的某一变化过程中,

$\alpha(x)$ 是无穷小,就有 $\lim\dfrac{\sin\alpha(x)}{\alpha(x)} = 1$.

这是因为,令 $u = \alpha(x)$,则 $u \to 0$,于是 $\lim\dfrac{\sin\alpha(x)}{\alpha(x)} = \lim\limits_{u\to 0}\dfrac{\sin u}{u} = 1$.

例 1-21 求 $\lim\limits_{x\to x_0}\dfrac{\tan x}{x}$.

解 $\lim\limits_{x\to 0}\dfrac{\tan x}{x} = \lim\limits_{x\to 0}\dfrac{\sin x}{x} \cdot \dfrac{1}{\cos x} = \lim\limits_{x\to 0}\dfrac{\sin x}{x} \cdot \lim\limits_{x\to 0}\dfrac{1}{\cos x} = 1.$

例 1-22 求 $\lim\limits_{x\to 0}\dfrac{\sin 5x}{x}$.

解 $\lim\limits_{x\to 0}\dfrac{\sin 5x}{x} = \lim\limits_{x\to 0}5 \cdot \dfrac{\sin 5x}{5x} = 5\lim\limits_{x\to 0}\dfrac{\sin 5x}{5x} = 5.$

一般地,当 $k \neq 0$ 时,$\lim\limits_{x\to 0}\dfrac{\sin kx}{x} = k, \lim\limits_{x\to 0}\dfrac{\tan kx}{x} = k.$

例 1-23 求 $\lim\limits_{x\to 0}\dfrac{1-\cos x}{x^2}$.

解 $\lim\limits_{x\to 0}\dfrac{1-\cos x}{x^2} = \lim\limits_{x\to 0}\dfrac{2\sin^2\dfrac{x}{2}}{x^2} = \dfrac{1}{2}\lim\limits_{x\to 0}\dfrac{\sin^2\dfrac{x}{2}}{\left(\dfrac{x}{2}\right)^2}$

$$= \frac{1}{2}\lim_{x\to 0}\left(\frac{\sin\dfrac{x}{2}}{\dfrac{x}{2}}\right)^2 = \frac{1}{2}\times 1^2 = \frac{1}{2}.$$

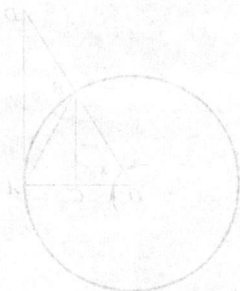

例 1-24 求 $\lim\limits_{x \to 0} \dfrac{\arcsin x}{x}$.

解 令 $\arcsin x = u$,则 $x = \sin u$,当 $x \to 0$ 时,$u \to 0$,于是有

$$\lim_{x \to 0} \frac{\arcsin x}{x} = \lim_{u \to 0} \frac{u}{\sin u} = 1.$$

1.6.2 准则 Ⅱ 和第二个重要极限

1. 准则 Ⅱ

准则 Ⅱ 单调有界数列必有极限.

若数列 $\{a_n\}$ 满足:$a_1 \leqslant a_2 \leqslant \cdots \leqslant a_n \leqslant \cdots$,就称之为单调增加数列;若数列 $\{a_n\}$ 满足:$a_1 \geqslant a_2 \geqslant \cdots \geqslant a_n \geqslant \cdots$,就称之为单调减少数列.

准则 Ⅱ 的证明从略.需要注意的是,准则 Ⅱ 只能用来证明数列极限存在,至于如何求极限需要用其他方法.

2. 第二个重要极限 $\lim\limits_{x \to \infty}\left(1 + \dfrac{1}{x}\right)^x = \mathrm{e}$.

其中,e 是个无理数,它的值是 $\mathrm{e} = 2.718281828459\cdots$.

证明 设 $a_n = \left(1 + \dfrac{1}{n}\right)^n$,先证明数列 $\{a_n\}$ 收敛.

$$a_n = \left(1 + \frac{1}{n}\right)^n$$

$$= 1 + \frac{n}{1!} \cdot \frac{1}{n} + \frac{n(n-1)}{2!} \cdot \frac{1}{n^2} + \cdots + \frac{n(n-1)\cdots(n-n+1)}{n!} \cdot \frac{1}{n^n}$$

$$= 1 + 1 + \frac{1}{2!}\left(1 - \frac{1}{n}\right) + \cdots + \frac{1}{n!}\left(1 - \frac{1}{n}\right)\left(1 - \frac{2}{n}\right)\cdots\left(1 - \frac{n-1}{n}\right),$$

$$a_{n+1} = 1 + 1 + \frac{1}{2!}\left(1 - \frac{1}{n+1}\right) + \cdots + \frac{1}{n!}\left(1 - \frac{1}{n+1}\right)\left(1 - \frac{2}{n+1}\right)\cdots$$

$$\left(1 - \frac{n-1}{n+1}\right) + \frac{1}{(n+1)!}\left(1 - \frac{1}{n+1}\right)\left(1 - \frac{2}{n+1}\right)\cdots\left(1 - \frac{n}{n+1}\right).$$

显然 $a_{n+1} > a_n$,于是 $\{a_n\}$ 是单调递增的.另外,

$$a_n < 1 + 1 + \frac{1}{2!} + \cdots + \frac{1}{n!} < 1 + 1 + \frac{1}{2} + \frac{1}{2^2} + \cdots + \frac{1}{2^{n-1}} = 1 + \frac{1 - \dfrac{1}{2^n}}{1 - \dfrac{1}{2}}$$

$$= 3 - \frac{1}{2^{n-1}} < 3,$$

即 $\{a_n\}$ 是有界的.

从而,由准则 Ⅱ 知 $\lim\limits_{n \to \infty}\left(1 + \dfrac{1}{n}\right)^n$ 存在.设此极限为 e,于是

$$\lim_{n \to \infty}\left(1 + \frac{1}{n}\right)^n = \mathrm{e}.$$

可以证明 e 是一个无理数,在科学上最频繁使用的自然对数的底就

是这个数 e = 2.718281828459…

利用上述结果及夹逼准则, 对连续自变量 x, 也有 $\lim\limits_{x\to\infty}\left(1+\dfrac{1}{x}\right)^x =$ e. 此外, 令 $x=\dfrac{1}{t}$, $x\to\infty$ 时 $t\to0$, 则 $\lim\limits_{x\to\infty}\left(1+\dfrac{1}{x}\right)^x = \lim\limits_{t\to0}(1+t)^{\frac{1}{t}} = $ e.

在极限 $\lim[1+\alpha(x)]^{\frac{1}{\alpha(x)}}$ 中, 只要在自变量 x 的某一变化过程中, $\alpha(x)$ 是无穷小, 就有 $\lim[1+\alpha(x)]^{\frac{1}{\alpha(x)}} = $ e.

这是因为, 令 $u=\dfrac{1}{\alpha(x)}$, 则 $u\to\infty$, 于是 $\lim[1+\alpha(x)]^{\frac{1}{\alpha(x)}} = \lim\limits_{u\to\infty}\left(1+\dfrac{1}{u}\right)^u = $ e.

例 1-25　求 $\lim\limits_{x\to\infty}\left(1+\dfrac{1}{x}\right)^{3x}$.

解　$\lim\limits_{x\to\infty}\left(1+\dfrac{1}{x}\right)^{3x} = \lim\limits_{x\to\infty}\left[\left(1+\dfrac{1}{x}\right)^x\right]^3 = \left[\lim\limits_{x\to\infty}\left(1+\dfrac{1}{x}\right)^x\right]^3 = e^3$.

例 1-26　求 $\lim\limits_{x\to0}\dfrac{\ln(1+x)}{x}$.

解　$\lim\limits_{x\to0}\dfrac{\ln(1+x)}{x} = \lim\limits_{x\to0}\ln(1+x)^{\frac{1}{x}} = \ln\left[\lim\limits_{x\to0}(1+x)^{\frac{1}{x}}\right] = \ln e = 1$.

例 1-27　求 $\lim\limits_{x\to0}\dfrac{e^x-1}{x}$.

解　令 $u=e^x-1$, 则 $x=\ln(1+u)$, 且当 $x\to0$ 时, $u\to0$. 于是有

$$\lim\limits_{x\to0}\dfrac{e^x-1}{x} = \lim\limits_{u\to0}\dfrac{u}{\ln(1+u)} = 1.$$

□ **即时练习 1-7**

求 $\lim\limits_{x\to\infty}\left(1-\dfrac{3}{x}\right)^x$.

1.6.3　第二个重要极限在经济中的应用:连续复利

利息是指借款者向贷款者支付的报酬, 它是根据本金的数额按一定比例计算出来的. 利息又有存款利息、贷款利息、债券利息、贴现利息等几种主要形式.

1. 单利与复利

(1) 单利计算公式

单利是指只对本金计息. 其计算方法如下:

设初始本金为 p(元), 银行年利率为 r. 则

第一年年末本利和为 $s_1 = p+rp = p(1+r)$,

第二年年末本利和为 $s_2 = p(1+r)+rp = p(1+2r)$,

$\vdots$

第 n 年年末的本利和为 $s_n = p(1+nr)$.

例 1-28　某人将 1000 元存入银行, 银行存款年利率为 10%, 按单利计息, 5 年后的本利和:

利息 $= 1000\times10\%\times5 = 500$(元),

本利和 $= 1000 + 500 = 1500$(元).

可以看出,若按单利计息,各计息期的本金和利息都是相同的.

复利是根据本金和前期利息之和计算的利息,也就是说不仅要计算本金的利息,还要计算利息的利息.复利俗称"利滚利".

(2) 复利计算公式

设初始本金为 p(元),银行年利率为 r.则

第一年年末本利和为 $s_1 = p + rp = p(1 + r)$,

第二年年末本利和为 $s_2 = p(1 + r) + rp(1 + r) = p(1 + r)^2$,

$$\vdots$$

第 n 年年末的本利和为 $s_n = p(1 + r)^n$.

续前例

第一年利息: $I_1 = 1000 \times 10\% = 100$(元),

第二年利息: $I_2 = (1000 + 100) \times 10\% = 110$(元),

第三年利息: $I_3 = (1000 + 100 + 110) \times 10\% = 121$(元),

第四年利息: $I_4 = (1000 + 100 + 110 + 121) \times 10\% = 133.1$(元),

第五年利息: $I_5 = (1000 + 100 + 110 + 121 + 133.1) \times 10\% = 146.4$(元),

到期利息: $I = 100 + 110 + 121 + 133.1 + 146.4 \approx 611$(元),

可见,复利计算的利息比单利计息的要多.

2. 多次付息

(1) 单利付息情形

因每次的利息都不计入本金,故若一年分 n 次付息,则年末的本利和为

$$s = p\left(1 + n\frac{r}{n}\right) = p(1 + r),$$

即年末的本利和与支付利息的次数无关.

(2) 复利付息情形

因每次支付的利息都记入本金,故年末的本利和与支付利息的次数是有关系的.

设初始本金为 p(元),年利率为 r,若一年分 m 次付息,则一年末的本利和为

$$s = p\left(1 + \frac{r}{m}\right)^m,$$

易见本利和是随付息次数 m 的增大而增加的.

而第 n 年年末的本利和为

$$s_n = p\left(1 + \frac{r}{m}\right)^{mn}.$$

例 1-29 X 银行提供每年支付一次,复利为年利率 8% 的银行账户,Y 银行提供每年支付 4 次,复利为年利率 8% 的账户,它们之间有何差异呢?

解 两种情况中 8% 都是年利率,一年支付一次,复利 8% 表示在每年年末都要加上当前余额的 8%,如果存入 100 元,则 n 年后余额为

$$A = 100(1.08)^n.$$

而一年支付 4 次,复利 8% 表示每年要加四次(即每 3 个月一次)利息,每次要加上当前余额的 8%/4 = 2%.因此,如果同样存入 100 元,则在年末,已经计入 4 次复利,该账户将拥有 $100(1.02)^4$ 元,所以 n 年后余额为

$$B = 100(1.02)^{4n}.$$

注意这里的 8% 不是每 3 个月的利率,而是被分为 4 个 2% 的支付额,在上面两种复利方式下,计算一年后的总余额为

一年一次复利时,$A = 100(1.08)^1 = 108.00(元)$,

一年 4 次复利时,$B = 100(1.02)^4 \approx 108.24(元)$.

可见,在复利计息方式下,如果年利率相同,付复利的次数越多,赚取的利息越多.

由上面的例子,可以测算出复利的效果,在一年支付利息 4 次,复利为年利率 8% 的条件下投资 100 元,一年后可增加到 108.24 元,我们就称在这种情形下的年有效收益为 8.24%.

现在有两种方式来描述同一种投资行为:一年支付 4 次的 8% 复利和 8.24% 的年有效收益.正是年有效收益确切地告诉你一笔投资所得的利息究竟是多少.因此,比较两种银行账户的收益,只需比较年有效收益.

3. 连续复利

一笔年利率为 7%,每年支付 m 次复利的投资,1 年后的余额为 $\left(1 + \dfrac{0.07}{m}\right)^m$,由于

$$\lim_{m \to \infty} \left(1 + \frac{0.07}{m}\right)^m = \lim_{m \to \infty} \left[\left(1 + \frac{0.07}{m}\right)^{\frac{m}{0.07}}\right]^{0.07} = e^{0.07},$$

当年有效收益达到这一上界时,我们就说这种利息是连续支付的复利.由此我们得到,如果初始存款为 P 元的利息水平是年利率为 r 的连续复利,t 年后的余额为 B_t,则

$$B_t = Pe^{rt}.$$

在解有关复利的问题时,重要的是弄清利率是年利率还是年有效收益,以及复利是否是连续的.

习题 1.6

1.计算下列极限:

(1) $\lim\limits_{x \to 0} x \cot 2x$;

(2) $\lim\limits_{x \to 0} \dfrac{\arctan x}{x}$;

(3) $\lim\limits_{x \to 0} \dfrac{\sin 3x}{\sin 8x}$;

(4) $\lim\limits_{x \to 1} \dfrac{\tan(x-1)}{x^2-1}$;

(5) $\lim\limits_{x \to 0} \dfrac{\sin x}{x^3+3x}$;

(6) $\lim\limits_{x \to \pi} \dfrac{\sin x}{\pi - x}$;

(7) $\lim\limits_{x \to 0} \dfrac{\tan x - \sin x}{x^3}$;

(8) $\lim\limits_{x \to 0} \dfrac{1-\cos 2x}{x \sin x}$.

2.计算下列极限:

(1) $\lim\limits_{x \to \infty} \left(1 + \dfrac{1}{2x}\right)^x$;

(2) $\lim\limits_{x \to \infty} \left(\dfrac{x+1}{x-1}\right)^x$;

(3) $\lim\limits_{x \to 0} (1+2x)^{\frac{1}{x}}$;

(4) $\lim\limits_{x \to 0} (1+\tan x)^{\cot x}$.

3.求年利率为 6% 的连续复利的年有效收益.

4.假定你打算在银行存入一笔资金,你需要这笔投资 10 年后的价值为 12000 元,如果银行以年利率 9%,每年支付复利 4 次的方式计息,你应该投资多少元?如果复利是连续的,应投资多少元?

5.一银行账户,以 10% 的利率按连续复利方式盈利,一对父母打算给孩子攒学费,要在 10 年内攒够 100000 元,问这对父母必须每年存入多少元?如果这对父母现在改为一次存够某一总数,用这一总数加上它的盈利作为孩子将来的学费,那么如果想在 10 年后获得 100000 元学费,现在必须一次存入的总数是多少?

1.7　无穷小的比较

　　我们知道,两个无穷小的和、差、积仍是无穷小.但是,两个无穷小的商却会出现不同的情况.例如,当 $x \to 0$ 时,$2x, x^2, \sin x$ 都是无穷小,而

$$\lim_{x \to 0} \frac{x^2}{2x} = 0, \lim_{x \to 0} \frac{2x}{x^2} = \infty, \lim_{x \to 0} \frac{\sin x}{2x} = \frac{1}{2}.$$

两个无穷小之比的极限的各种不同情况,反映了不同的无穷小趋向于零的"快慢"程度.从上面几个例子可以看出,当 x 趋向于零的过程中,$x^2 \to 0$ 比 $2x \to 0$ 快些,$\sin x \to 0$ 与 $2x \to 0$ 快慢相仿.因此,比较两个无穷小趋向于零的快慢程度可通过它们商的极限来实现,从而就引出了两个无穷小比较的概念.

定义 1-10 设在自变量的同一变化过程中，α 与 β 都是无穷小，且 $\alpha \neq 0$.

如果 $\lim \dfrac{\beta}{\alpha} = 0$，则称 β 是比 α 高阶的无穷小，记为 $\beta = o(\alpha)$；

如果 $\lim \dfrac{\beta}{\alpha} = \infty$，则称 β 是比 α 低阶的无穷小；

如果 $\lim \dfrac{\beta}{\alpha} = C \neq 0$（$C$ 为常数），则称 β 与 α 是同阶无穷小；

如果 $\lim \dfrac{\beta}{\alpha} = 1$，则称 β 与 α 是等价无穷小，记为 $\alpha \sim \beta$.

显然，等价无穷小是同阶无穷小的特殊情形，即 $C = 1$ 的情形.

根据定义知，当 $x \to 0$ 时，x^2 是比 $2x$ 高阶的无穷小，记为 $x^2 = o(2x)(x \to 0)$；

$2x$ 是比 x^2 低阶的无穷小；$\sin x$ 与 $2x$ 是同阶无穷小.

注意：只有当两个无穷小之比的极限存在或为无穷大时，这两个无穷小才能进行比较. 因此，不是任何两个无穷小都能进行比较的. 如当 $x \to 0$ 时，$x, x\sin \dfrac{1}{x}$ 都是无穷小，但极限 $\lim\limits_{x \to 0} \dfrac{x\sin \dfrac{1}{x}}{x} = \lim\limits_{x \to 0} \sin \dfrac{1}{x}$ 却不存在，所以这两个无穷小不能比较.

例 1-30 证明：当 $x \to 0$ 时，$\sqrt{1+x} - 1 \sim \dfrac{1}{2}x$.

证明 因为 $\lim\limits_{x \to 0} \dfrac{\sqrt{1+x} - 1}{\dfrac{1}{2}x} = \lim\limits_{x \to 0} \dfrac{(\sqrt{1+x} - 1)(\sqrt{1+x} + 1)}{\dfrac{1}{2}x(\sqrt{1+x} + 1)}$

$$= \lim\limits_{x \to 0} \dfrac{2}{\sqrt{1+x} + 1} = 1,$$

所以当 $x \to 0$ 时，$\sqrt{1+x} - 1 \sim \dfrac{1}{2}x$.

一般地，当 $x \to 0$ 时，$\sqrt[n]{1+x} - 1 \sim \dfrac{1}{n}x$，其中 n 为正整数.

关于等价无穷小，有如下重要性质.

定理 1-15 （等价无穷小替换定理）设 $\alpha \sim \alpha', \beta \sim \beta'$ 且 $\lim \dfrac{\beta'}{\alpha'}$ 存在（或为 ∞），则 $\lim \dfrac{\beta}{\alpha} = \lim \dfrac{\beta'}{\alpha'}$.

证明 $\lim \dfrac{\beta}{\alpha} = \lim \dfrac{\beta}{\beta'} \cdot \dfrac{\beta'}{\alpha'} \cdot \dfrac{\alpha'}{\alpha} = \lim \dfrac{\beta}{\beta'} \cdot \lim \dfrac{\beta'}{\alpha'} \cdot \lim \dfrac{\alpha'}{\alpha} = \lim \dfrac{\beta'}{\alpha'}$.

定理给出了求极限的一种新方法. 在求两个无穷小之比的极限

时,分子及分母都可用它们的等价无穷小来代替. 如果用来代替的无穷小选得适当,可以使计算简化. 但替换后的极限必须存在或为无穷大.

利用等价无穷小替换求极限时,常用以下几个等价无穷小,要熟记.

当 $x \to 0$ 时, $\sin x \sim x, \tan x \sim x, \arcsin x \sim x, \arctan x \sim x$, $1 - \cos x \sim \dfrac{1}{2} x^2, \sqrt[n]{1+x} - 1 \sim \dfrac{1}{n} x, \ln(1+x) \sim x, e^x - 1 \sim x.$

□ 即时练习 1-8

求 $\lim\limits_{x \to 0} \dfrac{1 - \cos x^2}{x^2 \sin x \tan 5x}$.

例 1-31　　求 $\lim\limits_{x \to 0} \dfrac{\arcsin 3x}{\tan 5x}$.

解　$\lim\limits_{x \to 0} \dfrac{\arcsin 3x}{\tan 5x} = \lim\limits_{x \to 0} \dfrac{3x}{5x} = \dfrac{3}{5}.$

例 1-32　　求 $\lim\limits_{x \to 0} \dfrac{\tan x - \sin x}{x^3}$.

注意:下列做法是错误的:

当 $x \to 0$ 时, $\sin x \sim x, \tan x \sim x$, 所以 $\lim\limits_{x \to 0} \dfrac{\tan x - \sin x}{x^3} = \lim\limits_{x \to 0} \dfrac{x - x}{x^3} = 0.$

解　$\lim\limits_{x \to 0} \dfrac{\tan x - \sin x}{x^3} = \lim\limits_{x \to 0} \dfrac{\tan x (1 - \cos x)}{x^3} = \lim\limits_{x \to 0} \dfrac{x \cdot \dfrac{1}{2} x^2}{x^3} = \dfrac{1}{2}.$

习题 1.7

1. 当 $x \to 0$ 时, $2x - x^2$ 与 $x^2 - x^3$ 相比, 哪一个是高阶无穷小?

2. 利用等价无穷小替换, 求下列极限:

(1) $\lim\limits_{x \to 0} \dfrac{\tan^2 2x}{1 - \cos x}$;　　　　　　(2) $\lim\limits_{x \to 0} \dfrac{x(x-1)}{\sin 5x}$;

(3) $\lim\limits_{x \to 0} \dfrac{\arctan 3x}{5x}$;　　　　　　(4) $\lim\limits_{x \to 0} \dfrac{1 - \cos 2x}{\ln(1 + x^2)}$;

(5) $\lim\limits_{x \to 0} \dfrac{\sin 4x}{e^{2x} - 1}$;　　　　　　(6) $\lim\limits_{x \to 0} \dfrac{\sqrt{1 + 2x} - 1}{\ln(1 + x)}$.

3. 当 $x \to 0$ 时, $1 - \cos x$ 与 $a \sin^2 \dfrac{x}{2}$ 是等价无穷小, 求 a 的值.

1.8　函数的连续性

客观世界的许多现象和事物不仅是运动变化的,而且其运动变化的过程往往是连绵不断的,例如气温的变化、岁月流逝、植物生长、河水流动等,这些连绵不断发展变化的事物在量的方面的反映就是函数的连续性.本节将要引入的连续函数就是刻画变量连续变化的数学模型.

微积分中的主要概念、定理、公式法则等,往往都要求函数具有连续性.

本节将以极限为基础,介绍连续函数的概念、连续函数的运算及连续函数的一些性质.

1.8.1　连续函数的概念

首先介绍变量增量的概念.设变量 u 从它的初值 u_0 变到终值 u_1,则终值与初值之差 $u_1 - u_0$ 就叫作变量 u 的增量,又叫作 u 的改变量,记作 Δu,即 $\Delta u = u_1 - u_0$.显然对函数 $f(x)$ 来说,自变量的改变量 $\Delta x = x - x_0$,相应的函数改变量 $\Delta y = f(x) - f(x_0)$.

1. 函数 $f(x)$ 在点 x_0 处的连续性

在图 1-12 中,$f(x)$ 在 x_0 点是连续的,而在图 1-13 中 $f(x)$ 在 x_0 点是不连续的.在点 x_0 处给自变量一个增量 Δx,相应地就有函数的增量 Δy,如果函数 $y = f(x)$ 在 x_0 处连续,那么意味着当 Δx 趋于 0 时,Δy 的绝对值将无限变小.

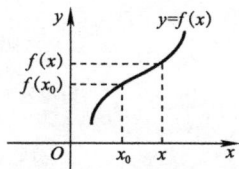

图 1-12

定义 1-11　设函数 $y = f(x)$ 在点 x_0 的某一个邻域内有定义,如果

$$\lim_{\Delta x \to 0} \Delta y = \lim_{\Delta x \to 0} [f(x_0 + \Delta x) - f(x_0)] = 0,$$

那么称函数 $f(x)$ 在点 x_0 处连续.

令 $x = x_0 + \Delta x$,则当 $\Delta x \to 0$ 时,$x \to x_0$,同时 $\Delta y = f(x) - f(x_0) \to 0$ 时,$f(x) \to f(x_0)$.于是有如下等价定义.

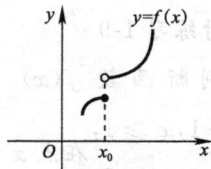

图 1-13

函数 $y = f(x)$ 在点 x_0 的某一个邻域内有定义,且有 $\lim_{x \to x_0} f(x) = f(x_0)$,则称函数 $y = f(x)$ 在点 x_0 处连续.

例 1-33　证明函数 $f(x) = x^3 - 1$ 在点 $x = 1$ 处连续.

证明　$\lim_{x \to 1} f(x) = \lim_{x \to 1} (x^3 - 1) = 0$,又 $f(1) = 1^3 - 1 = 0$,即 $\lim_{x \to 1} f(x) = f(1)$.

由定义知,函数 $f(x) = x^3 - 1$ 在点 $x = 1$ 处连续.

由定义 1-11 可知,函数 $f(x)$ 在点 x_0 外连续必须同时满足三个条件:

(1) 函数 $f(x)$ 在点 x_0 处有定义;

(2) $\lim\limits_{x \to x_0} f(x)$ 存在;

(3) $\lim\limits_{x \to x_0} f(x) = f(x_0)$.

例 1-34　证明函数 $f(x) = \begin{cases} x\cos\dfrac{1}{x} + 1, & x \neq 0, \\ 1, & x = 0 \end{cases}$ 在 $x = 0$ 处连续.

证明　因为 $\lim\limits_{x \to 0} f(x) = \lim\limits_{x \to 0}\left(x\cos\dfrac{1}{x} + 1\right) = 1, f(0) = 1$, 故有 $\lim\limits_{x \to 0} f(x) = 1 = f(0)$,所以函数 $f(x)$ 在 $x = 0$ 处连续.

相应于函数在点 x_0 处的左、右极限的概念,可以给出函数在点 x_0 处左(右)连续的定义.

定义 1-12　设函数 $f(x)$ 在点 x_0 的左邻域(或右邻域)内有定义,若 $\lim\limits_{x \to x_0^-} f(x) = f(x_0)$(或 $\lim\limits_{x \to x_0^+} f(x) = f(x_0)$),则称函数 $y = f(x)$ 在点 x_0 处左(右)连续.

由上面的定义,可得:

定理 1-16　函数 $f(x)$ 在点 x_0 处连续的充分必要条件是:函数 $f(x)$ 在点 x_0 处左连续且右连续. 即 $\lim\limits_{x \to x_0} f(x) = f(x_0) \Leftrightarrow \lim\limits_{x \to x_0^+} f(x) = \lim\limits_{x \to x_0^-} f(x) = f(x_0)$.

2. 函数在区间上的连续性

若函数 $f(x)$ 在开区间 (a,b) 内每一点都连续,则称函数 $f(x)$ 在开区间 (a,b) 内连续.若函数 $f(x)$ 在开区间 (a,b) 内连续,且在点 a 处右连续,在点 b 处左连续,则称函数 $f(x)$ 在闭区间 $[a,b]$ 上连续.类似地,可以给出 $f(x)$ 在区间 $[a,b)$ 或区间 $(a,b]$ 上连续的定义.

若函数 $f(x)$ 在它的定义域内每一点都连续,则称 $f(x)$ 为连续函数.连续函数的图形是一条连续而不间断的曲线.

设 $f(x)$ 是多项式函数,则 $f(x)$ 在 $(-\infty, +\infty)$ 内任一点 x_0 处都有定义,且 $\lim\limits_{x \to x_0} f(x) = f(x_0)$. 所以多项式函数 $f(x)$ 在区间 $(-\infty, +\infty)$ 内是连续的.

□ 即时练习 1-9

判断函数 $f(x) = \begin{cases} x^2 + 1, & x \geqslant 1, \\ 3x - 1, & x < 1 \end{cases}$ 在点 $x = 1$ 处是否连续.

例 1-35　证明函数 $y = \sin x$ 在区间 $(-\infty, +\infty)$ 内是连续的.

证明　设 x_0 为区间 $(-\infty, +\infty)$ 内任意一点,则有

$$\Delta y = \sin(x_0 + \Delta x) - \sin x_0 = 2\sin\frac{\Delta x}{2}\cos\left(x_0 + \frac{\Delta x}{2}\right).$$

因为当 $\Delta x \to 0$ 时,Δy 是无穷小与有界函数的乘积,所以 $\lim\limits_{\Delta x \to 0}\Delta y = 0$. 于是,$y = \sin x$ 在点 x_0 处连续. 由 x_0 的任意性知,函数 $y = \sin x$ 在区间 $(-\infty, +\infty)$ 内是连续的.

类似地,可以证明函数 $y = \cos x$ 在区间 $(-\infty, +\infty)$ 内也是连续的.

1.8.2　函数的间断点

定义 1-13　设函数 $f(x)$ 在点 x_0 的某一去心邻域内有定义,若 $f(x)$ 在点 x_0 处至少有下列三种情形之一:

(1) $f(x)$ 在点 x_0 无定义;

(2) $\lim\limits_{x \to x_0} f(x)$ 不存在;

(3) $\lim\limits_{x \to x_0} f(x) \neq f(x_0)$,

则称点 x_0 是函数 $f(x)$ 的一个间断点或不连续点.

例 1-36　设函数 $f(x) = \begin{cases} x+1, & x \geq 0, \\ x-1, & x < 0, \end{cases}$ 讨论其在点 $x = 0$ 处的连续性.

解　$f(0) = 1$,但　$\lim\limits_{x \to 0^-} f(x) = \lim\limits_{x \to 0^-}(x-1) = -1$,

$$\lim\limits_{x \to 0^+} f(x) = \lim\limits_{x \to 0^+}(x+1) = 1,$$

即 $f(x)$ 在 $x = 0$ 处左、右极限存在,但不相等,故 $\lim\limits_{x \to 0} f(x)$ 不存在,函数 $f(x)$ 在点 $x = 0$ 处是间断的(见图 1-14),这种类型的间断点称为跳跃间断点.

注意:因为 $\lim\limits_{x \to 0^+} f(x) = f(0) = 1$,所以函数 $f(x)$ 在点 $x = 0$ 处是右连续的,但非左连续.

例 1-37　设函数 $f(x) = \begin{cases} x, & x > 1 \\ 0, & x = 1 \\ x^2, & x < 1, \end{cases}$ 讨论其在点 $x = 1$ 处的连续性.

解　函数 $f(x)$ 在 $x=1$ 有定义，$f(1)=0$，$\lim\limits_{x \to 1^-}f(x)=\lim\limits_{x \to 1^-}x^2=1$，

$$\lim\limits_{x \to 1^+}f(x)=\lim\limits_{x \to 1^+}x=1,故\lim\limits_{x \to 1}f(x)=1,$$

但 $\lim\limits_{x \to 1}f(x) \neq f(1)$，所以 $x=1$ 是函数 $f(x)$ 的间断点（见图 1-15）.

这种左、右极限相等的间断点，称为可去间断点.

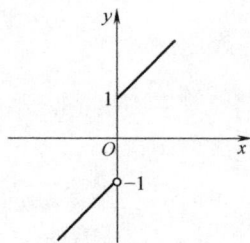

图 1-14

例 1-38　设函数 $f(x)=\dfrac{1}{x}$，讨论其在点 $x=0$ 处的连续性.

解　函数 $f(x)$ 在 $x=0$ 无定义，$x=0$ 是函数 $f(x)$ 的间断点，

又 $\lim\limits_{x \to 0}\dfrac{1}{x}=\infty$，称这类间断点为无穷间断点.

例 1-39　设函数 $f(x)=\sin\dfrac{1}{x}$，讨论 $f(x)$ 在点 $x=0$ 处的

连续性.

解　函数 $f(x)$ 在 $x=0$ 无定义，$x=0$ 是函数 $f(x)$ 的间断点.

当 $x \to 0$ 时，相应的函数值在 -1 与 1 之间振荡，$\lim\limits_{x \to 0}\sin\dfrac{1}{x}$ 不存在，

这种类型的间断点称为振荡间断点.

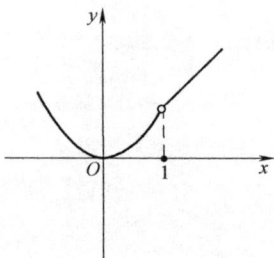

图 1-15

一般情况下，函数 $f(x)$ 的间断点 x_0 分为两类：若 $f(x)$ 在 x_0 的

左、右极限都存在，则称 x_0 为 $f(x)$ 的第一类间断点，不是第一类间

断点的间断点，称为第二类间断点. 如无穷间断点、振荡间断点.

1.8.3　初等函数的连续性

由连续函数的定义和极限运算法则，可以得到：

定理 1-17　设函数 $f(x)$ 与 $g(x)$ 在 x_0 处连续，则

(1) $f(x) \pm g(x)$，$f(x) \cdot g(x)$ 在 x_0 处连续；

(2) 当 $g(x_0) \neq 0$ 时，$\dfrac{f(x)}{g(x)}$ 在 x_0 处连续.

定理 1-18　若函数 $y=f(x)$ 在某区间上单调且连续，则其

反函数 $y=f^{-1}(x)$ 在相应的区间上也单调且连续.

定理 1-19　若函数 $u=\varphi(x)$ 在 x_0 处连续，$u_0=\varphi(x_0)$. 函数

$y=f(u)$ 在 u_0 处连续，则复合函数 $y=f\big(\varphi(x)\big)$ 在 x_0 处连续.

由上述三个定理可以得到，一切初等函数在其定义区间内都是

连续的. 定义区间是指包含在定义域内的区间. 因此，在求初等函数

在其定义域内某点处的极限时，只需求函数在该点的函数值即可.

例 1-40　求 $\lim\limits_{x \to \frac{\pi}{2}}\ln\sin x$.

□ 即时练习 1-10

求极限 $\lim\limits_{x \to 2}\dfrac{\sqrt{2+x}-2}{x-2}$.

解　因为 $x=\dfrac{\pi}{2}$ 是函数 $y=\ln\sin x$ 定义区间 $(0,\pi)$ 内的一个

点，所以

$$\lim_{x \to \frac{\pi}{2}} \ln \sin x = \ln \sin(\frac{\pi}{2}) = 0.$$

1.8.4　闭区间上连续函数的性质

闭区间上的连续函数具有一些重要的性质. 现将基本的列举如下. 从几何上看, 这些性质都是十分明显的. 但要严格证明它们, 还需其他知识. 先给出下面的关于"最大(小)值"的定义.

定义 1-14　设 f 为定义在数集 D 上的函数, 若存在 $x_0 \in D$, 使得对一切 $x \in D$ 都有 $f(x_0) \geqslant f(x)(f(x_0) \leqslant f(x))$, 则称 f 在 D 上有最大(小)值, 并称 $f(x_0)$ 为 f 在 D 上的最大(小)值.

例如: $f(x) = x$ 在 $[0,1]$ 上的最大值为 1, 最小值为 0, 但在 $(0,1)$ 内无最大值和最小值. 对于闭区间上的连续函数有如下定理.

定理 1-20　(最值性定理) 若函数 $f(x)$ 在闭区间 $[a,b]$ 上连续, 则 $f(x)$ 在闭区间 $[a,b]$ 上必取得最大值与最小值.

定理 1-21　(有界性定理) 若 $f(x)$ 在闭区间 $[a,b]$ 上连续, 则 $f(x)$ 在区间 $[a,b]$ 必有界.

定理 1-22　(零点定理) 若函数 $f(x)$ 在闭区间 $[a,b]$ 上连续, 且 $f(a) \cdot f(b) < 0$, 则在 (a,b) 内至少存在一点 ξ, 使得 $f(\xi) = 0$.

零点定理有明显的几何意义: 若点 $A(a,f(a))$, $B(b,f(b))$ 分别在 x 轴的上下两侧, 则连接 AB 的连续曲线 $y = f(x)$ 至少穿过 x 轴一次 (见图 1-16).

定理 1-23　(介值定理) 若函数 $f(x)$ 在闭区间 $[a,b]$ 上连续, 且 $f(a) \neq f(b)$, c 为介于 $f(a)$ 与 $f(b)$ 之间的任意数, 则在 (a,b) 内至少存在一点 ξ, 使得 $f(\xi) = c$.

证明　设 $F(x) = f(x) - c$, 则 $F(x)$ 在 $[a,b]$ 上连续. 由 $F(a) = f(a) - c$, $F(b) = f(b) - c$, 而 c 介于 $f(a)$ 与 $f(b)$ 之间知, $f(a) - c$ 与 $f(b) - c$ 异号, 即 $F(a)F(b) < 0$, 由零点定理知, 在 (a,b) 内至少存在一点 ξ, 使得 $F(\xi) = 0$, 即 $f(\xi) = c$.

例 1-41　证明方程 $x - 2\sin x = 1$ 至少有一个正根小于 3.

证明　设 $f(x) = x - 2\sin x - 1$, 因为 $f(x)$ 为初等函数, 在其定义区间 $(-\infty, +\infty)$ 内连续, 所以, $f(x)$ 在 $[0,3]$ 上连续. 又 $f(0) = -1 < 0$, $f(3) = 3 - 2\sin 3 - 1 > 0$, 根据零点定理, 在 $(0,3)$ 内至少存在一个 ξ, 使得 $f(\xi) = 0$, 即方程 $x - 2\sin x = 1$ 至少有一个正根小于 3.

图 1-16

习题 **1.8**

1. 指出下列函数的间断点, 并判断其类型:

(1) $f(x) = \dfrac{1}{x^2 - 1}$;　　　　(2) $f(x) = e^{\frac{1}{x}}$;

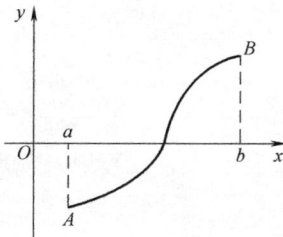

(3) $f(x) = \begin{cases} \dfrac{\sin 2x}{x}, & x \neq 0, \\ 3, & x = 0; \end{cases}$ (4) $f(x) = \begin{cases} x+1, & x > 0, \\ x^2 & x \leqslant 0. \end{cases}$

2. 求下列极限：

(1) $\lim\limits_{x \to \frac{\pi}{2}} \ln \sin x$；   (2) $\lim\limits_{x \to 1} e^{\frac{x}{1+x}}$；

(3) $\lim\limits_{x \to 1} \dfrac{x^3 + \sin x}{\sqrt{3 + x^2}}$；   (4) $\lim\limits_{x \to 0} \ln \dfrac{\sin x}{x}$.

3. 证明方程 $x^5 - 3x = 1$ 在 $(1,2)$ 内至少有一个实根.

数学实验 1

1. 实验目的与内容

(1) 运用 MATLAB 绘制函数图形，通过图形加深对函数性质的认识与理解.

(2) 运用 MATLAB 求函数极限，结合函数图形的变化趋势理解函数的极限和连续性的定义.

2. MATLAB 命令

(1) 曲线绘制命令

MATLAB 中主要用 plot、fplot、plot3 三种命令绘制不同的曲线(表 1-2).

表 1-2   MATLAB 曲线绘制命令

调用格式	描述
plot(x,y)	做出以数据(x(i),y(i))为节点的折线图,其中 x,y 为同维数的向量
plot(x1,y1,x2,y2,…)	做出多组数据折线图
fplot(f(x)',[a,b])	做出函数 f(x) 在区间[a,b]上的函数图
plot3(x,y,z)	做出空间曲线图,其中 x,y,z 为同维数的向量
ezplot(f(x)',[a,b])	做出符号函数 f(x) 在区间[a,b]上的函数图

注：可以用 help plot、help fplot、help plot3 查阅有关这些命令的详细信息.

(2) 极限命令

MATLAB 中主要用 limit 求函数的极限(表 1-3).

表 1-3   MATLAB 求函数极限命令

调用格式	描述
limit(s,n,inf)	返回符号表达式当 n 趋于无穷大时表达式 s 的极限
limit(s,x,a)	返回符号表达式当 x 趋于 a 时表达式 s 的极限
limit(s,x,a,'left')	返回符号表达式当 x 趋于 a−0 时表达式 s 的左极限
limit(s,x,a,'right')	返回符号表达式当 x 趋于 a+0 时表达式 s 的右极限

注：可以用 help limit 查阅有关这些命令的详细信息.

3. 实验案例

例 1-42　做出函数 $y = \sin x$ 在 $[-4\pi, 4\pi]$ 上的图形，并观测它的周期性.

程序代码：

```
>> x = linspace(-4 * pi,4 * pi,300);    % 产生 300 维向量 x
>> y = sin(x);
>> plot(x,y)    % 二维图形绘图命令
```

注：上述语句中 % 后面如"% 产生 300 维向量 x"是程序注释，是否键入，不影响程序运行结果.

输出结果如图 1-17 所示.

此图也可用 fplot 命令来绘制.

程序代码：

```
>> clear; close;    % clear 清理内存；close 关闭已有窗口
>> fplot('sin(x)',[-4 * pi,4 * pi])
```

输出结果如图 1-18 所示.

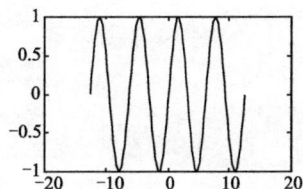

图 1-17

例 1-43　做出以参数方程 $x = \cos t, y = \sin t, t \in [0, 2\pi]$ 表示的平面曲线（单位圆）.

程序代码：

```
>> clear; close;
>> t = 0:2 * pi/30:2 * pi;
>> x = cos(t); y = sin(t);
>> plot(x,y)
```

输出结果如图 1-19 所示.

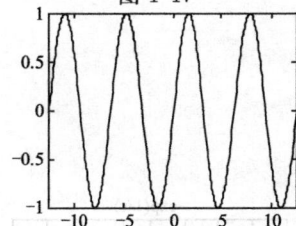

图 1-18

例 1-44　求极限 $\lim\limits_{x \to 0} \dfrac{\sin x}{x}$，并绘制图形描述曲线 $y = \dfrac{\sin x}{x}$ 在 $x = 0$ 附近的形状.

（1）计算极限 $\lim\limits_{x \to 0} \dfrac{\sin x}{x}$.

程序代码：

```
>> clear;
>> syms x; % 建立符号变量 x
>> limit(sin(x)/x,x,0)
```

输出结果：

ans =

　　1

（2）绘制曲线 $y = \dfrac{\sin x}{x}$ 在 $x = 0$ 附近的形状.

程序代码：

```
>> x = -1:0.001:-0.01;
```

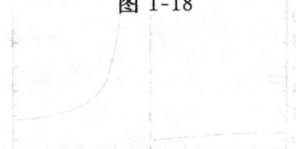

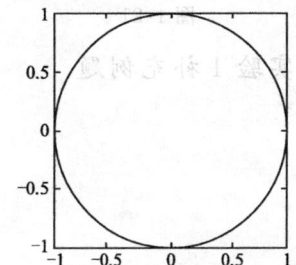

图 1-19

```
>> y = sin(x)./x;
>> y2 = 1;
>> plot(x,y1,x,y2)
```
输出结果如图 1-20 所示.

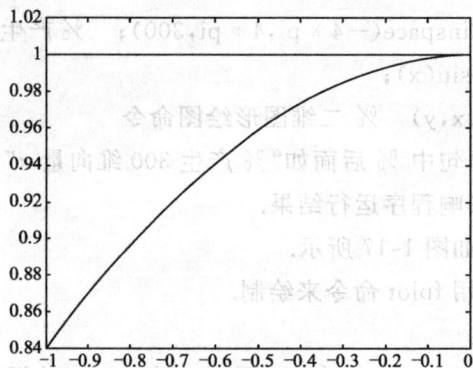

图 1-20

例 1-45   求单侧极限 $\lim\limits_{x\to 0^{+}} e^{\frac{1}{x}}$, $\lim\limits_{x\to 0^{-}} e^{\frac{1}{x}}$.

程序代码:
```
>> syms x;
>> limit(exp(1/x),x,0,'right')
```
输出结果:
```
ans =
        Inf    % 无穷大
```
程序代码:
```
>> limit(exp(1/x),x,0,'left')
```
输出结果:
```
ans =
        0
```
程序代码:
```
>> ezplot('exp(1/x)',[-2,2])
```
输出结果如图 1-21 所示.

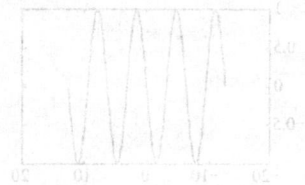

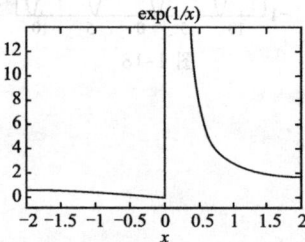

图 1-21

□ 实验 1 补充例题

练习

1. 用 MATLAB 的绘图命令,绘制下列函数的图像:

(1) $y = x^3$;   (2) $y = \sqrt[3]{x}$;   (3) $y = e^{-x^2}$.

2. 用 MATLAB 计算下列各极限:

(1) $\lim\limits_{n\to\infty}\left(1-\dfrac{1}{n}\right)^n$;   (2) $\lim\limits_{n\to\infty}\sqrt[n]{n^3+3^n}$;

(3) $\lim\limits_{x\to 0} x\cot 2x$;   (4) $\lim\limits_{x\to 1}\left(\dfrac{2}{x^2-1}-\dfrac{1}{x-1}\right)$;

□ 数学建模:极限思想的典型应用 —— 割圆术

本章小结

一、知识点结构图

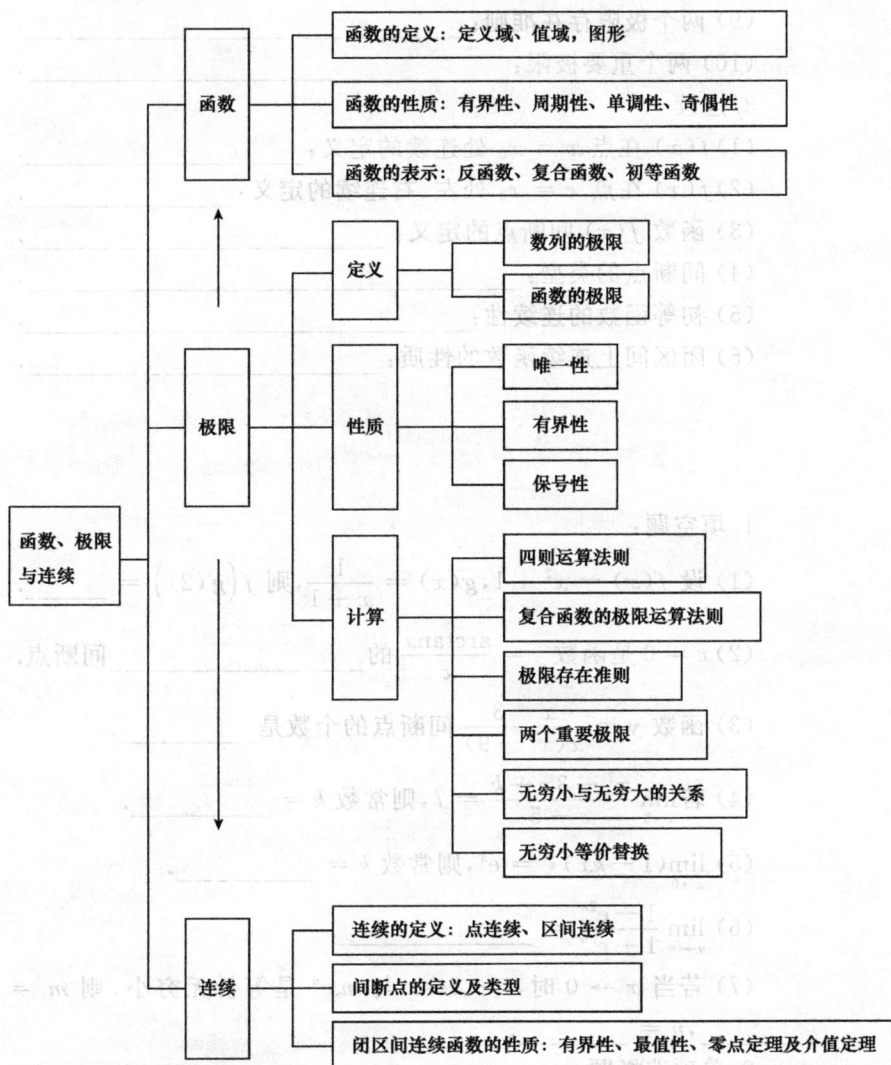

```
                    ┌─────────────────────────────────────────────┐
                    │ 函数的定义：定义域、值域，图形                │
                    └─────────────────────────────────────────────┘
         ┌────────┐ ┌─────────────────────────────────────────────┐
         │  函数  │─│ 函数的性质：有界性、周期性、单调性、奇偶性    │
         └────────┘ └─────────────────────────────────────────────┘
                    ┌─────────────────────────────────────────────┐
                    │ 函数的表示：反函数、复合函数、初等函数        │
                    └─────────────────────────────────────────────┘

                              ┌──────┐ ┌──────────────┐
                              │ 定义 │─│ 数列的极限    │
                              │      │ ├──────────────┤
                              │      │ │ 函数的极限    │
                              └──────┘ └──────────────┘

                              ┌──────┐ ┌──────────────┐
                    ┌──────┐  │      │ │ 唯一性        │
                    │ 极限 │──│ 性质 │─│ 有界性        │
                    └──────┘  │      │ │ 保号性        │
                              └──────┘ └──────────────┘
┌──────────┐
│函数、极限 │                          ┌──────────────────────────┐
│与连续     │                 ┌──────┐ │ 四则运算法则              │
└──────────┘                 │      │ │ 复合函数的极限运算法则    │
                              │ 计算 │─│ 极限存在准则              │
                              │      │ │ 两个重要极限              │
                              └──────┘ │ 无穷小与无穷大的关系      │
                                       │ 无穷小等价替换            │
                                       └──────────────────────────┘

                    ┌──────┐ ┌───────────────────────────────────────────┐
                    │      │ │ 连续的定义：点连续、区间连续                │
                    │ 连续 │─│ 间断点的定义及类型                          │
                    │      │ │ 闭区间连续函数的性质：有界性、最值性、       │
                    └──────┘ │ 零点定理及介值定理                          │
                             └───────────────────────────────────────────┘
```

二、知识点自我检验

1. 函数

(1) 函数的定义：_____.

(2) 复合函数的定义：_____.

(3) 初等函数的定义：_____.

2. 极限

(1) 极限 $\lim\limits_{x \to x_0} f(x) = A$ 的定义：_____.

(2) $\lim\limits_{x \to x_0} f(x) = A \Leftrightarrow$ _____.

(3) 无穷小量的定义：_____.

(4) 无穷小量的阶：_____.

(5) 函数、函数的极限与无穷小量的关系：＿＿＿＿＿＿＿＿＿＿＿＿．

(6) 无穷大量的定义＿＿＿＿＿＿＿＿＿＿＿＿＿＿＿＿＿．

(7) 无穷小量与无穷大量的关系：＿＿＿＿＿＿＿＿＿＿＿＿＿．

(8) 等价无穷小替换定理：＿＿＿＿＿＿＿＿＿＿＿＿＿＿＿．

(9) 两个极限存在准则：＿＿＿＿＿＿＿＿＿＿＿＿＿．

(10) 两个重要极限：＿＿＿＿＿＿＿＿＿＿＿＿＿＿＿＿．

3. 连续

(1) $f(x)$ 在点 $x = x_0$ 处连续的定义：＿＿＿＿＿＿＿＿＿＿．

(2) $f(x)$ 在点 $x = x_0$ 处左、右连续的定义：＿＿＿＿＿＿＿．

(3) 函数 $f(x)$ 间断点的定义：＿＿＿＿＿＿＿＿＿＿＿＿＿．

(4) 间断点的类型：＿＿＿＿＿＿＿＿＿＿＿＿＿＿＿＿＿．

(5) 初等函数的连续性：＿＿＿＿＿＿＿＿＿＿＿＿＿＿＿．

(6) 闭区间上连续函数的性质：＿＿＿＿＿＿＿＿＿＿＿＿＿．

总习题 1A

1. 填空题：

(1) 设 $f(x) = x^2 + 1, g(x) = \dfrac{1}{x+1}$，则 $f\big(g(2)\big) = $ ＿＿＿＿．

(2) $x = 0$ 是函数 $y = \dfrac{\arctan x}{x}$ 的 ＿＿＿＿＿＿＿＿＿ 间断点．

(3) 函数 $y = \dfrac{x-3}{x(x^2-9)}$ 间断点的个数是 ＿＿＿＿＿＿．

(4) 若 $\lim\limits_{x \to 5} \dfrac{x^2 - 3x + k}{x - 5} = 7$，则常数 $k = $ ＿＿＿＿＿．

(5) $\lim\limits_{x \to 0}(1 - kx)^{\frac{1}{x}} = \mathrm{e}^3$，则常数 $k = $ ＿＿＿＿＿＿．

(6) $\lim\limits_{n \to \infty} \dfrac{1 - \mathrm{e}^{2n}}{1 + \mathrm{e}^{2n}} = $ ＿＿＿＿＿＿＿．

(7) 若当 $x \to 0$ 时，$1 - \cos x$ 与 mx^n 是等价无穷小，则 $m = $ ＿＿＿＿＿，$n = $ ＿＿＿＿＿．

2. 单项选择题：

(1) 设函数 $f(x) = \dfrac{x^2 - 1}{x - 1}, g(x) = x + 1$，则下列结论正确的是（　　）．

A. $f(x)$ 和 $g(x)$ 为同一个函数；

B. $f(x)$ 和 $g(x)$ 都无间断点；

C. $f(x)$ 和 $g(x)$ 不是同一个函数，但 $\lim\limits_{x \to 1} f(x) = \lim\limits_{x \to 1} g(x)$；

D. 因为 $f(x)$ 在 $x = 1$ 处无定义，所以 $\lim\limits_{x \to 1} f(x)$ 不存在．

(2) 函数 $f(x)$ 在点 x_0 处有定义是 $f(x)$ 在点 x_0 处连续的（　　）．

A. 充要条件；　　　　　　　　B. 必要条件；

C. 充分条件；   D. 既不充分也不必要条件.

（3）下列极限计算正确的是（   ）.

A. $\lim\limits_{x\to 0}\dfrac{|x|}{x}=1$；

B. $\lim\limits_{x\to 0^+}\dfrac{|x|}{x}=1$；

C. $\lim\limits_{x\to 0}\left(1-\dfrac{1}{2x}\right)^{2x}=\mathrm{e}^{-1}$；

D. $\lim\limits_{x\to\infty}\left(1-\dfrac{1}{2x}\right)^{2x}=\mathrm{e}$.

（4）下列极限存在的是（   ）.

A. $\lim\limits_{x\to\infty}4^x$；

B. $\lim\limits_{x\to\infty}\dfrac{x^3+1}{3x^3-1}$；

C. $\lim\limits_{x\to 0^+}\ln x$；

D. $\lim\limits_{x\to 1}\sin\dfrac{1}{x-1}$.

（5）函数 $f(x)$ 在点 x_0 处连续是 $\lim\limits_{x\to x_0}f(x)$ 存在的（   ）.

A. 充要条件；   B. 必要条件；

C. 充分条件；   D. 既不充分也不必要条件.

3. 求下列各极限.

（1）$\lim\limits_{x\to 3}\dfrac{x^2-4x+3}{\sin(x-3)}$；

（2）$\lim\limits_{x\to 0}\dfrac{\sqrt{2x^2+1}-1}{\sin^2 x}$；

（3）$\lim\limits_{x\to 0}\left(\dfrac{1}{1+x}\right)^{2x-1}$；

（4）$\lim\limits_{x\to 1}\left(\dfrac{1}{x-1}-\dfrac{2}{x^2-1}\right)$；

（5）$\lim\limits_{x\to 0}\dfrac{\sin 5x-\tan 2x}{x}$；

（6）$\lim\limits_{x\to 0}\dfrac{x+\tan 2x}{x-\sin 2x}$.

4. 求函数 $f(x)=\sqrt{9-x^2}+\dfrac{1}{\sqrt{x^2-4}}$ 的连续区间.

5. 设 $f(x)=\begin{cases}x+1, & x\leqslant 1,\\ 6x-4, & x>1,\end{cases}$ 讨论 $f(x)$ 在 $x=1$ 处的连续性，写出 $f(x)$ 的连续区间.

6. 已知 $\lim\limits_{x\to\infty}\left(\dfrac{x+c}{x-c}\right)^x=8$，求 c 的值.

7. 证明方程 $\mathrm{e}^x=3x$ 至少有一个小于 1 的正根.

总习题 1B

1. 设 $f\left(\dfrac{x+1}{2x-1}\right)=2f(x)+x$，求 $f(x)$.

2. 设 $f(x)=\begin{cases}1, & |x|\leqslant 1,\\ 0, & |x|>1,\end{cases}$ 求 $f(f(x))$.

3. 求 $\lim\limits_{x\to 0}\left(\dfrac{1}{x^2}-\cot^2 x\right)$.

4. 已知 $\lim\limits_{x\to 0}\dfrac{\sin 6x+xf(x)}{x^3}=0$，求 $\lim\limits_{x\to 0}\dfrac{6+f(x)}{x^2}$.

5. 讨论 $f(x)=\dfrac{1}{1-\dfrac{1}{x}}$ 的间断点.

6. 研究函数 $f(x) = \begin{cases} 1-x, & 0 \leqslant x \leqslant 1, \\ x^2 & 1 < x \leqslant 2 \end{cases}$ 的连续性.

7. 设极限 $\lim\limits_{x \to 0} \dfrac{\sqrt{1+f(x)\sin 2x} - 1}{\mathrm{e}^{3x} - 1} = 2$，则 $\lim\limits_{x \to 0} f(x) = \underline{\qquad}$.

8. 设 $f(x)$ 是连续函数，且 $\lim\limits_{x \to 0} \dfrac{f(x)}{1-\cos x} = 4$，则极限 $\lim\limits_{x \to 0} \left(1 + \dfrac{f(x)}{x}\right)^{\frac{1}{x}}$
$= \underline{\qquad}$.

9. 求 a, b 的值，使函数

$$f(x) = \begin{cases} \dfrac{\sqrt{1-ax}-1}{x}, & x < 0, \\ ax + b, & 0 \leqslant x \leqslant 1, \\ \arctan \dfrac{1}{x-1}, & x > 1 \end{cases}$$

在所定义的区间上处处连续.

10. 设函数 $F(x)$ 在点 $x = 0$ 处连续，且 $F(0) = 0$，又对任何实数 x，都有 $|f(x)| \leqslant |F(x)|$，证明函数 $f(x)$ 在点 $x = 0$ 处也连续.

11. 证明：$\lim\limits_{n \to \infty} \sqrt[n]{n} = 1$.

第 2 章

导数与微分

内容导读

本章的核心概念是导数和微分,它们共同构成了一元函数的微分学.

在 17 世纪,有许多科学问题需要解决,这些问题成了促使微分学产生的因素,推动了数学的发展.主要的三类问题是:求做变速直线运动物体的瞬时速度;求曲线上一点处的切线;求最大值和最小值.这三类实际问题的现实原型在数学上都可归结为函数相对于自变量变化而变化的快慢程度,即所谓函数的变化率问题.牛顿从第一个问题出发,莱布尼茨从第二个问题出发,分别给出了导数的概念.

□ 微分学简史

微分是在解决直与曲的矛盾中产生的.微分可以近似地描述当函数自变量的取值做足够小的改变时,函数的值是怎样改变的.

导数与微分是密切相关的,微分运算和导数运算是平行的,即每一个微分运算都对应于一个相当的导数运算,反过来也是如此.它们在科学技术和社会生产实践过程中有着广泛的应用.本章从实例出发,引出导数概念以及与其密切相关的微分概念,并进一步借助极限运算得出导数和微分的计算公式与运算法则.

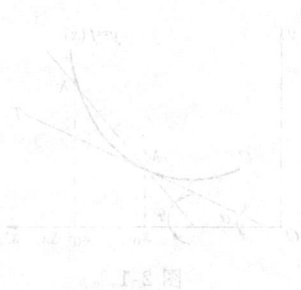

2.1 导数的概念

2.1.1 引例

首先介绍导数概念产生的两个重要的背景.

1. 变速直线运动的瞬时速度

设一质点在坐标轴上做变速直线运动,在时刻 t,质点的位置坐标为 s,则 s 是 t 的函数:$s = f(t)$,求质点在 t_0 时刻的瞬时速度.

在时间间隔 $[t_0, t_0 + \Delta t]$ 上,质点从位置 $f(t_0)$ 移动到 $f(t_0 + \Delta t)$,则在这段时间内,质点所经过的路程为 $\Delta s = f(t_0 + \Delta t) - f(t_0)$,平均速度为

$$\bar{v} = \frac{\Delta s}{\Delta t} = \frac{f(t_0 + \Delta t) - f(t_0)}{\Delta t}. \tag{2-1}$$

如果质点在这段时间内做匀速直线运动,则式(2-1)的比值为一个常数,这个比值就是质点在 t_0 时刻的瞬时速度.但是当质点做变速直线运动时,它的速度随时间而变化.显然,当 $|\Delta t|$ 很小时,可以用 $\bar{v}$ 作为质点在 t_0 时刻的瞬时速度的近似值,而且 $|\Delta t|$ 越小,其近似效果越好.为了得到 t_0 时刻的速度的精确值,令 $\Delta t \to 0$,对式(2-1)取极限,如果这个极限存在,则称此极限为质点在 t_0 时刻的瞬时速度,即

$$v(t_0) = \lim_{\Delta t \to 0} \frac{\Delta s}{\Delta t} = \lim_{\Delta t \to 0} \frac{f(t_0 + \Delta t) - f(t_0)}{\Delta t}.$$

质点在时刻 t_0 的速度反映了路程 s 对时间 t 在 t_0 时的变化快慢程度.

2. 切线的斜率

我们知道,圆的切线可定义为"与圆只有一个交点的直线",而对于一般的曲线,把曲线的切线定义为"与曲线只有一个交点的直线"就不合适了.例如,对于抛物线 $y = x^2$,在原点 O 处的两个坐标轴都符合上述定义,但实际上只有 x 轴是其在原点 O 处的切线.为此,我们给出切线的一般定义.

设曲线 C 是函数 $y = f(x)$ 的图形,如图 2-1 所示.现在要求曲线在点 $M(x_0, f(x_0))$ 处的切线,只要求出曲线在该点处的切线的斜率即可.那么如何求曲线 $y = f(x)$ 在点 $M(x_0, f(x_0))$ 处的切线的斜率呢? 为此,在点 M 外另取曲线 C 上一点 $N(x_0 + \Delta x, f(x_0 + \Delta x))$,于是割线 MN 的斜率为

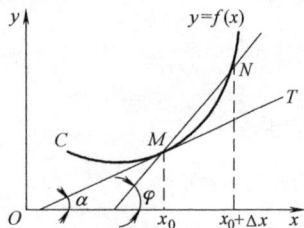

图 2-1

$$\tan\varphi = \frac{\Delta y}{\Delta x} = \frac{f(x_0 + \Delta x) - f(x_0)}{\Delta x}, \tag{2-2}$$

其中 φ 为割线 MN 的倾角.当点 N 沿曲线 C 趋于点 M 时,$\Delta x \to 0$.如果当 $\Delta x \to 0$ 时,式(2-2)的极限存在,即

$$\tan\alpha = \lim_{\Delta x \to 0} \frac{\Delta y}{\Delta x} = \lim_{\Delta x \to 0} \frac{f(x_0 + \Delta x) - f(x_0)}{\Delta x}$$

存在,则此极限就是曲线 C 在点 M 处的切线斜率,其中 α 是切线 MT 的倾角.曲线 C 在点 M 处的切线斜率反映了曲线 $y = f(x)$ 在点 M 处升降的快慢程度.

上面的两个问题,一个是物理问题,一个是几何问题,虽然它们的实际意义各不相同,但解决它们的思想方法却是相同的,所求量的数学结构也具有完全相同的形式,即都是计算函数的增量与自变量增量之比当自变量增量趋于零时的极限.还有许多实际问题,例

如城市人口增长的速度、国民经济发展的速度、成本变化率和利润变化率等,都可归结为上述形式的极限. 我们撇开这些量的具体意义,抓住它们在数量关系上的共性,就得出函数的导数概念.

2.1.2　导数的定义

定义 2-1　设函数 $y = f(x)$ 在点 x_0 的某个邻域内有定义,当自变量 x 在 x_0 处取得增量 Δx(点 $x_0 + \Delta x$ 仍在该邻域内)时,函数 y 相应地取得增量 $\Delta y = f(x_0 + \Delta x) - f(x_0)$. 如果极限

$$\lim_{\Delta x \to 0} \frac{\Delta y}{\Delta x} = \lim_{\Delta x \to 0} \frac{f(x_0 + \Delta x) - f(x_0)}{\Delta x}$$

存在,则称函数 $y = f(x)$ 在点 x_0 处可导,并称这个极限为函数 $y = f(x)$ 在点 x_0 处的导数,记为 $f'(x_0)$,即

$$f'(x_0) = \lim_{\Delta x \to 0} \frac{\Delta y}{\Delta x} = \lim_{\Delta x \to 0} \frac{f(x_0 + \Delta x) - f(x_0)}{\Delta x}. \tag{2-3}$$

函数 $y = f(x)$ 在点 x_0 处的导数也可记为 $y'|_{x=x_0}$, $\dfrac{\mathrm{d}y}{\mathrm{d}x}\Big|_{x=x_0}$

或 $\dfrac{\mathrm{d}f(x)}{\mathrm{d}x}\Big|_{x=x_0}$.

□ 微分和导数符号的历史

函数 $f(x)$ 在点 x_0 处可导有时也说成 $f(x)$ 在点 x_0 处具有导数或导数存在.

导数的定义式(2-3)也可取不同的形式,常见的有

$$f'(x_0) = \lim_{h \to 0} \frac{f(x_0 + h) - f(x_0)}{h}$$

和

$$f'(x_0) = \lim_{x \to x_0} \frac{f(x) - f(x_0)}{x - x_0}.$$

在实际中,需要讨论各种具有不同意义的变量的变化“快慢”问题,反映在数学上就是所谓函数的变化率问题. 导数的实质就是函数的变化率.

由导数的定义知,做变速直线运动的物体在时刻 t_0 的瞬时速度等于路程函数 $s = f(t)$ 在 $t = t_0$ 时的导数,即 $v(t_0) = s'(t_0)$;曲线 $y = f(x)$ 在点 $M(x_0, f(x_0))$ 处的切线斜率就是函数 $y = f(x)$ 在点 $x = x_0$ 处的导数,即 $\tan\alpha = f'(x_0)$.

如果极限 $\lim\limits_{\Delta x \to 0} \dfrac{f(x_0 + \Delta x) - f(x_0)}{\Delta x}$ 不存在,则称函数 $y = f(x)$ 在点 x_0 处不可导.

例 2-1　已知函数 $f(x) = x^2$，求 $f'(1)$.

解　$f'(1) = \lim\limits_{\Delta x \to 0} \dfrac{f(1+\Delta x) - f(1)}{\Delta x} = \lim\limits_{\Delta x \to 0} \dfrac{(1+\Delta x)^2 - 1}{\Delta x} =$

$\lim\limits_{\Delta x \to 0}(\Delta x + 2) = 2$.

□ 即时练习 2-1

已知函数 $f(x) =$

$\begin{cases} x^2 \sin \dfrac{1}{x}, & x \neq 0, \\ 0, & x = 0, \end{cases}$

求 $f'(0)$.

例 2-2　讨论函数 $f(x) = \sqrt[3]{x}$ 在 $x = 0$ 处的可导性.

解　因为 $\lim\limits_{h \to 0} \dfrac{f(0+h) - f(0)}{h} = \lim\limits_{h \to 0} \dfrac{\sqrt[3]{h} - 0}{h} = +\infty$，

所以函数 $f(x) = \sqrt[3]{x}$ 在 $x = 0$ 处不可导.

注意：在导数定义中，只要在自变量的某一变化过程中，$\varphi(x)$ → 0，就有

$$f'(x_0) = \lim_{\varphi(x) \to 0} \frac{f(x_0 + \varphi(x)) - f(x_0)}{\varphi(x)}.$$

与左、右极限的概念对应，也有左、右导数的概念.

如果极限 $\lim\limits_{h \to 0^-} \dfrac{f(x_0 + h) - f(x_0)}{h}$ 存在，则称此极限为 $f(x)$ 在点 x_0 处的左导数，记作 $f'_-(x_0)$，即

$$f'_-(x_0) = \lim_{h \to 0^-} \frac{f(x_0 + h) - f(x_0)}{h}.$$

□ 即时练习 2-2

已知 $f'(x_0)$ 存在，求极限

$\lim\limits_{\Delta x \to 0} \dfrac{f(x_0 + 3\Delta x) - f(x_0)}{\Delta x}$.

如果极限 $\lim\limits_{h \to 0^+} \dfrac{f(x_0 + h) - f(x_0)}{h}$ 存在，则称此极限为 $f(x)$ 在点 x_0 处的右导数，记作 $f'_+(x_0)$，即

$$f'_+(x_0) = \lim_{h \to 0^+} \frac{f(x_0 + h) - f(x_0)}{h}.$$

由极限存在的充要条件知：函数 $f(x)$ 在点 x_0 处可导的充要条件是 $f(x)$ 在点 x_0 处的左、右导数都存在且相等. 即

$$f'(x_0) = A \Leftrightarrow f'_-(x_0) = f'_+(x_0) = A.$$

例 2-3　求函数 $f(x) = |x|$ 在 $x = 0$ 处的导数.

解　$f'_-(0) = \lim\limits_{h \to 0^-} \dfrac{f(0+h) - f(0)}{h} = \lim\limits_{h \to 0^-} \dfrac{|h|}{h} = -1$，

$f'_+(0) = \lim\limits_{h \to 0^+} \dfrac{f(0+h) - f(0)}{h} = \lim\limits_{h \to 0^+} \dfrac{|h|}{h} = 1$，

因为 $f'_-(0) \neq f'_+(0)$，所以函数 $f(x) = |x|$ 在 $x = 0$ 处导数不存在.

如果函数 $y = f(x)$ 在开区间 (a,b) 内的每一点都可导，则称函数 $f(x)$ 在开区间 (a,b) 内可导. 这时，对于任一 $x \in (a,b)$，都对应着 $f(x)$ 的一个确定的导数值 $f'(x)$. 这样就构成了一个新的函数，这个函数称为原来函数 $y = f(x)$ 的导函数，简称导数，记作 y'，$f'(x)$，$\dfrac{\mathrm{d}y}{\mathrm{d}x}$ 或 $\dfrac{\mathrm{d}f(x)}{\mathrm{d}x}$，即

$$y' = \lim_{\Delta x \to 0} \frac{f(x + \Delta x) - f(x)}{\Delta x} \tag{2-4}$$

或

$$f'(x) = \lim_{h \to 0} \frac{f(x + h) - f(x)}{h}. \tag{2-5}$$

注意：在式(2-4)、式(2-5)两式中，虽然 x 可以取区间 (a,b) 内的任何值，但在求极限过程中，x 看作常量，Δx 或 h 是变量.

如果函数 $f(x)$ 在开区间 (a,b) 内可导，且右导数 $f'_+(a)$ 和左导数 $f'_-(b)$ 都存在，则称函数 $f(x)$ 在闭区间 $[a,b]$ 上可导.

显然，函数 $f(x)$ 在点 x_0 处的导数 $f'(x_0)$ 就是导函数 $f'(x)$ 在点 $x = x_0$ 处的函数值，即

$$f'(x_0) = f'(x)\big|_{x=x_0}.$$

2.1.3　求导数举例

根据导数定义，可以求出一些简单函数的导数.

例 2-4　　求函数 $f(x) = C$（C 为常数）的导数.

解　$f'(x) = \lim\limits_{h \to 0} \dfrac{f(x+h) - f(x)}{h} = \lim\limits_{h \to 0} \dfrac{C - C}{h} = 0$,

即 $$(C)' = 0.$$

这就是说，常数的导数等于零.

例 2-5　　求函数 $f(x) = x^n$（n 为正整数）的导数.

解　$\Delta y = f(x+h) - f(x) = (x+h)^n - x^n$

$\qquad = nx^{n-1}h + C_n^2 x^{n-2}h^2 + \cdots + h^n$,

$f'(x) = \lim\limits_{h \to 0} \dfrac{f(x+h) - f(x)}{h} = \lim\limits_{h \to 0}(nx^{n-1} + C_n^2 x^{n-2}h + \cdots + h^{n-1})$

$\qquad = nx^{n-1}$,

即 $$(x^n)' = nx^{n-1}.$$

一般地，有 $(x^\mu)' = \mu x^{\mu-1}$，其中 μ 为常数. 如 $\left(\dfrac{1}{x}\right)' = -\dfrac{1}{x^2}$，$(\sqrt{x})' = \dfrac{1}{2\sqrt{x}}$，$(x^3)' = 3x^2$.

例 2-6　　求函数 $f(x) = \sin x$ 的导数，并求 $f'\left(\dfrac{\pi}{2}\right)$.

解　$f'(x) = \lim\limits_{h \to 0} \dfrac{f(x+h) - f(x)}{h} = \lim\limits_{h \to 0} \dfrac{\sin(x+h) - \sin x}{h}$

$\qquad = \lim\limits_{h \to 0} \dfrac{1}{h} \cdot 2\cos\left(x + \dfrac{h}{2}\right)\sin\dfrac{h}{2}$

$\qquad = \lim\limits_{h \to 0} \cos\left(x + \dfrac{h}{2}\right) \cdot \dfrac{\sin\dfrac{h}{2}}{\dfrac{h}{2}} = \cos x.$

即 $$(\sin x)' = \cos x.$$

$$f'\left(\frac{\pi}{2}\right) = \cos \frac{\pi}{2} = 0.$$

同理可得 $(\cos x)' = -\sin x.$

例 2-7　　求 $f(x) = a^x (a > 0, a \neq 1)$ 的导数.

解　$f'(x) = \lim\limits_{h \to 0} \dfrac{f(x+h) - f(x)}{h} = \lim\limits_{h \to 0} \dfrac{a^{x+h} - a^x}{h} = a^x \cdot \lim\limits_{h \to 0} \dfrac{a^h - 1}{h}$

$\xlongequal{\text{令} \beta = a^h - 1} a^x \lim\limits_{\beta \to 0} \dfrac{\beta}{\log_a(1+\beta)} = a^x \lim\limits_{\beta \to 0} \dfrac{1}{\log_a(1+\beta)^{\frac{1}{\beta}}}$

$$= a^x \cdot \dfrac{1}{\log_a e} = a^x \ln a,$$

所以 $$(a^x)' = a^x \ln a.$$

特别地, $(e^x)' = e^x.$

例 2-8　　求函数 $f(x) = \log_a x (a > 0, a \neq 1)$ 的导数.

解　$f'(x) = \lim\limits_{h \to 0} \dfrac{f(x+h) - f(x)}{h} = \lim\limits_{h \to 0} \dfrac{\log_a(x+h) - \log_a x}{h}$

$= \lim\limits_{h \to 0} \dfrac{1}{h} \log_a \left(\dfrac{x+h}{x}\right) = \dfrac{1}{x} \lim\limits_{h \to 0} \dfrac{x}{h} \log_a \left(1 + \dfrac{h}{x}\right)$

$= \dfrac{1}{x} \lim\limits_{h \to 0} \log_a \left(1 + \dfrac{h}{x}\right)^{\frac{x}{h}} = \dfrac{1}{x} \log_a e = \dfrac{1}{x \ln a}.$

即 $$(\log_a x)' = \dfrac{1}{x \ln a}.$$

特殊地, 当 $a = e$ 时, 有 $(\ln x)' = \dfrac{1}{x}.$

　　至此, 在基本初等函数中, 只有正切函数、余切函数、正割函数、余割函数的导数没有求出, 反函数和复合函数的导数尚未讨论, 这些函数的求导问题需要借助于相关的求导法则.

2.1.4　导数的几何意义

　　函数 $y = f(x)$ 在点 x_0 处的导数 $f'(x_0)$ 在几何上表示曲线 $y = f(x)$ 在点 $M(x_0, f(x_0))$ 处的切线的斜率, 即

$$\tan \alpha = f'(x_0),$$

其中 α 是切线的倾角.

　　如果 $f'(x_0)$ 存在, 则曲线 $y = f(x)$ 在点 $M(x_0, f(x_0))$ 处的切线方程为

$$y - f(x_0) = f'(x_0)(x - x_0).$$

如果 $f'(x_0) = \infty$, 这时曲线 $y = f(x)$ 在点 $M(x_0, f(x_0))$ 处具有垂直于 x 轴的切线, 则其切线方程为 $x = x_0.$

过切点 $M(x_0, f(x_0))$ 且与切线垂直的直线称为曲线 $y = f(x)$ 在点 M 处的法线. 如果 $f'(x_0) \neq 0$, 法线的斜率为 $-\dfrac{1}{f'(x_0)}$, 从而法线方程为

$$y - f(x_0) = -\frac{1}{f'(x_0)}(x - x_0).$$

如果 $f'(x_0) = 0$, 这时曲线 $y = f(x)$ 在点 $M(x_0, f(x_0))$ 处具有垂直于 x 轴的法线, 则其法线方程为 $x = x_0$.

例 2-9　求双曲线 $y = \dfrac{1}{x}$ 在点 $\left(\dfrac{1}{2}, 2\right)$ 处的切线方程和法线方程.

解　由于 $y' = -\dfrac{1}{x^2}$, 所以 $y'|_{x=\frac{1}{2}} = -\dfrac{1}{x^2}\Big|_{x=\frac{1}{2}} = -4$. 于是, 所求切线方程为

$$y - 2 = -4\left(x - \frac{1}{2}\right), \text{即 } 4x + y - 4 = 0.$$

所求法线方程为

$$y - 2 = \frac{1}{4}\left(x - \frac{1}{2}\right), \text{即 } 2x - 8y + 15 = 0.$$

2.1.5　函数的可导性与连续性之间的关系

定理 2-1　如果函数 $y = f(x)$ 在点 x_0 处可导, 则函数 $y = f(x)$ 在点 x_0 处必连续.

证明　设函数 $y = f(x)$ 在点 x_0 处可导, 即 $\lim\limits_{\Delta x \to 0} \dfrac{\Delta y}{\Delta x} = f'(x_0)$ 存在. 则

$$\lim_{\Delta x \to 0} \Delta y = \lim_{\Delta x \to 0} \frac{\Delta y}{\Delta x} \cdot \Delta x = \lim_{\Delta x \to 0} \frac{\Delta y}{\Delta x} \cdot \lim_{\Delta x \to 0} \Delta x = f'(x_0) \cdot 0 = 0.$$

这就是说, 函数 $y = f(x)$ 在点 x_0 处连续.

注意: 定理的逆命题不成立, 即若函数 $y = f(x)$ 在点 x_0 处连续, 则函数 $y = f(x)$ 在该点处却不一定可导. 函数在某点连续只是函数在该点可导的必要条件. 例如, 函数 $f(x) = |x|$ 在 $x = 0$ 处是连续的, 但该函数在 $x = 0$ 处却是不可导的.

例 2-10　讨论函数 $f(x) = \begin{cases} \sin 2x, & x < 0, \\ \ln(1+x), & x \geqslant 0 \end{cases}$ 在 $x = 0$ 处的连续性与可导性.

解　因为 $\lim\limits_{x \to 0^-} f(x) = \lim\limits_{x \to 0^-} \sin 2x = 0, \lim\limits_{x \to 0^+} f(x) = \lim\limits_{x \to 0^+} \ln(1+x) = 0, f(0) = 0,$

所以 $\lim\limits_{x \to 0} f(x) = f(0)$，即函数 $f(x)$ 在 $x = 0$ 处连续.

又

$$f'_-(0) = \lim_{x \to 0^-} \frac{f(x) - f(0)}{x - 0} = \lim_{x \to 0^-} \frac{\sin 2x}{x} = 2,$$

$$f'_+(0) = \lim_{x \to 0^+} \frac{f(x) - f(0)}{x - 0} = \lim_{x \to 0^+} \frac{\ln(1 + x)}{x} = 1,$$

因为 $f'_-(0) \neq f'_+(0)$，所以函数 $f(x)$ 在 $x = 0$ 处不可导.

习题 2.1

1. 已知 $f'(x_0)$ 存在，求下列极限.

(1) $\lim\limits_{\Delta x \to 0} \dfrac{f(x_0) - f(x_0 - \Delta x)}{\Delta x}$；

(2) $\lim\limits_{h \to 0} \dfrac{f(x_0 + 2h) - f(x_0 - h)}{h}$.

2. 讨论函数 $f(x) = \begin{cases} \sin x, & x \geqslant 0, \\ x - 1, & x < 0 \end{cases}$ 在 $x = 0$ 处的连续性与可导性.

3. 求下列函数的导数：

(1) $y = x^2 \sqrt[3]{x}$；   (2) $y = \dfrac{\sqrt[5]{x^2}}{x^4}$；

(3) $y = \ln 3$；   (4) $y = \log_3 x$.

4. 求下列函数在给定点 x_0 处的导数：

(1) $y = 3, x_0 = 2$；   (2) $y = x^4, x_0 = 1$；

(3) $y = \sqrt{x}, x_0 = 3$；   (4) $y = \ln x, x_0 = 4$.

5. 求曲线 $y = \sqrt{x}$ 在点 $(4, 2)$ 处的切线方程和法线方程.

6. 在曲线 $y = x^3$ 上求一点，使曲线在该点的切线斜率等于 12.

7. 设某产品生产 x 个单位的总收入为 $R(x) = 200x - 0.01x^2$，求生产第 100 个单位产品时，总收入的变化率.

2.2   求导法则

在 2.1 节中，利用导数的定义求出了一些简单函数的导数. 但是对于复杂的函数，直接根据导数定义来求它们的导数往往是比较困难的. 因此，我们有必要寻找出一套简单有效的求导方法. 本节将介绍导数的有关运算法则，借助这些法则和基本初等函数的求导公式，就能比较方便地求出常见的初等函数的导数.

2.2.1　函数的和、差、积、商的求导法则

定理 2-2　　设函数 $u = u(x)$ 及 $v = v(x)$ 在点 x 均可导,则它们的和、差、积、商(除分母为零的点外)都在点 x 处可导,并且有

(1) $[u(x) \pm v(x)]' = u'(x) \pm v'(x)$;

(2) $[u(x)v(x)]' = u'(x)v(x) + u(x)v'(x)$,

特别地,当 C 为常数时,有 $[Cu(x)]' = Cu'(x)$;

(3) $\left[\dfrac{u(x)}{v(x)}\right]' = \dfrac{u'(x)v(x) - u(x)v'(x)}{v^2(x)}(v(x) \neq 0)$,

特别地,$\left[\dfrac{1}{v(x)}\right]' = -\dfrac{v'(x)}{v^2(x)}(v(x) \neq 0)$.

证明

$$(1)[u(x) \pm v(x)]' = \lim_{h \to 0} \frac{[u(x+h) \pm v(x+h)] - [u(x) \pm v(x)]}{h}$$

$$= \lim_{h \to 0}\left[\frac{u(x+h) - u(x)}{h} \pm \frac{v(x+h) - v(x)}{h}\right]$$

$$= u'(x) \pm v'(x).$$

$$(2)[u(x)v(x)]' = \lim_{h \to 0} \frac{u(x+h)v(x+h) - u(x)v(x)}{h}$$

$$= \lim_{h \to 0}\frac{1}{h}[u(x+h)v(x+h) - u(x)v(x+h) +$$

$$u(x)v(x+h) - u(x)v(x)]$$

$$= \lim_{h \to 0}\left[\frac{u(x+h) - u(x)}{h}v(x+h) \right.$$

$$\left. + u(x)\frac{v(x+h) - v(x)}{h}\right]$$

$$= \lim_{h \to 0}\frac{u(x+h) - u(x)}{h} \cdot \lim_{h \to 0}v(x+h) +$$

$$u(x) \cdot \lim_{h \to 0}\frac{v(x+h) - v(x)}{h}$$

$$= u'(x)v(x) + u(x)v'(x),$$

其中 $\lim\limits_{h \to 0}v(x+h) = v(x)$ 是由于 $v'(x)$ 存在,故 $v(x)$ 在点 x 连续.

$$(3)\left[\frac{u(x)}{v(x)}\right]' = \lim_{h \to 0}\frac{\dfrac{u(x+h)}{v(x+h)} - \dfrac{u(x)}{v(x)}}{h}$$

$$= \lim_{h \to 0}\frac{u(x+h)v(x) - u(x)v(x+h)}{v(x+h)v(x)h}$$

$$= \lim_{h \to 0}\frac{[u(x+h) - u(x)]v(x) - u(x)[v(x+h) - v(x)]}{v(x+h)v(x)h}$$

$$= \lim_{h \to 0}\frac{\dfrac{u(x+h) - u(x)}{h}v(x) - u(x)\dfrac{v(x+h) - v(x)}{h}}{v(x+h)v(x)}$$

$$= \frac{u'(x)v(x) - u(x)v'(x)}{v^2(x)}.$$

法则(1)、(2)、(3)可简单地表示为

$$(u \pm v)' = u' \pm v', \quad (uv)' = u'v + uv', \quad (Cu)' = Cu', \quad \left(\frac{u}{v}\right)'$$

$$= \frac{u'v - uv'}{v^2}, \quad \left(\frac{1}{v}\right)' = -\frac{v'}{v^2}.$$

注意：定理 2-2 中的法则(1)、(2)可推广到任意有限个可导函数的情形. 例如，设 $u = u(x)$、$v = v(x)$、$w = w(x)$ 均可导，则有

$$(u + v - w)' = u' + v' - w'.$$

$$(uvw)' = [(uv)w]' = (uv)'w + (uv)w'$$

$$= (u'v + uv')w + uvw' = u'vw + uv'w + uvw'.$$

即

$$(uvw)' = u'vw + uv'w + uvw'.$$

例 2-11　$f(x) = x^3 + 4\cos x - \sin\frac{\pi}{2}$，求 $f'(x)$ 及 $f'\left(\frac{\pi}{2}\right)$.

解　$f'(x) = (x^3)' + (4\cos x)' - \left(\sin\frac{\pi}{2}\right)' = 3x^2 - 4\sin x$，

$$f'\left(\frac{\pi}{2}\right) = \frac{3}{4}\pi^2 - 4.$$

□ **即时练习 2-3**

设 $y = e^x(\sin x + \cos x)$，求 y'.

例 2-12　$y = x^2\ln x$，求 y'.

解　$y' = (x^2)'\ln x + x^2(\ln x)' = 2x\ln x + x^2 \cdot \frac{1}{x} = x(2\ln x + 1)$.

例 2-13　$y = \tan x$，求 y'.

解　$y' = (\tan x)' = \left(\frac{\sin x}{\cos x}\right)' = \frac{(\sin x)'\cos x - \sin x(\cos x)'}{\cos^2 x}$

$$= \frac{\cos^2 x + \sin^2 x}{\cos^2 x} = \frac{1}{\cos^2 x} = \sec^2 x.$$

即

$$(\tan x)' = \sec^2 x.$$

同理可得

$$(\cot x)' = -\csc^2 x.$$

例 2-14　$y = \sec x$，求 y'.

□ **即时练习 2-4**

设 $y = \dfrac{x}{1 + x^2}$，求 y'.

解　$y' = (\sec x)' = \left(\frac{1}{\cos x}\right)' = \frac{(1)'\cos x - 1 \cdot (\cos x)'}{\cos^2 x}$

$$= \frac{\sin x}{\cos^2 x} = \sec x \tan x.$$

即

$$(\sec x)' = \sec x \tan x.$$

同理可得

$$(\csc x)' = -\csc x \cot x.$$

2.2.2　反函数的求导法则

定理 2-3　　如果函数 $x = f(y)$ 在某区间 I_y 内单调、可导且 $f'(y) \neq 0$，那么它的反函数 $y = f^{-1}(x)$ 在对应区间 $I_x = \{x \mid x = f(y)$，$y \in I_y\}$ 内也可导，并且

$$[f^{-1}(x)]' = \frac{1}{f'(y)} \text{ 或 } \frac{\mathrm{d}y}{\mathrm{d}x} = \frac{1}{\dfrac{\mathrm{d}x}{\mathrm{d}y}}.$$

即反函数的导数等于其直接函数导数的倒数.

证明　　由于 $x = f(y)$ 在 I_y 内单调、连续，所以 $x = f(y)$ 的反函数 $y = f^{-1}(x)$ 存在，且 $f^{-1}(x)$ 在 I_x 内也单调、连续. 任取 $x \in I_x$，给 x 以增量 $\Delta x(\Delta x \neq 0, x + \Delta x \in I_x)$，则由 $y = f^{-1}(x)$ 的单调性可知，$\Delta y = f^{-1}(x + \Delta x) - f^{-1}(x) \neq 0$，

于是

$$\frac{\Delta y}{\Delta x} = \frac{1}{\dfrac{\Delta x}{\Delta y}}.$$

因为 $y = f^{-1}(x)$ 连续，故 $\lim\limits_{x \to 0} \Delta y = 0$. 从而

$$[f^{-1}(x)]' = \lim_{\Delta x \to 0} \frac{\Delta y}{\Delta x} = \lim_{\Delta y \to 0} \frac{1}{\dfrac{\Delta x}{\Delta y}} = \frac{1}{f'(y)}.$$

例 2-15　　求 $y = \arcsin x(-1 < x < 1)$ 的导数.

解　　$y = \arcsin x$ 是 $x = \sin y\left(-\dfrac{\pi}{2} < y < \dfrac{\pi}{2}\right)$ 的反函数. 而函数 $x = \sin y$ 在开区间 $\left(-\dfrac{\pi}{2}, \dfrac{\pi}{2}\right)$ 内单调、可导，且 $(\sin y)' = \cos y \neq 0$. 因此，由反函数的求导法则，在对应区间 $(-1, 1)$ 内有

$$(\arcsin x)' = \frac{1}{(\sin y)'} = \frac{1}{\cos y} = \frac{1}{\sqrt{1 - \sin^2 y}} = \frac{1}{\sqrt{1 - x^2}}.$$

即

$$(\arcsin x)' = \frac{1}{\sqrt{1 - x^2}}(-1 < x < 1).$$

同理可得

$$(\arccos x)' = -\frac{1}{\sqrt{1 - x^2}}(-1 < x < 1).$$

例 2-16　　求 $y = \arctan x(-\infty < x < +\infty)$ 的导数.

解　　$y = \arctan x$ 是 $x = \tan y\left(-\dfrac{\pi}{2} < y < \dfrac{\pi}{2}\right)$ 的反函数. 而函数 $x = \tan y$ 在区间 $\left(-\dfrac{\pi}{2}, \dfrac{\pi}{2}\right)$ 内单调、可导，且 $(\tan y)' = \sec^2 y \neq 0$. 因此，由反函数的求导法则，在对应区间 $(-\infty, +\infty)$ 内有

□ 即时练习 2-5

利用反函数求导法则求

$y = a^x (a > 0, a \neq 1)$ 的

导数.

$$(\arctan x)' = \frac{1}{(\tan y)'} = \frac{1}{\sec^2 y} = \frac{1}{1 + \tan^2 y} = \frac{1}{1 + x^2}.$$

即

$$(\arctan x)' = \frac{1}{1 + x^2} (-\infty < x < +\infty).$$

同理可得

$$(\text{arccot} x)' = -\frac{1}{1 + x^2} (-\infty < x < +\infty).$$

例 2-17   设 $y = x^2 + 2^x + (1 + x^2)\arctan x$, 求 y'.

解 $y' = (x^2)' + (2^x)' + (1 + x^2)'\arctan x + (1 + x^2)(\arctan x)'$

$$= 2x + 2^x \ln 2 + 2x \cdot \arctan x + (1 + x^2) \cdot \frac{1}{1 + x^2}$$

$$= 2x + 2^x \ln 2 + 2x \arctan x + 1.$$

到目前为止,所有基本初等函数的导数我们都求出来了,那么由基本初等函数构成的且较为复杂的初等函数的导数如何求呢?如复合函数 $\ln \tan x$、e^{x^3} 的导数怎样求呢?

2.2.3   复合函数的求导法则

定理 2-4   如果函数 $u = g(x)$ 在点 x 可导,而函数 $y = f(u)$ 在点 $u = g(x)$ 处可导,则复合函数 $y = f\big(g(x)\big)$ 在点 x 处可导,且有

$$\frac{dy}{dx} = f'(u) \cdot g'(x) \quad \text{或} \quad \frac{dy}{dx} = \frac{dy}{du} \cdot \frac{du}{dx}.$$

即复合函数的导数等于复合函数对中间变量的导数乘以中间变量对自变量的导数.

证明   设自变量 x 有增量 Δx,相应地变量 u 有增量 Δu,从而 y 有增量 Δy. 当 $\Delta u \neq 0$ 时,由于

$$\frac{\Delta y}{\Delta x} = \frac{\Delta y}{\Delta u} \cdot \frac{\Delta u}{\Delta x},$$

又 $u = g(x)$ 在点 x 可导,于是 $u = g(x)$ 在点 x 连续,所以当 $\Delta x \to 0$ 时,$\Delta u \to 0$,于是

$$\frac{dy}{dx} = \lim_{\Delta x \to 0} \frac{\Delta y}{\Delta x} = \lim_{\Delta u \to 0} \frac{\Delta y}{\Delta u} \cdot \lim_{\Delta x \to 0} \frac{\Delta u}{\Delta x} = f'(u) \cdot g'(x).$$

例 2-18   求下列函数的导数:

(1) $y = (1 - 3x)^4$;   (2) $y = \tan(3x + 7)$.

解   (1) 函数 $y = (1 - 3x)^4$ 是由 $y = u^4, u = 1 - 3x$ 复合而成的,因此

$$\frac{dy}{dx} = \frac{dy}{du} \cdot \frac{du}{dx} = 4u^3 \cdot (-3) = -12(1 - 3x)^3.$$

(2) 函数 $y = \tan(3x+7)$ 是由 $y = \tan u, u = 3x+7$ 复合而成的,因此

$$\frac{\mathrm{d}y}{\mathrm{d}x} = \frac{\mathrm{d}y}{\mathrm{d}u} \cdot \frac{\mathrm{d}u}{\mathrm{d}x} = \sec^2 u \cdot 3 = 3\sec^2(3x+7).$$

当对复合函数的分解比较熟练后,就不必再写出中间变量,而直接由复合函数的求导法则写出其导数.

□ 即时练习 2-6

求下列函数的导数:

$(1) y = \mathrm{e}^{x^3}$;

$(2) y = \sin\dfrac{2x}{1+x^2}.$

例 2-19　求函数 $y = \ln(1+2x^3)$ 的导数.

解　$\dfrac{\mathrm{d}y}{\mathrm{d}x} = \left[\ln(1+2x^3)\right]' = \dfrac{1}{1+2x^3} \cdot (1+2x^3)'$

$\qquad\qquad = \dfrac{6x^2}{1+2x^3}.$

复合函数的求导法则也称为链式法则,它可以推广到多个中间变量的情形. 例如,设 $y = f(u), u = \varphi(v), v = \psi(x)$ 都满足相应条件,则

$$\frac{\mathrm{d}y}{\mathrm{d}x} = \frac{\mathrm{d}y}{\mathrm{d}u} \cdot \frac{\mathrm{d}u}{\mathrm{d}x} = \frac{\mathrm{d}y}{\mathrm{d}u} \cdot \frac{\mathrm{d}u}{\mathrm{d}v} \cdot \frac{\mathrm{d}v}{\mathrm{d}x}.$$

即对复合函数求导时,应从外层向里层逐层求导,直到把所有的中间变量的导数求完为止.

例 2-20　求下列函数的导数:

$(1) y = \ln\sin(\mathrm{e}^x)$; $\qquad\qquad (2) y = \mathrm{e}^{\cos\frac{1}{x}}.$

解　$(1) \dfrac{\mathrm{d}y}{\mathrm{d}x} = \left[\ln\sin(\mathrm{e}^x)\right]' = \dfrac{1}{\sin(\mathrm{e}^x)} \cdot \left[\sin(\mathrm{e}^x)\right]'$

$\qquad\qquad = \dfrac{1}{\sin(\mathrm{e}^x)} \cdot \cos(\mathrm{e}^x) \cdot (\mathrm{e}^x)' = \mathrm{e}^x \cot(\mathrm{e}^x).$

$(2) \dfrac{\mathrm{d}y}{\mathrm{d}x} = (\mathrm{e}^{\cos\frac{1}{x}})' = \mathrm{e}^{\cos\frac{1}{x}} \cdot \left(\cos\dfrac{1}{x}\right)'$

$\qquad\qquad = \mathrm{e}^{\cos\frac{1}{x}} \cdot \left(-\sin\dfrac{1}{x}\right) \cdot \left(\dfrac{1}{x}\right)' = \dfrac{1}{x^2} \cdot \mathrm{e}^{\cos\frac{1}{x}} \cdot \sin\dfrac{1}{x}.$

2.2.4 基本初等函数的导数公式与求导法则

前面我们研究了导数的四则运算法则、反函数和复合函数的求导法则,并给出了所有基本初等函数的导数公式,利用这些知识可以求出所有初等函数的导数. 为了便于记忆和查阅,现将这些导数公式和求导法则归纳如下.

1. 基本初等函数的导数公式

(1) $(C)' = 0 (C$ 为常数);   (2) $(x^\mu)' = \mu x^{\mu-1} (\mu$ 为实数);

(3) $(a^x)' = a^x \ln a (a > 0, a \neq 1)$;   (4) $(e^x)' = e^x$;

(5) $(\log_a x)' = \dfrac{1}{x \ln a} (a > 0, a \neq 1)$;

(6) $(\ln x)' = \dfrac{1}{x}$;

(7) $(\sin x)' = \cos x$;   (8) $(\cos x)' = -\sin x$;

(9) $(\tan x)' = \sec^2 x$;   (10) $(\cot x)' = -\csc^2 x$;

(11) $(\sec x)' = \sec x \cdot \tan x$;   (12) $(\csc x)' = -\csc x \cdot \cot x$;

(13) $(\arcsin x)' = \dfrac{1}{\sqrt{1-x^2}}$;   (14) $(\arccos x)' = -\dfrac{1}{\sqrt{1-x^2}}$;

(15) $(\arctan x)' = \dfrac{1}{1+x^2}$;   (16) $(\operatorname{arccot} x)' = -\dfrac{1}{1+x^2}$.

2. 函数的和、差、积、商的求导法则

设 $u = u(x), v = v(x)$ 都可导,则

(1) $(u \pm v)' = u' \pm v'$;   (2) $(Cu)' = Cu'$;

(3) $(uv)' = u'v + uv'$;   (4) $\left(\dfrac{u}{v}\right)' = \dfrac{u'v - uv'}{v^2}$.

3. 反函数的求导法则

设 $x = f(y)$ 在区间 I_y 内单调、可导且 $f'(y) \neq 0$,则它的反函数 $y = f^{-1}(x)$ 在 $I_x = f(I_y)$ 内也可导,并且

$$\left[f^{-1}(x)\right]' = \frac{1}{f'(y)} \quad \text{或} \quad \frac{\mathrm{d}y}{\mathrm{d}x} = \frac{1}{\dfrac{\mathrm{d}x}{\mathrm{d}y}}.$$

4. 复合函数的求导法则

设函数 $y = f(u)$,而 $u = g(x)$,且 $f(u)$ 及 $g(x)$ 都可导,则复合函数 $y = f\big(g(x)\big)$ 的导数为

$$\frac{\mathrm{d}y}{\mathrm{d}x} = \frac{\mathrm{d}y}{\mathrm{d}u} \cdot \frac{\mathrm{d}u}{\mathrm{d}x} \quad \text{或} \quad \frac{\mathrm{d}y}{\mathrm{d}x} = f'(u) \cdot g'(x).$$

例 2-21   求下列函数的导数:

(1) $y = \ln(x + \sqrt{1+x^2})$;   (2) $y = \sin 2x \cdot \sin^2 x$.

解   (1) $y' = \dfrac{1}{x + \sqrt{1+x^2}} \cdot \left(1 + \dfrac{x}{\sqrt{1+x^2}}\right) = \dfrac{1}{\sqrt{1+x^2}}$.

(2) $y' = (\sin 2x)' \sin^2 x + \sin 2x \cdot (\sin^2 x)'$

      $= 2\cos 2x \cdot \sin^2 x + \sin 2x \cdot 2\sin x \cdot \cos x$

      $= 2\sin x \cdot \sin 3x$.

□ **即时练习 2-7**

求下列函数的导数:

(1) $y = \dfrac{x}{\sqrt{1+x^2}}$;

(2) $y = x \arccos x - \sqrt{1-x^2}$.

例 2-22　若 $f(x)$ 可导,求下列函数的导数 $\dfrac{\mathrm{d}y}{\mathrm{d}x}$:

(1) $y = f(\sin x)$;　　　　　　(2) $y = f(x^2) + [f(x)]^2$.

解　(1) $\dfrac{\mathrm{d}y}{\mathrm{d}x} = f'(\sin x) \cdot (\sin x)' = f'(\sin x) \cdot \cos x$;

(2) $\dfrac{\mathrm{d}y}{\mathrm{d}x} = f'(x^2) \cdot (x^2)' + 2f(x) \cdot f'(x)$

$\qquad\quad = 2xf'(x^2) + 2f(x) \cdot f'(x)$.

习题 2.2

1. 求下列函数的导数:

(1) $y = 2x^3 + 3^x - 3^3$;　　　　(2) $y = x^2 \mathrm{e}^x$;

(3) $y = \dfrac{x}{\ln x}$;　　　　　　　(4) $y = \cos x + x^2 \sin x$.

2. 求下列函数的导数:

(1) $y = \sin^2 x$;　　　　　　(2) $y = 3^{2x^2 - 3x - 7}$;

(3) $y = \arcsin \mathrm{e}^x$;　　　　(4) $y = \ln\cos\sqrt{x}$;

(5) $y = \mathrm{e}^{\arctan\sqrt{x}}$;　　　　(6) $y = \ln\ln\ln x$.

3. 求下列函数的导数:

(1) $y = 2^{\arctan x} + \arctan 2^x$;　　(2) $y = x^2 \mathrm{e}^{\frac{1}{x}}$;

(3) $y = \sin 5x + \sin^5 x + \sin x^5$;　(4) $y = \arctan\dfrac{x+1}{x-1}$.

4. 设 $f(x)$ 可导,求下列函数的导数 $\dfrac{\mathrm{d}y}{\mathrm{d}x}$:

(1) $y = f(\sin^2 x) + f(\arcsin x)$;　(2) $y = f(\mathrm{e}^x)\mathrm{e}^{f(x)}$.

2.3　高阶导数

2.3.1　高阶导数的定义

我们知道,变速直线运动的速度 v 是路程 s 对时间 t 的导数,即 $v = s'(t)$ 或 $v = \dfrac{\mathrm{d}s}{\mathrm{d}t}$,而速度 $v = s'(t)$ 也是时间 t 的函数,由物理知识,它对时间 t 的变化率,即速度 v 对 t 的导数就是物体在时刻 t 的加速度,即 $a = v' = (s')'$.

一般地,函数 $y = f(x)$ 的导数 $y' = f'(x)$ 仍然是 x 的函数. 如果 $y' = f'(x)$ 仍在 x 处可导,则把 $y' = f'(x)$ 的导数称为函数 $y = f(x)$ 的二阶导数,记作 y''、$f''(x)$、$\dfrac{\mathrm{d}^2 y}{\mathrm{d}x^2}$ 或 $\dfrac{\mathrm{d}^2 f(x)}{\mathrm{d}x^2}$. 相应地,把 $y = f(x)$ 的导数 $f'(x)$ 称为函数 $y = f(x)$ 的一阶导数.

类似地,函数 $y = f(x)$ 的二阶导数的导数,称为函数 $y = f(x)$ 的三阶导数,三阶导数的导数称为四阶导数,$\cdots$,一般地,$n-1$ 阶导数的导数称为 n 阶导数,分别记作

$$y''', y^{(4)}, \cdots, y^{(n)},$$

或

$$f'''(x), f^{(4)}(x), \cdots, f^{(n)}(x),$$

或

$$\frac{\mathrm{d}^3 y}{\mathrm{d}x^3}, \frac{\mathrm{d}^4 y}{\mathrm{d}x^4}, \cdots, \frac{\mathrm{d}^n y}{\mathrm{d}x^n},$$

或

$$\frac{\mathrm{d}^3 f(x)}{\mathrm{d}x^3}, \frac{\mathrm{d}^4 f(x)}{\mathrm{d}x^4}, \cdots, \frac{\mathrm{d}^n f(x)}{\mathrm{d}x^n}.$$

我们把二阶及二阶以上的导数统称为高阶导数.

求高阶导数只需应用前面学过的导数的基本公式和求导法则多次接连地求导即可.

路程函数 $s = s(t)$ 对时间 t 的二阶导数就是物体在时刻 t 的加速度,即 $a = s''(t)$,这就是路程函数 $s = s(t)$ 二阶导数的物理意义.

例 2-23　求下列函数的二阶导数:

(1)$y = 3x + 5$;　(2)$y = \sqrt{2x - x^2}$.

解　(1)$y' = 3, y'' = 0$.

(2) $y' = \dfrac{2 - 2x}{2\sqrt{2x - x^2}} = \dfrac{1 - x}{\sqrt{2x - x^2}}$,

$$y'' = \frac{-\sqrt{2x - x^2} - (1 - x)\dfrac{2 - 2x}{2\sqrt{2x - x^2}}}{2x - x^2}$$

$$= \frac{-2x + x^2 - (1 - x)^2}{(2x - x^2)\sqrt{2x - x^2}} = -\frac{1}{(2x - x^2)^{\frac{3}{2}}}$$

$$= -(2x - x^2)^{-\frac{3}{2}}.$$

例 2-24　求函数 $y = \mathrm{e}^{ax}$ 的 n 阶导数.

解　$y' = a\mathrm{e}^{ax}, y'' = a^2\mathrm{e}^{ax}, y''' = a^3\mathrm{e}^{ax}, \cdots$,

一般地,有

$$y^{(n)} = a^n \mathrm{e}^{ax},$$

即

$$(\mathrm{e}^{ax})^{(n)} = a^n \mathrm{e}^{ax}.$$

例 2-25　求函数 $y = \sin x$ 的 n 阶导数.

解　$y' = \cos x = \sin\left(x + \dfrac{\pi}{2}\right)$,

$$y'' = \cos\left(x + \frac{\pi}{2}\right) = \sin\left(x + \frac{\pi}{2} + \frac{\pi}{2}\right) = \sin\left(x + 2 \cdot \frac{\pi}{2}\right),$$

$$y''' = \cos\left(x + 2 \cdot \frac{\pi}{2}\right) = \sin\left(x + 2 \cdot \frac{\pi}{2} + \frac{\pi}{2}\right)$$

$$= \sin\left(x + 3 \cdot \frac{\pi}{2}\right),$$

$$y^{(4)} = \cos\left(x + 3 \cdot \frac{\pi}{2}\right) = \sin\left(x + 4 \cdot \frac{\pi}{2}\right).$$

一般地,有
$$y^{(n)} = \sin\left(x + n \cdot \frac{\pi}{2}\right),$$

即
$$(\sin x)^{(n)} = \sin\left(x + n \cdot \frac{\pi}{2}\right).$$

同理可得
$$(\cos x)^{(n)} = \cos\left(x + n \cdot \frac{\pi}{2}\right).$$

例 2-26　求函数 $y = \ln x$ 的 n 阶导数.

解　$y' = x^{-1}$, $y'' = -x^{-2}$, $y''' = (-1)(-2)x^{-3}$, $y^{(4)} = (-1)(-2)(-3)x^{-4}$,

一般地,有
$$y^{(n)} = (-1)(-2)\cdots(-n+1)x^{-n} = (-1)^{n-1}\frac{(n-1)!}{x^n},$$

即
$$(\ln x)^{(n)} = (-1)^{n-1}\frac{(n-1)!}{x^n}.$$

2.3.2　高阶导数的计算法则

(1) $[u(x) \pm v(x)]^{(n)} = u^{(n)}(x) \pm v^{(n)}(x)$.

(2) $(uv)^{(n)} = u^{(n)}v^{(0)} + C_n^1 u^{(n-1)}v^{(1)} + C_n^2 u^{(n-2)}v^{(2)} + \cdots +$

$C_n^k u^{(n-k)}v^{(k)} + \cdots + C_n^{n-1}u^{(1)}v^{(n-1)} + u^{(0)}v^{(n)} = \sum_{k=0}^{n}C_n^k u^{(n-k)}v^{(k)}$,

其中 $u^{(0)} = u, v^{(0)} = v$,为简洁,省去自变量 x.

法则(2)称为莱布尼茨(Leibniz)公式.

注意:将莱布尼茨公式与下面的二项式展开

$(u+v)^n = u^n v^0 + C_n^1 u^{n-1}v^1 + \cdots C_n^k u^{n-k}v^k + \cdots + u^0 v^n$(这里 $u^0 = v^0 = 1$)做比较可见,在形式上二者有相似之处.

例 2-27　$y = x^2 e^{2x}$,求 $y^{(20)}$.

解　设 $u = e^{2x}, v = x^2$,则

$u^{(k)} = 2^k e^{2x}(k = 1, 2, \cdots, 20), v' = 2x, v'' = 2, v^{(k)} = 0(k = 3, 4, \cdots, 20)$,代入莱布尼茨公式,得

$$y^{(20)} = (x^2 e^{2x})^{(20)} = 2^{20}e^{2x} \cdot x^2 + 20 \cdot 2^{19}e^{2x} \cdot 2x + \frac{20 \cdot 19}{2!}2^{18}e^{2x} \cdot 2$$

$$= 2^{20}e^{2x}(x^2 + 20x + 95).$$

习题 2.3

1. 求下列函数的二阶导数:

(1) $y = x^4 - 2x^3 + 5$; $\qquad$ (2) $y = \sqrt{x} \ln x$;

(3) $y = \sin x + e^{2x}$; $\qquad$ (4) $y = \ln(1 - x^2)$.

2. 求下列函数的 n 阶导数:

(1) $y = \dfrac{1}{1+x}$; $\qquad$ (2) $y = x e^x$.

3. 求下列函数所指定的阶的导数:

(1) $y = e^x \cos x$, 求 $y^{(4)}$; $\qquad$ (2) $y = x^2 \sin 2x$, 求 $y^{(50)}$.

2.4　隐函数的导数

前面遇到的函数都能明显地表示成 $y = f(x)$ 的形式, 如 $y = \sin 3x, y = \ln x + 2e^x$ 等. 我们把这样的函数称为显函数. 但有时, 我们还会遇到另一种表达形式的函数, 就是由方程 $F(x, y) = 0$ 所确定的 y 与 x 之间的函数关系. 例如, 在方程 $x + y^3 - 1 = 0$ 中, 任给 x 一个确定值, 相应地有唯一确定的 y 值与之对应, 所以方程 $x + y^3 - 1 = 0$ 确定了 y 是 x 的函数. 事实上, 由该方程解出 y, 便得到显函数 $y = \sqrt[3]{1 - x}$.

一般地, 如果变量 x 与 y 之间的函数关系是由某一个方程 $F(x, y) = 0$ 所确定的, 那么这种函数就称为由方程 $F(x, y) = 0$ 所确定的隐函数.

把一个隐函数化成显函数有时是困难的, 甚至是不可能的. 例如, 由方程 $xy^2 = e^{x+y} - 5$ 所确定的隐函数就无法化成显函数. 但在实际问题中, 有时还需要计算隐函数的导数, 因此, 我们希望找到一种方法, 不管隐函数能否化成显函数, 都能直接由方程计算出它所确定的隐函数的导数, 这种方法称为隐函数的求导法. 下面通过具体例子来说明这种方法.

例 2-28　求由方程 $e^y + xy^2 = 5$ 所确定的隐函数 $y = f(x)$ 的导数 $\dfrac{\mathrm{d}y}{\mathrm{d}x}$.

解　把方程两边的每一项对 x 求导数, 得 $(e^y)' + (xy^2)' = (5)'$, 即

$$e^y \cdot y' + y^2 + 2xyy' = 0,$$

解得

$$y' = -\frac{y^2}{2xy + e^y}.$$

例 2-29　　求由方程 $y^5 + 2y - x - 3x^7 = 0$ 所确定的隐函数 $y = y(x)$ 在 $x = 0$ 处的导数 $y'|_{x=0}$.

解　将方程两边分别对 x 求导数,得

$$5y^4 \cdot y' + 2y' - 1 - 21x^6 = 0,$$

由此得

$$y' = \frac{1 + 21x^6}{5y^4 + 2}.$$

因为当 $x = 0$ 时,从原方程中求出 $y = 0$,所以

$$y'|_{x=0} = \frac{1 + 21x^6}{5y^4 + 2}\bigg|_{x=0} = \frac{1}{2}.$$

例 2-30　　求由方程 $3x - y + \frac{1}{2}\sin y = 1$ 所确定的隐函数 $y = y(x)$ 的二阶导数 $\dfrac{d^2 y}{dx^2}$.

解　方程两边对 x 求导,得

$$3 - \frac{dy}{dx} + \frac{1}{2}\cos y \cdot \frac{dy}{dx} = 0,$$

解得

$$\frac{dy}{dx} = \frac{6}{2 - \cos y}.$$

上式两边再对 x 求导,得

$$\frac{d^2 y}{dx^2} = \frac{-6\sin y \cdot \dfrac{dy}{dx}}{(2 - \cos y)^2} = -\frac{36\sin y}{(2 - \cos y)^3}.$$

从上面例子可以看出,隐函数的求导法就是先将方程 $F(x, y) = 0$ 两边同时对自变量 x 求导,应注意,遇到因变量 y 就看成是自变量 x 的函数,遇到因变量 y 的函数就看成是以因变量 y 为中间变量的复合函数,按复合函数求导法则求其导数,然后在求导等式中解出 $\dfrac{dy}{dx}$.

对于由多次的乘、除、乘方和开方运算所构成的比较复杂的函数,如 $y = \sqrt{\dfrac{(x-1)(x-2)}{(x-3)(x-4)}}$,如果直接应用函数的求导法则和求导公式求其导数,将导致运算复杂. 而对于幂指函数 $u(x)^{v(x)}$,由于它既不是幂函数,也不是指数函数,所以对其求导数时,没有现成的求导法则和求导公式. 对于这两种函数,我们通常先在等式 $y = f(x)$ 的两边取对数,利用对数性质将其化简,然后再根据隐函数的求导法求出它们的导数. 这种先取对数再求导数的方法称为对数求导法.

例 2-31　　求 $y = x^{\sin x}(x > 0)$ 的导数.

解法一　对数求导法

等式两边取对数并化简,得

$$\ln y = \sin x \cdot \ln x,$$

上式两边对 x 求导,得

$$\frac{1}{y} y' = \cos x \cdot \ln x + \sin x \cdot \frac{1}{x},$$

于是 $y' = y\left(\cos x \cdot \ln x + \sin x \cdot \frac{1}{x}\right) = x^{\sin x}\left(\cos x \cdot \ln x + \frac{\sin x}{x}\right).$

解法二　先将幂指函数化为复合函数,再求导数.

因为 $y = x^{\sin x} = e^{\sin x \cdot \ln x}$,所以

$$y' = e^{\sin x \cdot \ln x}(\sin x \cdot \ln x)' = x^{\sin x}\left(\cos x \cdot \ln x + \frac{\sin x}{x}\right).$$

例 2-32　求函数 $y = \sqrt{\dfrac{(x-1)(x-2)}{(x-3)(x-4)}}$ 的导数.

解　等式两边取对数并化简(假设 $x > 4$),得

$$\ln y = \frac{1}{2}[\ln(x-1) + \ln(x-2) - \ln(x-3) - \ln(x-4)],$$

上式两边对 x 求导,得

$$\frac{1}{y} y' = \frac{1}{2}\left(\frac{1}{x-1} + \frac{1}{x-2} - \frac{1}{x-3} - \frac{1}{x-4}\right),$$

于是 $y' = \dfrac{y}{2}\left(\dfrac{1}{x-1} + \dfrac{1}{x-2} - \dfrac{1}{x-3} - \dfrac{1}{x-4}\right)$

$$= \frac{1}{2}\sqrt{\frac{(x-1)(x-2)}{(x-3)(x-4)}}\left(\frac{1}{x-1} + \frac{1}{x-2} - \frac{1}{x-3} - \frac{1}{x-4}\right).$$

当 $x < 1$ 或 $2 < x < 3$ 时,用同样的方法可得与上面有相同的结果.

习题 2.4

1. 求由下列方程所确定的隐函数 $y = y(x)$ 的导数 $\dfrac{dy}{dx}$:

(1) $y^3 - 3y - x^2 = 5$;　　　　　(2) $e^{xy} = x + y - 3$;

(3) $x^2 y + e^{y-x} = 2$;　　　　　(4) $y = x + \ln y$.

2. 用对数求导法求下列函数的导数:

(1) $y = x^{\frac{1}{x}}$;　　　　　　　(2) $y = (1 + x^2)^x$;

(3) $y = x^{\cos x}$;　　　　　　　(4) $y = \dfrac{\sqrt{x+2}\,(3-x)^4}{(x+1)^5}$.

3. 求由下列方程所确定的隐函数 $y = y(x)$ 的二阶导数 $\dfrac{d^2 y}{dx^2}$:

(1) $x^2 - y^2 = 1$;　　　　　　　(2) $y = 1 + x e^y$.

4. 求曲线 $e^y + xy = e$ 在点 $(0, 1)$ 处的切线方程和法线方程.

2.5　函数的微分

2.5.1　引例

设有一边长为 x_0 的正方形金属薄片,受温度变化的影响,其边长改变了 Δx,如图 2-2 所示.问此薄片的面积改变了多少?

设此正方形的边长为 x,面积为 A,则 $A = x^2$.金属薄片的面积改变量可以看成是自变量 x 在 x_0 处取得增量 Δx 时,函数 $A = x^2$ 相应的增量 ΔA,即

$$\Delta A = (x_0 + \Delta x)^2 - (x_0)^2 = 2x_0 \Delta x + (\Delta x)^2.$$

从上式可以看出,ΔA 可分成两部分:一部分是 $2x_0 \Delta x$,它在图中表示两个长为 x_0、宽为 Δx 的长方形面积,它是 Δx 的线性函数;另一部分是 $(\Delta x)^2$,它在图中表示边长为 Δx 的正方形的面积.当 $\Delta x \to 0$ 时,$(\Delta x)^2$ 是比 Δx 高阶的无穷小,即 $(\Delta x)^2 = o(\Delta x)$.因此,对于 $\Delta A = 2x_0 \Delta x + o(\Delta x)(\Delta x \to 0)$,当 $|\Delta x|$ 很小时,第二部分可以忽略不计,而用第一部分 $2x_0 \Delta x$ 近似地表示 ΔA,即薄片的面积大约改变了 $2x_0 \Delta x$,记为 $\Delta A \approx 2x_0 \Delta x$.由此引出微分的定义.

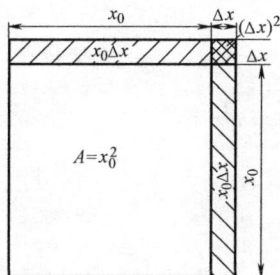

图 2-2

2.5.2　微分的定义

定义 2-2　设函数 $y = f(x)$ 在点 x_0 的某邻域内有定义,当自变量 x 在 x_0 取得增量 Δx 时($x_0 + \Delta x$ 在此邻域内),如果函数的增量

$$\Delta y = f(x_0 + \Delta x) - f(x_0)$$

可以表示为

$$\Delta y = A\Delta x + o(\Delta x),$$

其中,A 是与 Δx 无关的常数,则称函数 $y = f(x)$ 在点 x_0 处可微,而 $A\Delta x$ 称为函数 $y = f(x)$ 在点 x_0 相应于自变量增量 Δx 的微分,记作 $\mathrm{d}y$,即

$$\mathrm{d}y\big|_{x=x_0} = A\Delta x \ \text{或} \ \mathrm{d}f(x)\big|_{x=x_0} = A\Delta x.$$

如果函数 $f(x)$ 在点 x_0 可微,那么如何求出函数 $f(x)$ 在点 x_0 处的微分?下面定理给出了函数可微的充要条件和求法.

定理 2-5　函数 $y = f(x)$ 在点 x_0 处可微的充要条件是函数 $y = f(x)$ 在点 x_0 处可导,且 $\mathrm{d}y = f'(x_0)\Delta x$.

证明　必要性.设函数 $f(x)$ 在点 x_0 可微,则由定义知

$$\Delta y = A\Delta x + o(\Delta x),$$

上式两边同除以 Δx, 得

$$\frac{\Delta y}{\Delta x} = A + \frac{o(\Delta x)}{\Delta x}.$$

于是, 当 $\Delta x \to 0$ 时, 由上式就得到

$$f'(x_0) = \lim_{\Delta x \to 0} \frac{\Delta y}{\Delta x} = A.$$

因此, 如果函数 $f(x)$ 在点 x_0 可微, 则 $f(x)$ 在点 x_0 也一定可导, 且 $A = f'(x_0)$.

充分性. 如果 $f(x)$ 在点 x_0 可导, 则

$$\lim_{\Delta x \to 0} \frac{\Delta y}{\Delta x} = f'(x_0)$$

存在. 根据函数极限与无穷小的关系, 有

$$\frac{\Delta y}{\Delta x} = f'(x_0) + \alpha,$$

即

$$\Delta y = f'(x_0)\Delta x + \alpha \Delta x.$$

其中 $\alpha \to 0 (\Delta x \to 0)$. 因 $f'(x_0)$ 与 Δx 无关, $\alpha \Delta x = o(\Delta x)(\Delta x \to 0)$, 所以函数 $f(x)$ 在点 x_0 可微.

定理 2-5 说明, 函数的可微与可导是等价的, 即函数可微必可导, 可导必可微.

函数 $y = f(x)$ 在任意点 x 的微分, 称为函数的微分, 记作 $\mathrm{d}y$ 或 $\mathrm{d}f(x)$. 于是, $\mathrm{d}y = f'(x)\Delta x$.

因为当 $y = x$ 时, $\mathrm{d}y = \mathrm{d}x = (x)'\Delta x = \Delta x$, 所以通常把自变量 x 的增量 Δx 称为自变量的微分, 记作 $\mathrm{d}x$, 即 $\mathrm{d}x = \Delta x$. 于是函数 $y = f(x)$ 的微分又可记作

$$\mathrm{d}y = f'(x)\mathrm{d}x. \tag{2-6}$$

从而, 求一个函数的微分的问题便归结为求函数的求导问题. 以后我们将求函数的导数与微分的方法称为微分法.

将式 (2-6) 两端同除以 $\mathrm{d}x$, 便有 $\dfrac{\mathrm{d}y}{\mathrm{d}x} = f'(x)$, 这就是说, 函数的微分 $\mathrm{d}y$ 与自变量的微分 $\mathrm{d}x$ 之商等于该函数的导数. 因此, 导数也叫作"微商".

例 2-33　求函数 $y = x^2$ 在点 $x = 3$ 处的微分.

解　$\mathrm{d}y \mid_{x=3} = (x^2)' \mid_{x=3} \mathrm{d}x = 6\mathrm{d}x.$

例 2-34　求函数 $y = x^3$ 当 $x = 2, \Delta x = 0.02$ 时的微分.

解　因为 $\mathrm{d}y = (x^3)'\mathrm{d}x = 3x^2\mathrm{d}x$, 所以

$$\mathrm{d}y \Big|_{\substack{x=2 \\ \Delta x = 0.02}} = 3x^2 \Delta x \Big|_{\substack{x=2 \\ \Delta x = 0.02}} = 3 \times 2^2 \times 0.02 = 0.24.$$

例 2-35 求下列函数的微分：

$(1)y = \ln x;(2)y = e^x \sin x.$

解 $(1)dy = \dfrac{1}{x}dx.$

$(2)dy = (e^x \sin x)'dx = e^x(\sin x + \cos x)dx.$

一般地，若函数的参数方程为 $\begin{cases} x = \varphi(t), \\ y = \psi(t), \end{cases} \varphi'(t),\psi'(t)$ 存在且 $\psi'(t) \neq 0.$ 由于 $dy = d\psi(t) = \psi'(t)dt, dx = d\varphi(t) = \varphi'(t)dt,$ 于是 y 关于 x 的一阶导数为

$$\frac{dy}{dx} = \frac{\psi'(t)}{\varphi'(t)}.$$

例 2-36 求由参数方程 $\begin{cases} x = t - \arctan t, \\ y = \ln(1 + t^2) \end{cases}$ 所确定的函数 $y = y(x)$ 的导数 $\dfrac{dy}{dx}$，并求 $\dfrac{dy}{dx}\Big|_{t=1}.$

解 $\dfrac{dy}{dx} = \dfrac{\dfrac{dy}{dt}}{\dfrac{dx}{dt}} = \dfrac{\dfrac{2t}{1+t^2}}{1 - \dfrac{1}{1+t^2}} = \dfrac{2}{t}, \dfrac{dy}{dx}\Big|_{t=1} = \dfrac{2}{t}\Big|_{t=1} = 2.$

2.5.3　微分的几何意义

设函数 $y = f(x)$ 的图形如图 2-3 所示，在曲线 $y = f(x)$ 上取相邻两点 $P(x,y),N(x+\Delta x,y+\Delta y)$，过点 P 作曲线的切线 PT，设 PT 的倾角为 α，则

$$\tan\alpha = f'(x).$$

当自变量 x 取得增量 Δx 时，曲线的纵坐标得到增量 $\Delta y = NB$，同时切线 PT 的纵坐标相应地取得增量

$$BA = \tan\alpha \cdot \Delta x = f'(x)\Delta x = dy.$$

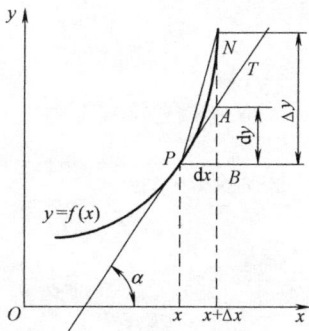

图 2-3

因此，函数 $y = f(x)$ 在点 x 处的微分的几何意义就是曲线 $y = f(x)$ 在点 $P(x,y)$ 处的切线 PT 的纵坐标相应于自变量增量 Δx 的增量 $BA.$

当 $|\Delta x|$ 很小时，$|\Delta y - dy|$ 比 $|\Delta x|$ 小得多，于是有 $\Delta y \approx dy.$ 因此，在点 P 的邻近，我们可以用切线段来近似代替曲线段.

2.5.4　基本初等函数的微分公式与微分运算法则

由函数微分的表达式 $dy = f'(x)dx$ 知，求 dy 只要先求出 $f'(x)$，再乘以 dx 即可. 所以由基本初等函数的导数公式及其求导法则，可以相应地得到基本初等函数的微分公式及微分运算法则.

1. 基本初等函数的微分公式

(1) $\mathrm{d}(C) = 0(C$ 为常数$)$;

(2) $\mathrm{d}(x^\mu) = \mu x^{\mu-1}\mathrm{d}x(\mu$ 为实数$)$;

(3) $\mathrm{d}(a^x) = a^x \ln a\mathrm{d}x(a > 0, a \neq 1)$;

(4) $\mathrm{d}(\mathrm{e}^x) = \mathrm{e}^x\mathrm{d}x$;

(5) $\mathrm{d}(\log_a x) = \dfrac{1}{x\ln a}\mathrm{d}x(a > 0, a \neq 1)$;

(6) $\mathrm{d}(\ln x) = \dfrac{1}{x}\mathrm{d}x$;

(7) $\mathrm{d}(\sin\ x) = \cos\ x\mathrm{d}x$;

(8) $\mathrm{d}(\cos\ x) = -\sin\ x\mathrm{d}x$;

(9) $\mathrm{d}(\tan\ x) = \sec^2 x\mathrm{d}x$;

(10) $\mathrm{d}(\cot\ x) = -\csc^2 x\mathrm{d}x$;

(11) $\mathrm{d}(\sec\ x) = \sec x \cdot \tan x\mathrm{d}x$;

(12) $\mathrm{d}(\csc x) = -\csc\ x \cdot \cot x\mathrm{d}x$;

(13) $\mathrm{d}(\arcsin x) = \dfrac{1}{\sqrt{1-x^2}}\mathrm{d}x$;

(14) $\mathrm{d}(\arccos x) = -\dfrac{1}{\sqrt{1-x^2}}\mathrm{d}x$;

(15) $\mathrm{d}(\arctan x) = \dfrac{1}{1+x^2}\mathrm{d}x$;

(16) $\mathrm{d}(\mathrm{arccot} x) = -\dfrac{1}{1+x^2}\mathrm{d}x$.

2. 函数和、差、积、商的微分法则

设 $u = u(x), v = v(x)$ 都可微,则

(1) $\mathrm{d}(u \pm v) = \mathrm{d}u \pm \mathrm{d}v$;   (2) $\mathrm{d}(Cu) = C\mathrm{d}u$;

(3) $\mathrm{d}(u \cdot v) = v\mathrm{d}u + u\mathrm{d}v$;   (4) $\mathrm{d}\left(\dfrac{u}{v}\right) = \dfrac{v\mathrm{d}u - u\mathrm{d}v}{v^2}(v \neq 0)$.

3. 复合函数的微分法则

设 $y = f(u)$ 及 $u = \varphi(x)$ 都可导,则复合函数 $y = f\big(\varphi(x)\big)$ 的微分为

$$\mathrm{d}y = y'\mathrm{d}x = f'(u)\varphi'(x)\mathrm{d}x.$$

由于 $u = \varphi(x)$ 可导,所以 $\mathrm{d}u = \varphi'(x)\mathrm{d}x$,代入上式,则复合函数 $y = f\big(\varphi(x)\big)$ 的微分公式也可以写成

$$\mathrm{d}y = f'(u)\mathrm{d}u.$$

由此可见,对于函数 $y = f(u)$ 而言,无论 u 是自变量还是中间变量,其微分形式 $\mathrm{d}y = f'(u)\mathrm{d}u$ 保持不变. 这一性质称为微分形式

不变性.

在求复合函数的微分时,可先求出复合函数的导数,再乘以自变量的微分;也可以根据微分形式不变性,对复合函数由外向里逐层求微分,直到把所有的中间变量的微分求完为止.

例 2-37　$y = \sin^3(2x+1)$,求 dy.

解法一　利用微分形式不变性.

$$
\begin{aligned}
dy &= d[\sin^3(2x+1)] = 3\sin^2(2x+1)d[\sin(2x+1)] \\
&= 3\sin^2(2x+1)\cos(2x+1)d(2x+1) \\
&= 3\sin^2(2x+1)\cos(2x+1) \cdot 2dx \\
&= 6\sin^2(2x+1)\cos(2x+1)dx.
\end{aligned}
$$

解法二　利用微分的计算公式.

由于 $y' = [\sin^3(2x+1)]' = 3\sin^2(2x+1)[\sin(2x+1)]'$

$$
\begin{aligned}
&= 3\sin^2(2x+1)\cos(2x+1)(2x+1)' \\
&= 3\sin^2(2x+1)\cos(2x+1) \cdot 2 \\
&= 6\sin^2(2x+1)\cos(2x+1),
\end{aligned}
$$

所以　　　$dy = y'dx = 6\sin^2(2x+1)\cos(2x+1)dx.$

例 2-38　$y = e^{1-3x}\cos 2x$,求 dy.

解法一　利用乘积的微分法则.

$$
\begin{aligned}
dy &= d(e^{1-3x}\cos 2x) = \cos 2x \, d(e^{1-3x}) + e^{1-3x}d(\cos 2x) \\
&= (\cos 2x)e^{1-3x}(-3dx) + e^{1-3x}(-2\sin 2x \, dx) \\
&= -e^{1-3x}(3\cos 2x + 2\sin 2x)dx.
\end{aligned}
$$

解法二　利用微分的计算公式.

由于　　　$y' = \cos 2x(e^{1-3x})' + e^{1-3x}(\cos 2x)'$

$$
\begin{aligned}
&= (\cos 2x)e^{1-3x}(-3) + e^{1-3x}(-2\sin 2x) \\
&= -e^{1-3x}(3\cos 2x + 2\sin 2x),
\end{aligned}
$$

所以　　　$dy = -e^{1-3x}(3\cos 2x + 2\sin 2x)dx.$

例 2-39　在下列括号中填入适当的函数,使等式成立.

(1) $d(\quad\quad) = x dx$;

(2) $d(\quad\quad) = \cos 2t \, dt$.

解　(1) 因为 $d(x^2) = 2x dx$,所以

$$
x dx = \frac{1}{2}d(x^2) = d\left(\frac{1}{2}x^2\right),\ 即\ d\left(\frac{1}{2}x^2\right) = x dx.
$$

一般地,有　　$d\left(\frac{1}{2}x^2 + C\right) = x dx$($C$ 为任意常数).

(2) 因为 $d(\sin 2t) = 2\cos 2t \, dt$,所以

$$
\cos 2t \, dt = \frac{1}{2}d(\sin 2t) = d\left(\frac{1}{2}\sin 2t\right).
$$

一般地,有 $\mathrm{d}\left(\dfrac{1}{2}\sin 2t + C\right) = \cos 2t\mathrm{d}t(C$ 为任意常数$)$.

如果函数 $y = f(x)$ 在点 x_0 处的导数 $f'(x_0) \neq 0$,且 $|\Delta x|$ 很小时,则有

$$\Delta y \approx \mathrm{d}y = f'(x_0)\Delta x, \tag{2-7}$$

利用式(2-7)可以计算函数增量的近似值.

例 2-40   有一批半径为 1cm 的钢球,为了提高球面的光洁度,要镀上一层铜,厚度定为 0.01cm. 估计一下每只球需用铜多少克(铜的密度是 $8.9\mathrm{g}/\mathrm{cm}^3$)?

解   设球的半径为 R,体积为 V,则球体体积 $V = \dfrac{4}{3}\pi R^3$.

已知 $R_0 = 1\mathrm{cm}, \Delta R = 0.01\mathrm{cm}$,于是镀层的体积

$$\Delta V \approx \mathrm{d}V = V'(R_0)\Delta R = 4\pi R_0^2\Delta R = 4 \times 3.14 \times 1^2 \times 0.01 \approx 0.13(\mathrm{cm}^3).$$

故每只球需用铜约为 $0.13 \times 8.9 = 1.6(\mathrm{g})$.

习题 2.5

1.求下列函数的微分:

(1)$y = 2x - \sin x^2$;   (2)$y = \ln(1 + \mathrm{e}^{x^2})$;

(3)$y = \dfrac{x}{\sin x}$;   (4)$y = x^2\mathrm{e}^x$.

2.求下列函数在指定点处的微分:

(1)$y = \dfrac{\ln x}{x}$,在 $x = 1$ 处;   (2)$y = x\mathrm{e}^x$,在 $x = 1$ 处.

3.已知 $y = x^3 + x + 1$,计算在 $x = 2$ 处当 Δx 分别等于 1,0.1,0.001 时的 Δy 和 $\mathrm{d}y$.

4.将适当的函数填入下列括号内,使等式成立:

(1)$\mathrm{d}(\qquad) = \dfrac{1}{\sqrt{x}}\mathrm{d}x$;   (2)$\mathrm{d}(\qquad) = \mathrm{e}^{3x}\mathrm{d}x$;

(3)$\mathrm{d}(\qquad) = \dfrac{1}{x^2}\mathrm{d}x$;   (4)$\mathrm{d}(\qquad) = \sec^2 2x\mathrm{d}x$;

(5)$\mathrm{d}(\qquad) = \dfrac{1}{4 + x^2}\mathrm{d}x$;   (6)$\mathrm{d}(\qquad) = \sin 3x\mathrm{d}x$.

数学实验 2

1. 实验目的与内容

(1) 运用 MATLAB 求一元函数的导数与微分.

(2) 运用 MATLAB 求隐函数和参数方程确定的导数.

2. MATLAB 命令

求导数与微分命令

MATLAB 中主要用 diff 命令求函数的导数与微分,具体内容见表 2-1.

表 2-1 MATLAB 求函数的导数与微分命令

调用格式	描述
diff(f)	传回 f 对预设独立变数的一次微分值
diff(f,'t')	传回 f 对独立变数 t 的一次微分值
diff(f,n)	传回 f 对预设独立变数的 n 次微分值
diff(f,'t',n)	传回 f 对独立变数 t 的 n 次微分值

注:可以用 help diff 查阅有关这些命令的详细信息.

3. 实验案例

例 2-41 求函数 $y = x^n$ 的一阶导数 $\dfrac{dy}{dx}$ 和二阶导数 $\dfrac{d^2y}{dx^2}$.

程序代码:

```
>> syms x;
>> diff('x^n',1)
```

输出结果:

```
ans =
        n * x^(n-1)
```

程序代码:

```
>> diff('x^n',2)
```

输出结果:

```
ans =
        n * x^(n-2) * (n-1)
```

例 2-42 函数 $y = x^2\cos x$,求 $y^{(10)}$.

程序代码:

```
>> syms x;
>> diff(x^2 * cos(x),x,10)
```

输出结果:

```
ans =
        90 * cos(x) - x^2 * cos(x) - 20 * x * sin(x)
```

例 2-43 求由方程 $x^2 + xy + y^2 = 0$ 确定的隐函数的一阶导数 $\dfrac{dy}{dx}$.

程序代码:

```
>> syms x y;% 建立多个符号变量 x,y
>> z = x^2 + x * y + y^2;
>> daoshu =- diff(z,x)/diff(z,y)
```

输出结果：

daoshu =

$$-(2 * x + y)/(x + 2 * y)$$

例 2-44　求由参数方程 $x = e^t \cos t, y = e^t \sin t$ 确定的函数的

一阶导数 $\dfrac{dy}{dx}$.

程序代码：

```
>> syms t;
>> x = exp(t) * cos(t);
>> y = exp(t) * sin(t);
>> daoshu = diff(y,t)/diff(x,t)
```

输出结果：

daoshu =

$$(\exp(t) * \cos(t) + \exp(t) * \sin(t))/(\exp(t) * \cos(t) -$$
$$\exp(t) * \sin(t))$$

程序代码：

```
>> simple(daoshu)% 化简"daoshu"
```

输出结果：

ans =

$$(2 * \sin(t))/(\cos(t) - \sin(t)) + 1$$

□ 实验 2 补充例题

练习

1. 求 $f(x) = 3x^2 \sin(x^3)$ 的一阶导数及二阶导数.

2. 求 $y = \dfrac{\sin x}{x}$ 在 $x = 1$ 处的微分值.

3. 函数 $y = x^2 \sin x$,求 $y^{(50)}$.

4. 求函数 $y = \sin x - x\cos x$ 的一阶导数和二阶导数.

5. 求由方程 $x^3 + 3y^3 - 3xy = 0$ 确定的隐函数的导数.

□ 数学建模：牛顿是怎样发现万有引力定律的

6. 求由方程 $y = 1 - 2xe^y$ 确定的隐函数的导数.

7. 求由参数方程 $\begin{cases} x = 2t^2, \\ y = 1 - t \end{cases}$ 确定的函数的一阶导数 $\dfrac{dy}{dx}$.

本章小结

一、知识点结构图

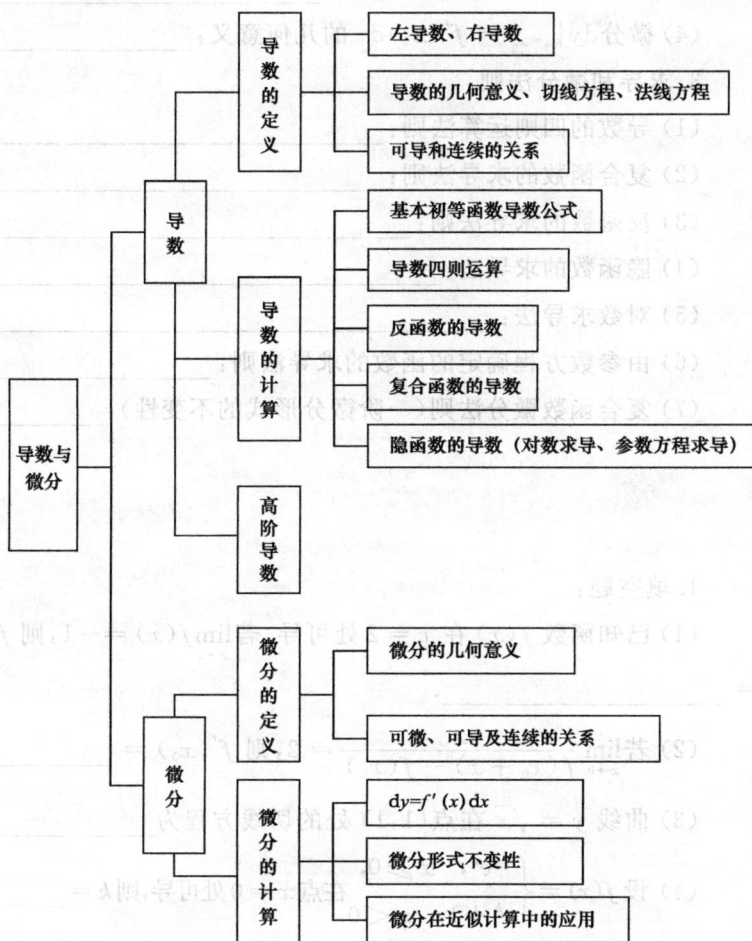

```
                                   ┌─ 左导数、右导数
                        ┌─ 导数的  ─┤
                        │   定义    ├─ 导数的几何意义、切线方程、法线方程
                        │          └─ 可导和连续的关系
                        │
                        │          ┌─ 基本初等函数导数公式
                  ┌─ 导 ─┤          │
                  │  数   │          ├─ 导数四则运算
                  │      ├─ 导数的 ─┤
                  │      │   计算    ├─ 反函数的导数
  导数与 ─┤      │          │
   微分           │      │          ├─ 复合函数的导数
                  │      │          │
                  │      │          └─ 隐函数的导数（对数求导、参数方程求导）
                  │      │
                  │      └─ 高阶导数
                  │
                  │          ┌─ 微分的 ─┬─ 微分的几何意义
                  │          │   定义    └─ 可微、可导及连续的关系
                  └─ 微 ─┤
                      分      │          ┌─ dy=f′(x)dx
                             └─ 微分的 ─┤
                                 计算    ├─ 微分形式不变性
                                        └─ 微分在近似计算中的应用
```

二、知识点自我检验

1. 导数的概念

(1) 导数的定义：＿＿＿＿＿＿＿＿＿＿＿＿＿＿＿＿＿．

　　左导数：＿＿＿＿＿＿＿＿＿＿＿＿＿＿＿＿＿＿＿＿＿＿＿．

　　右导数：＿＿＿＿＿＿＿＿＿＿＿＿＿＿＿＿＿＿＿＿＿＿＿．

(2) $f'(x_0)$ 存在 $\Leftrightarrow$ ＿＿＿＿＿＿＿＿＿＿＿＿＿＿＿＿＿＿．

(3) 导数 $f'(x_0)$ 的几何意义：＿＿＿＿＿＿＿＿＿＿＿＿＿＿＿＿＿＿．

　　曲线上一点的切线方程：＿＿＿＿＿＿＿＿＿＿＿＿＿＿＿＿＿．

　　曲线上一点的法线方程：＿＿＿＿＿＿＿＿＿＿＿＿＿＿＿＿＿．

(4) 函数在点 x_0 连续与可导的关系：＿＿＿＿＿＿＿＿＿＿＿＿＿．

(5) 高阶导数的定义：＿＿＿＿＿＿＿＿＿＿＿＿＿＿＿＿＿＿＿＿．

2. 微分的概念

(1) 微分的定义：_____.

(2) 微分与导数的关系：_____.

(3) $f(x)$ 在任意点 x 处的微分：_____.

(4) 微分 $\mathrm{d}y\big|_{x=x_0} = f'(x_0)\mathrm{d}x$ 的几何意义：_____.

3. 求导和微分法则

(1) 导数的四则运算法则：_____.

(2) 复合函数的求导法则：_____.

(3) 反函数的求导法则：_____.

(4) 隐函数的求导法：_____.

(5) 对数求导法：_____.

(6) 由参数方程确定的函数的求导法则：_____.

(7) 复合函数微分法则(一阶微分形式的不变性)：_____.

总习题 2A

1. 填空题：

(1) 已知函数 $f(x)$ 在 $x=2$ 处可导，若 $\lim\limits_{x \to 2} f(x) = -1$，则 $f(2)$

= _____.

(2) 若 $\lim\limits_{x \to 0} \dfrac{x}{f(x_0 + x) - f(x_0)} = 2$，则 $f'(x_0) =$ _____.

(3) 曲线 $y = \sqrt{x}$ 在点 $(1,1)$ 处的切线方程为 _____.

(4) 设 $f(x) = \begin{cases} \mathrm{e}^x, & x \geqslant 0, \\ x^k + 1, & x < 0 \end{cases}$ 在点 $x=0$ 处可导，则 $k =$ _____.

(5) 已知 $y = x(x-1)(x-2)(x-3)$，则 $y'\big|_{x=3} =$ _____.

(6) 设 $y = f(\mathrm{e}^{x^2})$，且 $f(u)$ 是可导函数，则 $y' =$ _____.

(7) 函数 $y = \sqrt{1+x}$ 在点 $x=0$ 处，当 $\Delta x = 0.04$ 时的微分为

_____.

(8) 函数 $y = x^3 - 3x + 2$ 在 $x=0$ 处的微分为 _____.

2. 单项选择题：

(1) 已知 $f'(0) = 2$，则 $\lim\limits_{x \to 0} \dfrac{f(x) - f(-x)}{x} =$ (   ).

A. 1;   B. 2;   C. 0;   D. 4.

(2) 已知函数 $f(x)$ 二阶可导，若 $y = f(2x)$，则 $y'' =$ (   ).

A. $f''(2x)$;   B. $2f''(2x)$;   C. $4f''(2x)$;   D. $8f''(2x)$.

(3) 下列函数中,(　　)在 $x = 0$ 处连续但不可导.

A. $y = \dfrac{1}{x}$;　　　　　　　B. $y = |x|$;

C. $y = \mathrm{e}^{-x}$;　　　　　　　D. $y = \ln x$.

(4) 过曲线 $y = x\ln x$ 上点 M_0 的切线平行直线 $y = 2x$,则切点 M_0 的坐标为(　　).

A. $(1,0)$;　　　B. $(\mathrm{e},0)$;　　　C. $(\mathrm{e},1)$;　　　D. (e,e).

(5) 下列论断中,(　　)是正确的.

A. $f(x)$ 在点 x_0 处有极限,则 $f(x)$ 在点 x_0 处可导;

B. $f(x)$ 在点 x_0 处连续,则 $f(x)$ 在点 x_0 处可导;

C. $f(x)$ 在点 x_0 处可导,则 $f(x)$ 在点 x_0 处有极限;

D. $f(x)$ 在点 x_0 处不可导,则 $f(x)$ 在点 x_0 处不连续但有极限.

(6) 设 $f(x) = x(x-1)(x-2)\cdots(x-99)$,则 $f'(0) = ($ 　　$)$.

A. 99;　　　B. -99;　　　C. $99!$;　　　D. $-99!$.

(7) 设 $f(x) = x|x|$,$f'(0) = ($ 　　$)$.

A. 0;　　　　B. 1;　　　　C. -1;　　　D. 不存在.

(8) 若 $y = y(x)$ 在点 x_0 处二阶可导,则下列结论中不正确的是(　　).

A. $y''(x)$ 在点 x_0 处连续;　　　B. $y'(x)$ 在点 x_0 处连续;

C. $y(x)$ 在点 x_0 处连续;　　　　D. $y'(x_0)$ 存在.

(9) 已知 $f(x) = ax^3 + 4x^2 + 2$,若 $f'(-1) = 4$,则 $f(1) = ($ 　　$)$.

A. 4;　　　B. 6;　　　C. 8;　　　D. 10.

(10) 设 $y = f(\mathrm{e}^{-x})$ 可导,则 $\mathrm{d}y = ($ 　　　$)$.

A. $f'(\mathrm{e}^{-x})\mathrm{d}x$;　　　　　　B. $\mathrm{e}^{-x}f'(\mathrm{e}^{-x})\mathrm{d}x$;

C. $-\mathrm{e}^{-x}f'(\mathrm{e}^{-x})\mathrm{d}x$;　　　D. $-f'(\mathrm{e}^{-x})\mathrm{d}x$.

3. 求下列函数的导数:

(1) $y = (x\sqrt{x} + 3)\mathrm{e}^{2x}$;　　　　(2) $y = f(\mathrm{e}^x)\mathrm{e}^{f(x)}$;

(3) $y = \sqrt[3]{x + \sqrt{x}}$;　　　　　　(4) $y = x^2\ln x\cos x$;

(5) $y = \dfrac{1 - \ln x}{\ln x + 1}$;　　　　　(6) $y = \mathrm{e}^{-\frac{x}{2}}\cos 3x$;

(7) $y = (\mathrm{e}^x - \mathrm{e}^{-x})^2$;　　　　(8) $y = 2^{\cot\frac{1}{x}}$;

(9) $y = (1 + x^2)^{\sin x}$;　　　　　(10) $y = \dfrac{x(1-x)^2}{(1+x)^3}$.

4. 求下列函数的二阶导数:

(1) $y = x^2\ln x + 3$,求 y'' 及 $y''|_{x=\mathrm{e}}$.

(2) $y = \mathrm{e}^{\sqrt{x}}$,求 y'' 及 $y''|_{x=1}$.

5. 求下列函数的微分：

(1) $y = \sqrt{1-2x^2}$；　　　　(2) $y = e^{-x}\cos x$；

(3) $y = x - \ln(1+e^x)$；　　　(4) $y - xe^y = 1$.

6. 曲线 $y = x^4$ 在哪一点处的切线斜率为 16?

7. 做变速直线运动物体的运动方程为 $s(t) = t^2 + 2t$，求物体的运动速度 $v(t)$ 和加速度 $a(t)$.

总习题 2B

1. 设 $f'(x_0)$ 存在，求 $\lim\limits_{n\to\infty}\Big[f\Big(x_0+\dfrac{1}{n^2}\Big)+f\Big(x_0+\dfrac{2}{n^2}\Big)+\cdots+$

$f\Big(x_0+\dfrac{n}{n^2}\Big)-nf(x_0)\Big]$.

2. 设 $f(x) = g(x)\varphi(x)$，其中 $\varphi(x)$ 在 x_0 的邻域内连续，$g(x)$ 在点 x_0 可导，且 $g'(x_0) = a$，$g(x_0) = 0$，求 $f'(x_0)$.

3. 设 $f(x) = \begin{cases} e^{ax}, & x \leqslant 0, \\ b(1-x^2), & x > 0, \end{cases}$ 若 $f(x)$ 在 $x = 0$ 可导，求 a, b 的值.

4. 设 $f\Big(\dfrac{1}{2}x\Big) = \sin x$，求 $f'(f(x))$，$[f(f(x)]'$.

5. 设 $y = f\Big(\dfrac{2x-1}{x+1}\Big)$，$f'(x) = \dfrac{1}{3}\ln x$，求 $\dfrac{dy}{dx}$.

6. 设 $y = f(x+y)$，其中 $f(u)$ 二阶导数，且 $f'(u) \neq 1$，求 $\dfrac{dy}{dx}$，$\dfrac{d^2y}{dx^2}$.

7. 设 $u = f(\varphi(x)+y^2)$，$y+e^y = x$，且 $f(x)$，$\varphi(x)$ 均可导，求 $\dfrac{du}{dx}$.

8. 设函数 $\begin{cases} x = te^t, \\ e^t + e^y = 2, \end{cases}$，求 $\dfrac{d^2y}{dx^2}$.

9. 设曲线 $f(x) = x^n$ 在点 $(1,1)$ 处的切线与 x 轴的交点为 $(\xi_n, 0)$，求 $\lim\limits_{n\to\infty} f(\xi_n)$.

10. 设函数 $f(x)$ 在 $[a,b]$ 上连续，$f(a) = f(b) = 0$，且 $f'_+(a) < 0$，$f'_-(b) < 0$，证明 $f(x)$ 在 (a,b) 内必有一个零点.

第 3 章

微分中值定理与导数的应用

内容导读

在第 2 章中,我们引进了导数的概念,详细讨论了计算导数的方法.我们注意到:函数与其导数是两个不同的函数,导数只是反映函数在一点的局部特征,而我们往往要了解函数在其定义域上的整体性态,这就需要在导数及函数间建立起联系,搭起一座桥,这个"桥"就是微分中值定理.微分中值定理是微分学中非常重要的基本定理,它是研究函数性态的重要工具,是导数应用的理论基础,在本章及后续章节(如积分学、级数理论等)中,均发挥着举足轻重的作用.

微分中值定理主要包括罗尔定理、拉格朗日中值定理及柯西中值定理.其中,拉格朗日中值定理是核心,罗尔定理是其特殊情况,柯西中值定理是其推广.微分中值定理主要可用于证明方程根的存在性及根的个数估计;也可用于证明不等式、恒等式及等式;还可以利用导数研究函数的整体性态,如函数的单调性、凹凸性、函数的极值与最值问题、经济函数的简单优化等问题;使用洛必达法则和拉格朗日中值定理求极限;通过构造适当的函数,应用微分中值定理就可以求出近似值;泰勒公式事实上就是含有高阶导数的微分中值定理,在讨论级数的敛散性中有着广泛的应用.

本章主要介绍微分中值定理,从而引出计算未定式极限的新方法 —— 洛必达法则,并给出泰勒公式,然后利用导数来研究函数以及曲线的某些性态,并利用这些知识来解决一些实际问题.

3.1 微分中值定理

本节我们先介绍罗尔(Rolle)定理,然后根据它推出拉格朗日(Lagrange)中值定理和柯西(Cauchy)中值定理.

3.1.1 罗尔定理

首先,我们观察图 3-1 中的连续曲线弧 $y = f(x)(a \leqslant x \leqslant b)$.该曲线弧除端点外处处有不垂直于 x 轴的切线,且两个端点的纵坐

□ 微分中值定理的
历史

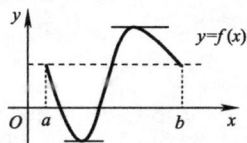

图 3-1

标相等,即 $f(a) = f(b)$. 可以发现在曲线弧的最高点或最低点处,曲线有水平的切线,或者可以说,函数 $f(x)$ 在这些点处 $f'(x) = 0$. 现在用分析的语言把这个几何现象描述出来,就可以得到下面的罗尔定理. 为了讨论方便,我们先介绍费马(Fermat)引理.

■ 费马和费马引理

定理 3-1 (费马引理) 设函数 $f(x)$ 在点 x_0 的某邻域 $U(x_0)$ 内有定义,并且在 x_0 处可导,如果对任意 $x \in U(x_0)$,有

$$f(x) \leqslant f(x_0) (或 f(x) \geqslant f(x_0)),$$

那么 $f'(x_0) = 0$.

证明 不妨设 $x \in U(x_0)$ 时,$f(x) \leqslant f(x_0)$(如果 $f(x) \geqslant f(x_0)$,证法完全类似). 于是对于 $x_0 + \Delta x \in U(x_0)$,有

$$f(x_0 + \Delta x) - f(x_0) \leqslant 0,$$

从而当 $\Delta x > 0$ 时,

$$\frac{f(x_0 + \Delta x) - f(x_0)}{\Delta x} \leqslant 0;$$

当 $\Delta x < 0$ 时,

$$\frac{f(x_0 + \Delta x) - f(x_0)}{\Delta x} \geqslant 0.$$

根据函数 $f(x)$ 在 x_0 可导的条件及极限的保号性知

$$f'(x_0) = f'_+(x_0) = \lim_{\Delta x \to 0^+} \frac{f(x_0 + \Delta x) - f(x_0)}{\Delta x} \leqslant 0,$$

$$f'(x_0) = f'_-(x_0) = \lim_{\Delta x \to 0^-} \frac{f(x_0 + \Delta x) - f(x_0)}{\Delta x} \geqslant 0.$$

所以,$f'(x_0) = 0$.

通常称导数等于零的点为函数的驻点.

■ 罗尔与罗尔定理

定理 3-2 (罗尔定理) 设函数 $f(x)$ 满足条件:

(1) 在闭区间 $[a,b]$ 上连续;

(2) 在开区间 (a,b) 内可导;

(3) 在区间端点处的函数值相等,即 $f(a) = f(b)$,

那么在 (a,b) 内至少存在一点 $\xi(a < \xi < b)$,使得 $f'(\xi) = 0$.

证明 由于函数 $f(x)$ 在闭区间 $[a,b]$ 上连续,根据闭区间上连续函数的最值定理,函数 $f(x)$ 必在闭区间 $[a,b]$ 上取得最大值 M 与最小值 m.

情况1:若 $M = m$,则函数 $f(x)$ 在 $[a,b]$ 上是常数,因而 $f'(x) = 0$,这时 (a,b) 内可以任取一点 ξ,且有 $f'(\xi) = 0$.

情况2:若 $M > m$. 因为 $f(a) = f(b)$,所以 M 与 m 这两个数中至少有一个不等于 $f(x)$ 在区间 $[a,b]$ 的端点处的函数值. 不妨设 $M \neq f(a)$(如果设 $m \neq f(a)$,证法完全类似),那么必定在开区间

(a,b) 内有一点 ξ,使得 $f(\xi)=M$. 因此,$\forall x\in[a,b]$,有 $f(x)\leqslant f(\xi)$,从而由费马引理可知 $f'(\xi)=0$.

例 3-1　证明方程 $x^3+x-1=0$ 在区间 $(0,1)$ 内只有一个实根.

证明　设 $f(x)=x^3+x-1$,该函数在闭区间 $[0,1]$ 上连续,且 $f(0)=-1$,$f(1)=1$,由零点定理,至少存在一个 $\xi\in(0,1)$,使 $f(\xi)=0$.

假设方程 $f(x)=0$ 在区间 $(0,1)$ 内存在两个实根,设为 x_1 和 x_2,且 $x_1<x_2$. 由于 $f(x)$ 在 $[x_1,x_2]$ 上连续,在 (x_1,x_2) 内可导,且 $f(x_1)=f(x_2)=0$,由罗尔定理知,至少存在 $\eta\in(x_1,x_2)$,使

$$f'(\eta)=0.$$

但 $f'(x)=3x^2+1>0$,矛盾. 故所给方程在 $(0,1)$ 内只有一个实根.

例 3-2　举例说明罗尔定理中的条件缺一不可.

解　分别考虑以下三个函数:
$$f_1(x)=x,\quad x\in[-1,1];$$
$$f_2(x)=|x|,x\in[-1,1];$$
$$f_3(x)=\begin{cases}x,x\in[-1,1),\\-1,x=1.\end{cases}$$

易验证,$f_1(x)$ 在区间 $[-1,1]$ 端点处的值不相等,$f_2(x)$ 在开区间 $(-1,1)$ 不可导,$f_3(x)$ 在闭区间 $[-1,1]$ 上不连续. 尽管它们都分别满足定理中的其他两个条件,但它们在 $(-1,1)$ 中都不存在水平切线.

3.1.2　拉格朗日中值定理

一般来说,定义在区间 $[a,b]$ 上的函数 $f(x)$,并不满足罗尔定理中的第三个条件 $f(a)=f(b)$,去掉这个条件,而其余两个条件不变,就得到微分学中十分重要的拉格朗日中值定理.

定理 3-3　(拉格朗日中值定理)设函数 $f(x)$ 满足条件:
(1) 在闭区间 $[a,b]$ 上连续;
(2) 在开区间 (a,b) 内可导,
那么在 (a,b) 内至少存在一点 $\xi(a<\xi<b)$,使得
$$f(b)-f(a)=f'(\xi)(b-a)\tag{3-1}$$
成立.

分析　为了找出证明思路,我们先看一下定理的几何意义. 把式(3-1)改写为

即时练习 3-1
验证函数 $f(x)=x^2-2x+2$ 在区间 $[-1,3]$ 上满足罗尔定理的条件,并求出罗尔定理结论中的 ξ 值.

拉格朗日和拉格朗日中值定理

$$f'(\xi) = \frac{f(b) - f(a)}{b - a}.$$

在图 3-2 中可以看出, $\frac{f(b) - f(a)}{b - a}$ 为弦 AB 的斜率,而 $f'(\xi)$ 为曲线在点 C 处的切线的斜率.因此拉格朗日中值定理的几何意义是:若平面上一条以 $A(a, f(a))$、$B(b, f(b))$ 为端点的连续曲线 $y = f(x)$,在开区间 (a, b) 内处处有不垂直于 x 轴的切线,则在开区间 (a, b) 内至少有一点 C,使得曲线 $y = f(x)$ 在该点的切线平行于弦 AB.当 $f(a) = f(b)$ 时,定理的结论变为 $f'(\xi) = 0$.这表明罗尔定理是拉格朗日中值定理的一个特殊情形.

从图 3-2 中可以看出,直线 AB 的方程为

$$y = f(a) + \frac{f(b) - f(a)}{b - a}(x - a),$$

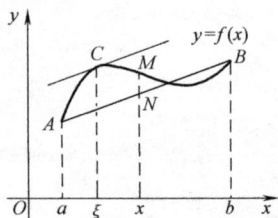

图 3-2

于是函数

$$\varphi(x) = f(x) - \left[f(a) + \frac{f(b) - f(a)}{b - a}(x - a) \right]$$

满足: $\varphi(a) = \varphi(b) = 0$.由此可用罗尔定理来证明本定理的结论.

证明   引进辅助函数

$$\varphi(x) = f(x) - f(a) - \frac{f(b) - f(a)}{b - a}(x - a),$$

容易验证函数 $\varphi(x)$ 满足罗尔定理的条件: $\varphi(a) = \varphi(b) = 0, \varphi(x)$ 在闭区间 $[a, b]$ 上连续,在开区间 (a, b) 内可导,且

$$\varphi'(x) = f'(x) - \frac{f(b) - f(a)}{b - a}.$$

根据罗尔定理,可知在开区间 (a, b) 内至少有一点 ξ,使 $\varphi'(\xi) = 0$,即

$$f'(\xi) = \frac{f(b) - f(a)}{b - a}.$$

由此得

$$f(b) - f(a) = f'(\xi)(b - a).$$

这个公式对于 $b < a$ 也成立.式(3-1)叫做拉格朗日中值公式.

可以看出,证明拉格朗日中值定理的关键是构造合适的辅助函数,而构造辅助函数往往可以通过命题的结论去考虑.对于拉格朗日中值定理,其结论可表示为

$$\frac{\mathrm{d}}{\mathrm{d}x} \left[f(x) - \frac{f(b) - f(a)}{b - a}x \right]_{x = \xi} = 0.$$

从而亦可以构造辅助函数

$$\varphi(x) = f(x) - \frac{f(b) - f(a)}{b - a}x,$$

则 $\varphi(x)$ 满足：在 $[a,b]$ 上连续，在 (a,b) 内可导，且 $\varphi(a)=\varphi(b)=$ $\dfrac{bf(a)-af(b)}{b-a}$. 根据罗尔定理，可知在 (a,b) 内至少有一点 ξ，使 $\varphi'(\xi)=0$，即式 (3-1) 成立.

由于 $a<\xi<b$，所以，若记

$$\theta=\frac{\xi-a}{b-a}, \quad 即 \quad \xi=a+\theta(b-a), 0<\theta<1,$$

从而拉格朗日中值定理可以写成如下形式：

$$f(b)-f(a)=f'[a+\theta(b-a)](b-a), 0<\theta<1.$$

在区间 $[x_0,x_0+\Delta x](\Delta x>0)$ 或 $[x_0+\Delta x,x_0](\Delta x<0)$ 上，拉格朗日中值定理又有如下形式：

$$f(x_0+\Delta x)-f(x_0)=f'(x_0+\theta\cdot\Delta x)\Delta x, 0<\theta<1.$$

该式左端是函数 $f(x)$ 在点 x_0 的增量，故该式称为有限增量公式.

拉格朗日中值定理有以下两个重要的推论：

推论 1　如果函数 $f(x)$ 在区间 I 上的导数恒为零，那么 $f(x)$ 在区间 I 上是一个常数.

证明　在区间 I 上任取两点 $x_1,x_2(x_1<x_2)$，应用拉格朗日中值定理，得

$$f(x_2)-f(x_1)=f'(\xi)(x_2-x_1) \quad (x_1<\xi<x_2).$$

由假定，$f'(\xi)=0$，所以 $f(x_2)-f(x_1)=0$，即

$$f(x_2)=f(x_1).$$

因为 x_1,x_2 是 I 上任意两点，所以上面的等式表明：$f(x)$ 在 I 上的函数值总是相等的，这就是说，$f(x)$ 在区间 I 上是一个常数.

推论 2　如果函数 $f(x)$ 与 $g(x)$ 在区间 I 内处处有 $f'(x)=g'(x)$，那么 $f(x)$ 与 $g(x)$ 在区间 I 上仅相差一个常数，即 $f(x)-g(x)=C$.

例 3-3　证明当 $0<\alpha<\beta<\dfrac{\pi}{2}$ 时，有

$$\frac{\beta-\alpha}{\cos^2\alpha}<\tan\beta-\tan\alpha<\frac{\beta-\alpha}{\cos^2\beta}.$$

证明　由于 $f(x)=\tan x$ 在 $[\alpha,\beta]$ 上满足拉格朗日中值定理的条件，所以至少有一个 $\xi\in(\alpha,\beta)$，使得

$$\tan\beta-\tan\alpha=f(\beta)-f(\alpha)=f'(\xi)(\beta-\alpha)=\frac{\beta-\alpha}{\cos^2\xi}.$$

又由于

$$\cos^2\alpha>\cos^2\xi>\cos^2\beta,$$

所以 $\dfrac{1}{\cos^2\alpha}<\dfrac{1}{\cos^2\xi}<\dfrac{1}{\cos^2\beta}$. 因为 $\beta-\alpha>0$，故有

📎 **即时练习 3-2**
验证函数 $f(x)=\arctan x$ 在区间 $[0,1]$ 上满足拉格朗日中值定理的条件，并求出定理结论中的 ξ 值.

📎 **即时练习 3-3**
试证推论 2.

$$\frac{\beta-\alpha}{\cos^2\alpha}<\frac{\beta-\alpha}{\cos^2\xi}<\frac{\beta-\alpha}{\cos^2\beta},$$

从而

$$\frac{\beta-\alpha}{\cos^2\alpha}<\tan\beta-\tan\alpha<\frac{\beta-\alpha}{\cos^2\beta}.$$

注意:罗尔定理与拉格朗日中值定理的关系为:罗尔定理是拉格朗日中值定理的特殊情况,拉格朗日中值定理是罗尔定理的推广.

3.1.3 柯西中值定理

将拉格朗日中值定理推广到两个函数的情形,就得到如下的柯西中值定理.

□ 柯西和柯西中值定理

定理 3-4 (柯西中值定理)如果函数 $f(x)$ 及 $g(x)$ 满足条件:

(1)在闭区间 $[a,b]$ 上连续;

(2)在开区间 (a,b) 内可导;

(3)对任一 $x\in(a,b),g'(x)\neq0$,

那么在 (a,b) 内至少存在一点 $\xi(a<\xi<b)$,使得等式

$$\frac{f(b)-f(a)}{g(b)-g(a)}=\frac{f'(\xi)}{g'(\xi)}$$

成立.

证明 定理的结论可变形为 $\dfrac{f(b)-f(a)}{g(b)-g(a)}g'(\xi)-f'(\xi)=0$,故根据结论构造辅助函数

$$\varphi(x)=\frac{f(b)-f(a)}{g(b)-g(a)}g(x)-f(x),$$

则 $\varphi(x)$ 在 $[a,b]$ 上连续,在 (a,b) 内可导,且 $\varphi(a)=\varphi(b)=\dfrac{f(b)g(a)-f(a)g(b)}{g(b)-g(a)}$,由罗尔定理,可知在 (a,b) 内至少有一点 ξ,使 $\varphi'(\xi)=0$,即

$$\frac{f(b)-f(a)}{g(b)-g(a)}g'(\xi)-f'(\xi)=0.$$

注意:柯西中值定理中,若取 $g(x)=x$,则 $g(b)-g(a)=b-a,g'(x)=1$,就可得到拉格朗日中值定理.因此,柯西中值定理可以看成拉格朗日中值定理的推广.

习题 3.1

1.选择填空题:

(1)下列函数中在区间 $[-1,1]$ 上满足罗尔定理的是(　　　).

A. $y = x$;　　　B. $y = |x|$;　　　C. $y = x^2$;　　　D. $y = \dfrac{1}{x^2}$.

(2) 设 $y = x^3 + x^2$,则在区间 $[-1,0]$ 上满足拉格朗日中值定理的 ξ 值为 ＿＿＿＿＿.

2. 设 $f(x) = (x-1)(x-2)(x-3)$,试不通过求 $f(x)$ 的导数,判定方程 $f'(x) = 0$ 有几个实根,并指出这些实根所在的开区间.

3. 试用拉格朗日中值定理证明当 $x > 0$ 时,

$$\frac{x}{1+x} < \ln(1+x) < x.$$

4. 证明恒等式:$\arcsin x + \arccos x = \dfrac{\pi}{2}(-1 \leqslant x \leqslant 1)$.

5. 若函数 $f(x)$ 在 $[a,b]$ 内具有二阶导数,且 $f(x_1) = f(x_2) = f(x_3)$,其中 $a < x_1 < x_2 < x_3 < b$,证明:在 (x_1,x_3) 内至少有一点 ξ,使得 $f''(\xi) = 0$.

3.2 洛必达法则

在极限的计算中,经常会遇到这样的情况:当 $x \to x_0$(或 $x \to \infty$)时,函数 $f(x)$ 与 $g(x)$ 都是无穷小或都是无穷大,这时极限 $\lim\limits_{\substack{x \to x_0 \\ (x \to \infty)}} \dfrac{f(x)}{g(x)}$ 可能存在,也可能不存在. 我们把这样的极限叫作未定式,并分别简记为 $\dfrac{0}{0}$ 或 $\dfrac{\infty}{\infty}$. 本节将以中值定理为理论依据,以导数为工具建立一个简便而又有效的求 $\dfrac{0}{0}$ 型或 $\dfrac{\infty}{\infty}$ 型未定式极限的方法 —— 洛必达(L'Hospital) 法则,我们将它叙述为两个定理.

定理 3-5 如果函数 $f(x)$ 与 $g(x)$ 满足:　　　　　　　　▢ 洛必达

(1) $\lim\limits_{x \to x_0} f(x) = 0$, $\lim\limits_{x \to x_0} g(x) = 0$;

(2) $f(x)$ 与 $g(x)$ 在点 x_0 的某去心邻域内可导,并且 $g'(x) \neq 0$;

(3) $\lim\limits_{x \to x_0} \dfrac{f'(x)}{g'(x)}$ 存在(或为无穷大),

那么

$$\lim_{x \to x_0} \frac{f(x)}{g(x)} = \lim_{x \to x_0} \frac{f'(x)}{g'(x)}.$$

分析 如何将函数比的问题转化到其导函数比上去是证明的关键,显然柯西中值定理可将两者联系起来,为能使用柯西中值定理,必须先对函数进行改造以符合柯西中值定理的条件.

证明 因为求 $\dfrac{f(x)}{g(x)}$ 当 $x \to x_0$ 的极限过程中,不涉及函数

$f(x)$ 与 $g(x)$ 在 x_0 的函数值,所以可以假定 $f(x_0) = g(x_0) = 0$,这样函数 $f(x)$ 与 $g(x)$ 就在点 x_0 处连续了,在 x_0 附近任取一点 x,由条件(2)知,函数 $f(x)$ 和 $g(x)$ 在以 x_0 和 x 为端点的闭区间上连续,在以 x_0 和 x 为端点的开区间内可导,且 $g'(\xi) \neq 0$,由柯西中值定理,得

$$\frac{f(x)}{g(x)} = \frac{f(x) - f(x_0)}{g(x) - g(x_0)} = \frac{f'(\xi)}{g'(\xi)}, \qquad (\xi \text{ 在 } x \text{ 与 } x_0 \text{ 之间}).$$

令 $x \to x_0$,并对上式两端求极限,注意到 $x \to x_0$ 时 $\xi \to x_0$,再根据条件(3)便得要证明的结论.

如果 $\lim\limits_{x \to x_0} \dfrac{f'(x)}{g'(x)}$ 仍为 $\dfrac{0}{0}$ 型未定式,还可以改为计算极限 $\lim\limits_{x \to x_0} \dfrac{f''(x)}{g''(x)}$,即可以重复使用洛必达法则,先确定 $\lim\limits_{x \to x_0} \dfrac{f'(x)}{g'(x)}$,从而确定 $\lim\limits_{x \to x_0} \dfrac{f(x)}{g(x)}$,即

$$\lim_{x \to x_0} \frac{f(x)}{g(x)} = \lim_{x \to x_0} \frac{f'(x)}{g'(x)} = \lim_{x \to x_0} \frac{f''(x)}{g''(x)}.$$

且可以依次类推,但每次使用前一定注意验证还是不是未定式.

需要指出的是,定理 3-5 对于 $x \to \infty$ 时的 $\dfrac{0}{0}$ 型未定式同样适用.

例 3-4   求 $\lim\limits_{x \to \pi} \dfrac{\sin 2x}{\tan 3x}$.

解   这是 $\dfrac{0}{0}$ 型未定式,应用洛必达法则得

$$\lim_{x \to \pi} \frac{\sin 2x}{\tan 3x} = \lim_{x \to \pi} \frac{2\cos 2x}{3 \sec^2 3x} = \frac{2}{3}.$$

例 3-5   求 $\lim\limits_{x \to +\infty} \dfrac{\dfrac{\pi}{2} - \arctan x}{x^{-1}}$.

解   这是 $\dfrac{0}{0}$ 型未定式,应用洛必达法则得

$$\lim_{x \to +\infty} \frac{\dfrac{\pi}{2} - \arctan x}{x^{-1}} = \lim_{x \to +\infty} \frac{-\dfrac{1}{1 + x^2}}{-x^{-2}} = \lim_{x \to +\infty} \frac{x^2}{1 + x^2} = 1.$$

例 3-6   求 $\lim\limits_{x \to 0} \dfrac{\ln(1 + x)}{x^2}$.

解   这是 $\dfrac{0}{0}$ 型未定式,应用洛必达法则得

$$\lim_{x \to 0} \frac{\ln(1 + x)}{x^2} = \lim_{x \to 0} \frac{\dfrac{1}{1 + x}}{2x} = \lim_{x \to 0} \frac{1}{2x(1 + x)} = \infty.$$

计算未定式极限时,有时需要连续几次使用洛必达法则.

例 3-7　求 $\lim\limits_{x\to 0}\dfrac{e^x+e^{-x}-2}{1-\cos x}$.

解　$\lim\limits_{x\to 0}\dfrac{e^x+e^{-x}-2}{1-\cos x}\left(\dfrac{0}{0}\text{ 型}\right)=\lim\limits_{x\to 0}\dfrac{e^x-e^{-x}}{\sin x}\left(\dfrac{0}{0}\text{ 型}\right)$

$$=\lim\limits_{x\to 0}\dfrac{e^x+e^{-x}}{\cos x}=2.$$

例 3-8　求 $\lim\limits_{x\to 0}\dfrac{1-\dfrac{\sin x}{x}}{1-\cos x}$.

解　$\lim\limits_{x\to 0}\dfrac{1-\dfrac{\sin x}{x}}{1-\cos x}=2\lim\limits_{x\to 0}\dfrac{x-\sin x}{x^3}=\dfrac{2}{3}\lim\limits_{x\to 0}\dfrac{1-\cos x}{x^2}=\dfrac{1}{3}$.

注意:使用洛必达法则时应注意简化求导运算,如恒等变形、等价无穷小代换等都可简化求导运算.

例 3-9　求 $\lim\limits_{x\to 0}\dfrac{x-\arcsin x}{\sin^3 x}$.

解　$\lim\limits_{x\to 0}\dfrac{x-\arcsin x}{\sin^3 x}=\lim\limits_{x\to 0}\dfrac{x-\arcsin x}{x^3}=\lim\limits_{x\to 0}\dfrac{1-\dfrac{1}{\sqrt{1-x^2}}}{3x^2}$

$$=\dfrac{1}{3}\lim\limits_{x\to 0}\dfrac{\sqrt{1-x^2}-1}{x^2\sqrt{1-x^2}}=\dfrac{1}{3}\lim\limits_{x\to 0}\dfrac{-\dfrac{1}{2}x^2}{x^2}$$

$$=-\dfrac{1}{6}.$$

注意:及时排除非不定因式也可以有效地简化求导运算.

对于 $x\to x_0$ 或 $x\to\infty$ 时的 $\dfrac{\infty}{\infty}$ 型未定式,也有相应的洛必达法则.

定理 3-6　如果函数 $f(x)$ 与 $g(x)$ 满足:

(1) $\lim\limits_{x\to x_0}f(x)=\infty,\lim\limits_{x\to x_0}g(x)=\infty$;

(2) $f(x)$ 与 $g(x)$ 在点 x_0 的某去心邻域内可导,并且 $g'(x)\neq 0$;

(3) $\lim\limits_{x\to x_0}\dfrac{f'(x)}{g'(x)}$ 存在(或为无穷大),那么

$$\lim\limits_{x\to x_0}\dfrac{f(x)}{g(x)}=\lim\limits_{x\to x_0}\dfrac{f'(x)}{g'(x)}.$$

注意:定理 3-6 对于 $x\to\infty$ 时的 $\dfrac{\infty}{\infty}$ 型未定式同样适用.

例 3-10　计算 $\lim\limits_{x\to+\infty}\dfrac{\ln x}{x^a}(a>0)$.

解　这是 $\dfrac{\infty}{\infty}$ 型未定式,应用洛必达法则得

$$\lim_{x \to +\infty} \frac{\ln x}{x^a} = \lim_{x \to +\infty} \frac{\frac{1}{x}}{ax^{a-1}} = \frac{1}{a} \lim_{x \to +\infty} \frac{1}{x^a} = 0.$$

例 3-11　计算 $\lim\limits_{x \to +\infty} \dfrac{x^n}{e^x}$（$n$ 为正整数）.

解　这是 $\dfrac{\infty}{\infty}$ 型未定式，应用洛必达法则得

$$\lim_{x \to +\infty} \frac{x^n}{e^x} = \lim_{x \to +\infty} \frac{nx^{n-1}}{e^x} = \lim_{x \to +\infty} \frac{n(n-1)x^{n-2}}{e^x} = \cdots$$

$$= \lim_{x \to +\infty} \frac{n!}{e^x} = 0.$$

注意：本题相继应用 n 次洛必达法则.

例 3-10 和例 3-11 的结果表明，当 $x \to +\infty$ 时，幂函数 $x^a (a > 0)$ 比对数函数 $\ln x$ 增大的速度快得多，而指数函数 e^x 又比幂函数 $x^a (a > 0)$ 增大的速度快得多.

在使用洛必达法则求极限时，应注意以下几点：

（1）每次使用洛必达法则之前，必须检验所求极限是否属于 $\dfrac{0}{0}$ 型或 $\dfrac{\infty}{\infty}$ 型未定式.

（2）在满足定理条件的某些情况下，洛必达法则不能解决计算问题.

例如，由洛必达法则得

$$\lim_{x \to +\infty} \frac{\sqrt{1+x^2}}{x} \left(\frac{\infty}{\infty} \; 型 \right) = \lim_{x \to +\infty} \frac{\frac{2x}{2\sqrt{1+x^2}}}{1} = \lim_{x \to +\infty} \frac{x}{\sqrt{1+x^2}} \left(\frac{\infty}{\infty} \; 型 \right)$$

$$= \lim_{x \to +\infty} \frac{1}{\frac{2x}{2\sqrt{1+x^2}}} = \lim_{x \to +\infty} \frac{\sqrt{1+x^2}}{x}.$$

出现了循环现象，这时应改用其他求极限的方法. 事实上，有

$$\lim_{x \to +\infty} \frac{\sqrt{1+x^2}}{x} = \lim_{x \to +\infty} \sqrt{\frac{1}{x^2} + 1} = 1.$$

（3）洛必达法则中的条件是充分而非必要的，当遇到 $\lim \dfrac{f'(x)}{g'(x)}$ 不存在也不为无穷大时，不能断定 $\lim \dfrac{f(x)}{g(x)}$ 也不存在.

例如，由洛必达法则得

$$\lim_{x \to \infty} \frac{x + \sin x}{x} \left(\frac{\infty}{\infty} \; 型 \right) = \lim_{x \to \infty} (1 + \cos x),$$

而极限 $\lim\limits_{x \to \infty} (1 + \cos x)$ 不存在，但不能由此断定原极限不存在，此时

洛必达法则失效. 事实上

$$\lim_{x\to\infty}\frac{x+\sin x}{x}=\lim_{x\to\infty}\left(1+\frac{\sin x}{x}\right)=1.$$

另外还有五类常见的未定式: $0\cdot\infty$、$\infty-\infty$、1^∞、0^0、∞^0, 它们可以通过倒置、通分、取对数等适当变换, 转化为 $\frac{0}{0}$ 或 $\frac{\infty}{\infty}$ 型的未定式, 然后使用洛必达法则, 下面举例说明.

例 3-12　求 $\lim\limits_{x\to0^+}x\ln x$.

解　这是 $0\cdot\infty$ 型未定式.

$$\lim_{x\to0^+}x\ln x=\lim_{x\to0^+}\frac{\ln x}{\frac{1}{x}}=\lim_{x\to0^+}\frac{\frac{1}{x}}{-\frac{1}{x^2}}=\lim_{x\to0^+}(-x)=0.$$

注意: 此例将 $0\cdot\infty$ 型转化为 $\frac{\infty}{\infty}$ 型是必要的, 若改为 $\frac{0}{0}$ 型将不得其解.

例 3-13　求 $\lim\limits_{x\to1}\left(\dfrac{x}{x-1}-\dfrac{1}{\ln x}\right)$.

解　这是 $\infty-\infty$ 型未定式.

$$\lim_{x\to1}\left(\frac{x}{x-1}-\frac{1}{\ln x}\right)=\lim_{x\to1}\frac{x\ln x-x+1}{(x-1)\ln x}=\lim_{x\to1}\frac{\ln x}{\frac{x-1}{x}+\ln x}$$

$$=\lim_{x\to1}\frac{x\ln x}{x-1+x\ln x}=\lim_{x\to1}\frac{\ln x}{x-1+x\ln x}$$

$$=\lim_{x\to1}\frac{1}{x(1+1+\ln x)}=\frac{1}{2}.$$

例 3-14　求 $\lim\limits_{x\to0^+}x^x$.

解　这是 0^0 型未定式. 把 x^x 改写为 $\mathrm{e}^{x\ln x}$, 应用例 3-12 的结果可知

$$\lim_{x\to0^+}x\ln x=0.$$

于是,

$$\lim_{x\to0^+}x^x=\lim_{x\to0^+}\mathrm{e}^{x\ln x}=\mathrm{e}^{\lim\limits_{x\to0^+}x\ln x}=\mathrm{e}^0=1.$$

例 3-15　求 $\lim\limits_{x\to0^+}\left(\dfrac{1}{x}\right)^{\tan x}$.

解　这是 ∞^0 型未定式, 把 $\left(\dfrac{1}{x}\right)^{\tan x}$ 改写成 $\mathrm{e}^{-\tan x\ln x}$, 成为 $0\cdot\infty$ 型未定式

$$\lim_{x\to0^+}\left(\frac{1}{x}\right)^{\tan x}=\lim_{x\to0^+}\mathrm{e}^{-\tan x\ln x}=\mathrm{e}^{-\lim\limits_{x\to0^+}\frac{\sin x}{x}\frac{1}{\cos x}x\ln x}=\mathrm{e}^0=1.$$

习题 3.2

1. 用洛必达法则求下列极限:

(1) $\lim\limits_{x \to 0} \dfrac{2^x - 3^x}{x}$;

(2) $\lim\limits_{x \to 0} \dfrac{\ln\cos x}{x^2}$;

(3) $\lim\limits_{x \to +\infty} \dfrac{\ln\left(1 + \dfrac{1}{x}\right)}{\text{arccot} x}$;

(4) $\lim\limits_{x \to +\infty} \dfrac{\ln^2 x}{x}$;

(5) $\lim\limits_{x \to 1} \left(\dfrac{2}{x^2 - 1} - \dfrac{1}{x - 1} \right)$;

(6) $\lim\limits_{x \to +\infty} x^2 e^{-x}$;

(7) $\lim\limits_{x \to \infty} \left(1 - \dfrac{2}{x} \right)^{3x}$;

(8) $\lim\limits_{x \to 0} \left(\dfrac{1}{x^2} - \dfrac{1}{x\tan x} \right)$;

(9) $\lim\limits_{x \to 0^+} x^{\sin x}$;

(10) $\lim\limits_{x \to 0^+} \left(\dfrac{1}{\sqrt{x}} \right)^{\tan x}$.

2. 下列极限能用洛必达法则求吗? 为什么? 如不能, 请用其他方法求.

(1) $\lim\limits_{x \to \infty} \dfrac{x + \cos x}{x}$;

(2) $\lim\limits_{x \to 0} \dfrac{e^x - \cos x}{x \sin x}$.

3.3 泰勒公式

3.3.1 带有佩亚诺型余项的泰勒公式

对于一些复杂函数, 为了便于研究, 我们往往希望用一些简单函数来近似表示, 而多项式函数是各类函数中最简单的一种. 因此用多项式函数近似表达其他函数是近似计算和理论分析的一个重要内容.

由微分概念知: f 在点 x_0 可导, 则有

$$f(x) = f(x_0) + f'(x_0)(x - x_0) + o(x - x_0).$$

即在点 x_0 附近, 用一次多项式 $f(x_0) + f'(x_0)(x - x_0)$ 逼近函数 $f(x)$ 时, 其误差为 $(x - x_0)$ 的高阶无穷小量. 然而在很多场合, 取一次多项式逼近是不够的, 往往需要用二次或高于二次的多项式去逼近, 并要求误差为 $o((x - x_0)^n)$, 其中 n 为多项式的次数. 为此, 我们考察任一 n 次多项式

$$p_n(x) = a_0 + a_1(x - x_0) + a_2(x - x_0)^2 + \cdots + a_n(x - x_0)^n.$$

$$(3\text{-}2)$$

逐次求它在点 x_0 处的各阶导数, 得到

$$p_n(x_0) = a_0, \ p_n{}'(x_0) = a_1, \ p_n{}''(x_0) = 2!a_2, \cdots, p_n{}^{(n)}(x_0) = n!a_n,$$

即

$$a_0 = p_n(x_0), a_1 = \frac{p_n{}'(x_0)}{1!}, a_2 = \frac{p_n{}''(x_0)}{2!}, \cdots, a_n = \frac{p_n{}^{(n)}(x_0)}{n!}.$$

由此可见,多项式 $p_n(x)$ 的各项系数由其在点 x_0 的各阶导数值所唯一确定.

对于一般函数 f,设它在点 x_0 存在直到 n 阶的导数. 由这些导数构造一个 n 次多项式

$$T_n(x) = f(x_0) + \frac{f'(x_0)}{1!}(x-x_0) + \frac{f''(x_0)}{2!}(x-x_0)^2 + \cdots +$$

$$\frac{f^{(n)}(x_0)}{n!}(x-x_0)^n, \tag{3-3}$$

称为函数 f 在点 x_0 处的泰勒(Taylor)多项式,$T_n(x)$ 的各项系数 $\frac{f^{(k)}(x_0)}{k!}(k=1,2,\cdots,n)$ 称为泰勒系数. 由上面对多项式系数的讨论,易知 $f(x)$ 与其泰勒多项式 $T_n(x)$ 在点 x_0 有相同的函数值和相同的直至 n 阶导数值,即

□ 人物 — 泰勒

$$f^{(k)}(x_0) = T_n{}^{(k)}(x_0), k = 0, 1, 2, \cdots, n. \tag{3-4}$$

下面将要证明 $f(x) - T_n(x) = o((x-x_0)^n)$,即以式(3-3)所示的泰勒多项式逼近 $f(x)$ 时,其误差为关于 $(x-x_0)^n$ 的高阶无穷小量.

定理 3-7　若函数 f 在点 x_0 存在直至 n 阶导数,则有 $f(x) = T_n(x) + o((x-x_0)^n)$,即

$$f(x) = f(x_0) + f'(x_0)(x-x_0) + \frac{f''(x_0)}{2!}(x-x_0)^2 + \cdots +$$

$$\frac{f^{(n)}(x_0)}{n!}(x-x_0)^n + o((x-x_0)^n). \tag{3-5}$$

证明　设 $R_n(x) = f(x) - T_n(x), Q_n(x) = (x-x_0)^n$,现在只要证

$$\lim_{x \to x_0} \frac{R_n(x)}{Q_n(x)} = 0.$$

由关系式(3-4)可知,

$$R_n(x_0) = R_n{}'(x_0) = \cdots = R_n^{(n)}(x_0) = 0,$$

并易知

$$Q_n(x_0) = Q_n{}'(x_0) = \cdots = Q_n^{(n-1)}(x_0) = 0, Q_n^{(n)}(x_0) = n!.$$

因为 $f^{(n)}(x_0)$ 存在,故在点 x_0 的某邻域 $U(x_0)$ 内 f 存在 $n-1$ 阶导函数 $f^{(n-1)}(x)$. 于是,当 $x \in \overset{\circ}{U}(x_0)$ 且 $x \to x_0$ 时,允许连续使用洛必达法则 $n-1$ 次,得到

$$\lim_{x \to x_0} \frac{R_n(x)}{Q_n(x)} = \lim_{x \to x_0} \frac{R_n{}'(x)}{Q_n{}'(x)} = \cdots = \lim_{x \to x_0} \frac{R_n^{(n-1)}(x)}{Q_n^{(n-1)}(x)}$$

$$= \lim_{x \to x_0} \frac{f^{(n-1)}(x) - f^{(n-1)}(x_0) - f^{(n)}(x_0)(x - x_0)}{n(n-1)\cdots 2(x - x_0)}$$

$$= \frac{1}{n!} \lim_{x \to x_0} \left[\frac{f^{(n-1)}(x) - f^{(n+1)}(x_0)}{x - x_0} - f^{(n)}(x_0) \right]$$

$$= 0.$$

定理所证的式(3-5)称为函数 f 在点 x_0 处的泰勒公式,$R_n(x) = f(x) - T_n(x)$ 称为泰勒公式的余项,形如 $o((x - x_0)^n)$ 的余项称为佩亚诺(Peano)型余项.所以式(3-5)又称为带有佩亚诺型余项的泰勒公式.

□ 人物 — 佩亚诺

可以证明,当函数 $f(x)$ 满足定理 3-7 的条件时,满足 $f(x) = p_n(x) + o((x - x_0)^n)$ 的逼近多项式 $p_n(x)$ 只可能是 $f(x)$ 的泰勒多项式 $T_n(x)$.

以后用得较多的是泰勒公式(3-5)在 $x_0 = 0$ 时的特殊形式:

$$f(x) = f(0) + f'(0)x + \frac{f''(0)}{2!}x^2 + \cdots + \frac{f^{(n)}(0)}{n!}x^n + o(x^n). \tag{3-6}$$

□ 人物 — 麦克劳林

它也称为(带有佩亚诺型余项的)麦克劳林(Maclaurin)公式.

例 3-16　验证下列函数的带有佩亚诺型余项的 n 阶麦克劳林公式:

(1) $e^x = 1 + x + \dfrac{x^2}{2!} + \cdots + \dfrac{x^n}{n!} + o(x^n)$;

(2) $\sin x = x - \dfrac{x^3}{3!} + \dfrac{x^5}{5!} - \cdots + (-1)^{m-1} \dfrac{x^{2m-1}}{(2m-1)!} + o(x^{2m})$;

(3) $\cos x = 1 - \dfrac{x^2}{2!} + \dfrac{x^4}{4!} - \cdots + (-1)^m \dfrac{x^{2m}}{(2m)!} + o(x^{2m+1})$;

(4) $\ln(1 + x) = x - \dfrac{x^2}{2} + \dfrac{x^3}{3} - \cdots + (-1)^{n-1} \dfrac{x^n}{n} + o(x^n)$;

(5) $(1+x)^\alpha = 1 + \alpha x + \dfrac{\alpha(\alpha-1)}{2!}x^2 + \cdots + \dfrac{\alpha(\alpha-1)\cdots(\alpha-n+1)}{n!}x^n + o(x^n)$;

(6) $\dfrac{1}{1-x} = 1 + x + x^2 + \cdots + x^n + o(x^n)$.

证明　这里只验证其中两个公式,其余请读者自行证明.

(2) 设 $f(x) = \sin x$,由于 $f^{(n)}(x) = \sin\left(x + \dfrac{n\pi}{2}\right)$,因此 $f^{(n)}(0) = \sin\dfrac{n\pi}{2}$.当 n 依次取 $1, 2, 3, 4, \cdots$ 时,$f^{(n)}(0)$ 顺序循环地取四个数 $1, 0, -1, 0$.于是,由公式(3-6),令 $n = 2m$,便得到 $\sin x$ 的麦克劳林公式.由于这里有 $T_{2m-1}(x) = T_{2m}(x)$,因此公式中的余项可以写作 $o(x^{2m-1})$,也可以写作 $o(x^{2m})$).关于本例中(3) 的余项可做同样

说明.

(4) 设 $f(x) = \ln(1+x)$, 由于 $f'(x) = \dfrac{1}{1+x}, \cdots, f^{(k)}(x) = (-1)^{k-1}(k-1)!(1+x)^{-k}, k=1,2,\cdots,n$, 故 $f^{(k)}(0) = (-1)^{k-1}(k-1)!$, $k=1,2,\cdots,n$. 代入公式(3-6), 即得 $\ln(1+x)$ 的麦克劳林公式.

利用上述麦克劳林公式, 可间接求得其他一些函数的麦克劳林公式或泰勒公式, 还可用来求某种类型的极限.

例 3-17　写出函数 $f(x) = \mathrm{e}^{-\frac{x^2}{2}}$ 的带有佩亚诺型余项的 n 阶麦克劳林公式, 并求 $f^{(98)}(0)$ 与 $f^{(99)}(0)$.

解　用 $-\dfrac{x^2}{2}$ 替换 e^x 的带有佩亚诺型余项的 n 阶麦克劳林公式中的 x, 即得所求的麦克劳林公式为

$$\mathrm{e}^{-\frac{x^2}{2}} = 1 - \frac{x^2}{2} + \frac{x^4}{2^2 \cdot 2!} + \cdots + (-1)^n \cdot \frac{x^{2n}}{2^n n!} + o(x^{2n}).$$

由泰勒公式系数的定义, 在上述 $f(x)$ 的麦克劳林公式中, x^{98} 与 x^{99} 的系数分别为

$$\frac{1}{98!} f^{(98)}(0) = (-1)^{49} \frac{1}{2^{49} \cdot 49!}, \quad \frac{1}{99!} f^{(99)}(0) = 0.$$

由此得到 $f^{(98)}(0) = -\dfrac{98!}{2^{49} \cdot 49!}, \ f^{(99)}(0) = 0$.

例 3-18　求函数 $f(x) = \ln x$ 在 $x = 2$ 处的带有佩亚诺型余项的 n 阶泰勒公式.

解　由于 $\ln x = \ln[2+(x-2)] = \ln 2 + \ln\left(1 + \dfrac{x-2}{2}\right)$, 因此

$$\ln x = \ln 2 + \frac{1}{2}(x-2) - \frac{1}{2 \cdot 2^2}(x-2)^2 + \cdots +$$

$$(-1)^{n-1} \frac{1}{n \cdot 2^n}(x-2)^n + o((x-2)^n)$$

即为所求的泰勒公式.

例 3-19　求极限 $\lim\limits_{x \to 0} \dfrac{\cos x - \mathrm{e}^{-\frac{x^2}{2}}}{x^4}$.

解　本题可用洛必达法则求解(较烦琐), 在这里可应用麦克劳林公式求解. 考虑到极限式的分母为 x^4, 我们用麦克劳林公式表示极限的分子(取 $n=4$), 并利用例 3-17:

$$\cos x = 1 - \frac{x^2}{2} + \frac{x^4}{24} + o(x^4),$$

$$\mathrm{e}^{-\frac{x^2}{2}} = 1 - \frac{x^2}{2} + \frac{x^4}{8} + o(x^4),$$

于是

$$\cos x - \mathrm{e}^{-\frac{x^2}{2}} = -\frac{x^4}{12} + o(x^4).$$

从而

$$\lim_{x \to 0} \frac{\cos x - e^{-\frac{x^2}{2}}}{x^4} = \lim_{x \to 0} \frac{-\frac{1}{12}x^4 + o(x^4)}{x^4} = -\frac{1}{12}.$$

3.3.2　带有拉格朗日型余项的泰勒公式

上面我们从微分近似出发,推广得到用 n 次多项式逼近函数的泰勒公式(3-5).它的佩亚诺型余项只是定性地告诉我们:当 $x \to x_0$ 时,逼近误差是较 $(x - x_0)^n$ 高阶的无穷小量.现在我们将泰勒公式构造一个定量形式的余项,以便于对逼近误差进行具体的计算或估计.

定理 3-8　(泰勒中值定理)设函数 $f(x)$ 在含有 x_0 的某个开区间 (a,b) 内具有 $n+1$ 阶的导数,则对任一 $x \in (a,b)$,至少存在一点 $\xi \in (a,b)$,使得

$$f(x) = f(x_0) + f'(x_0)(x - x_0) + \frac{f''(x_0)}{2!}(x - x_0)^2 + \cdots +$$

$$\frac{f^{(n)}(x_0)}{n!}(x - x_0)^n + \frac{f^{(n+1)}(\xi)}{(n+1)!}(x - x_0)^{n+1}. \tag{3-7}$$

证明　作辅助函数

$$F(t) = f(x) - \left[f(t) + f'(t)(x - t) + \cdots + \frac{f^{(n)}(t)}{n!}(x - t)^n \right],$$

$$G(t) = (x - t)^{n+1}.$$

所要证明的式(3-7)即为 $F(x_0) = \dfrac{f^{(n+1)}(\xi)}{(n+1)!}G(x_0)$ 或 $\dfrac{F(x_0)}{G(x_0)} = \dfrac{f^{(n+1)}(\xi)}{(n+1)!}$.不妨设 $x_0 < x$,则 $F(t)$ 与 $G(t)$ 在 $[x_0, x]$ 上连续,在 (x_0, x) 内可导,且

$$F'(t) = -\frac{f^{(n+1)}(t)}{n!}(x - t)^n,$$

$$G'(t) = -(n+1)(x - t)^n \neq 0.$$

又因 $F(x) = G(x) = 0$,所以由柯西中值定理得

$$\frac{F(x_0)}{G(x_0)} = \frac{F(x_0) - F(x)}{G(x_0) - G(x)} = \frac{F'(\xi)}{G'(\xi)} = \frac{f^{(n+1)}(\xi)}{(n+1)!},$$

其中 $\xi \in (x_0, x) \subset (a,b)$.

式(3-7)同样称为泰勒公式,它的余项为

$$R_n(x) = f(x) - T_n(x) = \frac{f^{(n+1)}(\xi)}{(n+1)!}(x - x_0)^{n+1},$$

$$\xi = x_0 + \theta(x - x_0)(0 < \theta < 1),$$

称为拉格朗日型余项.所以式(3-7)又称为带有拉格朗日型余项的

泰勒公式.

当 $n = 0$ 时，即为拉格朗日中值公式 $f(x) - f(x_0) = f'(\xi)(x - x_0)$. 所以，泰勒中值定理可以看作拉格朗日中值定理的推广.

当 $x_0 = 0$ 时，得到泰勒公式

$$f(x) = f(0) + f'(0)x + \frac{f''(0)}{2!}x^2 + \cdots + \frac{f^{(n)}(0)}{n!}x^n +$$

$$\frac{f^{(n+1)}(\theta x)}{(n+1)!}x^{n+1}\,(0 < \theta < 1). \tag{3-8}$$

式(3-8)也称为（带有拉格朗日型余项的）麦克劳林公式.

例 3-20　把例 3-16 中六个带有佩亚诺型余项的 n 阶麦克劳林公式改写为带有拉格朗日型余项的形式.

解　(1) $f(x) = e^x$，由 $f^{(n+1)}(x) = e^x$，得到

$$e^x = 1 + x + \frac{x^2}{2!} + \cdots + \frac{x^n}{n!} + \frac{e^{\theta x}}{(n+1)!}x^{n+1},\,0 < \theta < 1, x \in (-\infty, +\infty).$$

(2) $f(x) = \sin x$，由 $f^{(2m+1)}(x) = \sin\left(x + \frac{2m+1}{2}\pi\right) = (-1)^m \cos x$，

得到

$$\sin x = x - \frac{x^3}{3!} + \frac{x^5}{5!} - \cdots + (-1)^{m-1}\frac{x^{2m-1}}{(2m-1)!} +$$

$$(-1)^m \frac{\cos\theta x}{(2m+1)!}x^{2m+1},\,0 < \theta < 1, x \in (-\infty, +\infty).$$

(3) 类似于 $\sin x$，可得

$$\cos x = 1 - \frac{x^2}{2!} + \frac{x^4}{4!} - \cdots + (-1)^m\frac{x^{2m}}{(2m)!} +$$

$$(-1)^{m+1}\frac{\cos\theta x}{(2m+2)!}x^{2m+2},\,0 < \theta < 1, x \in (-\infty, +\infty).$$

(4) $f(x) = \ln(1+x)$，由 $f^{(n+1)}(x) = (-1)^n n!(1+x)^{-n-1}$，得到

$$\ln(1+x) = x - \frac{x^2}{2} + \frac{x^3}{3} - \cdots + (-1)^{n-1}\frac{x^n}{n} +$$

$$(-1)^n\frac{x^{n+1}}{(n+1)(1+\theta x)^{n+1}},\,0 < \theta < 1, x > -1.$$

(5) $f(x) = (1+x)^\alpha$，由 $f^{(n+1)}(x) = \alpha(\alpha-1)\cdots(\alpha-n)(1+x)^{\alpha-n-1}$，得到

$$(1+x)^\alpha = 1 + \alpha x + \frac{\alpha(\alpha-1)}{2!}x^2 + \cdots + \frac{\alpha(\alpha-1)\cdots(\alpha-n+1)}{n!}x^n +$$

$$\frac{\alpha(\alpha-1)\cdots(\alpha-n)}{(n+1)!}(1+\theta x)^{\alpha-n-1}x^{n+1},\,0 < \theta < 1, x > -1.$$

(6) $f(x) = \frac{1}{1-x}$，由 $f^{(n+1)}(x) = \frac{(n+1)!}{(1-x)^{n+2}}$，得到

$$\frac{1}{1-x} = 1 + x + x^2 + \cdots + x^n + \frac{x^{n+1}}{(1-\theta x)^{n+2}}, 0 < \theta < 1, x < 1.$$

3.3.3　泰勒公式在近似计算上的应用

例 3-21　　计算 e 的值,使其误差不超过 10^{-6}.

解　由例 3-20 中的公式(1),当 $x = 1$ 时有

$$e = 1 + 1 + \frac{1}{2!} + \frac{1}{3!} + \cdots + \frac{1}{n!} + \frac{e^{\theta}}{(n+1)!}, 0 < \theta < 1.$$

故 $R_n(1) = \dfrac{e^{\theta}}{(n+1)!} < \dfrac{3}{(n+1)!}$,当 $n = 9$ 时,便有

$$R_9(1) < \frac{3}{10!} = \frac{3}{3628800} < 10^{-6}.$$

从而略去 $R_9(1)$ 而求得 e 的近似值为

$$e \approx 1 + 1 + \frac{1}{2!} + \frac{1}{3!} + \cdots + \frac{1}{9!} \approx 2.7182815.$$

例 3-22　　用泰勒多项式逼近正弦函数 $\sin x$(例 3-20 中的 (2)),要求误差不超过 10^{-3}. 试以 $m = 1$ 和 $m = 2$ 两种情形分别讨论 x 的取值范围.

解　(1) 当 $m = 1$ 时,$\sin x \approx x$,为使其误差满足:

$$\left| R_2(x) \right| = \left| \frac{\cos \theta x}{3!} x^3 \right| \leqslant \frac{|x|^3}{6} < 10^{-3},$$

只需 $|x| < 0.1817(\text{rad})$,即大约在原点左右 $10°24'40''$ 范围内以 x 近似 $\sin x$,其误差不超过 10^{-3}.

(2) 当 $m = 2$ 时,$\sin x \approx x - \dfrac{x^3}{6}$,为使其误差满足

$$\left| R_4(x) \right| = \left| \frac{\cos \theta x}{5!} x^5 \right| \leqslant \frac{|x|^5}{5!} < 10^{-3},$$

只需 $|x| < 0.6543(\text{rad})$,即大约在原点左右 $37°29'38''$ 范围内,上述三次多项式逼近的误差不超过 10^{-3}.

如果进一步用更高次的多项式来逼近 $\sin x$,x 能在更大范围内满足同一误差.

习题 3.3

1. 将多项式 $p(x) = 1 + 3x + 5x^2 - 2x^3$ 展开成 $(x+1)$ 的多项式.

2. 求极限 $\lim\limits_{x \to 0} \dfrac{xe^{2x} + xe^x - 2e^{2x} + 2e^x}{(e^x - 1)^3}$.

3. 写出下列函数在指定点处的带有佩亚诺型余项的泰勒公式:

(1)$f(x) = \arcsin x$,在 $x = 0$ 处,3 阶;

(2)$f(x) = e^{\sin x}$,在 $x = 0$ 处,3 阶.

4. 求 $f(x) = \dfrac{1}{x}$ 在 $x = 1$ 处带有拉格朗日型余项的 n 阶泰勒公式.

5. 计算 $\sin 1°$ 准确到 10^{-8}.

3.4　函数的单调性与曲线的凹凸性

3.4.1　函数的单调性

单调性是函数的一个最基本的性质,可以定性描述在某个区间内,函数值变化与自变量变化的关系. 那么,怎样判断函数在某一区间上的单调性呢? 如果用函数单调性的定义来判定函数的单调性,往往是比较困难的. 拉格朗日中值定理给出了可导函数在某个区间上的增量与函数在该区间上某点的导数之间的关系,为我们利用导数研究函数在这个区间上的单调性提供了理论依据. 本节就来讨论这方面的问题.

从图 3-3 可以看出,如果函数 $y = f(x)$ 在 $[a, b]$ 上单调增加(单调减少),那么它的图形是一条沿 x 轴正向上升(下降)的曲线. 这时,曲线的各点处的切线斜率是非负的(是非正的),即

$$y' = f'(x) \geqslant 0 \, (y' = f'(x) \leqslant 0).$$

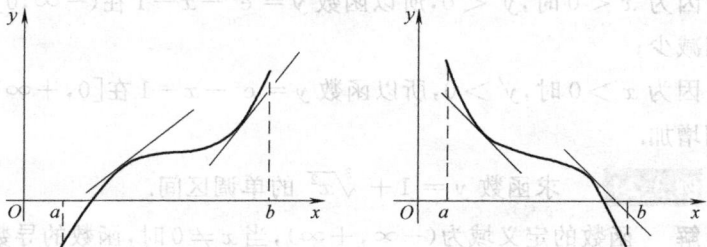

图 3-3

由此可见,函数的单调性与导数的符号有着密切的联系. 从而我们自然会想到,能否用导数的符号来判定函数的单调性呢?

定理 3-9　设函数 $y = f(x)$ 在闭区间 $[a, b]$ 上连续,在开区间 (a, b) 内可导.

(1) 如果在 (a, b) 内 $f'(x) > 0$,则 $y = f(x)$ 在闭区间 $[a, b]$ 上单调增加;

(2) 如果在 (a, b) 内 $f'(x) < 0$,则 $y = f(x)$ 在闭区间 $[a, b]$ 上单调减少.

证明　我们仅证(1).

$\forall x_1 < x_2 \in (a, b)$,显然 $f(x)$ 满足拉格朗日中值定理的条件,于是存在 $\xi \in (x_1, x_2)$,满足:

$$f(x_2) - f(x_1) = f'(\xi)(x_2 - x_1),$$

又因 $f'(\xi) > 0$，于是 $f(x_1) < f(x_2)$，所以 $f(x)$ 在闭区间 $[a,b]$ 上单调增加.

如果把这个判定法中的闭区间换成其他各种区间（包括无穷区间），那么结论也成立.

注意：定理 3-9 是判定可导函数单调性的充分而非必要条件，因此在单调区间的个别点上，也可以有 $f'(x) = 0$. 如函数 $y = x^3$，其导函数 $y' = 3x^2$ 在其定义区间 $(-\infty, +\infty)$ 内有一个零点 $x = 0$，且在 $(-\infty, +\infty)$ 内除 $x = 0$ 外处处导数值均大于零，因此函数 $y = x^3$ 在 $(-\infty, +\infty)$ 上单调增加.

有些可导函数，有时在所给区间内不是单调的，这时可先求出所有导数为零的点（驻点），用这些点将所给区间划分成若干个部分区间，然后利用定理 3-9 来判定函数在每个部分区间上的单调性.

例 3-23   求函数 $y = e^x - x - 1$ 的单调区间.

解   函数 $y = e^x - x - 1$ 的定义域为 $(-\infty, +\infty)$，求导得

$$y' = e^x - 1,$$

令 $y' = 0$，得 $x = 0$.

因为 $x < 0$ 时，$y' < 0$，所以函数 $y = e^x - x - 1$ 在 $(-\infty, 0]$ 上单调减少；

因为 $x > 0$ 时，$y' > 0$，所以函数 $y = e^x - x - 1$ 在 $[0, +\infty)$ 上单调增加.

例 3-24   求函数 $y = 1 + \sqrt[3]{x^2}$ 的单调区间.

解   函数的定义域为 $(-\infty, +\infty)$，当 $x \neq 0$ 时，函数的导数为

$$y' = \frac{2}{3\sqrt[3]{x}},$$

当 $x = 0$ 时，函数 $y = 1 + \sqrt[3]{x^2}$ 的导数不存在.

当 $x < 0$ 时，$y' < 0$，函数 $y = 1 + \sqrt[3]{x^2}$ 在 $(-\infty, 0]$ 上单调减少；

当 $x > 0$ 时，$y' > 0$，函数 $y = 1 + \sqrt[3]{x^2}$ 在 $[0, +\infty)$ 上单调增加.

从上面两个例子中可以看出，导数为零的点和导数不存在的点都有可能是单调区间的分界点. 一般地，我们得出求函数 $y = f(x)$ 单调区间的步骤如下：

（1）确定 $f(x)$ 的定义域；

（2）找出单调区间的可能分界点（即求驻点和 $f'(x)$ 不存在的点），并用这些点将定义域分成若干个部分区间；

（3）判断各部分区间上 $f'(x)$ 的符号，进而确定 $y = f(x)$ 在各部分区间上的单调性.

例 3-25　求函数 $y = \frac{3}{4}x^4 + 2x^3 - \frac{9}{2}x^2 + 1$ 的单调区间.

解　函数的定义域为 $(-\infty, +\infty)$,求导得

$$y' = 3x^3 + 6x^2 - 9x = 3x(x-1)(x+3),$$

令 $y' = 0$,得驻点 $x_1 = -3, x_2 = 0, x_3 = 1$. 此函数没有不可导的点.

用这三个点将函数的定义域 $(-\infty, +\infty)$ 分为四个部分区间,考察 y' 在各部分区间内的符号,列表(表3-1)讨论如下(表中"↗"表示单调增加,"↘"表示单调减少):

表 3-1

x	$(-\infty, -3)$	-3	$(-3, 0)$	0	$(0, 1)$	1	$(1, +\infty)$
y'	$-$	0	$+$	0	$-$	0	$+$
y	↘		↗		↘		↗

可见,函数 $y = \frac{3}{4}x^4 + 2x^3 - \frac{9}{2}x^2 + 1$ 在 $(-\infty, -3]$ 和 $[0, 1]$ 上单调减少,在 $[-3, 0]$ 和 $[1, +\infty)$ 上单调增加.

下面我们举一个利用函数单调性证明不等式的例子.

例 3-26　证明当 $x > 1$ 时,$\ln x > \frac{2(x-1)}{x+1}$.

证明　设 $f(x) = \ln x - \frac{2(x-1)}{x+1}$,则

$$f'(x) = \frac{1}{x} - 2\left(1 - \frac{2}{x+1}\right)' = \frac{1}{x} - \frac{4}{(1+x)^2} = \frac{(x-1)^2}{x(x+1)^2}.$$

因为 $f(x)$ 在 $[1, +\infty)$ 上连续,在 $(1, +\infty)$ 内 $f'(x) > 0$,所以函数 $f(x)$ 在区间 $[1, +\infty)$ 上单调增加,从而当 $x > 1$ 时,$f(x) > f(1)$.

由于 $f(1) = 0$,故 $f(x) > f(1) = 0$,即

$$f(x) = \ln x - \frac{2(x-1)}{x+1} > 0,$$

亦即

$$\ln x > \frac{2(x-1)}{x+1} \quad (x > 1).$$

3.4.2　曲线的凹凸性

前面我们用函数的一阶导数来判别函数的单调性,函数的单调性反映在图形上,就是曲线的上升或下降. 但是,曲线在上升或下降的过程中,还有一个弯曲方向的问题. 如图 3-4 所示,函数 $y = x^2$ 和 $y = \sqrt{x}$ 都在 $(0, 1)$ 上单调上升,但两者的图形有明显的差别,表现在曲线弯曲方向的不同. 这种差别就是曲线的凹凸性,下面我们就来研究曲线的凹凸性及其判别法.

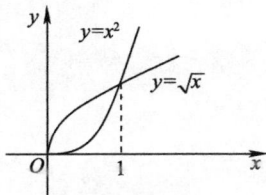

图 3-4

从图 3-5 中看出,向上弯曲的曲线上,连接任意两点的连线(弦)

$\overline{AB}$总位于这两点间弧段$\overparen{AB}$的上方；而向下弯曲的曲线上，连接任意两点的连线（弦）$\overline{AB}$总位于这两点间弧段$\overparen{AB}$的下方. 因此，我们可以用连接曲线弧上任意两点的弦的中点 C 与曲线弧上横坐标相同的点 D 的位置关系来描述曲线的凹凸性.

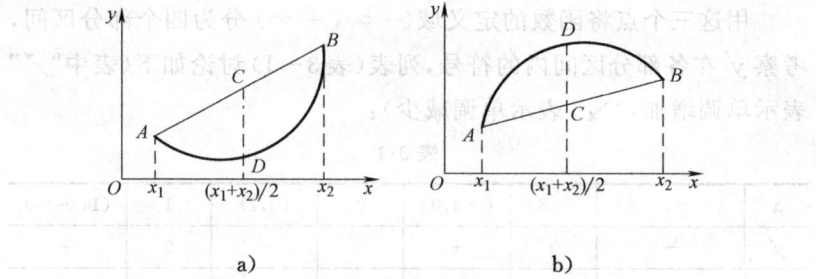

图 3-5

a) 函数曲线向上弯曲   b) 函数曲线向下弯曲

下面我们给出曲线凹凸性的定义：

定义 3-1   设函数 $f(x)$ 在区间 I 上连续，若对于 I 上任意两点 x_1 和 x_2，$x_1 \neq x_2$，都有

$$\frac{f(x_1) + f(x_2)}{2} > f\left(\frac{x_1 + x_2}{2}\right),$$

则称曲线 $y = f(x)$ 在 I 上是凹的（凹弧），或函数 $f(x)$ 在 I 上的图形是凹的；若都有

$$\frac{f(x_1) + f(x_2)}{2} < f\left(\frac{x_1 + x_2}{2}\right),$$

则称曲线 $y = f(x)$ 在 I 上是凸的（凸弧），或函数 $f(x)$ 在 I 上的图形是凸的.

若函数 $f(x)$ 在区间 (a,b) 内可微，则从图3-6可以看出，凹（凸）弧总位于每一点切线的上方（下方），而且导函数 $f'(x)$ 是单调增加（减少）的. 我们也可以证明这个结论.

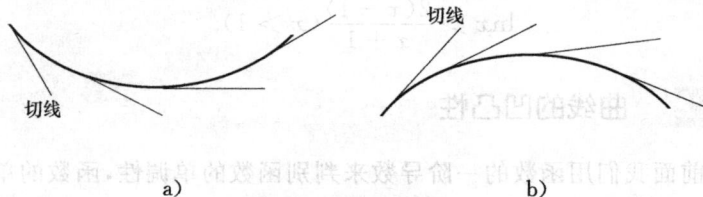

图 3-6

a) 凹弧   b) 凸弧

定理 3-10   设函数 $y = f(x)$ 在 $[a,b]$ 上连续，在 (a,b) 内可导，

（1）如果在 (a,b) 内 $f'(x)$ 单调增加，则曲线 $y = f(x)$ 在 $[a,b]$ 上是凹的；

(2) 如果在 (a,b) 内 $f'(x)$ 单调减少,则曲线 $y=f(x)$ 在 $[a,b]$ 上是凸的.

证明　仅证 (1). 设 x_1 和 x_2 为区间 (a,b) 内任意两点 (不妨认为 $x_1<x_2$). 根据微分中值定理,当导数 $f'(x)$ 单调增加时,

$$\frac{f(x_1)+f(x_2)}{2}-f\Big(\frac{x_1+x_2}{2}\Big)$$

$$=\frac{1}{2}\Big\{\Big[f(x_1)-f\Big(\frac{x_1+x_2}{2}\Big)\Big]+\Big[f(x_2)-f\Big(\frac{x_1+x_2}{2}\Big)\Big]\Big\}$$

$$=\frac{1}{2}\Big\{f'(c_1)\Big(x_1-\frac{x_1+x_2}{2}\Big)+f'(c_2)\Big(x_2-\frac{x_1+x_2}{2}\Big)\Big\}$$

$$=\frac{1}{4}(x_2-x_1)[f'(c_2)-f'(c_1)],$$

其中 $x_1<c_1<\dfrac{x_1+x_2}{2}<c_2<x_2$. 由 $f'(x)$ 在 (a,b) 内单调增加, 故有

$$\frac{f(x_1)+f(x_2)}{2}-f\Big(\frac{x_1+x_2}{2}\Big)>0,$$

即

$$\frac{f(x_1)+f(x_2)}{2}>f\Big(\frac{x_1+x_2}{2}\Big).$$

于是曲线 $y=f(x)$ 在 $[a,b]$ 上是凹的. 定理证毕.

由定理 3-10 可知, 用一阶导数 $f'(x)$ 的单调性可以判别曲线 $y=f(x)$ 的凹凸性, 但在判定 $f'(x)$ 的单调性时, 若用单调性的定义来判别一般是比较复杂的. 根据函数单调性的判别法, 如果 $f(x)$ 在 (a,b) 内二阶可导, 那么用二阶导数的符号就能确定一阶导数是单调增加还是单调减少, 从而得到以下定理.

定理 3-11　设函数 $f(x)$ 在闭区间 $[a,b]$ 上连续, 在开区间 (a,b) 内具有一阶和二阶导数.

(1) 若在 (a,b) 内 $f''(x)>0$, 则曲线 $y=f(x)$ 在 $[a,b]$ 上是凹的;

(2) 若在 (a,b) 内 $f''(x)<0$, 则曲线 $y=f(x)$ 在 $[a,b]$ 上是凸的.

证明　(1) $\forall\, x_1<x_2\in[a,b]$, 记 $x_0=\dfrac{x_1+x_2}{2},h=\dfrac{x_2-x_1}{2}>0$, 则 $x_1=x_0-h,x_2=x_0+h$, 由拉格朗日中值定理, 有

$$f(x_0)-f(x_1)=f'(\xi_1)h,$$
$$f(x_2)-f(x_0)=f'(\xi_2)h,$$

其中 $\xi_1\in(x_1,x_0),\xi_2\in(x_0,x_2)$. 那么 $\exists\,\xi\in(\xi_1,\xi_2)\subset(x_1,x_2)$, 使得

$$f(x_2)+f(x_1)-2f(x_0)=[f'(\xi_2)-f'(\xi_1)]h$$
$$=f''(\xi)(\xi_2-\xi_1)\cdot h>0\quad(\text{因 }f''(\xi)>0).$$

从而

$$f\left(\frac{x_1+x_2}{2}\right) < \frac{f(x_1)+f(x_2)}{2},$$

所以曲线 $y = f(x)$ 在 $[a,b]$ 上是凹的.

同理可证(2).

注意:若在 (a,b) 内 $f''(x) \geqslant (\leqslant)0$,但等号只在个别点成立,则曲线 $y = f(x)$ 在 $[a,b]$ 上是凹(凸)的.

例如,曲线 $y = x^4$,由于 $y' = 4x^3$,$y'' = 12x^2$. 显然,$x = 0$ 时,$y'' = 0$,但当 $x \neq 0$ 时,$y'' > 0$,因此曲线 $y = x^4$ 在区间 $(-\infty, +\infty)$ 内是凹的.

例 3-27　讨论曲线 $y = x^3$ 的凹凸性.

解　函数 $y = x^3$ 的定义域为 $(-\infty, +\infty)$.

$$y' = 3x^2, y'' = 6x.$$

当 $x < 0$ 时,$y'' < 0$,所以曲线在 $(-\infty, 0]$ 上是凸的;当 $x > 0$ 时,$y'' > 0$,所以曲线在 $[0, +\infty)$ 上是凹的.

定义 3-2　如果连续曲线 $y = f(x)$ 在其上一点 $M(x_0, f(x_0))$ 的一侧是凹的,在另一侧是凸的,则称点 $M(x_0, f(x_0))$ 是曲线 $y = f(x)$ 的拐点.

由定理 3-11 可知,对于曲线 $y = f(x)$,若 $f''(x)$ 在点 x_0 的左右两侧邻近符号相反,则 $(x_0, f(x_0))$ 即为曲线的一个拐点. 因此,$f(x)$ 的二阶导数等于零的点和二阶导数不存在的点,都有可能是拐点. 下面给出拐点的必要条件.

定理 3-12　设函数 $f(x)$ 在 x_0 的某邻域内具有二阶导数,若 $(x_0, f(x_0))$ 是曲线 $y = f(x)$ 的拐点,则 $f''(x_0) = 0$. 但反之不成立.

一般地,我们可以得到确定曲线 $y = f(x)$ 的凹凸区间和拐点的步骤:

(1) 确定函数 $y = f(x)$ 的定义域;

(2) 求出二阶导数 $f''(x)$;

(3) 求出所有二阶导数为零的点和二阶导数不存在的点;

(4) 用(3)中的点将定义域分成若干部分区间,在每个部分区间上讨论 $f''(x)$ 的符号,从而确定曲线凹凸区间和拐点.

例 3-28　求曲线 $y = 3x^4 - 4x^3 + 1$ 的凹凸区间及拐点.

解　函数 $y = 3x^4 - 4x^3 + 1$ 的定义域为 $(-\infty, +\infty)$. 求导得

$$y' = 12x^3 - 12x^2, y'' = 36x^2 - 24x = 36x\left(x - \frac{2}{3}\right).$$

令 $y'' = 0$,得 $x_1 = 0$,$x_2 = \frac{2}{3}$. 用这两个点将定义域分成三个部分区间,列表(表 3-2)讨论如下:

表 3-2

x	$(-\infty, 0)$	0	$(0, \frac{2}{3})$	$\frac{2}{3}$	$(\frac{2}{3}, +\infty)$
y''	$+$	0	$-$	0	$+$
y	凹	1	凸	$\frac{11}{27}$	凹

因此,在区间 $(-\infty, 0]$ 和 $[\frac{2}{3}, +\infty]$ 上曲线是凹的,在区间 $[0, \frac{2}{3}]$

上曲线是凸的.点 $(0, 1)$ 和 $\left(\frac{2}{3}, \frac{11}{27}\right)$ 是曲线的拐点.

例 3-29　求曲线 $y = \sqrt[3]{x}$ 的拐点.

解　函数 $y = \sqrt[3]{x}$ 的定义域为 $(-\infty, +\infty)$.求导得

$$y' = \frac{1}{3} x^{-\frac{2}{3}}, y'' = -\frac{2}{9} x^{-\frac{5}{3}}.$$

当 $x = 0$ 时,y'' 不存在,且此函数没有二阶导等于零的点.用 $x = 0$ 将定义域分成两个子区间,列表(表 3-3)讨论如下:

表 3-3

x	$(-\infty, 0)$	0	$(0, +\infty)$
y''	$+$	不存在	$-$
y	凹	0	凸

可见,点 $(0, 0)$ 为曲线的一个拐点.

习题 3.4

1.求下列函数的单调区间:

(1) $f(x) = x^4 - 2x^2 + 3$;

(2) $f(x) = \sqrt{2x - x^2}$;

(3) $f(x) = x + \frac{b}{x} (b > 0)$.

2.证明下列不等式:

(1) 当 $x > 1$ 时,$2\sqrt{x} > 3 - \frac{1}{x}$;

(2) 当 $x > 0$ 时,$x > \ln(1 + x)$.

3.试证方程 $\sin x = x$ 只有一个实根.

4.求下列曲线的凹凸区间及拐点:

(1) $y = 3x^5 - 5x^3$;

(2) $y = e^{-x^2}$;

(3) $y = \ln(1 + x^2)$.

5.已知曲线 $y = ax^3 + bx^2$ 的一个拐点为 $(1, 3)$,问 a, b 为何值?

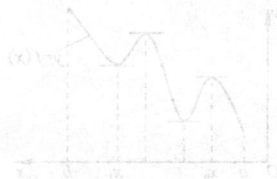

3.5   函数的极值和最值

3.5.1   函数的极值

讨论函数 $f(x)$ 的单调区间时,在分界点 x_0 处常遇到这样的情况:位于分界点 x_0 两侧附近函数的单调性相反,那么曲线 $y = f(x)$ 在点 (x_0, y_0) 处就出现"峰"或"谷".这种点在应用上有重要的意义,值得我们对此做一般性讨论.

定义 3-3   设函数 $f(x)$ 在点 x_0 的某个邻域 $U(x_0)$ 有定义,如果对于 $U(x_0)$ 内的任一 x,有

$$f(x) \leqslant f(x_0)(\text{或 } f(x) \geqslant f(x_0)),$$

那么就称 $f(x_0)$ 是函数 $f(x)$ 的一个极大值(或极小值).

函数的极大值与极小值统称为函数的极值,使函数取得极值的点称为极值点.

例如,上一节例 3-23 中的函数 $y = e^x - x - 1$ 有极小值 $f(0) = 0$,点 $x = 0$ 是函数的极小值点.

函数的极大值和极小值概念是局部性的.如果 $f(x_0)$ 是函数 $f(x)$ 的一个极大值,是指在 x_0 附近的一个局部范围内,$f(x_0)$ 是 $f(x)$ 的一个最大值,但在 $f(x)$ 的整个定义域内,$f(x_0)$ 不一定是最大值.关于极小值也类似.

从图 3-7 中我们看到,该可导函数取得极值的点处都有水平切线,即在极值点处的导数为零,那么函数取得极值与导数到底有什么关系呢?下面我们就来讨论函数取得极值的必要条件和充分条件.

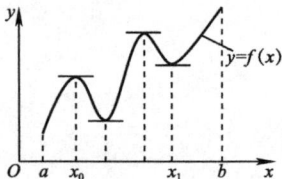

图 3-7

定理 3-13   (极值的必要条件)   设函数 $f(x)$ 在点 x_0 处可导,并且在点 x_0 取得极值,则必有 $f'(x_0) = 0$.

定理 3-13 是费马引理的另一种表述形式,表明可导函数 $f(x)$ 的极值点必定是驻点,但驻点不一定是极值点,例如函数 $f(x) = x^3$,$x = 0$ 是其驻点,但并不是 $f(x) = x^3$ 的极值点.而对于一般的连续函数 $f(x)$,除了驻点之外,$f(x)$ 的极值也有可能在使得 $f'(x)$ 不存在的点处取得,例如函数 $y = |x|$ 在 $x = 0$ 处导数不存在,但函数在该点取得极小值.

这表明,对连续函数而言,求极值点时应先找出所有驻点和不可导的点,习惯上将这些点称为极值可疑点,然后判断这些极值可疑点是否为极值点,如果是的话,还要判定函数在该点处究竟取得极大值还是极小值.那么怎样判定函数在极值可疑点处是否取得极

值呢?下面给出判断极值点的两个充分条件.

定理 3-14　(极值的第一充分条件)设函数 $f(x)$ 在点 x_0 的某
邻域 $U(x_0,\delta)$ 内连续,且在 $\mathring{U}(x_0,\delta)$ 内可导.

(1) 若 $x \in (x_0-\delta,x_0)$ 时,有 $f'(x)>0$;而 $x \in (x_0,x_0+\delta)$
时,有 $f'(x)<0$,那么函数 $f(x)$ 在 x_0 处取得极大值;

(2) 若 $x \in (x_0-\delta,x_0)$ 时,有 $f'(x)<0$,而 $x \in (x_0,x_0+\delta)$
时,有 $f'(x)>0$,那么函数 $f(x)$ 在 x_0 处取得极小值;

(3) 如果在 x_0 的两侧,即 $x \in (x_0-\delta,x_0) \bigcup (x_0,x_0+\delta)$ 时,
$f'(x)$ 不改变符号,那么函数 $f(x)$ 在 x_0 处没有极值.

证明　(1) 由于 $f(x)$ 在 $(x_0-\delta,x_0]$ 上连续,$x \in (x_0-\delta,x_0)$ 时,
有 $f'(x)>0$,所以 $f(x)$ 在 $(x_0-\delta,x_0]$ 上单调增加,即 $x \in (x_0-\delta,x_0)$
时,有 $f(x)<f(x_0)$.

由于 $f(x)$ 在 $[x_0,x_0+\delta)$ 上连续,$x \in (x_0,x_0+\delta)$ 时,有
$f'(x)<0$,所以 $f(x)$ 在 $[x_0,x_0+\delta)$ 上单调减少,即 $x \in (x_0,x_0+\delta)$
时,有 $f(x)<f(x_0)$.

综上所述,当 $x \in U(x_0,\delta)$ 时,$f(x) \leqslant f(x_0)$,因此 $f(x)$ 在 x_0
处取得极大值.

同理可证明(2).

(3) 不妨设 $f'(x)>0$,则 $f(x)$ 在 $(x_0-\delta,x_0]$ 及 $[x_0,x_0+\delta)$ 上
单调增加,即 $f(x)$ 在 $U(x_0,\delta)$ 内单调增加,所以 $f(x)$ 在 x_0 处没有
极值.

根据定理 3-14,函数 $f(x)$ 的极值点即为单调区间的分界点.若
函数 $f(x)$ 在所讨论的区间内连续,除个别点外处处可导,那么我们
可以按下列步骤来求 $f(x)$ 的极值点和极值:

(1) 求出导数 $f'(x)$;

(2) 求出 $f(x)$ 的全部极值可疑点(驻点和不可导点);

(3) 用极值可疑点将定义域分成若干个部分区间,考察 $f'(x)$
在每个部分区间上的符号,以便确定该极值可疑点是否是极值点,
如果是极值点,还要进一步确定对应的函数值是极大值还是极小
值,并求出极值.

例 3-30　求函数 $f(x) = (x-1)x^{\frac{2}{3}}$ 的极值.

解　函数 $f(x)$ 在 $(-\infty,+\infty)$ 内连续,除 $x=0$ 外处处可导,
且

$$f'(x) = x^{\frac{2}{3}} + (x-1) \cdot \frac{2}{3} x^{-\frac{1}{3}} = \frac{5}{3} \cdot \frac{x - \frac{2}{5}}{\sqrt[3]{x}},$$

令 $f'(x)=0$,得驻点 $x_1 = \frac{2}{5}$,$x_2=0$ 为函数 $f(x)$ 的不可导点.

用这两个极值可疑点将定义域分成三个部分区间,列表(表3-4)判别如下:

表 3-4

x	$(-\infty,0)$	0	$\left(0,\dfrac{2}{5}\right)$	$\dfrac{2}{5}$	$\left(\dfrac{2}{5},+\infty\right)$
$f'(x)$	+	不存在	−	0	+
$f(x)$	↗	0	↘	-0.33	↗

所以函数 $f(x)$ 有极大值 $f(0)=0$,有极小值 $f\left(\dfrac{2}{5}\right)=-0.33$.

当函数在其驻点处的二阶导数存在且不为零时,我们还可以给出一个更简便的判别 $f(x)$ 在驻点处取得极大值还是极小值的方法.

定理 3-15 (极值的第二充分条件)　设函数 $f(x)$ 在 x_0 处具有二阶导数且 $f'(x_0)=0$,$f''(x_0)\neq0$,那么

(1) 当 $f''(x_0)<0$ 时,函数 $f(x)$ 在点 x_0 取得极大值;

(2) 当 $f''(x_0)>0$ 时,函数 $f(x)$ 在点 x_0 取得极小值.

证明　由 $f''(x_0)$ 存在,$f'(x_0)=0$,可得

$$f''(x_0)=\lim_{x\to x_0}\frac{f'(x)-f'(x_0)}{x-x_0}=\lim_{x\to x_0}\frac{f'(x)}{x-x_0}.$$

(1) 当 $f''(x_0)<0$ 时,由函数极限的保号性知,存在 $\delta>0$,当 $x\in\overset{\circ}{U}(x_0,\delta)$ 时,

$$\frac{f'(x)}{x-x_0}<0,$$

于是当 $x\in(x_0-\delta,x_0)$ 时,$x-x_0<0$,知 $f'(x)>0$;当 $x\in(x_0,x_0+\delta)$ 时,$x-x_0>0$,知 $f'(x)<0$.根据极值的第一充分条件知 $f(x)$ 在点 x_0 取得极大值.

同理可证明(2).

定理 3-15 表明如果函数 $f(x)$ 在驻点 x_0 处的二阶导数 $f''(x_0)\neq0$,那么该点 x_0 一定是极值点,并且可以按二阶导数 $f''(x_0)$ 的符号来判定 $f(x_0)$ 是极大值还是极小值. 但如果 $f''(x_0)=0$,定理 3-15 就不能应用,还得用一阶导数在驻点左右邻近的符号来判定.

例 3-31　求函数 $f(x)=x^3-3x^2-9x+5$ 的极值.

解　函数 $f(x)$ 在 $(-\infty,+\infty)$ 内连续,求导得

$f'(x)=3x^2-6x-9=3(x+1)(x-3)$,$f''(x)=6(x-1)$.

令 $f'(x)=0$,得驻点 $x_1=-1$,$x_2=3$,且此函数 $f(x)$ 没有不可导的点.

由于 $f''(-1)=-12<0$,因此 $f(-1)=10$ 为极大值;$f''(3)=12>0$,因此 $f(3)=-22$ 为极小值.

□ 即时练习 3-4
函数 $f(x)$ 在点 $x=x_0$ 处取得极大值,则(　　).
A. $f'(x_0)=0$;
B. $f''(x_0)<0$;
C. $f'(x_0)=0$,且 $f''(x_0)<0$;
D. $f'(x_0)=0$ 或不存在.

3.5.2　函数的最大值和最小值

在工农业生产、工程技术、金融风险管理等领域中,常常会遇到在一定条件下,如何才能使"产品最多""成本最低""风险最低""效率最高"等问题,这类问题在数学上称为最优化问题. 有些最优化问题通过建立数学模型,可归结为求某一函数(通常称为目标函数)的最大值或最小值问题.

设函数 $f(x)$ 在闭区间 $[a,b]$ 上连续,由闭区间上连续函数的性质可知,$f(x)$ 在 $[a,b]$ 上一定能取得最大值和最小值. 函数的最大值和最小值有可能在区间的端点处取得,如果不在端点处取得,则必在开区间 (a,b) 内取得,在这种情况下,最大值一定是函数的极大值,最小值一定是函数的极小值. 因此,函数 $f(x)$ 的最值只可能在极值点或端点处取得,我们可以用如下方法来求函数 $f(x)$ 的最大值和最小值:

(1) 求出函数 $f(x)$ 在 (a,b) 内的所有极值可疑点,即驻点和不可导点;

(2) 求出函数 $f(x)$ 在各驻点、不可导点和区间端点处的函数值;

(3) 比较这些函数值,其中最大的就是最大值,最小的就是最小值.

特别地,我们易得下面两个结论:

(1) 当函数 $f(x)$ 在 (a,b) 内只有一个极值可疑点时,若函数在此点取极大(小)值,则也是最大(小)值.

(2) 当函数 $f(x)$ 在 $[a,b]$ 上单调时,其最大值和最小值必在端点处取得.

例 3-32　求函数 $f(x) = x + (1-x)^{\frac{2}{3}}$ 在区间 $[0,2]$ 上的最值.

解　函数 $f(x)$ 在 $[0,2]$ 上连续,且 $f'(x) = 1 - \dfrac{2}{3\sqrt[3]{1-x}}$,令 $f'(x) = 0$,得驻点 $x = \dfrac{19}{27}$;有一个不可导的点 $x = 1$,加上两个端点,求这四个点处的函数值:

$$f(0) = 1, f\left(\frac{19}{27}\right) = \frac{31}{27}, f(1) = 1, f(2) = 3,$$

可见最大值为 $f(2) = 3$,最小值为 $f(0) = f(1) = 1$.

在实际问题中,如果根据题意知在区间内部一定存在最大(小)值,且函数在该区间内只有一个极值可疑点,那么此点就是所求函数的最大(小)值点.

例 3-33   一艘轮船在航行中的燃料费和它的速度的三次方成正比.已知当速度为 10km/h 时,燃料费为 6 元/h,而其他与速度无关的费用为 96 元/h,问轮船的速度为多少时,每航行 1km 所消耗的费用最小?

解   设船速为 x(km/h),由题意知每航行 1km 的耗费为

$$y = \frac{1}{x}(kx^3 + 96).$$

由已知当 $x = 10$ 时,$k \cdot 10^3 = 6$,故得比例系数 $k = 0.006$,所以有

$$y = \frac{1}{x}(0.006x^3 + 96), x \in (0, +\infty).$$

令 $y' = \frac{0.012}{x^2}(x^3 - 8000) = 0$,求得驻点 $x = 20$.

易知在 $(0, +\infty)$ 上该函数处处可导,且只有唯一的极值点,因实际问题必存在最小值,故此极值点必为最小值点,所以求得当船速为 20km/h 时,每航行 1km 的耗费为最少,其值为 $y_{min} = 0.006 \times 20^2 + \frac{96}{20} = 7.2$(元).

例 3-34   某商品进价为 a(元/件),根据以往经验,当销售价为 b(元/件) 时,销售量为 c 件(a, b, c 均为正常数,且 $b \geqslant \frac{4}{3}a$),市场调查表明,销售价每下降 10%,销售量可增加 40%,现决定一次性降价.试问,当销售价定为多少时,可获得最大利润?并求出最大利润.

解   设 P 为降价后的销售价,x 为增加的销售量,$L(x)$ 为总利润,那么

$$\frac{x}{b-P} = \frac{0.4c}{0.1b},$$

即

$$P = b - \frac{b}{4c}x,$$

从而

$$L(x) = \left(b - \frac{b}{4c}x - a\right)(c + x),$$

$$L'(x) = -\frac{b}{2c}x + \frac{3b}{4} - a.$$

令 $L'(x) = 0$,得唯一驻点

$$x_0 = \frac{(3b - 4a)c}{2b}.$$

再由 $L''(x_0) = -\frac{b}{2c} < 0$,知 x_0 是唯一极大值点,故为最大值点,所以定价 $P = b - \left(\frac{3}{8}b - \frac{1}{2}a\right) = \frac{5}{8}b + \frac{1}{2}a$(元) 时,得到最大利

润 $L(x_0) = \dfrac{c}{16b}(5b - 4a)^2(元)$.

习题 3.5

1. 填空选择题:

(1) 设 $f(x) = 2x^3 - 3x^2$, 则此函数的极大值为 _____, 极小值为 _____.

(2) 设 $f(x) = x + a\ln x + bx^2$ 在 $x = 1$ 及 $x = 2$ 处取得极值, 则 $a =$ _____, $b =$ _____.

(3) 以下结论正确的是( ).

A. 函数 $f(x)$ 的导数不存在的点, 一定不是 $f(x)$ 的极值点;

B. 若 x_0 为函数的驻点, 则 x_0 必为 $f(x)$ 的极值点;

C. 若函数 $f(x)$ 在点 x_0 处有极值, 且 $f'(x_0)$ 存在, 则必有 $f'(x_0) = 0$;

D. 若函数 $f(x)$ 在点 x_0 处连续, 则 $f'(x_0)$ 一定存在.

2. 求下列函数的极值:

(1) $f(x) = 2x^3 - x^4$; 　　　　(2) $f(x) = x - \ln(x + 1)$;

(3) $f(x) = 3 - 2(x + 1)^{\frac{1}{3}}$; 　　(4) $f(x) = 2\arctan x - x$.

3. 求下列函数在所给区间的最值:

(1) $f(x) = x^4 - 8x^2 + 2, x \in [-1, 3]$;

(2) $f(x) = \dfrac{1}{2}x - \sqrt{x}, x \in [0, 9]$.

4. 用 20m 长的栅栏靠一面墙围成一个矩形场地, 问如何做才能使所围面积最大?

5. 要造一圆柱形油罐, 体积为 V, 问底半径 r 和高 h 等于多少时, 才能使表面积最小?这时底直径与高的比是多少?

3.6　函数图形的描绘

3.6.1　曲线的渐近线

1. 垂直渐近线

定义 3-4　若 $\lim\limits_{x \to x_0^-} f(x) = \infty$ (或 $\lim\limits_{x \to x_0^+} f(x) = \infty$), 则称直线 $x = x_0$ 为曲线 $y = f(x)$ 的垂直渐近线.

例如, 曲线 $f(x) = \dfrac{1}{x^2}$, 由于 $\lim\limits_{x \to 0} f(x) = \lim\limits_{x \to 0} \dfrac{1}{x^2} = \infty$, 所以直线 $x = 0$ (即 y 轴) 是曲线 $f(x) = \dfrac{1}{x^2}$ 的垂直渐近线.

2. 水平渐近线

定义 3-5　若 $\lim\limits_{x \to +\infty} f(x) = a$ (或 $\lim\limits_{x \to -\infty} f(x) = a$)，则称直线 $y = a$ 为曲线 $y = f(x)$ 的水平渐近线.

例如，曲线 $f(x) = e^x - 1$，$\lim\limits_{x \to -\infty} f(x) = \lim\limits_{x \to -\infty} (e^x - 1) = -1$，所以直线 $y = -1$ 是曲线 $f(x) = e^x - 1$ 的水平渐近线.

3. 斜渐近线

定义 3-6　若存在常数 $k, b, k \neq 0$，使 $\lim\limits_{\substack{x \to +\infty \\ (x \to -\infty)}} [f(x) - (kx + b)] = 0$，则称直线 $y = kx + b$ 为曲线 $y = f(x)$ 当 $x \to +\infty (x \to -\infty)$ 时的斜渐近线.

若直线 $y = kx + b$ 为曲线 $y = f(x)$ 当 $x \to +\infty$ 时的斜渐近线，则 k, b 为何值呢？

由 $\lim\limits_{x \to +\infty} [f(x) - (kx + b)] = 0$ 及 $\lim\limits_{x \to +\infty} \dfrac{1}{x} = 0$，得

$$\lim\limits_{x \to +\infty} \frac{1}{x} [f(x) - (kx + b)] = \lim\limits_{x \to +\infty} \left[\frac{f(x)}{x} - k + \frac{b}{x} \right] = 0.$$

于是 $\lim\limits_{x \to +\infty} \left[\dfrac{f(x)}{x} - k \right] = 0$，即 $k = \lim\limits_{x \to +\infty} \dfrac{f(x)}{x}$.

将 $k = \lim\limits_{x \to +\infty} \dfrac{f(x)}{x}$ 代入 $\lim\limits_{x \to +\infty} [f(x) - (kx + b)] = 0$，得到

$$b = \lim\limits_{x \to +\infty} [f(x) - kx].$$

特别地，当 $k = 0$ 时，直线 $y = b$ 为曲线 $y = f(x)$ 的水平渐近线.

例 3-35　求曲线 $y = (2x - 1)e^{\frac{1}{x}}$ 的渐近线.

解　首先 $\lim\limits_{x \to 0^+} (2x - 1)e^{\frac{1}{x}} = -\infty$，所以 $x = 0$ 是曲线的垂直渐近线.

再求当 $x \to +\infty$ 时曲线的斜渐近线：

$$k = \lim\limits_{x \to +\infty} \frac{f(x)}{x} = \lim\limits_{x \to +\infty} \frac{(2x - 1)e^{\frac{1}{x}}}{x} = 2,$$

$$b = \lim\limits_{x \to +\infty} [f(x) - kx] = \lim\limits_{x \to +\infty} [(2x - 1)e^{\frac{1}{x}} - 2x]$$

$$= \lim\limits_{x \to +\infty} [2x(e^{\frac{1}{x}} - 1) - e^{\frac{1}{x}}] = 1,$$

所以当 $x \to +\infty$ 时曲线有斜渐近线 $y = 2x + 1$. 同理可求当 $x \to -\infty$ 时曲线的斜渐近线也是 $y = 2x + 1$，故曲线 $y = (2x - 1)e^{\frac{1}{x}}$ 的斜渐近线为 $y = 2x + 1$.

3.6.2　函数图形的描绘

利用一阶导数，可以判断函数的单调性，求出函数的极值点. 利用二阶导数，可以判定曲线的凹凸性和拐点. 利用渐近线，可以

描绘函数曲线的变化趋势. 因此,描绘函数的图形是导数的重要应用. 现在,我们虽然可以借助计算机和一些数学软件画出各种函数的图形,但很多时候还是需要进行人工干预,例如确定函数在无穷远处的性态,识别机器作图存在的误差,确定图形上的关键点以使图形更准确,选择合适作图范围等. 因此,借助于计算机描绘函数图形时,仍然需要我们有运用微分学描绘图形的基本知识.

利用导数描绘函数图形的一般步骤如下:

(1) 确定函数 $y = f(x)$ 的定义域及函数的某些特征(如奇偶性、周期性等),求出函数的一阶导数 $f'(x)$ 和二阶导数 $f''(x)$;

(2) 求出 $f'(x)$ 和 $f''(x)$ 在函数定义域内的全部零点,并求出函数 $f(x)$ 的间断点及 $f'(x)$ 和 $f''(x)$ 不存在的点,用这些点将函数的定义域划分成几个部分区间;

(3) 确定在这些部分区间内 $f'(x)$ 和 $f''(x)$ 的符号,并由此确定函数图形的升降和凹凸、极值点和拐点;

(4) 确定函数图形的水平、垂直、斜渐近线以及其他变化趋势;

(5) 算出函数在 $f'(x)$ 和 $f''(x)$ 的零点以及不存在的点处的函数值,定出图形上相应的点;为把图形描绘得准确些,有时还需要补充一些点;然后结合(3)(4)中得到的结果,连接这些点,画出函数 $y = f(x)$ 的图形.

按照以上步骤绘图,虽然仍是"求点连线",但所求的点是全部的关键点和个别的辅助点,并且是在确知升降、凹凸和渐近线的基础上连线的,做到了心中有数,这样描绘出的曲线的形态是较为精确的.

例 3-36　描绘函数 $y = f(x) = x^3 - x^2 - x + 1$ 的图形.

解　(1) 函数的定义域为 $(-\infty, +\infty)$,求导得
$$f'(x) = 3x^2 - 2x - 1 = (3x + 1)(x - 1),$$
$$f''(x) = 6x - 2 = 2(3x - 1).$$

(2) $f'(x)$ 的零点为 $x = -\dfrac{1}{3}$ 和 1,$f''(x)$ 的零点为 $x = \dfrac{1}{3}$. 该函数没有 $f'(x)$ 和 $f''(x)$ 不存在的点. 点 $x = -\dfrac{1}{3}$,$x = \dfrac{1}{3}$,$x = 1$ 把定义域分成四个部分区间:
$$\left(-\infty, -\frac{1}{3}\right], \left[-\frac{1}{3}, \frac{1}{3}\right], \left[\frac{1}{3}, 1\right], [1, +\infty).$$

(3) 列表(见表 3-5)说明在各个部分区间内 $f'(x)$ 及 $f''(x)$ 的符号、相应的曲线弧的升降及凹凸,以及极值点和拐点等.

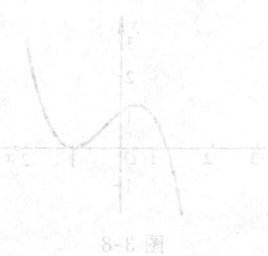

表 3-5

x	$(-\infty, -\frac{1}{3})$	$-\frac{1}{3}$	$(-\frac{1}{3}, \frac{1}{3})$	$\frac{1}{3}$	$(\frac{1}{3}, 1)$	1	$(1, +\infty)$
$f'(x)$	+	0	−	−	−	0	+
$f''(x)$	−	−	−	0	+	+	+
$f(x)$	↗	极大值	↘	拐点	↘	极小值	↗

（4）当 $x \to +\infty$ 时，$y \to +\infty$；当 $x \to -\infty$ 时，$y \to -\infty$.

（5）计算特殊点：$f(-1) = 0, f(-\frac{1}{3}) = \frac{32}{27}, f(\frac{1}{3}) = \frac{16}{27}, f(1) = 0, f(0) = 1, f(\frac{3}{2}) = \frac{5}{8}$. 描点连线就可以画出函数 $y = x^3 - x^2 - x + 1$ 的图形，如图 3-8 所示.

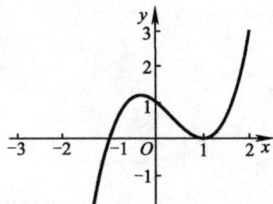
图 3-8

例 3-37　描绘函数 $y = f(x) = 1 + \dfrac{36x}{(x+3)^2}$ 的图形.

解　（1）所给函数 $y = f(x)$ 的定义域为 $(-\infty, -3) \cup (-3, +\infty)$，间断点为 $x = -3$. 求导得

$$f'(x) = \frac{36(3-x)}{(x+3)^3}, \quad f''(x) = \frac{72(x-6)}{(x+3)^4}.$$

（2）$f'(x)$ 的零点为 $x = 3$，$f''(x)$ 的零点为 $x = 6$. 该函数在定义域内没有 $f'(x)$ 和 $f''(x)$ 不存在的点. 点 $x = 3$ 和 $x = 6$ 把定义域分成四个部分区间 $(-\infty, -3), (-3, 3), (3, 6)$ 及 $(6, +\infty)$.

（3）列表（见表 3-6）确定在每个部分区间上函数图形的特性.

表 3-6

x	$(-\infty, -3)$	$(-3, 3)$	3	$(3, 6)$	6	$(6, +\infty)$
$f'(x)$	−	+	0	−	−	−
$f''(x)$	−	−	−	−	0	+
$f(x)$	↘	↗	极大值	↘	拐点	↘

（4）由于 $\lim\limits_{x \to \infty} f(x) = 1, \lim\limits_{x \to -3} f(x) = -\infty$，因此，曲线有一条水平渐近线 $y = 1$ 和一条垂直渐近线 $x = -3$.

（5）列表（见表 3-7）计算出图形的特殊点.

表 3-7

x	-15	-9	-1	0	3	6
$f(x)$	$-\frac{11}{4}$	-8	-8	1	4	$\frac{11}{3}$

（6）描点连线即可画出函数 $y = 1 + \dfrac{36x}{(x+3)^2}$ 的图形，如图 3-9 所示.

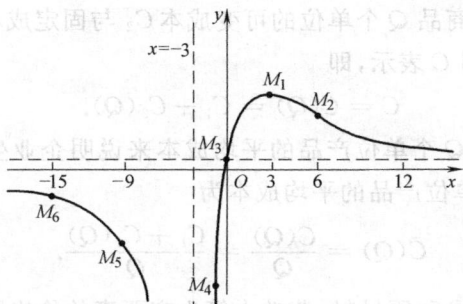

图 3-9

习题 3.6

描绘下列函数的图形：

(1) $y = \dfrac{x}{1+x^2}$；　　　　　　(2) $y = \dfrac{2x^2}{(1-x)^2}$.

3.7　导数在经济中的应用

3.7.1　经济中常用的一些函数

在社会经济活动中，存在着许多经济变量，如产量、成本、收益、利润、投资、消费等. 在经济问题研究的过程中，一个经济变量往往是与多种因素相关的，当我们用数学方法来研究经济变量间的数量关系时，经常是找出其中的主要因素，而将其他的一些次要因素或忽略不计或假定为常量. 这样可以使问题化为只含一个自变量的函数关系.

下面我们介绍经济活动中的几个常用的经济函数.

1. 成本函数、收益函数与利润函数

在产品的生产和经营活动中，人们总希望尽可能地降低成本、提高收入和增加利润. 而成本、收入和利润这些经济变量都与产品的产量和销售量 Q 密切相关，它们都可以看作是 Q 的函数，我们分别称为成本函数、收益函数与利润函数，并分别记作 $C(Q)$、$R(Q)$、$L(Q)$.

(1) 成本函数

某商品的成本是指生产一定数量的产品所需的全部经济资源的价格或费用总额. 大体可以分为两大部分：其一，是在短时间内不发生变化或不明显地随产品数量增加而变化的部分成本，如厂房、设备等，称为固定成本，常用 C_1 表示；其二，是随产品数量的变化而直接变化的部分成本，如原材料、能源、人工等，称为可变成本，常用 C_2 表示. C_2 是产品数量 Q 的函数，即

$$C_2 = C_2(Q).$$

生产某种商品 Q 个单位的可变成本 C_2 与固定成本 C_1 之和,称为总成本,常用 C 表示,即

$$C = C(Q) = C_1 + C_2(Q).$$

常用生产 Q 个单位产品的平均成本来说明企业生产状况的好坏. 生产 Q 个单位产品的平均成本为

$$\bar{C}(Q) = \frac{C(Q)}{Q} = \frac{C_1 + C_2(Q)}{Q}.$$

在生产技术和原材料、劳动力等生产要素的价格固定不变的条件下,总成本、平均成本都是产量的函数.

(2) 收益函数

收益是指售出商品后获得的收入,常用的收益函数有总收益函数与平均收益函数,总收益、平均收益都是售出商品数量的函数. 总收益是销售者售出一定数量商品后所得的全部收入,常用 R 表示. 平均收益是指售出一定数量的商品时,平均每售出一个单位商品的收入,常用 $\bar{R}$ 表示.

设 $P(Q)$ 为商品价格,Q 为商品数量(一般地,这个 Q 对销售者来说就是销售量,对消费者来说就是需求量),则有

$$R = R(Q) = QP = QP(Q), \bar{R} = \frac{R(Q)}{Q} = P(Q).$$

(3) 利润函数

生产一定数量的产品的总收入与总成本的差值即为总利润,一般记作 L,即

$$L = L(Q) = R(Q) - C(Q),$$

其中 Q 为商品数量. 每一个单位的产品产生的利润为平均利润,记作 $\bar{L}$,即

$$\bar{L} = \bar{L}(Q) = \frac{L(Q)}{Q}.$$

2. 需求函数与供给函数

(1) 需求函数

"需求"是指一定价格条件下,消费者愿意且有支付能力购买的某种商品的数量.

如果用 Q 表示商品的需求量,P 表示商品的价格,影响需求量的因素很多,这里略去价格以外的其他因素,只讨论需求量和价格的关系,则需求量 Q 可以视为该商品价格 P 的函数,称为需求函数,记作 $Q = f(P)$. 显然需求函数是单调减少的.

若 $Q = f(P)$ 存在反函数,则 $P = f^{-1}(Q)$ 也是单调减少的函数,也称为需求函数.

下面列出常见的需求函数与需求曲线.

1) 线性需求(最常见的):$Q = a - bP (a > 0, b > 0) a$ 为价格为 0 时的最大需求量;

2) 反比需求：$Q = \dfrac{A}{P}(A > 0)$，缺点：变化太明显；

3) 指数需求：$Q = Ae^{-bP}(A > 0, b > 0)$，最常用.

（2）供给函数

"供给"是指一定价格条件下，生产者愿意生产且可供出售的某种商品的数量. 供给是与需求相对应的概念，需求是就市场中的消费者而言的，而供给是就市场中的生产销售者而言的. 影响商品供给量的因素很多，但是商品的市场供给量主要受商品价格的制约，价格上涨将刺激生产者向市场提供更多的商品，供给量增加；反之，价格下跌将使供给量减少.

如果用 Q 表示商品的供给量，P 表示商品的价格，略去价格以外的其他因素，只讨论供给量和价格的关系，则供给量 Q 可以视为该商品价格 P 的函数，称为供给函数，记作 $Q = \varphi(P)$. 显然供给函数是单调增加的.

若 $Q = \varphi(P)$ 存在反函数，则 $P = \varphi^{-1}(Q)$ 也是单调增加的函数，也称为供给函数.

常见的供给函数有以下几类：

1) 线性供给函数：$Q = c + dP(c > 0, d > 0)$；

2) 二次供给函数：$Q = a + bP + cP^2(a > 0, b > 0, c > 0)$；

3) 指数供给函数：$Q = Ae^{dP}(A > 0, d > 0)$.

3. 均衡价格

均衡价格是指市场上需求量与供给量相等时的价格，在图 3-10 中表示为需求曲线与供给曲线相交点处的横坐标 $P = P_0$，此时的需求量与供给量 Q_0 称为均衡商品量.

当市场价格 P 高于均衡价格 P_0 时，供给量增加而需求量减少（供大于求）；反之，市场价格低于均衡价格时，供给量减少而需求量增加（供不应求）. 在市场调节下，商品价格在均衡价格附近上下波动.

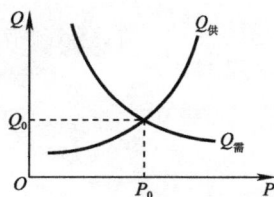

图 3-10

3.7.2　边际分析

1. 边际分析

边际即指"额外的""追加的"，指处在边缘上的"已经追加上的最后一个单位"，或"可能追加的下一个单位"，也就是指变化. 边际值即指当自变量变化一个单位时，因变量所变化的量. 比如说，在节假日时，运输公司增加了一辆汽车，每天就可以多盈利 1000 元，那么这 1000 元就是边际量. 边际概念是经济学中的一个重要概念，描述的是经济变量的变化率，即经济函数的导数称为边际. 边际分析法就是分析自变量变动 1 单位时，因变量会变动多少，是运用导数来研究经济运行中微增量的变化，用以分析经济变量之间相互关系及变化过程的一种方法. 边际分析方法是经济学的基本研究方法之一,在管理经济学中有着较多的应用.

定义 3-7　设 $y = f(x)$ 为可导函数,其导数 $f'(x)$ 称为 $f(x)$ 的边际函数. $f'(x_0)$ 称为 $f(x)$ 在点 x_0 的边际函数值.

对于函数 $y = f(x)$,设 x 从 x_0 改变一个单位,如 $\Delta x = 1$,y 相应的改变量为

$$\Delta y \Big|_{\substack{x = x_0 \\ \Delta x = 1}} = f(x_0 + 1) - f(x_0),$$

当 x 的一个单位与 x_0 相比很小时,则有

$$\Delta y \Big|_{\substack{x = x_0 \\ \Delta x = 1}} = f(x_0 + 1) - f(x_0) \approx dy \Big|_{\substack{x = x_0 \\ \Delta x = 1}} = f'(x) \, dx \Big|_{\substack{x = x_0 \\ \Delta x = 1}} = f'(x_0).$$

($\Delta x = -1$ 时,标志着 x 从 x_0 减少一个单位.)

这说明 $f(x)$ 在点 x_0 处,当 x 产生一个单位的改变时,y 相应地近似改变 $f'(x_0)$ 个单位. 在实际应用中解释边际函数值的具体意义时,也常常略去"近似"二字.

例如,成本函数 $C(Q)$ 的导数 $C'(Q)$ 称为边际成本,记作 MC,即 $MC = C'(Q)$. 而 $C'(Q_0)$ 称为当产量为 Q_0 时的边际成本,其经济意义是当产量为 Q_0 时,再增加(减少)一个单位产品所增加(减少)的总成本.

收益函数 $R(Q)$ 的导数 $R'(Q)$ 称为边际收益,记作 MR,即 $MR = R'(Q)$.

利润函数 $L(Q)$ 的导数 $L'(Q)$ 称为边际利润,记作 ML,即 $ML = L'(Q)$.

由于 $L(Q) = R(Q) - C(Q)$,所以 $L'(Q) = R'(Q) - C'(Q)$,即

$$ML = MR - MC.$$

□ 即时练习 3-5
某商品的价格 P 关于需求量 Q 的函数为 $P = 10 - \dfrac{Q}{5}$,求总收益函数、平均收益函数和边际收益函数.

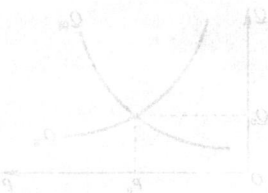

例 3-38　已知某商品的成本函数为

$$C(Q) = 100 + \frac{1}{4}Q^2 \quad (Q \text{ 表示产量}).$$

求:(1) 当 $Q = 10$ 时的平均成本及 Q 为多少时,平均成本最小?

(2) 当 $Q = 10$ 时的边际成本,并解释其经济意义.

解　(1) 由 $C(Q) = 100 + \dfrac{1}{4}Q^2$ 得平均成本函数为

$$\overline{C}(Q) = \frac{C(Q)}{Q} = \frac{100 + \dfrac{1}{4}Q^2}{Q} = \frac{100}{Q} + \frac{1}{4}Q.$$

从而,$\overline{C}(10) = \dfrac{100}{10} + \dfrac{1}{4} \times 10 = 12.5$.

求导得

$$\overline{C}' = -\frac{100}{Q^2} + \frac{1}{4}, \quad \overline{C}'' = \frac{200}{Q^3},$$

令 $\overline{C}' = 0$,得 $Q = 20$. 而 $\overline{C}''(20) = \dfrac{200}{(20)^3} = \dfrac{1}{40} > 0$,所以当 $Q = 20$ 时,$\overline{C}(Q)$ 取唯一极小值,即为最小值. 故当 $Q = 20$ 时平均成本

最小.

（2）由 $C(Q) = 100 + \dfrac{1}{4}Q^2$ 得边际成本函数为

$$C'(Q) = \frac{1}{2}Q,$$

于是 $C'(10) = \dfrac{1}{2} \times 10 = 5$，即当产量 $Q = 10$ 时的边际成本为 5，其经济意义为：当产量为 10 时，若再增加（减少）一个单位产品，总成本将增加（减少）5 个单位.

2. 最大利润

由于利润函数为 $L(Q) = R(Q) - C(Q)$，所以可以利用求函数最大值的方法来求得最大利润.

由于 $L'(Q) = R'(Q) - C'(Q)$，令 $L'(Q) = 0$，得 $R'(Q) = C'(Q)$，即利润函数 $L(Q)$ 取到最大值的必要条件是：边际收益等于边际成本. 当然最大利润也不一定发生在 $MR = MC$ 时，有时还要考虑导数不存在的点和端点，但是这一关系是帮助我们在一般情形下确定最大利润的条件.

例 3-39　某工厂在一个月生产某产品 Q 件时，总成本为 $C(Q) = 5Q + 200$（万元），得到的收益为 $R(Q) = 10Q - 0.01Q^2$（万元），问一个月生产多少产品时，所获利润最大？

解　生产产品所获利润为

$$L(Q) = R(Q) - C(Q) = 10Q - 0.01Q^2 - 5Q - 200$$
$$= -0.01Q^2 + 5Q - 200, Q \in (0, +\infty).$$

令 $L'(Q) = -0.02Q + 5 = 0$，得 $Q = 250$，而 $L''(250) = -0.02 < 0$.

所以当 $Q = 250$ 时，$L(Q)$ 取唯一极大值，即为最大值. 故一个月生产 250 件产品时，所获利润最大.

例 3-40　某商品的平均成本 $\bar{C}(x) = 2$，价格函数为 $P(x) = 20 - 4x$（x 为商品数量），国家向企业每件商品征税为 t.

（1）问生产商品多少时，利润最大？

（2）在企业取得最大利润的情况下，t 为何值时才能使总税收最大？

解　（1）由已知，总成本为 $C(x) = x\bar{C}(x) = 2x$，总收益为 $R(x) = xP(x) = 20x - 4x^2$，总征税为 $T(x) = xt$，那么企业获得的利润为

$$L(x) = R(x) - C(x) - T(x) = (20x - 4x^2) - 2x - xt$$
$$= -4x^2 + (18 - t)x.$$

令 $L'(x) = -8x + (18 - t) = 0$，得 $x = \dfrac{18 - t}{8}$. 而 $L'' = -8 < 0$，故当 $x = \dfrac{18 - t}{8}$ 时，$L(x)$ 取唯一极大值，即最大值.

可见,当生产商品 $x = \dfrac{18-t}{8}$ 时,企业可获得最大利润:

$$L\left(\dfrac{18-t}{8}\right) = -4\left(\dfrac{18-t}{8}\right)^2 + (18-t)\dfrac{18-t}{8}$$

$$= 4\left(\dfrac{18-t}{8}\right)^2 = \dfrac{(18-t)^2}{16}.$$

(2) 此时国家征收的总税额为 $T(x) = xt = \dfrac{18t-t^2}{8}$,令 $T'(x) = \dfrac{18-2t}{8} = 0$,得 $t = 9$,而 $T''(9) = -\dfrac{1}{4} < 0$,故当 $t = 9$ 时,$T(x)$ 取唯一极大值,即最大值.

所以,在企业取得最大利润的情况下,当国家向企业每件商品征税为 9 时,总税收最大.

3.7.3　弹性分析

1. 弹性的概念

函数的改变量与函数的变化率实际上是绝对改变量与绝对变化率. 但经济量的绝对改变往往不能真正反映其变化的强度,仅仅研究这些并不够. 例如在市场上,假若 1kg 大米由 5 元上涨 1 元和 1kg 黄金由 250000 元上涨 100 元,哪一种商品价格的波动对你震动比较大?虽然大米每千克单位价格的改变量是 1,黄金每千克价格的改变量是 100,但这两个量是绝对改变量,实际上大米涨幅是 $\dfrac{1}{5}$ = 20%,黄金的涨幅是 $\dfrac{100}{250000}$ = 0.04%,因此大米的涨幅对我们震动比较大,而这种涨幅就是相对改变量. 因此,讨论经济函数的相对改变量和相对变化率(弹性)具有重要意义,为此引入下面的定义.

定义 3-8　设函数 $y = f(x)$ 在点 $x_0(x_0 \neq 0)$ 的某邻域内连续,且 $y_0 = f(x_0) \neq 0$,当 x 从 x_0 变化到 $x_0 + \Delta x(\Delta x \neq 0)$ 时,函数 y 相应的改变量 $\Delta y = f(x_0 + \Delta x) - f(x_0)$. 我们把函数 y 的相对改变量 $\dfrac{\Delta y}{y_0} = \dfrac{f(x_0 + \Delta x) - f(x_0)}{y_0}$ 与自变量的相对改变量 $\dfrac{\Delta x}{x_0}$ 之比 $\dfrac{\Delta y/y_0}{\Delta x/x_0}$,称为函数 $f(x)$ 从 $x = x_0$ 到 $x = x_0 + \Delta x$ 两点间的弹性(或相对变化率).

如果 $f'(x_0)$ 存在,则极限

$$\lim_{\Delta x \to 0} \dfrac{\Delta y/y_0}{\Delta x/x_0} = \lim_{\Delta x \to 0} \dfrac{x_0}{y_0} \cdot \dfrac{\Delta y}{\Delta x} = f'(x_0)\dfrac{x_0}{y_0}$$

称为函数 $f(x)$ 在点 x_0 处的相对变化率,或相对导数或弹性,记为 $\dfrac{Ey}{Ex}\bigg|_{x=x_0}$ 或 $\dfrac{E}{Ex}f(x_0)$. 即

$$\dfrac{Ey}{Ex}\bigg|_{x=x_0} = \dfrac{E}{Ex}f(x_0) = f'(x_0)\dfrac{x_0}{y_0}.$$

如果 $f'(x)$ 存在,则

$$\frac{Ey}{Ex} = \frac{E}{Ex}f(x) = \lim_{\Delta x \to 0} \frac{\Delta y/y}{\Delta x/x} = \lim_{\Delta x \to 0} \frac{x}{y} \cdot \frac{\Delta y}{\Delta x}$$

$$= f'(x)\frac{x}{y}(是 x 的函数)$$

□ 即时练习 3-6

设 $y = x^a$,求$\frac{Ey}{Ex}$.

称为 $f(x)$ 的弹性函数,简称为 $f(x)$ 的弹性.

由于 $\lim\limits_{\Delta x \to 0} \dfrac{\Delta y/y_0}{\Delta x/x_0} = \dfrac{E}{Ex}f(x_0)$,当 $|\Delta x|$ 充分小时,$\dfrac{\Delta y/y_0}{\Delta x/x_0} \approx$

$\dfrac{E}{Ex}f(x_0)$,从而$\dfrac{\Delta y}{y_0} \approx \dfrac{\Delta x}{x_0}\dfrac{E}{Ex}f(x_0)$.若取$\dfrac{\Delta x}{x_0} = 1\%$,则$\dfrac{\Delta y}{y_0} \approx \dfrac{E}{Ex}f(x_0)\%$.

由以上分析可知弹性的经济意义:如果 $f'(x_0)$ 存在,则

$\dfrac{E}{Ex}f(x_0)$ 表示在点 x_0 处,x 改变 1% 时,$f(x)$ 近似地改变

$\dfrac{E}{Ex}f(x_0)\%$,或直接说成改变$\dfrac{E}{Ex}f(x_0)\%$.

因此,函数 $f(x)$ 在点 x 的弹性$\dfrac{Ey}{Ex}$ 反映随 x 的变化 $f(x)$ 变化幅度的大小,即 $f(x)$ 对 x 变化反应的强烈程度或灵敏度.弹性与变量所使用的单位无关,因此可以在不同的商品间进行比较,这使弹性的概念在经济学中有着广泛的应用.

例 3-41　设 $y = a^x(a > 0, a \neq 1)$,求$\dfrac{Ey}{Ex}$,$\dfrac{Ey}{Ex}\Big|_{x=1}$.

解　$\dfrac{Ey}{Ex} = y' \cdot \dfrac{x}{y} = a^x \ln a \dfrac{x}{a^x} = x \ln a$,于是$\dfrac{Ey}{Ex}\Big|_{x=1} = \ln a$.

2. 需求弹性

需求弹性反映了商品价格变动时需求变动的强弱.由于需求函数 $Q = f(P)$ 为递减函数,所以 $f'(P) < 0$,从而 $f'(P_0)\dfrac{P_0}{Q_0}$ 为负数.经济学家一般用正数表示需求弹性,因此采用需求函数相对变化率的相反数来定义需求弹性.

设某商品的需求函数为 $Q = f(P)$,若 $f'(P_0)$ 存在,则可定义该商品在 $P = P_0$ 处的需求弹性为

$$\eta\big|_{P=P_0} = \eta(P_0) = -\lim_{\Delta P \to 0}\frac{\Delta Q/Q_0}{\Delta P/P_0} = -\lim_{\Delta P \to 0}\frac{\Delta Q}{\Delta P} \cdot \frac{P_0}{Q_0}$$

$$= -f'(P_0) \cdot \frac{P_0}{f(P_0)}.$$

若 $f'(P)$ 存在,则可定义该商品的需求弹性函数为

$$\eta = \eta(P) = -f'(P)\frac{P}{f(P)}.$$

例 3-42　设某商品的需求函数为 $Q = e^{-\frac{P}{5}}$,求:

(1)需求弹性函数;

(2)$P = 3, 5, 6$ 时的需求弹性,并说明其经济意义.

解 (1)$\eta(P) = -\dfrac{P}{Q} \cdot \dfrac{dQ}{dP} = -\dfrac{P}{e^{\frac{P}{5}}} \cdot \left(-\dfrac{1}{5}\right)e^{-\frac{P}{5}} = \dfrac{P}{5}.$

(2)$\eta(3) = 0.6 < 1$,说明当 $P = 3$ 时,需求变动的幅度小于价格变动的幅度,即 $P = 3$ 时,价格上涨 1%,需求减少 0.6%.

$\eta(5) = 1$,说明当 $P = 5$ 时,价格与需求变动的幅度相同.

$\eta(6) = 1.2 > 1$,说明当 $P = 6$ 时,需求变动的幅度大于价格变动的幅度,即 $P = 6$ 时,价格上涨 1%,需求减少 1.2%.

3. 供给弹性

设某商品的供给函数为 $Q = \varphi(P)$,若 $\varphi'(P_0)$ 存在,则可定义该商品在 $P = P_0$ 处的供给弹性为

$$\varepsilon\big|_{P=P_0} = \varepsilon(P_0) = \lim_{\Delta P \to 0} \frac{\Delta Q/Q_0}{\Delta P/P_0} = \lim_{\Delta P \to 0} \frac{\Delta Q}{\Delta P} \cdot \frac{P_0}{Q_0} = \varphi'(P_0) \cdot \frac{P_0}{\varphi(P_0)}.$$

若 $\varphi'(P)$ 存在,则可定义该商品的供给弹性函数为

$$\varepsilon = \varepsilon(P) = \varphi'(P) \frac{P}{\varphi(P)}.$$

例 3-43 设某商品的供给函数 $Q = 4 + 5P$,求供给弹性函数及 $P = 2$ 时的供给弹性.

解 $\varepsilon = \varphi'(P) \dfrac{P}{\varphi(P)} = 5\dfrac{P}{4+5P} = \dfrac{5P}{4+5P}$,当 $P = 2$ 时,$\varepsilon(2) = \dfrac{10}{4+10} = \dfrac{5}{7}.$

对于其他经济变量的弹性,读者可根据上面介绍的需求弹性与供给弹性,进行类似的讨论.

4. 用需求弹性分析总收益

因为 $R = P \cdot Q = P \cdot f(P)$,所以

$$R' = f(P) + Pf'(P) = f(P)\left[1 + f'(P)\frac{P}{f(P)}\right]$$
$$= f(P)(1 - \eta).$$

由于 $f(P) > 0$,于是

(1) 若 $\eta < 1$,则需求变动的幅度小于价格变动的幅度,此时 $R' > 0$,R 递增. 即价格上涨,总收益增加;价格下跌,总收益减少.

(2) 若 $\eta > 1$,则需求变动的幅度大于价格变动的幅度,此时 $R' < 0$,R 递减. 即价格上涨,总收益减少;价格下跌,总收益增加.

(3) 若 $\eta = 1$,则需求变动的幅度等于价格变动的幅度,此时 $R' = 0$,可以验证,此时 R 取得最大值.

综上所述,总收益的变化受需求弹性的制约,随商品需求弹性的变化而变化,如图 3-11 所示.

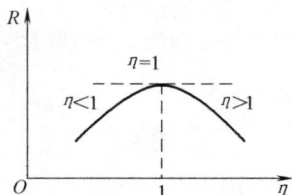

图 3-11

例 3-44 某商品需求函数为 $Q = f(P) = 12 - \dfrac{P}{2}.$

(1) 求需求弹性函数;

(2) 求 $P = 6$ 时的需求弹性;

(3) 在 $P = 6$ 时，若价格上涨 1%，总收益增加还是减少？将变化百分之几？

(4) P 为何值时，总收益最大？最大的总收益是多少？

解　(1) $\eta(P) = -\dfrac{P}{Q}\dfrac{\mathrm{d}Q}{\mathrm{d}P} = -\dfrac{P}{12 - \dfrac{P}{2}} \cdot \left(-\dfrac{1}{2}\right) = \dfrac{P}{24 - P}.$

(2) $\eta(6) = \dfrac{6}{24 - 6} = \dfrac{1}{3}.$

(3) $\dfrac{ER}{EP} = \dfrac{P}{R}\dfrac{\mathrm{d}R}{\mathrm{d}P} = 1 - \eta$，故 $\dfrac{ER}{EP}\bigg|_{P=6} = 1 - \eta(6) = \dfrac{2}{3} \approx 0.67.$

于是，当 $P = 6$ 时，若价格上涨 1%，总收益增加 0.67%.

(4) 当 $\eta = 1$ 时，总收益最大，由

$$\eta = \frac{P}{24 - P} = 1,$$

得 $P = 12$. 即 $P = 12$ 时，总收益最大，为 72.

习题 3.7

1. 设某商品每月产量为 xt 时，总成本函数为

$$C(x) = \frac{1}{4}x^2 + 8x + 4900(元),$$

求最低平均成本和相应产量的边际成本.

2. 设某产品的需求函数为 $P = 80 - 0.1x$（P 是价格，x 是需求量），成本函数为 $C = 5000 + 20x$（元）.

(1) 试求边际利润函数 $L'(x)$，并分别求 $x = 150$ 和 $x = 400$ 时的边际利润；

(2) 问需求量 x 为多少时，其利润最大？

3. 设某种商品的需求量 Q 与价格 P 的关系为

$$Q(P) = 1600\left(\frac{1}{4}\right)^P.$$

(1) 求需求弹性 $\eta(P)$；

(2) 当商品的价格 $P = 10$（元）时，若再增加 1%，讨论该商品需求量的变化情况.

4. 设某商品的供给量 Q 关于价格 P 的供给函数为 $Q = 2 + P^2$.

(1) 求供给弹性函数；

(2) 求 $P = 1$ 时的供给弹性，并说明其经济意义.

5. 某商品的需求函数为 $Q = 75 - P^2$（Q 为需求量，P 为价格）.

(1) 求 $P = 4$ 时的边际需求，并说明其经济意义；

(2) 求 $P = 4$ 时的需求弹性，并说明其经济意义；

(3) 当 $P = 4$ 时，若价格 P 上涨 1%，总收益将变化百分之几？是增加还是减少？

(4) 当 $P = 6$ 时，若价格 P 上涨 1%，总收益将变化百分之几？是

增加还是减少？

6.一玩具经销商以下列成本及收益函数销售某种产品：

$$C(x) = 2.4x - 0.0002x^2, \quad 0 \leqslant x \leqslant 6000,$$
$$R(x) = 7.2x - 0.001x^2, \quad 0 \leqslant x \leqslant 6000.$$

试问何时利润随产量增加（即增加产量可使利润增加）？

数学实验 3

1.实验目的与内容

（1）运用 MATLAB 求函数的单调区间、极值和最值.

（2）运用 MATLAB 求函数的凹凸区间和拐点.

（3）运用 MATLAB 验证曲线渐近线的存在性，对存在的渐近线求渐近线方程.

（4）运用 MATLAB 使用洛必达法则求函数极限.

2.MATLAB 命令

方程求解

MATLAB 中主要用 solve 求解方程的解，具体内容见表 3-8.

表 3-8　MATLAB 方程求解的基本命令

调用格式	描述
solve(s,v)	求解符号表达式 s 的代数方程，求解变量为 v
solve('eqn1','eqn2',…,'eqnN', 'var1','var2',…'varN')	求解 n 次变量为 'var1'，'var2'，…'varN' 的符号方程组

注意：可以用 help solve 查阅有关上述命令的详细信息.

3.实验案例

例 3-45　　求函数 $f(x) = x^3 - 6x^2 + 9x + 3$ 的单调区间和极值，作该函数的图像，讨论函数对应曲线的凹凸性，并求拐点.

运用导数的符号研究函数单调性，需要求出导函数正负区间的分界点，因此，可以先求出导函数的零点，画出函数图形，然后根据图形直观地求出单调区间和极值.

此函数的定义域为 $(-\infty, +\infty)$.

（1）求函数的驻点

程序代码：

```
>> syms x;
>> f = x^3 - 6*x^2 + 9*x + 3;
>> fx = diff(f,x)   % 求函数 f 的一阶导函数
>> x = solve(fx)   % 求解一阶导函数 fx 的零点，即函数 f 的
```
驻点

输出结果：

fx ＝

$$3*x^2-12*x+9$$

x ＝

1

3

从输出结果可见，函数 $f(x) = x^3 - 6x^2 + 9x + 3$ 的一阶导函数是 $f'(x) = 3x^2 - 12x + 9$，一阶导函数的零点是 $x = 1, x = 3$.

（2）画函数图形，求函数 $f(x) = x^3 - 6x^2 + 9x + 3$ 的单调区间.

程序代码：

```
>> ezplot(f,[-1,5])%画出符号函数 f 在区间[-1,5]上的图像
```

输出结果如图 3-12 所示：

结合函数图形和函数的驻点，可以得到，函数 $f(x) = x^3 - 6x^2 + 9x + 3$ 的单调增加区间为 $(-\infty, 1] \cup [3, +\infty)$，单调减少区间为 $[1,3]$.

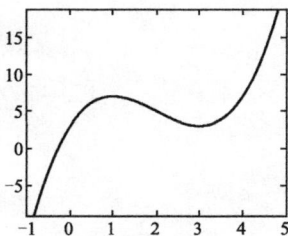

图 3-12

（3）观察函数图形，求函数 $f(x) = x^3 - 6x^2 + 9x + 3$ 的极值.

程序代码：

```
>> x = 1;
>> f1 = eval(f)   % 用 eval 将括号内的字符串视为语句并
```

运行. 这里是求 $x = 1$ 时符号函数 f 的函数值

```
>> x = 3;
>> f2 = eval(f)   % 求 x = 3 时符号函数 f 的函数值
```

运行结果：

f1 ＝

7

f2 ＝

3

求得极大值 $f(1) = 7$，极小值 $f(3) = 3$.

（4）求曲线 $f(x) = x^3 - 6x^2 + 9x + 3$ 的拐点和凹凸性.

运用导数的符号研究曲线的凹凸性，需要求出二阶导函数的零点，结合图形和二阶导函数符号判断曲线的凹凸性.

程序代码：

```
>> fxx = diff(fx,x)   % 求函数 fx 的一阶导函数，即函数 f 的
```

二阶导函数

```
>> xx = solve(fxx)   % 求解二阶导函数 fxx 的零点，在这里
```

是函数 f 的拐点的横坐标

输出结果：

fxx ＝

$$6*x-12$$

xx ＝

2

求得拐点的横坐标是 $x = 2$. 可判断二阶导函数在 $x > 2$ 时,二阶导函数大于零,曲线是凹的;二阶导函数在 $x < 2$ 时,二阶导函数小于零,曲线是凸的.

程序代码:

```
>> x = 2;
>> f3 = eval(f)    % 求 x = 2 时符号函数 f 的函数值
```

输出结果:

```
f3 =
    5
```

则曲线拐点为 $(2,5)$.

例 3-46　判断曲线 $y = x + \sin\dfrac{1}{x}$ 是否有水平渐近线,求该曲线的斜渐近线并绘制斜渐近线的图像.

(1) 判断是否有水平渐近线

程序代码:

```
>> clear
>> syms x;
>> y = x + sin(1/x);
>> limit(y,x,inf)
```

输出结果:

```
ans =
    Inf
```

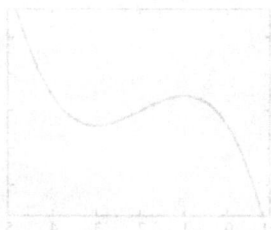

可见曲线 $y = x + \sin\dfrac{1}{x}$ 没有水平斜渐近线.

(2) 求斜渐近线

程序代码:

```
>> clear
>> syms x;
>> y = x + sin(1/x);
>> k = limit(y/x,x,inf)
>> b = limit(y - k * x,x,inf)
```

输出结果:

```
k =
    1
b =
    0
```

可见曲线 $y = x + \sin\dfrac{1}{x}$ 的斜渐近线为 $y = x$.

(3) 绘制渐近线图像

程序代码:

```
>> x = -2 * pi:0.1:2 * pi;
```

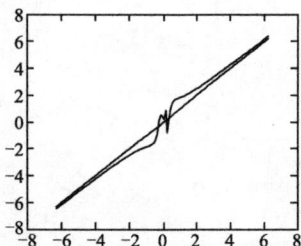

图 3-13

```
>> y = x + sin(1./x);  % 原曲线
>> y1 = x;  % 斜渐近线
>> plot(x,y,x,y1)
```

输出结果如图 3-13 所示.

练习

1. 利用 MATLAB 确定下列函数的单调区间：

(1) $y = x^4 - 2x^2 + 3$；　　　　(2) $y = e^x - x - 1$.

2. 利用 MATLAB 求下列函数的极值：

(1) $y = x^3 + 3x^2 - 9x - 6$；　　(2) $y = 2x^3 - 3x$.

3. 利用 MALTLAB 求下列曲线的凹凸区间和拐点：

(1) $y = x^3$；　　　　　　　　(2) $y = \arctan x$.

4. 利用 MATLAB 求曲线 $y = (x-1)e^{\frac{\pi}{2}+\arctan x}$ 的斜渐近线，并绘制该渐近线的图像.

□ 实验 3 补充例题

□ 数学建模：进货批量的优化问题

本章小结

一、知识点结构图

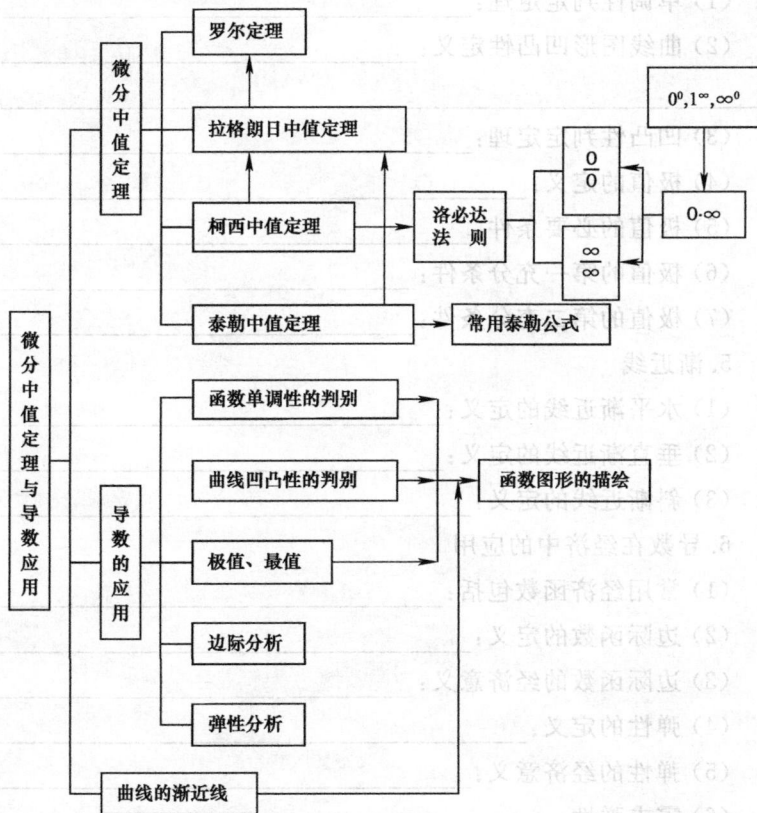

二、知识点自我检验

1.中值定理

(1) 费马引理：＿＿＿＿＿＿＿＿＿＿＿＿＿＿＿＿＿＿＿＿．

(2) 罗尔定理：＿＿＿＿＿＿＿＿＿＿＿＿＿＿＿＿＿＿＿．

(3) 拉格朗日中值定理：＿＿＿＿＿＿＿＿＿＿＿＿＿＿＿．

(4) 柯西中值定理：＿＿＿＿＿＿＿＿＿＿＿＿＿＿＿＿＿．

2.洛必达法则

(1) 未定式的定义：＿＿＿＿＿＿＿＿＿＿＿＿＿＿＿＿＿．

(2) 未定式的类型：＿＿＿＿＿＿＿＿＿＿＿＿＿＿＿＿＿．

(3) 求未定式极限的洛必达法则：＿＿＿＿＿＿＿＿＿＿＿

＿＿＿＿＿＿＿＿＿＿＿＿＿＿＿＿＿＿＿＿＿＿＿＿＿＿＿．

3.泰勒公式

(1) $f(x)$ 在 x_0 处的泰勒公式：＿＿＿＿＿＿＿＿＿＿＿＿．

(2) $f(x)$ 的麦克劳林公式：＿＿＿＿＿＿＿＿＿＿＿＿＿＿．

(3) 泰勒中值定理：＿＿＿＿＿＿＿＿＿＿＿＿＿＿＿＿＿＿．

4.函数的单调性、极值及曲线的凹凸性

(1) 单调性判定定理：＿＿＿＿＿＿＿＿＿＿＿＿＿＿＿＿＿．

(2) 曲线图形凹凸性定义：＿＿＿＿＿＿＿＿＿＿＿＿＿＿＿

＿＿＿＿＿＿＿＿＿＿＿＿＿＿＿＿＿＿＿＿＿＿＿＿＿＿＿．

(3) 凹凸性判定定理：＿＿＿＿＿＿＿＿＿＿＿＿＿＿＿＿＿．

(4) 极值的定义：＿＿＿＿＿＿＿＿＿＿＿＿＿＿＿＿＿＿＿．

(5) 极值的必要条件：＿＿＿＿＿＿＿＿＿＿＿＿＿＿＿＿＿．

(6) 极值的第一充分条件：＿＿＿＿＿＿＿＿＿＿＿＿＿＿＿．

(7) 极值的第二充分条件：＿＿＿＿＿＿＿＿＿＿＿＿＿＿＿．

5.渐近线

(1) 水平渐近线的定义：＿＿＿＿＿＿＿＿＿＿＿＿＿＿＿＿．

(2) 垂直渐近线的定义：＿＿＿＿＿＿＿＿＿＿＿＿＿＿＿＿．

(3) 斜渐近线的定义：＿＿＿＿＿＿＿＿＿＿＿＿＿＿＿＿＿．

6.导数在经济中的应用

(1) 常用经济函数包括：＿＿＿＿＿＿＿＿＿＿＿＿＿＿＿＿．

(2) 边际函数的定义：＿＿＿＿＿＿＿＿＿＿＿＿＿＿＿＿＿．

(3) 边际函数的经济意义：＿＿＿＿＿＿＿＿＿＿＿＿＿＿＿．

(4) 弹性的定义：＿＿＿＿＿＿＿＿＿＿＿＿＿＿＿＿＿＿＿．

(5) 弹性的经济意义：＿＿＿＿＿＿＿＿＿＿＿＿＿＿＿＿＿．

(6) 需求弹性：＿＿＿＿＿＿＿＿＿＿＿＿＿＿＿＿＿＿＿＿＿．

(7) 供给弹性：＿＿＿＿＿＿＿＿＿＿＿＿＿＿＿＿＿＿＿＿＿．

总习题 3A

1.填空题：

(1) $\lim\limits_{x\to\infty}\dfrac{x^2}{x+\mathrm{e}^x}=$ _____.

(2) 曲线 $y=x^3-3x^2$ 的拐点坐标是 _____.

(3) 设某商品的供给量 Q 关于价格 P 的供给函数为 $Q=10+5P^2$，则供给弹性函数为 $\varepsilon(P)=$ _____.

(4) 设生产某产品的平均成本 $\overline{C}(Q)=1+\mathrm{e}^{-Q}$，其中产量为 Q，则边际成本为 _____.

2.单项选择题：

(1) 在区间 $[-1,1]$ 上满足罗尔定理条件的函数是（ ）.

A. $y=\dfrac{\sin x}{x}$;   B. $y=(x+1)^2$;

C. $y=x$;   D. $y=x^2+1$.

(2) 设 $f(x)=(x-1)^{\frac{2}{3}}$，则点 $x=1$ 是 $f(x)$ 的（ ）.

A.可导点;   B.驻点;

C.极值点;   D.间断点.

(3) 已知函数 $f(x)$ 在开区间 (a,b) 内二阶可导，若在开区间 (a,b) 内恒有一阶导数 $f'(x)>0$，且二阶导数 $f''(x)<0$，则函数曲线 $y=f(x)$ 在开区间 (a,b) 内（ ）.

A.上升且是凹的;   B.上升且是凸的;

C.下降且是凹的;   D.下降且是凸的.

(4) 曲线 $y=x+\arccos\dfrac{1}{x}$（ ）.

A.没有渐近线;   B.有水平渐近线 $y=1$;

C.有垂直渐近线 $x=0$;   D.有斜渐近线 $y=x+\dfrac{\pi}{2}$.

(5) 某商品的需求函数为 $Q=100-2P$，则当价格 $P=10$ 时，提价 1%，总收益将（ ）.

A.增加约 0.75%;   B.减少约 0.75%;

C.增加约 0.25%;   D.减少约 0.25%.

3.求下列各式的极限：

(1) $\lim\limits_{x\to0}\dfrac{\mathrm{e}^x-\mathrm{e}^{-x}-2x}{x-\sin x}$.   (2) $\lim\limits_{x\to0^+}\left[\ln\left(\dfrac{1}{x}\right)\right]^x$.

(3) $\lim\limits_{x\to0}\left(\dfrac{1}{x}-\dfrac{1}{\ln(1+x)}\right)$.   (4) $\lim\limits_{x\to\infty}\left(\dfrac{x^2-1}{x^2}\right)^x$.

4.已知 $\lim\limits_{x\to0}\dfrac{\mathrm{e}^x-ax-b}{1-\sqrt{1-x^2}}=1$，求 a,b 的值.

5.求函数 $y=x^3-3x^2-9x+5$ 的单调区间和极值.

6.证明下列不等式:

(1)当 $x > 0$ 时,$\ln(1+x) > \dfrac{\arctan x}{1+x}$;

(2)当 $x \in \left(0, \dfrac{\pi}{2}\right)$ 时,$\sin x + \tan x > 2x$.

7.证明方程 $f(x) = 4ax^3 + 3bx^2 + 2cx = a+b+c$ 在 $(0,1)$ 内至少有一个实根.

8.已知 $f(x)$ 在 $(-\infty, +\infty)$ 内可导,且 $\lim\limits_{x\to\infty} f'(x) = e$,$\lim\limits_{x\to\infty}\left(1+\dfrac{1}{x}\right)^{2Cx} = \lim\limits_{x\to\infty}[f(x) - f(x-1)]$,已知 $C \neq 0$,求 C 的值.

9.设 $f(x)$ 在 $[0,1]$ 上连续,在 $(0,1)$ 内二阶可导,过点 $A(0, f(0))$ 与 $B(1, f(1))$ 的直线与曲线 $y = f(x)$ 相交于点 $C(c, f(c))$,其中 $0 < c < 1$,证明:在 $(0,1)$ 内至少存在一点 ξ,使 $f''(\xi) = 0$.

10.糖果厂每周的销售量为 Q 千袋,每袋价格为 2 元,总成本函数为 $C(Q) = 100Q^2 + 1300Q + 1000$(元),试求:

(1)不盈不亏时的销售量;

(2)可取得利润时的销售量;

(3)取得最大利润时的销售量和最大利润;

(4)平均成本最小时的产量.

11.设某商品的需求函数为 $Q = 54 - 2P^2$.

(1)求 $P = 4$ 时的需求弹性,并解释其经济意义;

(2)$P = 2$ 时,若价格上涨 1‰,总收益增加还是减少?将变化百分之几?

(3)P 为何值时,总收益达到最大?

总习题 3B

1.填空题:

(1)方程 $x^3 + 2x + 1 = 0$ 有 _____ 个根.

(2)已知 $f(x) = x^3 + ax^2 + b$ 在 $x = 1$ 处有极值 -2,则 $f(x)$ 的极大值为 _____.

(3)已知曲线 $y = ax^3 + bx^2 + x + 2$ 的一个拐点为 $(-1, 3)$ 则 $a = $ _____,$b = $ _____.

2.单项选择题:

(1)下列函数在 $[1, e]$ 上满足拉格朗日中值定理条件的是(   ).

A.$\ln(\ln x)$;   B.$\ln x$;

C.$\dfrac{1}{\ln x}$;   D.$\ln(2-x)$.

(2)设 $f(x)$ 的导数在 $x = a$ 处连续,且 $\lim\limits_{x\to a}\dfrac{f'(x)}{x-a} = -1$,

则(　　　).

　　A. $x = a$ 是 $f(x)$ 的极小点;

　　B. $x = a$ 是 $f(x)$ 的极大点;

　　C. $(a, f(a))$ 是曲线 $y = f(x)$ 的拐点;

　　D. $x = a$ 不是极值点,$(a, f(a))$ 也不是拐点.

　　(3) 曲线 $y = \dfrac{1 + e^{-x^2}}{1 - e^{-x^2}}$(　　　).

　　A. 没有渐近线;

　　B. 仅有水平渐近线;

　　C. 仅有垂直渐近线;

　　D. 既有水平渐近线,又有垂直渐近线.

　　(4) 设函数 $f(x)$ 可导,且 $f(x)f'(x) > 0$,则(　　　).

　　A. $f(1) > f(-1)$;　　　　　　B. $f(1) < f(-1)$;

　　C. $|f(1)| > |f(-1)|$;　　　　D. $|f(1)| < |f(-1)|$.

　　3. 求下列各式的极限:

　　(1) $\lim\limits_{x \to 0}\left(\dfrac{1}{x^2} - \dfrac{1}{x\sin x}\right)$;　　　　　　(2) $\lim\limits_{x \to 0}(\tan x)^{2\sin x}$;

　　(3) $\lim\limits_{x \to 0}(\cos 2x + 2x\sin x)^{x^{-4}}$.

　　4. 证明当 $x > 0$ 时,不等式 $e^x - 1 > (1 + x)\ln(1 + x)$ 成立.

　　5. 求函数 $f(x) = \sqrt[3]{6x^2 - x^3}$ 的单调区间及极值.

　　6. 已知矩形的周长为 24,将它绕一边旋转成一立体,问矩形的长、宽各为多少时,所得立体体积最大?

　　7. 设某商品的需求函数为 $Q = 200 - 4P(0 < P < 40)$.

　　(1) 求 $P = 8$ 时的需求弹性,并解释其经济意义;

　　(2) 当 $P = 8$ 时,价格若上涨 1%,收益将如何变化?

　　(3) 价格在何范围内变化时,降价反而使收益增加?

　　8. 设生产某产品的固定成本为 200 元,每生产一个单位的产品,成本增加 5 元,且已知其需求函数为 $Q = 100 - 2P$,这种商品在市场上是畅销的.

　　(1) 求该产品的边际成本函数;

　　(2) 求该产品的最大利润及取得最大利润时的产量.

　　9. 设 $\lim\limits_{x \to 0}\dfrac{f(x)}{x} = 1$,且 $f''(x) > 0$,证明 $f(x) \geqslant x$.

　　10. 已知函数 $f(x)$ 在 $[0,1]$ 上连续,在 $(0,1)$ 内可导,且 $f(0) = 0, f(1) = 1$,证明:

　　(1) 存在 $\xi \in (0,1)$,使得 $f(\xi) = 1 - \xi$;

　　(2) 存在两个不同的点 $\eta_1, \eta_2 \in (0,1)$,使得 $f'(\eta_1) \cdot f'(\eta_2) = 1$.

第 1 章

第 4 章

不定积分

内容导读

前面学习了一元函数微分学，下面将要学习一元函数积分学，在积分学中有两个基本概念，即不定积分与定积分，本章将重点学习不定积分的概念、性质以及常用积分法.

在第 2 章中我们讨论了如何求已知函数 $F(x)$ 的导函数 $F'(x)$ 的问题，在科学技术和经济管理领域，经常需要研究它的逆命题，即对于给定的函数 $f(x)$，寻求一个可导函数 $F(x)$，使得 $F'(x) = f(x)$，例如已知瞬时速度函数求路程函数，已知边际成本求总成本. 事实上，这是一元函数积分学的基本问题之一.

本章首先从导数逆运算的角度给出原函数的概念，进而引入不定积分的定义，讨论其几何意义及性质. 在此基础上，从复合函数求导法则出发，讨论两类换元积分法；从乘法求导法则出发，讨论分部积分法；由多项式分解出发讨论有理函数积分以及其他积分技巧.

4.1 不定积分的概念与性质

4.1.1 原函数与不定积分的概念

目前地铁的行驶一般依靠 ATC（automatic train control system，列车自动控制系统）实现列车自动驾驶. 在信号系统正常的情况下，列车会根据系统中预设的停车点自动调速、减速、停车. 但在某些特殊情况下，需要采用人工驾驶功能去控制列车减速以及定点停车，假设减速时列车速度为 $v(t) = 1 - 2t(\text{km/min})$，那么列车应该在距离停车点多远的地方开始减速？

由减速公式 $v(t) = 1 - 2t = 0$ 知从开始减速到完全停下来需要 0.5min，假设从减速开始的地方算起，t 时刻后列车所走的路程是 $s(t)$，则所求为 $s(0.5)$.

那么，问题转换为：已知 $v(t) = s'(t)$，求 $s(t)$，由此，引入原函数的概念.

□ 地铁实景照片动画

定义 4-1 如果在区间 I 上，可导函数 $F(x)$ 的导函数为

$f(x)$,即对任一 $x \in I$,都有

$$F'(x) = f(x) \quad \text{或} \quad \mathrm{d}F(x) = f(x)\mathrm{d}x,$$

则称函数 $F(x)$ 为 $f(x)$ 在区间 I 上的一个原函数.

　　因此,引例就是求 $v(t)$ 的原函数. 又如,因为 $(\sin x)' = \cos x$,$x \in (-\infty, +\infty)$,所以 $\sin x$ 是 $\cos x$ 在 $(-\infty, +\infty)$ 上的一个原函数.

　　再如,当 $x \in (-1, 1)$ 时,

$$(\arcsin x)' = \frac{1}{\sqrt{1-x^2}},$$

故 $\arcsin x$ 是 $\dfrac{1}{\sqrt{1-x^2}}$ 在区间 $(-1, 1)$ 内的一个原函数.

　　对于原函数,有这样两个问题:

　　(1) 存在性:一个函数具备什么样的性质,其原函数一定存在?

　　(2) 唯一性:一个函数如果存在原函数的话,其原函数是否唯一,如果不唯一,应该如何表示呢?

　　对于第一个问题,我们给出下面的原函数存在定理,该定理的证明将在下一章中讨论.

　　定理 4-1　(原函数存在定理)　如果函数 $f(x)$ 在区间 I 上连续,那么在区间 I 上存在可导函数 $F(x)$,使得对任一 $x \in I$,都有

$$F'(x) = f(x).$$

　　简单地说,就是:连续函数一定有原函数.

　　对于第二个问题,很显然在引例中,$v(t) = 1 - 2t$ 的原函数有 $t - t^2, t - t^2 + 3, \cdots$,进一步对任意常数 C,$t - t^2 + C$ 都是 $v(t)$ 的原函数. 即原函数如果存在,它不是唯一的,我们可以得到以下结论:

　　(1) 如果函数 $F(x)$ 是 $f(x)$ 在区间 I 上的一个原函数,那么 $f(x)$ 就有无限多个原函数,$F(x) + C$ 都是 $f(x)$ 的原函数,其中 C 是任意常数.

　　(2) 如果函数 $F(x)$ 是 $f(x)$ 在区间 I 上的一个原函数,则 $f(x)$ 的任意一个原函数都可以表示成 $F(x) + C$.

　　事实上,设 $G(x)$ 是 $f(x)$ 在区间 I 上的任意一个原函数,则对于 I 上任一 x,有

$$[G(x) - F(x)]' = G'(x) - F'(x) = f(x) - f(x) = 0,$$

由于在一个区间上导数恒为零的函数必为常数,所以,

$$G(x) - F(x) = C(C \text{为任意常数}).$$

即

$$G(x) = F(x) + C.$$

　　由以上说明,引入下述不定积分的定义.

　　定义 4-2　在区间 I 上,函数 $f(x)$ 的全体原函数称为 $f(x)$

□ 即时练习 4-1

　　(1) $(\tan x)' = \sec^2 x$,因此 _____ 是 _____ 的一个原函数;

　　(2) $($ _____ $)'$ $= x^3$;

　　(3) $x > 0$ 时,$\dfrac{1}{x}$ 的一个原函数是 _____.

在区间 I 上的不定积分，记作

$$\int f(x)\mathrm{d}x, \tag{4-1}$$

□ **积分符号的由来**

其中记号 $\int$ 称为积分号，x 称为积分变量，$f(x)$ 称为被积函数，$f(x)\mathrm{d}x$ 称为被积表达式，C 称为积分常数.

　　根据定义及前面的结论可知，如果 $F(x)$ 是 $f(x)$ 在区间 I 上的一个原函数，那么在 I 上有

$$\int f(x)\mathrm{d}x = F(x) + C.$$

这里积分号 $\int$ 是一种运算符号，表示对已知函数求它的全体原函数，因此求不定积分，只需求出被积函数的一个原函数再加上积分

□ **理解不定积分符号**

常数即可. 另外，$\int f(x)\mathrm{d}x$ 也可以表示 $f(x)$ 的任意一个原函数.

例 4-1　　求 $\int x^5 \mathrm{d}x$.

解　　由 $\left(\dfrac{x^6}{6}\right)' = x^5$，知 $\dfrac{x^6}{6}$ 是 x^5 的一个原函数，所以

$$\int x^5 \mathrm{d}x = \frac{x^6}{6} + C.$$

例 4-2　　求 $\int \dfrac{1}{x} \mathrm{d}x$.

解　　当 $x > 0$ 时，因为 $(\ln x)' = \dfrac{1}{x}$，所以 $\ln x$ 是 $\dfrac{1}{x}$ 在 $(0, +\infty)$ 内的一个原函数，即在 $(0, +\infty)$ 内，

$$\int \frac{1}{x} \mathrm{d}x = \ln x + C.$$

当 $x < 0$ 时，因为 $[\ln(-x)]' = \dfrac{1}{-x} \cdot (-1) = \dfrac{1}{x}$，所以 $\ln(-x)$ 是 $\dfrac{1}{x}$ 在 $(-\infty, 0)$ 内的一个原函数，即在 $(-\infty, 0)$ 内，

$$\int \frac{1}{x} \mathrm{d}x = \ln(-x) + C.$$

把在 $x > 0$ 及 $x < 0$ 内的结果合并起来，可写成

$$\int \frac{1}{x} \mathrm{d}x = \ln |x| + C.$$

例 4-3　　设曲线通过点 $(1,3)$，且其上任一点处的切线斜率等于这点横坐标的两倍，求此曲线的方程.

解　　设所求的曲线方程为 $y = f(x)$，由已知，曲线上任一点 (x, y) 处的切线斜率为

$$y' = f'(x) = 2x,$$

即　　　　　　$f(x)$ 是 $2x$ 的一个原函数.

因为
$$\int 2x\mathrm{d}x = x^2 + C,$$
所以
$$y = x^2 + C.$$
又所求曲线通过点 $(1,3)$,于是
$$3 = 1 + C, C = 2.$$
故所求曲线方程为
$$y = x^2 + 2.$$

从几何上看,求原函数的问题,就是给定曲线在每一点 x 处的切线斜率 $f(x)$,求该曲线. 由此,函数 $f(x)$ 的不定积分 $\int f(x)\mathrm{d}x$ 的几何意义是一族积分曲线. 这一族积分曲线可以由其中任意一条沿着 y 轴平移而得到. 在每条积分曲线上横坐标相同的点 x 处作切线,这些切线互相平行,斜率都是 $f(x)$(见图 4-1).

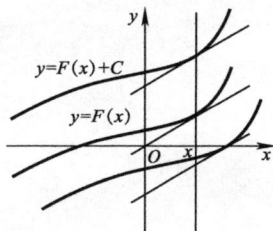

例 4-4　已知某商品的边际收益为 $MR = 100 - 2x$,求总收益函数 $R(x)$.

解　$R(x) = \displaystyle\int (100 - 2x)\mathrm{d}x = 100x - x^2 + C.$

由于 $R(0) = 0$,则 $C = 0$,即总收益函数 $R(x) = 100x - x^2$.

4.1.2　不定积分的性质

根据不定积分的定义,不定积分具有如下性质:

性质 1　$\dfrac{\mathrm{d}}{\mathrm{d}x}\left[\displaystyle\int f(x)\mathrm{d}x\right] = f(x),\mathrm{d}\left[\displaystyle\int f(x)\mathrm{d}x\right] = f(x)\mathrm{d}x.$

性质 2　$\displaystyle\int F'(x)\mathrm{d}x = F(x) + C,\int \mathrm{d}F(x) = F(x) + C.$

由此可见,微分运算(以记号 d 表示)与求不定积分的运算(简称积分运算,以记号 $\int$ 表示)是互逆的. 当记号 $\int$ 与 d 连在一起时,或者抵消,或者抵消后差一个常数.

性质 3　设函数 $f(x)$ 及 $g(x)$ 的原函数存在,则
$$\int [f(x) + g(x)]\mathrm{d}x = \int f(x)\mathrm{d}x + \int g(x)\mathrm{d}x.$$
即两个函数之和的不定积分等于这两个函数的不定积分的和. 此性质可推广到任意有限多个函数的代数和的情形:
$$\int [f_1(x) + f_2(x) + \cdots + f_n(x)]\mathrm{d}x = \int f_1(x)\mathrm{d}x + \int f_2(x)\mathrm{d}x + \cdots + \int f_n(x)\mathrm{d}x.$$

性质 4　设函数 $f(x)$ 的原函数存在,k 为非零常数,则

图 4-1

即时练习 4-2

在本节开始的引例中,求 $s(0.5)$.

$$\int kf(x)\mathrm{d}x = k\int f(x)\mathrm{d}x\,(k \text{ 是常数}, \text{且 } k \neq 0).$$

即求不定积分时,被积函数中不为零的常数因子可以提到积分号外面来.

由不定积分的概念和导数或微分的运算法则,很容易证明出以上性质.这里给出性质 1 与性质 3 的证明,其他两个性质留给读者证明.

证明 性质 1. 设 $F(x)$ 是 $f(x)$ 的一个原函数,即 $F'(x) = f(x)$,则

$$\int f(x)\mathrm{d}x = F(x) + C,$$

所以 $\quad \dfrac{\mathrm{d}}{\mathrm{d}x}\Big[\int f(x)\mathrm{d}x\Big] = [F(x) + C]' = F'(x) = f(x),$

$$\mathrm{d}\Big[\int f(x)\mathrm{d}x\Big] = \Big[\int f(x)\mathrm{d}x\Big]'\mathrm{d}x = f(x)\mathrm{d}x.$$

性质 3. 将式 $\int [f(x) + g(x)]\mathrm{d}x = \int f(x)\mathrm{d}x + \int g(x)\mathrm{d}x$ 右端求导,得

$$\Big[\int f(x)\mathrm{d}x + \int g(x)\mathrm{d}x\Big]' = \Big[\int f(x)\mathrm{d}x\Big]' + \Big[\int g(x)\mathrm{d}x\Big]' = f(x) + g(x),$$

故 $\int f(x)\mathrm{d}x + \int g(x)\mathrm{d}x$ 是 $f(x) + g(x)$ 的原函数,又积分符号含有任意常数,因此 $\int f(x)\mathrm{d}x + \int g(x)\mathrm{d}x$ 是 $f(x) + g(x)$ 的不定积分.

▢ 即时练习 4-3

(1) $\dfrac{\mathrm{d}}{\mathrm{d}x}\Big[\int e^{2x}\mathrm{d}x\Big] =$

_____;

(2) $\int (2\sin x + 3)\mathrm{d}x =$

_____.

4.1.3 基本积分公式

由上可见,积分运算是求导运算的逆运算,因此由导数公式,可以直接得到相应的不定积分公式,例如 $(\tan x)' = \sec^2 x$,即 $\tan x$ 是 $\sec^2 x$ 的一个原函数,于是有积分公式

$$\int \frac{1}{\cos^2 x}\mathrm{d}x = \int \sec^2 x\,\mathrm{d}x = \tan x + C.$$

类似地,根据基本初等函数的求导公式,可以得到以下基本积分公式:

(1) $\int 0\mathrm{d}x = C$;

(2) $\int k\mathrm{d}x = kx + C \quad (k \text{ 是常数})$;

(3) $\int x^{\mu}\mathrm{d}x = \dfrac{1}{\mu+1}x^{\mu+1} + C \quad (\mu \neq -1)$;

(4) $\int \dfrac{1}{x}\mathrm{d}x = \ln|x| + C$;

(5) $\displaystyle\int e^x dx = e^x + C$;

(6) $\displaystyle\int a^x dx = \dfrac{a^x}{\ln a} + C (a > 0, a \neq 1)$;

(7) $\displaystyle\int \sin x dx = -\cos x + C$;

(8) $\displaystyle\int \cos x dx = \sin x + C$;

(9) $\displaystyle\int \dfrac{1}{\cos^2 x} dx = \int \sec^2 x dx = \tan x + C$;

(10) $\displaystyle\int \dfrac{1}{\sin^2 x} dx = \int \csc^2 x dx = -\cot x + C$;

(11) $\displaystyle\int \sec x \tan x dx = \sec x + C$;

(12) $\displaystyle\int \csc x \cot x dx = -\csc x + C$;

(13) $\displaystyle\int \dfrac{1}{\sqrt{1-x^2}} dx = \arcsin x + C = -\arccos x + C$;

(14) $\displaystyle\int \dfrac{1}{1+x^2} dx = \arctan x + C = -\operatorname{arccot} x + C$.

以上所列十四个基本积分公式,是求不定积分的基础,必须熟记. 利用基本积分公式以及不定积分的性质,可以求出一些简单函数的不定积分.

例 4-5　求 $\displaystyle\int \sqrt{x}(x^2 - 2) dx$.

解
$$\int \sqrt{x}(x^2 - 2) dx = \int (x^{\frac{5}{2}} - 2x^{\frac{1}{2}}) dx = \int x^{\frac{5}{2}} dx - \int 2x^{\frac{1}{2}} dx$$
$$= \int x^{\frac{5}{2}} dx - 2\int x^{\frac{1}{2}} dx = \frac{2}{7} x^{\frac{7}{2}} - \frac{4}{3} x^{\frac{3}{2}} + C.$$

例 4-6　求 $\displaystyle\int \dfrac{1}{\sqrt[3]{x}x^2} dx$.

解
$$\int \frac{1}{\sqrt[3]{x}x^2} dx = \int x^{-\frac{7}{3}} dx = \frac{x^{-\frac{7}{3}+1}}{-\frac{7}{3}+1} + C = -\frac{3}{4} x^{-\frac{4}{3}} + C.$$

上面两个例子表明,有时候被积函数实际上是幂函数,但用分式或根式表示,遇到这种情况,应先把它化成幂函数的形式 x^μ,然后应用幂函数的积分公式(3)求出不定积分.

例 4-7　求 $\displaystyle\int \dfrac{x^2 - 1}{x^2 + 1} dx$.

解
$$\int \frac{x^2 - 1}{x^2 + 1} dx = \int \frac{x^2 + 1 - 2}{x^2 + 1} dx = \int \left(1 - \frac{2}{x^2 + 1}\right) dx$$
$$= \int dx - 2\int \frac{1}{x^2 + 1} dx = x - 2\arctan x + C.$$

例 4-8 求 $\int \dfrac{x^4}{1+x^2}\mathrm{d}x$.

解
$$\int \dfrac{x^4}{1+x^2}\mathrm{d}x = \int \dfrac{x^4-1+1}{1+x^2}\mathrm{d}x$$
$$= \int \dfrac{(x^2+1)(x^2-1)+1}{1+x^2}\mathrm{d}x$$
$$= \int \left(x^2-1+\dfrac{1}{1+x^2}\right)\mathrm{d}x$$
$$= \int x^2\mathrm{d}x - \int \mathrm{d}x + \int \dfrac{1}{1+x^2}\mathrm{d}x$$
$$= \dfrac{1}{3}x^3 - x + \arctan x + C$$
$$= \dfrac{1}{3}x^3 - x - \mathrm{arccot}x + C.$$

注意:不定积分的做法不同,可能结果会出现差异,检验结果正确与否最可靠的方法是对结果求导,看它的导数是否等于被积函数. 如对例 4-8 的两个结果求导,有

$$\left(\dfrac{1}{3}x^3 - x + \arctan x + C\right)' = x^2-1+\dfrac{1}{1+x^2} = \dfrac{x^4}{1+x^2},$$

$$\left(\dfrac{1}{3}x^3 - x - \mathrm{arccot}x + C\right)' = x^2-1-\left(-\dfrac{1}{1+x^2}\right) = \dfrac{x^4}{1+x^2},$$

可见两个结果都是正确的.

例 4-9 求 $\int \dfrac{2^x-3^x}{5^x}\mathrm{d}x$.

解
$$\int \dfrac{2^x-3^x}{5^x}\mathrm{d}x = \int\left[\left(\dfrac{2}{5}\right)^x - \left(\dfrac{3}{5}\right)^x\right]\mathrm{d}x = \int\left(\dfrac{2}{5}\right)^x\mathrm{d}x -$$
$$\int\left(\dfrac{3}{5}\right)^x\mathrm{d}x = \dfrac{\left(\dfrac{2}{5}\right)^x}{\ln\dfrac{2}{5}} - \dfrac{\left(\dfrac{3}{5}\right)^x}{\ln\dfrac{3}{5}} + C.$$

例 4-10 求 $\int \tan^2 x\mathrm{d}x$.

解 基本积分表中没有这种类型的积分,先利用三角恒等式化成表中所列类型的积分,然后再逐项积分:

$$\int \tan^2 x\mathrm{d}x = \int(\sec^2 x-1)\mathrm{d}x = \int \sec^2 x\mathrm{d}x - \int \mathrm{d}x = \tan x - x + C.$$

例 4-11 求 $\int \cos^2 \dfrac{x}{2}\,\mathrm{d}x$.

解 基本积分表中也没有这种类型的积分,同上例一样先利用三角恒等式变形,然后再逐项积分:

$$\int \cos^2 \dfrac{x}{2}\,\mathrm{d}x = \int \dfrac{1+\cos x}{2}\mathrm{d}x = \dfrac{1}{2}\int(1+\cos x)\mathrm{d}x$$

$$= \frac{1}{2}\int \mathrm{d}x + \frac{1}{2}\int \cos x \mathrm{d}x$$

$$= \frac{1}{2}(x + \sin x) + C.$$

例 4-12 求 $\int \dfrac{\cos 2x}{\cos x + \sin x}\mathrm{d}x$.

解 同上例一样先利用三角恒等式变形,然后再逐项积分:

$$\int \frac{\cos 2x}{\cos x + \sin x}\mathrm{d}x = \int \frac{\cos^2 x - \sin^2 x}{\cos x + \sin x}\mathrm{d}x$$

$$= \int (\cos x - \sin x)\mathrm{d}x$$

$$= \sin x + \cos x + C.$$

习题 4.1

1. 求下列不定积分:

(1) $\int x^4 \mathrm{d}x$;

(2) $\int x\sqrt{x}\, \mathrm{d}x$;

(3) $\int \dfrac{1}{\sqrt{x}}\mathrm{d}x$;

(4) $\int \dfrac{\mathrm{d}x}{x^2\sqrt{x}}$;

(5) $\int (x^2 - 3x + 1)\mathrm{d}x$;

(6) $\int (x^2 - 2)^2 \mathrm{d}x$;

(7) $\int \dfrac{(x-1)^3}{x^2}\mathrm{d}x$;

(8) $\int \dfrac{x^2}{1+x^2}\mathrm{d}x$;

(9) $\int (\mathrm{e}^x + 3\cos x)\mathrm{d}x$;

(10) $\int \left(\dfrac{1}{1+x^2} - \dfrac{2}{\sqrt{1-x^2}}\right)\mathrm{d}x$;

(11) $\int 3^x \mathrm{e}^x \mathrm{d}x$;

(12) $\int \dfrac{1}{x^2(1+x^2)}\mathrm{d}x$;

(13) $\int \sin^2 \dfrac{x}{2}\mathrm{d}x$;

(14) $\int \dfrac{1}{1+\cos 2x}\mathrm{d}x$;

(15) $\int \sec x(\sec x - \tan x)\mathrm{d}x$;

(16) $\int \dfrac{\cos 2x}{\sin^2 x \cos^2 x}\mathrm{d}x$;

(17) $\int \cot^2 x \mathrm{d}x$;

(18) $\int \dfrac{1+\sin 2x}{\cos x + \sin x}\mathrm{d}x$;

(19) $\int \left(\cos \dfrac{x}{2} + \sin \dfrac{x}{2}\right)^2 \mathrm{d}x$;

(20) $\int \dfrac{1}{1-\sin x}\mathrm{d}x$.

2. 求下列曲线方程 $y = f(x)$:

(1) 已知曲线过点 $(\mathrm{e}^2, 3)$,且在任一点 x 处的切线的斜率等于该点横坐标的倒数;

(2) 已知曲线过点 $(0, 2)$,且在任一点 x 处的切线的斜率为 $x + \mathrm{e}^x$.

3. 若 $\int f(x)\mathrm{d}x = x^2 \mathrm{e}^{2x} + C$，求 $f(x)$.

4. 若 $f(x)$ 的一个原函数是 $\sin x$，求 $\int f'(x)\mathrm{d}x$.

5. 已知某产品的总成本 $F(x)$ 是其产量 x 的函数，且边际成本函数为 $F'(x) = 0.6x^2 - 2x + 30$（元 / 单位）. 又知生产 10 单位产品的总成本为 800 元，求该产品的总成本函数 $F(x)$.

6. 已知某产品产量的变化率是时间 t 的函数 $f(t) = at + b$（a, b 为常数）. 设此产品的产量为函数 $P(t)$，且 $P(0) = 0$，求 $P(t)$.

4.2　换元积分法

利用基本积分公式及不定积分的性质，只能求出一些简单的积分，因此必须进一步寻求其他求不定积分的方法. 把复合函数的求导法则反过来用于求不定积分，即利用变量代换的方法来求函数的不定积分的方法称为换元积分法. 换元积分法按照选取中间变量的不同方式通常分为两类：第一类换元法和第二类换元法.

4.2.1　第一类换元法

设 $F(u)$ 为 $f(u)$ 的原函数，即

$$F'(u) = f(u), \int f(u)\mathrm{d}u = F(u) + C.$$

如果 u 是另一变量 x 的函数 $u = \varphi(x)$，且 $\varphi(x)$ 可微，那么，根据复合函数微分法，有

$$\mathrm{d}F(\varphi(x)) = f(\varphi(x))\varphi'(x)\mathrm{d}x,$$

这表明 $F(\varphi(x))$ 是 $f(\varphi(x))\varphi'(x)$ 的一个原函数，从而

$$\int f(\varphi(x))\varphi'(x)\mathrm{d}x = F(\varphi(x)) + C.$$

于是有下述定理：

定理 4-2　　设 $f(u)$ 有原函数 $F(u)$，$u = \varphi(x)$ 可导，则

$$\int f(\varphi(x))\varphi'(x)\mathrm{d}x = \int f(\varphi(x))\mathrm{d}\varphi(x) = F(\varphi(x)) + C.$$

$$(4\text{-}2)$$

定理 4-2 表明，在基本积分公式中，将积分变量 x 换成任意可导函数 $u = \varphi(x)$ 时，公式仍成立，这使得基本积分公式的功能大大扩展. 这种求不定积分的方法叫作第一类换元积分法. 另外，由此定理可见，虽然 $\int f(\varphi(x))\varphi'(x)\mathrm{d}x$ 是一个整体记号，但从形式上看，被积表达式中的 $\mathrm{d}x$ 可以当作变量 x 的微分看待，从而微分公式可以方

便地应用到被积表达式中来.

公式(4-2) 的应用步骤为

$$\int g(x)\mathrm{d}x \xrightarrow{\text{变形}} \int f(\varphi(x))\varphi'(x)\mathrm{d}x \xrightarrow{\text{凑微分}} \int f(\varphi(x))\mathrm{d}\varphi(x)$$

$$\xrightarrow[u=\varphi(x)]{\text{换元}} \int f(u)\mathrm{d}u \xrightarrow{\text{积分}} F(u)+C \xrightarrow{\text{代回}} F(\varphi(x))+C.$$

使用这种方法的关键是能否将 $g(x)\mathrm{d}x$ 凑成 $f(\varphi(x))\varphi'(x)$ $\mathrm{d}x = f(\varphi(x))\mathrm{d}\varphi(x) = f(u)\mathrm{d}u$ 的形式, 且 $f(u)$ 的原函数能否求出. 一般地, 在将 $g(x)\mathrm{d}x$ 凑成 $f(u)\mathrm{d}u$ 的形式后, $f(u)$ 就变为基本积分公式里的函数, 从而可以较为容易地求出不定积分. 第一类换元积分法通常也称为"凑微分法". 凑微分法具有较大的灵活性和技巧性, 必须通过大量的练习才能掌握.

在使用第一类换元积分法时, 需要利用基本积分表中的积分公式把被积函数中的一部分凑成中间变量的微分, 常见的有:

$(1) \displaystyle\int f(ax+b)\mathrm{d}x = \frac{1}{a}\int f(ax+b)\mathrm{d}(ax+b) = \frac{1}{a}\int f(u)\mathrm{d}u(a\neq 0);$

$(2) \displaystyle\int x^{a-1}f(x^a)\mathrm{d}x = \frac{1}{a}\int f(x^a)\mathrm{d}x^a = \frac{1}{a}\int f(u)\mathrm{d}u(a\neq 0);$

$(3) \displaystyle\int f(\mathrm{e}^x)\mathrm{e}^x\mathrm{d}x = \int f(\mathrm{e}^x)\mathrm{d}\mathrm{e}^x = \int f(u)\mathrm{d}u;$

$(4) \displaystyle\int f(\ln x)\frac{1}{x}\mathrm{d}x = \int f(\ln x)\mathrm{d}\ln x = \int f(u)\mathrm{d}u;$

$(5) \displaystyle\int f\left(\frac{1}{x}\right)\frac{1}{x^2}\mathrm{d}x = -\int f\left(\frac{1}{x}\right)\mathrm{d}\frac{1}{x} = -\int f(u)\mathrm{d}u;$

$(6) \displaystyle\int f(\sqrt{x})\frac{1}{\sqrt{x}}\mathrm{d}x = 2\int f(\sqrt{x})\mathrm{d}\sqrt{x} = 2\int f(u)\mathrm{d}u;$

$(7) \displaystyle\int f(\sin x)\cos x\mathrm{d}x = \int f(\sin x)\mathrm{d}\sin x = \int f(u)\mathrm{d}u;$

$(8) \displaystyle\int f(\cos x)\sin x\mathrm{d}x = -\int f(\cos x)\mathrm{d}\cos x = -\int f(u)\mathrm{d}u;$

$(9) \displaystyle\int f(\tan x)\sec^2 x\mathrm{d}x = \int f(\tan x)\mathrm{d}\tan x = \int f(u)\mathrm{d}u;$

$(10) \displaystyle\int f(\cot x)\csc^2 x\mathrm{d}x = -\int f(\cot x)\mathrm{d}\cot x = -\int f(u)\mathrm{d}u;$

$(11) \displaystyle\int f(\arctan x)\frac{1}{1+x^2}\mathrm{d}x = \int f(\arctan x)\mathrm{d}\arctan x = \int f(u)\mathrm{d}u;$

$(12) \displaystyle\int f(\arcsin x)\frac{1}{\sqrt{1-x^2}}\mathrm{d}x = \int f(\arcsin x)\mathrm{d}\arcsin x = \int f(u)\mathrm{d}u.$

例 4-13　求 $\displaystyle\int 2\sin(2x+3)\mathrm{d}x$.

解　被积函数中, $\sin(2x+3)$ 是一个复合函数: $\sin(2x+3) =$

$\sin u, u = 2x + 3$, 常数因子恰好是中间变量 u 的导数. 因此, 我们做变换 $u = 2x + 3$, 便有

$$\int 2\sin(2x+3)dx = \int \sin(2x+3)(2x+3)'dx$$

$$= \int \sin u du = -\cos u + C,$$

再以 $u = 2x + 3$ 代入, 即得

$$\int 2\sin(2x+3)dx = -\cos(2x+3) + C.$$

注意: 换元积分后, 一定要将原积分变量回代, 另外积分结果后面的积分常数也切记不要遗漏.

例 4-14　求 $\int 2x e^{x^2} dx$.

解　被积函数中的一个因子为 $e^{x^2} = e^u, u = x^2$, 剩下的因子 $2x$ 恰好是中间变量 $u = x^2$ 的导数, 于是

$$\int 2x e^{x^2} dx = \int e^{x^2}(x^2)'dx = \int e^{x^2}d(x^2) = \int e^u du$$

$$= e^u + C = e^{x^2} + C.$$

例 4-15　求 $\int \dfrac{x-1}{x^2-2x+3}dx$.

解　被积函数的分母 $x^2 - 2x + 3$ 的导数为 $2x - 2$, 与分子相比缺少一个倍数 2, 令 $u = x^2 - 2x + 3$, 则分子 $x - 1$ 可写为 $\dfrac{1}{2}(2x - 2) = \dfrac{1}{2}u'$, 则

$$\int \frac{x-1}{x^2-2x+3}dx = \int \frac{\frac{1}{2}d(x^2-2x+3)}{x^2-2x+3} = \frac{1}{2}\int \frac{du}{u}$$

$$= \frac{1}{2}\ln|u| + C = \frac{1}{2}\ln|x^2 - 2x + 3| + C.$$

例 4-16　求 $\int \dfrac{dx}{a^2-x^2}$　$(a \neq 0)$.

解　$\displaystyle\int \frac{dx}{a^2-x^2} = \frac{1}{2a}\int \left(\frac{1}{a-x} + \frac{1}{a+x}\right)dx$

$= -\dfrac{1}{2a}\displaystyle\int \frac{1}{a-x}d(a-x) + \frac{1}{2a}\int \frac{1}{a+x}d(a+x)$

$= -\dfrac{1}{2a}\ln|a-x| + \dfrac{1}{2a}\ln|a+x| + C$

$= \dfrac{1}{2a}\ln\left|\dfrac{a+x}{a-x}\right| + C.$

例 4-17　求 $\int \dfrac{1}{a^2+x^2}dx(a \neq 0)$.

解　$\displaystyle\int\frac{1}{a^2+x^2}\mathrm{d}x=\int\frac{1}{a^2\left[1+\left(\dfrac{x}{a}\right)^2\right]}\mathrm{d}x$

$\displaystyle\qquad\qquad\qquad=\frac{1}{a}\int\frac{1}{1+\left(\dfrac{x}{a}\right)^2}\mathrm{d}\left(\frac{x}{a}\right)$

$\displaystyle\qquad\qquad\qquad=\frac{1}{a}\arctan\frac{x}{a}+C.$

例 4-18　求 $\displaystyle\int\frac{1}{\sqrt{a^2-x^2}}\mathrm{d}x(a>0).$

解　$\displaystyle\int\frac{1}{\sqrt{a^2-x^2}}\mathrm{d}x=\frac{1}{a}\int\frac{1}{\sqrt{1-\left(\dfrac{x}{a}\right)^2}}\mathrm{d}x$

$\displaystyle\qquad\qquad\qquad=\int\frac{1}{\sqrt{1-\left(\dfrac{x}{a}\right)^2}}\mathrm{d}\left(\frac{x}{a}\right)$

$\displaystyle\qquad\qquad\qquad=\arcsin\frac{x}{a}+C.$

例 4-15～ 例 4-18 给出了当分子、分母是多项式时常见的积分方法, 其中例 4-16～ 例 4-18 的结论可以作为积分公式使用.

在运用第一类换元积分法计算不定积分时, 很有可能运用一个积分公式或一次凑微分计算不出结果, 此时可能需要利用基本积分表中的一个或多个积分公式, 做两次或两步以上的凑微分; 或者同时利用两个或两个以上的积分公式凑成一个和、差、积、商的微分, 如下面的例 4-19 与例 4-20.

例 4-19　求 $\displaystyle\int\frac{\mathrm{d}x}{x(1+2\ln x)}.$

解　$\displaystyle\int\frac{\mathrm{d}x}{x(1+2\ln x)}=\int\frac{\mathrm{d}\ln x}{1+2\ln x}=\frac{1}{2}\int\frac{\mathrm{d}2\ln x}{1+2\ln x}$

$\displaystyle\qquad\qquad\qquad=\frac{1}{2}\int\frac{\mathrm{d}(2\ln x+1)}{1+2\ln x}=\frac{1}{2}\ln|1+2\ln x|+C.$

例 4-20　求 $\displaystyle\int\frac{1-\sin x}{x+\cos x}\mathrm{d}x.$

解　$\displaystyle\int\frac{1-\sin x}{x+\cos x}\mathrm{d}x=\int\frac{\mathrm{d}(x+\cos x)}{x+\cos x}=\ln|x+\cos x|+C.$

下面我们例举一些被积函数中含有三角函数的积分, 在计算此类积分的过程中, 往往要用到一些三角恒等式.

例 4-21　求 $\displaystyle\int\tan x\mathrm{d}x.$

解　$\displaystyle\int\tan x\mathrm{d}x=\int\frac{\sin x}{\cos x}\mathrm{d}x.$

因为 $\mathrm{d}\cos x=-\sin x\mathrm{d}x$, 所以

$$\int \tan x \mathrm{d}x = \int \frac{\sin x}{\cos x}\mathrm{d}x = -\int \frac{\mathrm{d}u}{u}$$

$$= -\ln|u| + C = -\ln|\cos x| + C.$$

类似地,有 $\int \cot x \mathrm{d}x = \ln|\sin x| + C.$

这两个公式 $\int \tan x \mathrm{d}x = -\ln|\cos x| + C$ 与 $\int \cot x \mathrm{d}x = \ln|\sin x| + C$ 可以补充到基本积分表中,作为积分公式使用.

例 4-22 求 $\int \sin^2 x \cos^3 x \mathrm{d}x.$

解 $\int \sin^2 x \cos^3 x \mathrm{d}x = \int \sin^2 x \cos^2 x \cos x \mathrm{d}x$

$$= \int \sin^2 x (1 - \sin^2 x) \mathrm{d}\sin x$$

$$= \int (\sin^2 x - \sin^4 x) \mathrm{d}\sin x$$

$$= \frac{1}{3}\sin^3 x - \frac{1}{5}\sin^5 x + C.$$

一般地,对于 $\sin^{2k+1} x \cos^n x$ 或者 $\sin^n x \cos^{2k+1} x$,其中 $k \in \mathbb{N}$ 型函数的积分,总可以做变换 $u = \cos x$ 或者 $u = \sin x$,求得结果,也就是说如果被积函数是正弦函数与余弦函数的幂函数时,可以拆开幂次为奇数的项进行凑微分. 另外,下面两道例题给出了三角函数常用的降幂技巧.

例 4-23 求 $\int \sin^2 x \cos^4 x \mathrm{d}x.$

解 $\int \sin^2 x \cos^4 x \mathrm{d}x = \frac{1}{8}\int (1 - \cos 2x)(1 + \cos 2x)^2 \mathrm{d}x$

$$= \frac{1}{8}\int (1 + \cos 2x - \cos^2 2x - \cos^3 2x) \mathrm{d}x$$

$$= \frac{1}{8}\int (1 - \cos^2 2x) \mathrm{d}x +$$

$$\frac{1}{8}\int (\cos 2x - \cos^3 2x) \mathrm{d}x$$

$$= \frac{1}{8}\int \frac{1}{2}(1 - \cos 4x) \mathrm{d}x + \frac{1}{8}\int \sin^2 2x \cdot \frac{1}{2}\mathrm{d}(\sin 2x)$$

$$= \frac{1}{48}\sin^3 2x + \frac{x}{16} - \frac{1}{64}\sin 4x + C.$$

例 4-24 求 $\int \sec^6 x \mathrm{d}x.$

解 $\int \sec^6 x \mathrm{d}x = \int (\sec^2 x)^2 \sec^2 x \mathrm{d}x$

$$= \int (1 + \tan^2 x)^2 \mathrm{d}\tan x$$

$$= \int (1 + 2 \tan^2 x + \tan^4 x) \mathrm{d}\tan x$$

$$= \tan x + \frac{2}{3} \tan^3 x + \frac{1}{5} \tan^5 x + C.$$

例 4-25　求 $\int \sin 2x \cos 3x \mathrm{d}x$.

解　利用三角函数的积化和差公式,得

$$\int \sin 2x \cos 3x \mathrm{d}x = \frac{1}{2} \int [\sin(2+3)x + \sin(2-3)x] \mathrm{d}x$$

$$= \frac{1}{2} \int (\sin 5x - \sin x) \mathrm{d}x$$

$$= -\frac{1}{10} \cos 5x + \frac{1}{2} \cos x + C.$$

例 4-26　求 $\int \sec x \mathrm{d}x$.

解法一　$\displaystyle \int \sec x \mathrm{d}x = \int \frac{\cos x}{\cos^2 x} \mathrm{d}x = \int \frac{1}{1 - \sin^2 x} \mathrm{d}\sin x$

$$= \frac{1}{2} \ln \left| \frac{1 + \sin x}{1 - \sin x} \right| + C \qquad (由例 4\text{-}17)$$

$$= \frac{1}{2} \ln \left| \frac{(1 + \sin x)^2}{1 - \sin^2 x} \right| + C$$

$$= \frac{1}{2} \ln \left| \frac{(1 + \sin x)^2}{\cos^2 x} \right| + C$$

$$= \ln |\sec x + \tan x| + C.$$

解法二　$\displaystyle \int \sec x \mathrm{d}x = \int \frac{\sec x (\sec x + \tan x)}{\sec x + \tan x} \mathrm{d}x$

$$= \int \frac{\mathrm{d}(\tan x + \sec x)}{\tan x + \sec x}$$

$$= \ln |\tan x + \sec x| + C.$$

类似地可得　$\displaystyle \int \csc x \mathrm{d}x = \ln |\csc x - \cot x| + C$,该题的结果可以作为积分公式使用.

以上例题使我们认识到凑微分法在求不定积分中的作用,同时也看到,求复合函数的不定积分要比求复合函数的导数困难得多,其中需要一定的技巧,如何合适地选择变量代换 $u = \varphi(x)$ 也没有一般规律可循,因此要掌握这个方法,不仅要熟悉一些典型的例子,还要多加练习才可以.

上述各例使用的都是第一类换元积分法,即形如 $u = \varphi(x)$ 的变量代换,还有一些类型的积分,常常需要引进新的函数将原积分变量替代,以达到简化积分的目的,也就是第二类换元积分法.

4.2.2   第二类换元法

首先看下面的例题：

例 4-27   求 $\displaystyle\int \frac{1}{1+\sqrt{x}}\mathrm{d}x$.

解   观察被积函数的形式，此例不能用基本积分公式求出，也不能用第一类换元积分法. 由于被积函数中有根式 $\sqrt{x}$，导致此积分不易直接求出，为此，可以先去掉被积函数的根式，然后再求不定积分，即设 $\sqrt{x}=t$，即 $x=t^2\,(t>0)$，则 $\mathrm{d}x=2t\mathrm{d}t$，于是

$$\int \frac{1}{1+\sqrt{x}}\mathrm{d}x = \int \frac{2t}{1+t}\mathrm{d}t = 2\int\left(1-\frac{1}{1+t}\right)\mathrm{d}t$$

$$= 2(t-\ln|1+t|)+C$$

$$= 2\big[\sqrt{x}-\ln(1+\sqrt{x})\big]+C.$$

上面这种通过变量代换（即换元），然后用基本积分公式和变量还原求解的过程称为第二类换元法. 前面讲的第一类换元法是通过变量代换 $u=\varphi(x)$，将积分 $\displaystyle\int f(\varphi(x))\varphi'(x)\mathrm{d}x$ 转化为积分 $\displaystyle\int f(u)\mathrm{d}u$. 而第二类换元法则相反，它是通过变量代换 $x=\psi(t)$，将积分 $\displaystyle\int f(x)\mathrm{d}x$ 转化为 $\displaystyle\int f(\psi(t))\psi'(t)\mathrm{d}t$，在求出积分 $\displaystyle\int f(\psi(t))\psi'(t)\mathrm{d}t$ 后，再以 $x=\psi(t)$ 的反函数 $t=\psi^{-1}(x)$ 回代. 换元公式可以表达为

$$\int f(x)\mathrm{d}x = \int f(\psi(t))\psi'(t)\mathrm{d}t.$$

为保证上式成立，需要满足一定条件. 首先，等式右边的被积函数应存在原函数；其次，$x=\psi(t)$ 不但要可导且其反函数 $t=\psi^{-1}(x)$ 要存在，我们假定函数 $x=\psi(t)$ 是单调的、可导的，且 $\psi'(t)\neq0$. 由此，给出下面的定理.

定理 4-3   设 $x=\psi(t)$ 是单调、可导的函数，并且 $\psi'(t)\neq0$，又设 $f(\psi(t))\psi'(t)$ 具有原函数 $F(t)$，则有换元公式

$$\int f(x)\mathrm{d}x = \int f(\psi(t))\psi'(t)\mathrm{d}t = F(t)+C = F(\psi^{-1}(x))+C.$$

$$(4-3)$$

其中 $t=\psi^{-1}(x)$ 是 $x=\psi(t)$ 的反函数.

证明   利用复合函数及反函数的求导法则，得到

$$\big[F(\psi^{-1}(x))\big]' = \frac{\mathrm{d}F}{\mathrm{d}t}\cdot\frac{\mathrm{d}t}{\mathrm{d}x} = f(\psi(t))\psi'(t)\cdot\frac{1}{\psi'(t)}$$

$$= f(\psi(t)) = f(x),$$

这表明 $F(\psi^{-1}(x))$ 是 $f(x)$ 的一个原函数,所以定理成立.

利用第二类换元法来进行积分运算时,如果变量代换选择恰当,会使积分运算非常容易,常用的主要有简单无理函数代换、三角代换和倒代换.

在例 4-27 中,我们直接将根式设为 t,从而达到化简的目的. 一般地,当被积函数含有根式 $\sqrt[n]{ax+b}$ 或 $\sqrt[n]{\dfrac{ax+b}{cx+d}}$ 时,可以做代换

$$\sqrt[n]{ax+b}=t \text{ 或 } \sqrt[n]{\frac{ax+b}{cx+d}}=t \text{ 即令}$$

$$x=\frac{t^n-b}{a} \quad \text{或} \quad x=\frac{b-dt^n}{ct^n-a},$$

从而化去根式,这种方法称为简单无理函数代换法.

例 4-28　求 $\displaystyle\int \sqrt{a^2-x^2}\,\mathrm{d}x \quad (a>0)$.

解　根据被积函数为根式且根号里面是平方差形式的特点,可利用三角恒等式

$$\sin^2 t+\cos^2 t=1$$

来化去根式.

设 $x=a\sin t, -\dfrac{\pi}{2}<t<\dfrac{\pi}{2}$,那么 $\sqrt{a^2-x^2}=\sqrt{a^2-a^2\sin^2 t}$
$=a\cos t, \mathrm{d}x=a\cos t\mathrm{d}t$,于是

$$\int \sqrt{a^2-x^2}\,\mathrm{d}x=\int a\cos t \cdot a\cos t\mathrm{d}t$$

$$=a^2\int \cos^2 t\mathrm{d}t$$

$$=a^2\left(\frac{t}{2}+\frac{\sin 2t}{4}\right)+C.$$

因为 $t=\arcsin\dfrac{x}{a}, \sin 2t=2\sin t\cos t=2\dfrac{x}{a}\cdot\dfrac{\sqrt{a^2-x^2}}{a}$,所以

$$\int \sqrt{a^2-x^2}\,\mathrm{d}x=a^2\left(\frac{1}{2}t+\frac{1}{4}\sin 2t\right)+C$$

$$=\frac{a^2}{2}\arcsin\frac{x}{a}+\frac{1}{2}x\sqrt{a^2-x^2}+C.$$

例 4-29　求 $\displaystyle\int \frac{1}{\sqrt{x^2+a^2}}\,\mathrm{d}x(a>0)$.

解　类似上例,可以利用三角公式

$$1+\tan^2 t=\sec^2 t$$

来化去根式.

设 $x=a\tan t\left(-\dfrac{\pi}{2}<t<\dfrac{\pi}{2}\right)$,则

$$\sqrt{x^2+a^2}=\sqrt{a^2+a^2\tan^2 t}=a\sqrt{1+\tan^2 t}=a\sec t, \mathrm{d}x=a\sec^2 t\mathrm{d}t,$$

于是
$$\int \frac{1}{\sqrt{x^2+a^2}}dx = \int \frac{a\sec^2 t}{a\sec t}dt = \int \sec t dt = \ln|\sec t + \tan t| + C,$$

为了回代原积分变量,由 $x = a\tan t$ 作辅助三角形,如图 4-2 所示,可得 $\sec t = \dfrac{\sqrt{a^2+x^2}}{a}$,而且 $\sec t + \tan t > 0$,因此

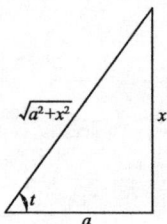

图 4-2

$$\int \frac{1}{\sqrt{x^2+a^2}}dx = \ln\left(\frac{\sqrt{a^2+x^2}}{a} + \frac{x}{a}\right) + C_1$$
$$= \ln(x + \sqrt{a^2+x^2}) + C,$$

其中 $C = C_1 - \ln a$.

例 4-30　求 $\displaystyle\int \frac{1}{\sqrt{x^2-a^2}}dx$　$(a > 0)$.

解　被积函数的定义域为 $(-\infty, -a) \cup (a, +\infty)$,在两个区间分别求不定积分.

当 $x > a$ 时,令 $x = a\sec t \left(0 < t < \dfrac{\pi}{2}\right)$,则 $dx = a\sec t \cdot \tan t dt$,
于是
$$\int \frac{1}{\sqrt{x^2-a^2}}dx = \int \frac{a\sec t \cdot \tan t}{a\tan t}dt = \int \sec t dt$$
$$= \ln(\sec t + \tan t) + C_1.$$

为了把 $\sec t$ 及 $\tan t$ 换成 x 的函数,由 $x = a\sec t$ 作辅助三角形如图 4-3 所示,得

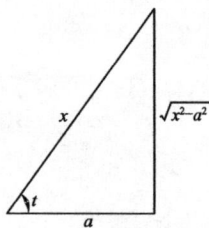

图 4-3

$$\int \frac{1}{\sqrt{x^2-a^2}}dx = \ln\left(\frac{x}{a} + \frac{\sqrt{x^2-a^2}}{a}\right) + C_1$$
$$= \ln(x + \sqrt{x^2-a^2}) + C,$$

其中 $C = C_1 - \ln a$.

当 $x < -a$ 时,令 $x = -u, dx = -du$,于是
$$\int \frac{1}{\sqrt{x^2-a^2}}dx = -\int \frac{1}{\sqrt{u^2-a^2}}du$$
$$= -\ln(u + \sqrt{u^2-a^2}) + C_1$$
$$= \ln\left(-x + \sqrt{x^2-a^2}\right)^{-1} + C_1$$
$$= \ln\frac{-(x + \sqrt{x^2-a^2})}{a^2} + C_1$$
$$= \ln[-(x + \sqrt{x^2-a^2})] + C.$$

其中 $C = C_1 - \ln a^2$.

把在 $x > a$ 及 $x < -a$ 内的结果合起来,可写作
$$\int \frac{dx}{\sqrt{x^2-a^2}} = \ln|x + \sqrt{x^2-a^2}| + C.$$

以上三个例子所采用的方法,称为三角代换法,目的是为了去掉根式.即

当被积函数含有 $\sqrt{a^2-x^2}$ 时,可以做代换 $x=a\sin t$;

当被积函数含有 $\sqrt{x^2+a^2}$ 时,可以做代换 $x=a\tan t$;

当被积函数含有 $\sqrt{x^2-a^2}$ 时,可以做代换 $x=\pm a\sec t$.

但积分中为了化简根式是否一定采用三角代换并不是绝对的,具体解题时要分析被积函数的具体情况,选取尽可能简捷的代换,如本节的例 4-18 以及下面的例子.

例 4-31　求 $\displaystyle\int\frac{\sqrt{a^2-x^2}}{x^4}\mathrm{d}x$.

解　该题可以采用三角代换,但会比较烦琐,我们采用一种新的方法:倒代换,即设 $x=\dfrac{1}{t}$,化简原来的式子.

设 $x=\dfrac{1}{t}$,则 $\mathrm{d}x=-\dfrac{1}{t^2}\mathrm{d}t$,

$$\int\frac{\sqrt{a^2-x^2}}{x^4}\mathrm{d}x=\int\frac{\sqrt{a^2-\dfrac{1}{t^2}}}{\dfrac{1}{t^4}}\cdot\frac{-1}{t^2}\mathrm{d}t=-\int(a^2t^2-1)^{\frac{1}{2}}\,|\,t\,|\,\mathrm{d}t,$$

当 $x>0$ 时,

$$\text{原式}=-\frac{1}{2a^2}\int(a^2t^2-1)^{\frac{1}{2}}\mathrm{d}(a^2t^2-1)=-\frac{(a^2t^2-1)^{\frac{3}{2}}}{3a^2}+C$$

$$=-\frac{(a^2-x^2)^{\frac{3}{2}}}{3a^2x^3}+C.$$

当 $x<0$ 时,类似可得同样结果.

读者可以试用三角代换求解该题,进行对比.

一般来说,使用倒代换时,会使被积函数产生显著变化,能否使变化有利于积分计算,这就需要有一些经验,当分母的幂次明显高于分子时,可以考虑使用倒代换.

例 4-32　求 $\displaystyle\int\frac{1}{x(x^n+1)}\mathrm{d}x$　　$(n\in\mathbf{N}^+)$.

解　设 $x=\dfrac{1}{t}$,则 $\mathrm{d}x=\dfrac{-1}{t^2}\mathrm{d}t$,

$$\int\frac{1}{x(x^n+1)}\mathrm{d}x=\int\frac{-\dfrac{1}{t^2}}{\dfrac{1}{t}\left(\dfrac{1}{t^n}+1\right)}\mathrm{d}t=-\int\frac{t^{n-1}}{1+t^n}\mathrm{d}t$$

$$=-\frac{1}{n}\int\frac{1}{1+t^n}\mathrm{d}(1+t^n)$$

$$=-\frac{1}{n}\ln|1+t^n|+C=-\frac{1}{n}\ln\left|1+\frac{1}{x^n}\right|+C.$$

以上提到的简单无理函数代换、三角代换、倒代换只是运用第二类换元法的一些常用技巧,并不能以一概全,在碰到具体题目时还需要具体分析.

例 4-33   求 $\int \dfrac{x^2}{(x+1)^{10}}\mathrm{d}x$.

解   此题分母的形式比分子复杂,我们可以设 $x+1=t$,将分母的形式变得简单,则有

$$\int \frac{x^2}{(x+1)^{10}}\mathrm{d}x = \int \frac{(t-1)^2}{t^{10}}\mathrm{d}x = \int (t^{-8}-2t^{-9}+t^{-10})\mathrm{d}t$$

$$= -\frac{1}{7}t^{-7} + \frac{2}{8}t^{-8} - \frac{1}{9}t^{-9} + C$$

$$= -\frac{1}{7}\frac{1}{(x+1)^7} + \frac{2}{8}\frac{1}{(x+1)^8} - \frac{1}{9}\frac{1}{(x+1)^9} + C.$$

例 4-34   求 $\int \dfrac{1}{\sqrt{x}\,(1+\sqrt[3]{x})}\mathrm{d}x$.

解   本题含有两个根式,为了同时去掉两个根号,设 $x=t^6$,则 $\mathrm{d}x = 6t^5\mathrm{d}t$,

$$\int \frac{1}{\sqrt{x}\,(1+\sqrt[3]{x})}\mathrm{d}x = \int \frac{6t^5}{t^3\,(1+t^2)}\mathrm{d}t = \int \frac{6t^2}{1+t^2}\mathrm{d}t$$

$$= 6\int \frac{1+t^2-1}{1+t^2}\mathrm{d}t = 6\int \left(1 - \frac{1}{1+t^2}\right)\mathrm{d}t$$

$$= 6(t - \arctan t) + C$$

$$= 6(\sqrt[6]{x} - \arctan \sqrt[6]{x}) + C.$$

从本例可以看出,如果被积函数含有两种或两种以上的根式 $\sqrt[n_1]{x},\cdots,\sqrt[n_k]{x}$,可以采用代换 $x=t^n$,其中 n 是各根指数 $n_1,\cdots,n_k$ 的最小公倍数.

在本节例题中,有几个结果通常做公式使用. 可以把它们添加到第一节的基本积分公式中(其中常数 $a>0$).

$(15)\displaystyle\int \tan x\,\mathrm{d}x = -\ln|\cos x| + C;$

$(16)\displaystyle\int \cot x\,\mathrm{d}x = \ln|\sin x| + C;$

$(17)\displaystyle\int \sec x\,\mathrm{d}x = \ln|\sec x + \tan x| + C;$

$(18)\displaystyle\int \csc x\,\mathrm{d}x = \ln|\csc x - \cot x| + C;$

$(19)\displaystyle\int \frac{1}{a^2+x^2}\mathrm{d}x = \frac{1}{a}\arctan \frac{x}{a} + C;$

$(20)\displaystyle\int \frac{1}{x^2-a^2}\mathrm{d}x = \frac{1}{2a}\ln\left|\frac{x-a}{x+a}\right| + C;$

$(21)\displaystyle\int \frac{1}{\sqrt{a^2-x^2}}\mathrm{d}x = \arcsin \frac{x}{a} + C;$

$(22)\displaystyle\int \frac{\mathrm{d}x}{\sqrt{x^2+a^2}} = \ln(x + \sqrt{x^2+a^2}) + C;$

$(23)\displaystyle\int \frac{\mathrm{d}x}{\sqrt{x^2-a^2}} = \ln|x + \sqrt{x^2-a^2}| + C.$

实际上,当我们计算出一个有代表性的积分后,都可以收集到积分表中.可以构造出含有成百上千个积分公式的积分表.

□ 常用积分公式

例 4-35 求 $\int \dfrac{1}{x^2-8x+25}\mathrm{d}x$.

解 分母是二次因式,我们可以对其进行配方,即

$$\int \frac{1}{x^2-8x+25}\mathrm{d}x = \int \frac{1}{(x-4)^2+9}\mathrm{d}x$$
$$= \frac{1}{9}\int \frac{1}{1+\left(\frac{x-4}{3}\right)^2}\mathrm{d}x$$
$$= \frac{1}{3}\int \frac{\mathrm{d}\frac{x-4}{3}}{1+\left(\frac{x-4}{3}\right)^2},$$

利用公式(19),可得

$$\frac{1}{3}\int \frac{\mathrm{d}\frac{x-4}{3}}{1+\left(\frac{x-4}{3}\right)^2} = \frac{1}{3}\arctan\frac{x-4}{3}+C.$$

本例采用的配方法也是在被积函数含有二次因式时常用的技巧.

例 4-36 求 $\int \dfrac{x+1}{\sqrt{4x^2+9}}\mathrm{d}x$.

解 $\int \dfrac{x+1}{\sqrt{4x^2+9}}\mathrm{d}x = \dfrac{1}{8}\int \dfrac{\mathrm{d}(4x^2+9)}{\sqrt{4x^2+9}} + \dfrac{1}{2}\int \dfrac{\mathrm{d}(2x)}{\sqrt{(2x)^2+3^2}},$

利用公式(22),便得

$$\int \frac{x+1}{\sqrt{4x^2+9}}\mathrm{d}x = \frac{1}{4}\sqrt{4x^2+9} + \frac{1}{2}\ln(2x+\sqrt{4x^2+9})+C.$$

例 4-37 求 $\int \dfrac{1}{\sqrt{1+\mathrm{e}^x}}\mathrm{d}x$.

解 直接化简掉根式,设 $\sqrt{1+\mathrm{e}^x}=t$,则 $x=\ln(t^2-1)$, $\mathrm{d}x=\dfrac{2t}{t^2-1}$,

$$\int \frac{1}{\sqrt{1+\mathrm{e}^x}}\mathrm{d}x = \int \frac{1}{t}\cdot\frac{2t}{t^2-1}\mathrm{d}t = \int \frac{2}{t^2-1}\mathrm{d}t,$$

利用公式(20),便得

$$\int \frac{1}{\sqrt{1+\mathrm{e}^x}}\mathrm{d}x = \ln\left|\frac{t-1}{t+1}\right|+C = \ln\left|\frac{\sqrt{1+\mathrm{e}^x}-1}{\sqrt{1+\mathrm{e}^x}+1}\right|+C.$$
$$= 2\ln(\sqrt{1+\mathrm{e}^x}-1)-x+C.$$

习题 4.2

1. 填空题，在空白处填入适当系数使等式成立.

(1) $dx = \underline{\hspace{2cm}} d(2x+3)$;

(2) $xdx = \underline{\hspace{2cm}} d(x^2)$;

(3) $x^4 dx = \underline{\hspace{2cm}} d(1-3x^5)$;

(4) $e^{\frac{1}{3}x} dx = \underline{\hspace{2cm}} d(e^{\frac{1}{3}x})$;

(5) $\sin\frac{2}{3}x dx = \underline{\hspace{2cm}} d\cos\frac{2}{3}x$;

(6) $\dfrac{dx}{x} = \underline{\hspace{2cm}} d(2-3\ln|x|)$;

(7) $\sec^2\frac{x}{3} dx = \underline{\hspace{2cm}} d\tan\frac{x}{3}$;

(8) $\dfrac{dx}{1+4x^2} = \underline{\hspace{2cm}} d(\arctan 2x)$;

(9) $\dfrac{dx}{\sqrt{1-x^2}} = \underline{\hspace{2cm}} d(2-\arcsin x)$;

(10) $\dfrac{xdx}{\sqrt{1-x^2}} = \underline{\hspace{2cm}} d(\sqrt{1-x^2})$.

2. 求下列不定积分：

(1) $\displaystyle\int (3x+2)^{20} dx$;

(2) $\displaystyle\int \frac{\sin\sqrt{x}}{\sqrt{x}} dx$;

(3) $\displaystyle\int \frac{x}{4-x^2} dx$;

(4) $\displaystyle\int \frac{x^2}{1+x^2} dx$;

(5) $\displaystyle\int \frac{dx}{9-x^2}$;

(6) $\displaystyle\int \frac{dx}{1+e^x}$;

(7) $\displaystyle\int \frac{1}{\sqrt[3]{1-2x}} dx$;

(8) $\displaystyle\int x^2 e^{-x^3} dx$;

(9) $\displaystyle\int e^x \cos e^x dx$;

(10) $\displaystyle\int \sqrt{\frac{\arcsin x}{1-x^2}} dx$;

(11) $\displaystyle\int \frac{\sin^2 x\cos x}{1+\sin^3 x} dx$;

(12) $\displaystyle\int e^x (e^x-1)^4 dx$;

(13) $\displaystyle\int \frac{(\arctan x)^3}{1+x^2} dx$;

(14) $\displaystyle\int \cos x\sin^2 x dx$;

(15) $\displaystyle\int \frac{1}{x\ln x\ln\ln x} dx$;

(16) $\displaystyle\int \frac{1}{\sin x\cos x} dx$;

(17) $\displaystyle\int \frac{1}{\sqrt{x}(1+x)} dx$;

(18) $\displaystyle\int \frac{x}{4+x^4} dx$;

(19) $\displaystyle\int \frac{1}{x^2}\sin\frac{1}{x^2} dx$;

(20) $\displaystyle\int \frac{1+\ln x}{(x\ln x)^2} dx$;

(21) $\displaystyle\int \frac{\sin x+\cos x}{\sqrt[3]{\sin x-\cos x}} dx$;

(22) $\displaystyle\int \frac{1}{x^2+x-2} dx$;

$(23) \displaystyle\int \sin^2 x \cos^5 x \mathrm{d}x;$　　$(24) \displaystyle\int \cos 2x \cos 3x \mathrm{d}x;$

$(25) \displaystyle\int \csc^4 x \mathrm{d}x;$　　$(26) \displaystyle\int \tan^4 x \mathrm{d}x;$

$(27) \displaystyle\int \frac{\arcsin \sqrt{x}}{\sqrt{x}\,\sqrt{1-x}} \mathrm{d}x;$　　$(28) \displaystyle\int \frac{\cos x}{\sqrt{2+\cos 2x}} \mathrm{d}x;$

$(29) \displaystyle\int \frac{x^2+1}{x^4+1} \mathrm{d}x;$　　$(30) \displaystyle\int \frac{x}{\sqrt{1+x^2+\sqrt{(1+x^2)^3}}} \mathrm{d}x.$

3. 求下列不定积分：

$(1) \displaystyle\int \frac{\sqrt{x}}{1+x} \mathrm{d}x;$　　$(2) \displaystyle\int \frac{1}{\sqrt{x}+\sqrt[3]{x}} \mathrm{d}x;$

$(3) \displaystyle\int x \cdot \sqrt[4]{2x+3}\,\mathrm{d}x;$　　$(4) \displaystyle\int \frac{1}{x} \sqrt{\frac{1-x}{1+x}}\,\mathrm{d}x;$

$(5) \displaystyle\int \frac{x^5}{\sqrt{1+x^2}} \mathrm{d}x;$　　$(6) \displaystyle\int \frac{1}{x(x^7+2)} \mathrm{d}x;$

$(7) \displaystyle\int \frac{1}{x^4 \sqrt{x^2+1}} \mathrm{d}x;$　　$(8) \displaystyle\int \frac{1}{x \sqrt{9-x^2}} \mathrm{d}x;$

$(9) \displaystyle\int \frac{\mathrm{d}x}{x \sqrt{x^2-1}};$　　$(10) \displaystyle\int \frac{\mathrm{d}x}{x \sqrt{x^2+4}};$

$(11) \displaystyle\int \frac{1}{\sqrt{5-2x-x^2}} \mathrm{d}x;$　　$(12) \displaystyle\int \frac{2x+5}{x^2+2x+10} \mathrm{d}x;$

$(13) \displaystyle\int \sqrt{3-2x-x^2}\,\mathrm{d}x;$　　$(14) \displaystyle\int \frac{x+1}{\sqrt{x^2+x+1}} \mathrm{d}x.$

4.3　分部积分法

上一节在复合函数求导法则的基础上，得到了换元积分法，通过换元可以处理许多函数类型的积分，但对于不同类型函数乘积的积分却很难处理，如 $\displaystyle\int x\mathrm{e}^x \mathrm{d}x$. 对于此类积分，利用两个函数乘积的求导法则，可以得到求不定积分的另一个基本方法，这就是不定积分的分部积分法.

设函数 $u(x), v(x)$ 具有连续导数. 那么，由两个函数乘积的求导法则，得

$$(uv)' = u'v + uv',$$

移项得

$$uv' = (uv)' - u'v.$$

对这个等式两边求不定积分，得

$$\int uv' \mathrm{d}x = uv - \int u'v \mathrm{d}x. \tag{4-4}$$

上式称为分部积分公式.

为简便起见,可把分部积分公式写成

$$\int u\mathrm{d}v = uv - \int v\mathrm{d}u. \tag{4-5}$$

当 $\int u\mathrm{d}v$ 不易求出,而 $\int v\,\mathrm{d}u$ 容易求出时,往往用分部积分公式,把求 $\int u\,\mathrm{d}v$ 转化为求 $\int v\,\mathrm{d}u$ 以解决问题.

使用分部积分公式时要分以下几个步骤:

(1)把被积函数 $f(x)$ 适当地分为两部分 u 和 v',并把 $v'\mathrm{d}x$ 凑成 $\mathrm{d}v$(即把 v 积分);

(2)代入公式(4-5);

(3)计算 $\mathrm{d}u$,即 $\int v\mathrm{d}u = \int u'v\mathrm{d}x$(即把 u 微分);

(4)计算 $\int u'v\mathrm{d}x$,只要此积分比原来的积分容易,就奏效了.

下面通过例子来说明如何运用这个重要公式.

例 4-38 求 $\int x\cos x\mathrm{d}x$.

解 这个积分用换元积分法不易求得结果,现在用分部积分法来求它.

如果设 $u = x, v'\mathrm{d}x = \cos x\mathrm{d}x$,则

$$\mathrm{d}u = \mathrm{d}x, v = \sin x,$$

代入分部积分公式,得

$$\int x\cos x\mathrm{d}x = \int x\mathrm{d}\sin x = x\sin x - \int \sin x\mathrm{d}x = x\sin x + \cos x + C.$$

注意:求这个积分时,如果设 $u = \cos x, \mathrm{d}v = x\mathrm{d}x$,则

$$\mathrm{d}u = -\sin x\mathrm{d}x, v = \frac{x^2}{2},$$

于是

$$\int x\cos x\mathrm{d}x = \frac{x^2}{2}\cos x + \int \frac{x^2}{2}\sin x\,\mathrm{d}x.$$

上式右端的积分比原积分更不容易求出.

由此可见,如果 u 和 v' 选取不当,就求不出结果,所以应用分部积分法时,恰当选取 u 和 v' 是一个关键,选取 u 和 v' 一般要考虑下面两点:

(1) v 要容易求得;

(2) $\int v\mathrm{d}u$ 要比 $\int u\mathrm{d}v$ 容易积分.

例 4-39 求 $\int x\mathrm{e}^x\mathrm{d}x$

解 设 $u = x, v'\mathrm{d}x = \mathrm{e}^x\mathrm{d}x$,则

$$\mathrm{d}u = \mathrm{d}x, v = \mathrm{e}^x,$$

于是

$$\int x\mathrm{e}^x\mathrm{d}x = \int x\mathrm{d}\mathrm{e}^x = x\mathrm{e}^x - \int \mathrm{e}^x\mathrm{d}x = x\mathrm{e}^x - \mathrm{e}^x + C = \mathrm{e}^x(x-1) + C.$$

例 4-40　求 $\int x^2\mathrm{e}^x\mathrm{d}x$.

解　设 $u = x^2, v'\mathrm{d}x = \mathrm{e}^x\mathrm{d}x$, 则
$$\mathrm{d}u = 2x\mathrm{d}x, v = \mathrm{e}^x,$$
于是
$$\int x^2\mathrm{e}^x\mathrm{d}x = \int x^2\mathrm{d}\mathrm{e}^x = x^2\mathrm{e}^x - 2\int x\mathrm{e}^x\mathrm{d}x.$$

这里 $\int x\mathrm{e}^x\mathrm{d}x$ 比 $\int x^2\mathrm{e}^x\mathrm{d}x$ 容易积出, 因为前者被积函数中 x 的幂次比后者降低了一次, 由例 4-39 可知, 对 $\int x\mathrm{e}^x\mathrm{d}x$ 再使用一次分部积分法就可以了. 于是
$$\int x^2\mathrm{e}^x\mathrm{d}x = x^2\mathrm{e}^x - 2\int x\mathrm{e}^x\mathrm{d}x = x^2\mathrm{e}^x - 2(x\mathrm{e}^x - \int \mathrm{e}^x\mathrm{d}x) + C$$
$$= (x^2 - 2x + 2)\mathrm{e}^x + C.$$

该例题使用了两次分部积分法, 有些不定积分需要连续使用两次或更多次分部积分法才能求出结果.

由以上三个例题可以总结出, 当被积函数是幂函数与正(余)弦函数或指数函数的乘积时, 应选幂函数为 u. 这样用一次分部积分法就可以使幂函数的幂次降低一次, 这种方法可以称为降次法, 这里假定幂指数是正整数. 下列类型的不定积分可用分部积分法求出结果:
$$\int x^n\sin ax\,\mathrm{d}x, \int x^n\cos ax\,\mathrm{d}x, \int x^n\mathrm{e}^{ax}\mathrm{d}x,$$
其中, n 为正整数, 在使用分部积分法时把 x^n 视为 u; $\sin ax\,\mathrm{d}x$, $\cos ax\,\mathrm{d}x, \mathrm{e}^{ax}\mathrm{d}x$ 视为 $v'\mathrm{d}x$.

例 4-41　求 $\int x\ln x\mathrm{d}x$.

解　设 $u = \ln x, v'\mathrm{d}x = x\mathrm{d}x$, 则
$$\mathrm{d}u = \frac{1}{x}\mathrm{d}x, v = \frac{x^2}{2},$$
于是
$$\int x\ln x\mathrm{d}x = \int \ln x\mathrm{d}\frac{x^2}{2} = \frac{x^2}{2}\ln x - \frac{1}{2}\int x\mathrm{d}x = \frac{x^2}{2}\ln x - \frac{x^2}{4} + C.$$

例 4-42　求 $\int \arccos x\mathrm{d}x$.

解　该题被积函数只有一部分, 我们直接将 $\mathrm{d}x$ 看成 $\mathrm{d}v$. 公式中的 v 必须用 x 代替, 这一点初学者往往容易忽略.

设　$u = \arccos x, v'\mathrm{d}x = \mathrm{d}x$, 则
$$\mathrm{d}u = -\frac{\mathrm{d}x}{\sqrt{1-x^2}}, v = x,$$

于是
$$\int arccosx dx = x arccosx + \int \frac{x}{\sqrt{1-x^2}}dx$$
$$= x arccosx - \frac{1}{2}\int \frac{d(1-x^2)}{\sqrt{1-x^2}}$$
$$= x arccosx - \sqrt{1-x^2} + C.$$

例 4-43　求 $\int x arctanx dx$.

解　设 $u = arctanx, v'dx = xdx$,则
$$\int x\ arctanx dx = \frac{1}{2}\int arctanx d(x^2)$$
$$= \frac{1}{2}x^2 arctanx - \frac{1}{2}\int x^2 d(arctanx)$$
$$= \frac{1}{2}x^2 arctanx - \frac{1}{2}\int \frac{1+x^2-1}{1+x^2}dx$$
$$= \frac{1}{2}x^2 arctanx - \frac{1}{2}\int \left(1-\frac{1}{1+x^2}\right)dx$$
$$= \frac{1}{2}x^2 arctanx - \frac{1}{2}(x - arctanx) + C$$
$$= \frac{1}{2}(x^2+1)arctanx - \frac{1}{2}x + C.$$

由以上三例可以总结出,当被积函数是幂函数与对数函数或反三角函数的乘积时,应选对数函数或反三角函数为 u. 此时,运用分部积分公式,对数函数或反三角函数微分后变为别的函数,故称为转换法. 下列类型的不定积分可用分部积分法求出结果:
$$\int x^n lnx dx, \int x^n arcsinx dx, \int x^n arccosx dx, \int x^n arctanx dx, \int x^n arccotx dx,$$
其中第一个不定积分中,n 是正实数,其余不定积分中,n 是正整数. 在使用分部积分法时把 $lnx, arcsinx, arccosx$ 等函数视为 u;$x^n dx$ 视为 $v'dx$.

例 4-44　求 $\int e^x sinx dx$.

解法一　设 $u = e^x, dv = sinx dx$,则
$$du = e^x dx, v = -cosx,$$
于是
$$\int e^x sinx dx = -e^x cosx + \int e^x cosx dx.$$

上式左端的积分与等式右端的积分是同一典型的,再尝试用一次分部积分法:

设 $u = e^x, dv = cosx dx$,则
$$du = e^x dx, v = sinx,$$
于是

$$\int e^x \sin x dx = - e^x \cos x + e^x \sin x - \int e^x \sin x dx.$$

由于上式右端含所求的积分,其系数为 -1,把它移到等式左端,两端同除以 2,再加任意常数项得

$$\int e^x \sin x dx = \frac{1}{2} e^x (\sin x - \cos x) + C.$$

解法二　设 $u = \sin x, dv = e^x dx$,

$$\int e^x \sin x dx = \int \sin x d(e^x) = e^x \sin x - \int e^x d(\sin x)$$

$$= e^x \sin x - \int e^x \cos x \, dx = e^x \sin x - \int \cos x d(e^x)$$

$$= e^x \sin x - \left(e^x \cos x - \int e^x d(\cos x) \right)$$

$$= e^x \sin x - e^x \cos x + \int e^x d(\cos x)$$

$$= e^x \sin x - e^x \cos x - \int e^x \sin x dx,$$

故　　　　　$$\int e^x \sin x dx = \frac{1}{2} e^x (\sin x - \cos x) + C.$$

若被积函数是指数函数和正(余)弦函数乘积,可以考虑用分部积分法,选其中任何一个函数为 u,但分部积分公式要用两次,两次分部积分要选同类函数为 u,否则会还原回去.这两类函数无论积分还是微分两次,都会还原到原来的函数,只是系数有些变化,此时可以得到一个关于所求积分的方程,产生循环的结果,故称为循环法,这个方程的解再加上任意常数项即为所求积分.

一般地,可以按照"反、对、幂、指、三"的顺序,排前者取为 u,排后者取为 dv.当分部积分法运用得比较熟练时,就不必写出哪一部分选作 u,哪一部分选作 dv,只要将被积表达式整理成 $u(x)du(x)$ 的形式就可以使用分部积分公式.

例 4-45　求 $I_n = \int \dfrac{dx}{(x^2 + a^2)^n}$,其中 n 为正整数.

解　由分部积分公式,当 $n > 1$ 时

$$\int \frac{dx}{(x^2 + a^2)^{n-1}} = \frac{x}{(x^2 + a^2)^{n-1}} + 2(n-1) \int \frac{x^2}{(x^2 + a^2)^n} dx$$

$$= \frac{x}{(x^2 + a^2)^{n-1}} + 2(n-1) \int \left[\frac{1}{(x^2 + a^2)^{n-1}} - \frac{a^2}{(x^2 + a^2)^n} \right] dx,$$

即　　　　　$$I_{n-1} = \frac{x}{(x^2 + a^2)^{n-1}} + 2(n-1)(I_{n-1} - a^2 I_n),$$

于是　　　$$I_n = \frac{1}{2a^2(n-1)} \left[\frac{x}{(x^2 + a^2)^{n-1}} + (2n-3) I_{n-1} \right].$$

这是计算 I_n 的递推公式,由 $I_1 = \dfrac{1}{a} \arctan \dfrac{x}{a} + C$,即可得 I_n.

可以看出当被积函数是某一简单函数的高次幂函数时,可以适当选取 u, v',通过分部积分后,可以得到该函数的高次幂函数与低

次幂函数之间的关系,即所谓的递推公式,故称为递推法.

在求不定积分的过程中,有时要兼用换元积分法和分部积分法,看下面的例子.

例 4-46 　求 $\int \sin\sqrt{x}\,\mathrm{d}x$.

解 　为去掉根式,先用换元积分法,再用分部积分法.设 $\sqrt{x}=t$,即 $x=t^2(t>0)$,则 $\mathrm{d}x=2t\mathrm{d}t$,于是

$$\int \sin\sqrt{x}\,\mathrm{d}x = 2\int t\sin t\,\mathrm{d}t = -2\int t\mathrm{d}\cos t = -2t\cos t + 2\int \cos t\,\mathrm{d}t$$
$$= -2t\cos t + 2\sin t + C$$
$$= -2\sqrt{x}\cos\sqrt{x} + 2\sin\sqrt{x} + C.$$

前面给出了一些求不定积分的基本方法,这些方法必须通过大量的练习才能牢固掌握.不定积分与求导数不一样,对于一个给定的初等函数,我们总可以遵循一定的法则求出它的导数,但求不定积分就没那么容易,一方面它无固定的步骤可循,另一方面一些初等函数的不定积分虽然存在,如 $\int e^{-x^2}\mathrm{d}x$,$\int \dfrac{\sin x}{x}\mathrm{d}x$,$\int \dfrac{\cos x}{x}\mathrm{d}x$,$\int \dfrac{1}{\ln x}\mathrm{d}x$,$\int \sin x^2\,\mathrm{d}x$,$\int \dfrac{1}{\sqrt{1+x^4}}\mathrm{d}x$,$\int \sqrt{1+x^3}\,\mathrm{d}x$ 等,但是人们已经证明了这些不定积分中被积函数的原函数不是初等函数,即这些不定积分不能用初等函数表示.

习题 4.3

1. 求下列不定积分:

(1) $\int x\sin x\,\mathrm{d}x$;

(2) $\int \ln x\,\mathrm{d}x$;

(3) $\int x\mathrm{e}^{-x}\,\mathrm{d}x$;

(4) $\int x^2\arcsin x\,\mathrm{d}x$;

(5) $\int x\sec^2 x\,\mathrm{d}x$;

(6) $\int \mathrm{e}^x\cos x\,\mathrm{d}x$;

(7) $\int x\arctan x\,\mathrm{d}x$;

(8) $\int \dfrac{\ln^2 x}{x^2}\mathrm{d}x$;

(9) $\int x^2\sin 2x\,\mathrm{d}x$;

(10) $\int \dfrac{x\cos x}{\sin^3 x}\mathrm{d}x$;

(11) $\int \sin x\,\ln\tan x\,\mathrm{d}x$;

(12) $\int \sec^3 x\,\mathrm{d}x$.

2. 求下列不定积分:

(1) $\int x^3\mathrm{e}^{x^2}\,\mathrm{d}x$;

(2) $\int \dfrac{\ln\ln x}{x}\mathrm{d}x$;

(3) $\int \mathrm{e}^{\sqrt{x}}\,\mathrm{d}x$;

(4) $\int \sin(\ln x)\,\mathrm{d}x$;

(5) $\int \dfrac{\arctan\mathrm{e}^x}{\mathrm{e}^x}\mathrm{d}x$;

(6) $\int \dfrac{\ln x}{(1+x^2)^{\frac{3}{2}}}\mathrm{d}x$.

3. 设 $f(x)$ 的一个原函数是 $\dfrac{\ln x}{x}$，求 $\displaystyle\int xf'(x)\mathrm{d}x$.

4. 求 $I_n = \displaystyle\int (\ln x)^n\mathrm{d}x$ 的递推公式，其中 n 为自然数.

4.4　有理函数的不定积分

前面给出了基本积分公式，并介绍了求不定积分的换元积分法和分部积分法，对于某些特殊类型的被积函数的积分，如有理函数、三角函数的有理式等，通过恒等变形，就可应用上述方法进行求解.

4.4.1　有理函数的不定积分

由两个多项式函数的商构成的函数称为有理函数，又称为有理分式，形如

$$R(x) = \frac{P_n(x)}{Q_m(x)} = \frac{a_0 x^n + a_1 x^{n-1} + \cdots + a_n}{b_0 x^m + b_1 x^{m-1} + \cdots + b_m},$$

其中 m,n 为非负整数，$a_0, a_1, \cdots, a_n, b_0, b_1, \cdots, b_m$ 都是常数，且 $a_0 \neq 0, b_0 \neq 0$. 若 $m > n$，则称 $R(x)$ 为真分式；若 $m \leqslant n$，则称 $R(x)$ 为假分式.

利用多项式除法，总可以将一个假分式化为一个多项式与一个真分式的和. 例如

$$\frac{x^3 + x + 1}{x^2 + 1} = x + \frac{1}{x^2 + 1},$$

多项式的积分是容易计算的，所以接下来重点讨论有理真分式的积分法.

对于真分式 $\dfrac{P_n(x)}{Q_m(x)}$，如果分母可分解为两个多项式的乘积，即

$$Q_m(x) = Q_1(x)Q_2(x),$$

且 $Q_1(x)$ 与 $Q_2(x)$ 没有公因式，那么它可拆成两个真分式的和

$$\frac{P_n(x)}{Q_m(x)} = \frac{P_n(x)}{Q_1(x)Q_2(x)} = \frac{P_1(x)}{Q_1(x)} + \frac{P_2(x)}{Q_2(x)}.$$

上述步骤称为把真分式化成部分分式之和. 如果 $Q_1(x)$ 或 $Q_2(x)$ 还能再分解为两个没有公因式的多项式的乘积，那么就可再分拆成更简单的部分分式. 最后，有理函数的分解式只含有多项式、$\dfrac{A_k}{(x-a)^k}$、$\dfrac{B_l x + C_l}{(x^2 + px + q)^l}$，其中 a, p, q 均为实数，k, l 均为正整数，$p^2 - 4q < 0$. 称 $\dfrac{A_k}{(x-a)^k}$、$\dfrac{B_l x + C_l}{(x^2 + px + q)^l}$ 为最简分式. 进一步地，可以按照如下方式来确定部分分式的形式：

（1）当分母中含有因式 $(x-a)^l$ 时，部分分式形式中所含的对

应项为

$$\frac{A_1}{x-a}+\frac{A_2}{(x-a)^2}+\cdots+\frac{A_t}{(x-a)^t}.$$

（2）当分母中含有因式$(x^2+px+q)^r$时，部分分式形式中所含的对应项为

$$\frac{B_1x+C_1}{x^2+px+q}+\frac{B_2x+C_2}{(x^2+px+q)^2}+\cdots+\frac{B_rx+C_r}{(x^2+px+q)^r}.$$

□关于因式分解的结论 有理函数的分解式中只出现多项式和最简分式，其中多项式的积分是容易求得的，那么主要问题就是如何把真分式分解成最简分式之和，并求最简分式的积分. 其中，待定系数法是常用的将真分式化为部分分式之和的方法.

例 4-47　将$\dfrac{2x+1}{x^3-2x^2+x}$分解成最简分式之和.

解　$\dfrac{2x+1}{x^3-2x^2+x}=\dfrac{2x+1}{x(x-1)^2}=\dfrac{A}{x}+\dfrac{B}{x-1}+\dfrac{C}{(x-1)^2},$

两端去分母得

$$2x+1=A(x-1)^2+Bx(x-1)+Cx,$$
$$2x+1=(A+B)x^2+(C-2A-B)x+A.$$

比较两边同次幂系数知

$$\begin{cases}A+B=0,\\C-2A-B=2,\\A=1,\end{cases}$$

解得$A=1,B=-1,C=3$，于是

$$\frac{2x+1}{x^3-2x^2+x}=\frac{1}{x}-\frac{1}{x-1}+\frac{3}{(x-1)^2}.$$

上面确定系数A,B,C时使用了待定系数法，也可以通过对x取特殊值的方法即赋值法来确定系数，例如对式子

$$2x+1=A(x-1)^2+Bx(x-1)+Cx,$$

令$x=0$，得$A=1$；令$x=1$，得$C=3$；

令$x=2$，得$5=A+2B+2C,B=-1.$

例 4-48　将$\dfrac{x+4}{x^3+2x-3}$分解成最简分式之和.

解　$\dfrac{x+4}{x^3+2x-3}=\dfrac{x+4}{(x-1)(x^2+x+3)}$

$$=\frac{A}{x-1}+\frac{Bx+C}{x^2+x+3},$$

两端去分母得

$$x+4=A(x^2+x+3)+(Bx+C)(x-1).$$

令$x=1$，得$A=1$；令$x=0$，得$4=3A-C,C=-1$；

令 $x = 2$，得 $6 = 9A + 2B + C, B = -1$，于是

$$\frac{x+4}{x^3+2x-3} = \frac{1}{x-1} + \frac{-x-1}{x^2+x+3}.$$

在将有理真分式分解成若干最简分式之和后，其不定积分可以归结为最简分式的不定积分：

对于 $\dfrac{1}{(x-a)^n}$，有

$$\int \frac{1}{(x-a)^n} dx = \begin{cases} \ln|x-a| + C, & n = 1, \\ \dfrac{-1}{(n-1)(x-a)^{n-1}} + C, & n > 1. \end{cases}$$

对于 $\dfrac{Ax+B}{(x^2+px+q)^n}(p^2-4q < 0)$，有

$$\int \frac{Ax+B}{(x^2+px+q)^n} dx = \int \frac{\dfrac{A}{2}(2x+p) + \left(B-\dfrac{A}{2}p\right)}{(x^2+px+q)^n} dx$$

$$= \frac{A}{2} \int \frac{d(x^2+px+q)}{(x^2+px+q)^n} + \left(B-\frac{A}{2}p\right) \int \frac{dt}{(t^2+a^2)^n}.$$

其中 $t = x + \dfrac{p}{2}, a = \sqrt{q - \dfrac{p^2}{4}}$.

上式第一项已经凑成幂函数的积分，而第二项可以利用 4.3 节例 4-45 的递推公式求得.

于是，我们得到：一切有理函数的原函数总可以用多项式、有理函数、对数函数以及反正切函数表示. 因此，有理函数的原函数一定是初等函数.

例 4-49　求 $\displaystyle\int \frac{2x+1}{x^3-2x^2+x} dx$.

解　由本节例 4-47，得

$$\frac{2x+1}{x^3-2x^2+x} = \frac{1}{x} - \frac{1}{x-1} + \frac{3}{(x-1)^2},$$

于是

$$\int \frac{2x+1}{x^3-2x^2+x} dx = \int \left[\frac{1}{x} - \frac{1}{x-1} + \frac{3}{(x-1)^2}\right] dx$$

$$= \int \frac{1}{x} dx - \int \frac{1}{x-1} d(x-1) + 3\int \frac{1}{(x-1)^2} d(x-1)$$

$$= \ln|x| - \ln|x-1| - \frac{3}{x-1} + C$$

$$= \ln\left|\frac{x}{x-1}\right| - \frac{3}{x-1} + C.$$

例 4-50　求 $\displaystyle\int \frac{x+4}{x^3+2x-3} dx$.

解　由本节例 4-48，得

$$\frac{x+4}{x^3+2x-3}=\frac{1}{x-1}+\frac{-x-1}{x^2+x+3},$$

于是

$$\int\frac{x+4}{x^3+2x-3}\mathrm{d}x=\int\Big(\frac{1}{x-1}+\frac{-x-1}{x^2+x+3}\Big)\mathrm{d}x$$

$$=\int\frac{1}{x-1}\mathrm{d}(x-1)-\int\frac{\frac{1}{2}(2x+1)+\frac{1}{2}}{x^2+x+3}\mathrm{d}x$$

$$=\ln|x-1|-\frac{1}{2}\ln(x^2+x+3)-$$

$$\frac{1}{\sqrt{11}}\arctan\frac{2x+1}{\sqrt{11}}+C.$$

需要说明的是,将有理函数分解为部分分式进行积分虽可行,但不一定简便,因此要注意根据被积函数的结构寻求简便的方法.

例 4-51   求 $\displaystyle\int\frac{2x^3+2x^2+5x+5}{x^4+5x^2+4}\mathrm{d}x$.

解 $\displaystyle\int\frac{2x^3+2x^2+5x+5}{x^4+5x^2+4}\mathrm{d}x$

$$=\int\frac{2x^3+5x}{x^4+5x^2+4}\mathrm{d}x+\int\frac{2x^2+5}{x^4+5x^2+4}\mathrm{d}x$$

$$=\frac{1}{2}\int\frac{\mathrm{d}(x^4+5x^2+5)}{x^4+5x^2+4}+\int\frac{(x^2+1)+(x^2+4)}{(x^2+1)(x^2+4)}\mathrm{d}x$$

$$=\frac{1}{2}\ln|x^4+5x^2+4|+\frac{1}{2}\arctan\frac{x}{2}+\arctan x+C.$$

4.4.2   三角函数有理式的不定积分

由 $\sin x,\cos x$ 及常数经过有限次四则运算所构成的函数,称为三角函数有理式,记作 $R(\sin x,\cos x)$.

对三角函数有理式的积分 $\displaystyle\int R(\sin x,\cos x)\mathrm{d}x$,我们知道 $\sin x$ 与 $\cos x$ 都可以用 $\tan\dfrac{x}{2}$ 的有理式表示,即

$$\sin x=\frac{2\tan\dfrac{x}{2}}{1+\tan^2\dfrac{x}{2}},\cos x=\frac{1-\tan^2\dfrac{x}{2}}{1+\tan^2\dfrac{x}{2}},$$

因此令 $t=\tan\dfrac{x}{2}$(称为半角代换)可将三角函数有理式化为有理函数,即 $\sin x=\dfrac{2t}{1+t^2},\cos x=\dfrac{1-t^2}{1+t^2},x=2\arctan t,\mathrm{d}x=\dfrac{2}{1+t^2}\mathrm{d}t$.

于是 $\displaystyle\int R(\sin x,\cos x)\mathrm{d}x=\int R\Big(\frac{2t}{1+t^2},\frac{1-t^2}{1+t^2}\Big)\frac{2}{1+t^2}\mathrm{d}t.$

例 4-52   求 $\displaystyle\int\frac{1+\sin x}{\sin x(1+\cos x)}\mathrm{d}x$.

解　做变换 $t = \tan \dfrac{x}{2}$，则 $x = 2\arctan t, \mathrm{d}x = \dfrac{2t}{1+t^2}\mathrm{d}t$，于是

$$\int \frac{1+\sin x}{\sin x(1+\cos x)}\mathrm{d}x = \int \frac{1+\dfrac{2t}{1+t^2}}{\dfrac{2t}{1+t^2}\left(1+\dfrac{1-t^2}{1+t^2}\right)} \cdot \frac{2}{1+t^2}\mathrm{d}t$$

$$= \frac{1}{2}\int\left(t+2+\frac{1}{t}\right)\mathrm{d}t = \frac{t^2}{4}+t+\frac{1}{2}\ln|t|+C$$

$$= \frac{1}{4}\tan^2\frac{x}{2}+\tan\frac{x}{2}+\frac{1}{2}\ln\left|\tan\frac{x}{2}\right|+C.$$

由于任何三角函数都可以用 $\sin x$ 与 $\cos x$ 表示，所以上述变量代换对于三角函数的有理式的积分均适用. 但同样这个方法对某些三角函数有理式的积分不一定是最简便的方法，因此要注意根据被积函数的结构寻求简便的方法.

例 4-53　求 $\displaystyle\int \frac{\cos x}{1+\sin x}\mathrm{d}x$.

解　若用半角代换 $t = \tan\dfrac{x}{2}$，则

$$\int \frac{\cos x}{1+\sin x}\mathrm{d}x = \int \frac{\dfrac{1-t^2}{1+t^2}\cdot\dfrac{2}{1+t^2}}{1+\dfrac{2t}{1+t^2}}\mathrm{d}t = 2\int \frac{1-t^2}{(1+t)^2(1+t^2)}\mathrm{d}t,$$

代换后的有理函数的积分比较复杂. 事实上原积分可直接用第一类换元积分法求出：

$$\int \frac{\cos x}{1+\sin x}\mathrm{d}x = \int \frac{\mathrm{d}\sin x}{1+\sin x} = \int \frac{\mathrm{d}(1+\sin x)}{1+\sin x} = \ln|1+\sin x|+C.$$

例 4-54　求 $\displaystyle\int \frac{\mathrm{d}x}{a^2\sin^2 x + b^2\cos^2 x}\ (ab \neq 0)$.

解　若用半角代换会比较麻烦，观察到题目分母中有 $\sin^2 x$、$\cos^2 x$，联想到 $(\tan x)' = \dfrac{1}{\cos^2 x}$，分子分母同时除以 $\cos^2 x$，则有

$$\int \frac{\mathrm{d}x}{a^2\sin^2 x + b^2\cos^2 x} = \int \frac{\dfrac{1}{\cos^2 x}\mathrm{d}x}{a^2\tan^2 x + b^2} = \frac{1}{a^2}\int \frac{\mathrm{d}\tan x}{\tan^2 x + \left(\dfrac{b}{a}\right)^2}$$

$$= \frac{1}{ab}\arctan\left(\frac{a}{b}\tan x\right)+C.$$

通常求含 $\sin^2 x, \cos^2 x$ 及 $\sin x\cos x$ 的有理式的积分时，用代换 $t = \tan x$ 往往更方便.

习题 4.4

求下列不定积分：

(1) $\displaystyle\int \frac{x^3}{x-1}dx$;　　　　(2) $\displaystyle\int \frac{2x+3}{x^2+3x-10}dx$;

(3) $\displaystyle\int \frac{3}{x^3+1}dx$;　　　　(4) $\displaystyle\int \frac{1}{x(x^2+1)}dx$;

(5) $\displaystyle\int \frac{1}{1+\sin x+\cos x}dx$;　(6) $\displaystyle\int \frac{1}{5-3\cos x}dx$;

(7) $\displaystyle\int \frac{\cos x}{1+\cos x}dx$;　(8) $\displaystyle\int \frac{1}{(a\sin x+b\cos x)^2}dx(ab\neq 0)$.

数学实验 4

1. 实验目的与内容

运用 MATLAB 进行符号积分计算,并验证结果的正确性.

2. MATLAB 命令

求符号积分命令

MATLAB 中主要用 int 命令求符号积分,具体内容见表 4-1.

表 4-1　MATLAB 求符号积分命令

调用格式	描述
int(s)	符号表达式 s 的不定积分
int(s,x)	符号表达式 s 关于变量 x 的不定积分

注:可以用 help int 查阅有关这些命令的详细信息;利用上述命令计算后需要手动加上
常数 C,才是不定积分的结果.

3. 实验案例

例 4-55　　　用符号积分命令 int 计算积分 $\displaystyle\int x^2\sin x dx$,并验证结果的正确性.

(1) 计算积分 $\displaystyle\int x^2\sin x dx$

程序代码:

```
>> clear;
>> syms x;
>> int(x^2 * sin(x))
```

输出结果:

ans =

　　　$-x^2 * \cos(x) + 2 * \cos(x) + 2 * x * \sin(x)$

根据上面的结果可以看出,积分结果满足下面的积分等式

$$\int x^2\sin x dx = -x^2\cos x + 2\cos x + 2x\sin x + C.$$

(2) 验证积分结果的正确性

程序代码:

```
>> clear;
>> syms x;
>> diff(-x^2*cos(x)+2*cos(x)+2*x*sin(x))
```

输出结果:

```
ans =

    x^2*sin(x)
```

例 4-56　求不定积分 $\int\left(\dfrac{\sin^2 ax}{4}+\dfrac{x^3}{35}\right)\mathrm{d}x$,并取 $a=2$ 绘制其函数图像.

(1) 计算积分 $\int\left(\dfrac{\sin^2 ax}{4}+\dfrac{x^3}{35}\right)\mathrm{d}x$

程序代码:

```
>> syms x a;
>> F = int((sin(a*x/2))^2+(x^3)/35)
```

输出结果:

```
F =

    x/2-sin(a*x)/(2*a)+x^4/140
```

根据上面的结果可以看出,积分结果满足下面的积分等式

$$\int\left(\frac{\sin^2 ax}{4}+\frac{x^3}{35}\right)\mathrm{d}x=\frac{x}{2}-\frac{\sin(ax)}{2a}+\frac{x^4}{140}+C.$$

(2) 取 $a=2$,绘制函数 $F(x)=\dfrac{x}{2}-\dfrac{\sin(ax)}{2a}+\dfrac{x^4}{140}+C$ 的图像.

程序代码:

```
>> x=-2*pi:0.01:2*pi;     %x 在区间[-2,2]上以步伐 0.01 取值
>> a=2;
>> for C=-28:28;     %C 在区间[-28,28]上以步伐 1 取值
>> F = x/2-sin(a*x)/(2*a)+x.^4/140+C;
>> plot(x,F);    % 画函数 F 的图像
>> hold on;      % 利用 hold on 函数保持当前图形
>> end;
>> grid on;    % 对当前坐标图加上网格线
>> axis([-2*pi,2*pi,-10,10]);    % 横坐标取值范围 [-2π,2π],纵坐标取值范围 [-10,10]
>> title('F = sin(a*x/2))^2+(x.^3)/35 的积分曲线')    % 给绘制的图形加标题
```

输出结果如图 4-4 所示.

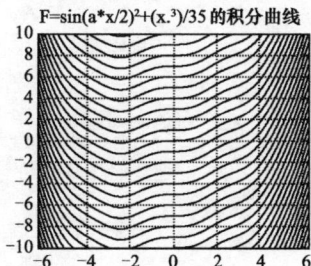

图 4-4

☐ 数学建模:人口问题模型

练习

用 int 命令计算下列不定积分，并用微分命令 diff 验证：

(1) $\int x\sin x^2\,\mathrm{d}x$；　　　(2) $\int\dfrac{\mathrm{d}x}{1+\cos x}$；　　　(3) $\int\dfrac{\mathrm{d}x}{\mathrm{e}^x+1}$；

(4) $\int\arcsin x\,\mathrm{d}x$；　　　(5) $\int\sec^3 x\,\mathrm{d}x$；　　　(6) $\int\dfrac{\mathrm{d}x}{\sqrt{4x^2-9}}$.

本章小结

一、知识点结构图

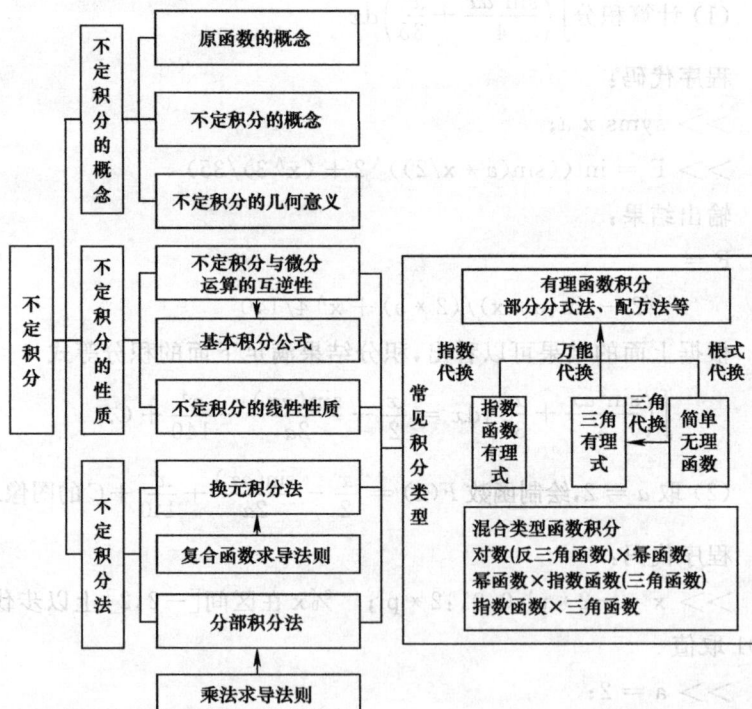

二、知识点自我检验

1. 不定积分的基本概念

(1) 原函数的定义：_____.

(2) 不定积分的定义：_____.

(3) 不定积分表达式各部分的含义：_____.

(4) 不定积分的几何意义：_____.

2. 不定积分的基本性质

(1) _____.

(2) _____.

(3) _____.

(4) _____.

3. 基本积分表

(1) $\displaystyle\int 0\mathrm{d}x = $ ＿＿＿ ;

(2) $\displaystyle\int$ ＿＿＿＿ $\mathrm{d}x = kx + C$（k 是常数）;

(3) $\displaystyle\int x^{\mu}\mathrm{d}x = $ ＿＿＿＿＿＿＿＿ （$\mu \neq -1$）;

(4) $\displaystyle\int \frac{1}{x}\mathrm{d}x = $ ＿＿＿＿＿＿＿ ;

(5) $\displaystyle\int \mathrm{e}^{x}\mathrm{d}x = $ ＿＿＿＿＿＿＿ ;

(6) $\displaystyle\int a^{x}\mathrm{d}x = $ ＿＿＿＿＿＿＿ （$a > 0, a \neq 1$）;

(7) $\displaystyle\int$ ＿＿＿＿＿＿ $\mathrm{d}x = -\cos x + C$;

(8) $\displaystyle\int \cos x\mathrm{d}x = $ ＿＿＿＿＿＿ ;

(9) $\displaystyle\int \frac{1}{\cos^{2}x}\mathrm{d}x = $ ＿＿＿＿＿＿ ;

(10) $\displaystyle\int \frac{1}{\sin^{2}x}\mathrm{d}x = $ ＿＿＿＿＿＿ ;

(11) $\displaystyle\int \sec x\tan x\mathrm{d}x = $ ＿＿＿＿＿＿ ;

(12) $\displaystyle\int \csc x\cot x\mathrm{d}x = $ ＿＿＿＿＿＿ ;

(13) $\displaystyle\int \frac{1}{\sqrt{1-x^{2}}}\mathrm{d}x = $ ＿＿＿＿＿＿ ;

(14) $\displaystyle\int \frac{1}{1+x^{2}}\mathrm{d}x = $ ＿＿＿＿＿＿ .

4. 不定积分法

(1) 换元积分法

1) 第一类换元积分法也叫作 ＿＿＿＿＿ ,其公式为 ＿＿＿＿ .

2) 第二类换元积分法的公式是 ＿＿＿＿＿＿＿＿ .

(2) 分部积分法

1) 分部积分法的公式是 ＿＿＿＿＿＿＿＿＿＿ .

2) 一般地,分部积分法中 u 与 v' 的选择顺序是 ＿＿＿＿＿＿ .

5. 有理函数与三角有理式的积分

(1) 有理函数积分的一般方法为: ＿＿＿＿＿＿＿＿＿

＿＿＿＿＿＿＿＿＿＿＿＿＿＿＿＿＿＿＿＿＿＿ .

(2) 三角有理式积分的一般方法为: ＿＿＿＿＿＿＿＿

＿＿＿＿＿＿＿＿＿＿＿＿＿＿＿＿＿＿＿＿＿＿ .

总习题 4A

1.单项选择题：

(1) 下列各式中正确的是(　　　　).

A. $\int f'(x)\mathrm{d}x = f(x)$;　　B. $\int \mathrm{d}f(x) = f(x)$;

C. $\dfrac{\mathrm{d}}{\mathrm{d}x}\int f(x)\mathrm{d}x = f(x)$;　D. $\mathrm{d}\int f(x)\mathrm{d}x = f(x)$.

(2) $f(x)$ 在 (a,b) 上连续是 $f(x)$ 在 (a,b) 上存在原函数的(　　　　)条件.

A. 充分不必要;　　　　B. 必要不充分;

C. 充要;　　　　　　D. 既不充分也不必要.

(3) 设 $f(x)$ 是闭区间 $[a,b]$ 上的连续函数,则在开区间 (a,b) 上 $f(x)$ 必有(　　　　).

A. 极值;　　　　　　B. 导函数;

C. 原函数;　　　　　D. 最大值或最小值.

(4) 若 $f(x)$ 的一个原函数是 $\sin x$,则 $\int f(x)\mathrm{d}x = ($　　　　$)$.

A. $\sin x$;　　　　　　B. $\sin x + C$;

C. $\cos x$;　　　　　　D. $\cos x + C$.

(5) 若 $\int f(x)\mathrm{d}x = x^2\mathrm{e}^{2x} + C$,则 $f(x) = ($　　　　$)$.

A. $2x\mathrm{e}^{2x}$;　　　　　B. $2x^2\mathrm{e}^{2x}$;

C. $x\mathrm{e}^{2x} + C$;　　　　D. $2x\mathrm{e}^{2x}(1+x)$.

(6) 设 $F_1(x), F_2(x)$ 是区间 I 内连续函数 $f(x)$ 的两个不同的原函数,且 $f(x) \neq 0$,则在区间 I 内必有(　　　　)(C 为常数).

A. $F_1(x) + F_2(x) = C$;　　B. $F_1(x) \cdot F_2(x) = C$;

C. $F_1(x) = CF_2(x)$;　　　　D. $F_1(x) - F_2(x) = C$.

(7) 若 $f'(x) = \dfrac{1}{\sqrt{1-x^2}}, f(1) = \dfrac{3}{2}\pi$,则 $f(x)$ 为(　　　　).

A. $\arcsin x$;　　　　　B. $\arcsin x + \dfrac{\pi}{2}$;

C. $\arccos x + \pi$;　　　　D. $\arcsin x + \pi$.

(8) 若 $f'(x^2) = \dfrac{1}{x}(x > 0)$,则 $f(x) = ($　　　　$)$.

A. $2x + C$;　　　　　B. $\ln|x| + C$;

C. $2\sqrt{x} + C$;　　　　D. $\dfrac{1}{\sqrt{x}} + C$.

(9) 设 $f(x)$ 的一个原函数为 $\dfrac{1}{x}$，则 $f'(x) = ($ 　　　　$)$.

A. $\ln|x|$；　　　　B. $\dfrac{1}{x}$；　　　　C. $-\dfrac{1}{x^2}$；　　　　D. $\dfrac{2}{x^3}$.

(10) 设 $\displaystyle\int f(x)\mathrm{d}x = \sin x^2 + C$，则 $\displaystyle\int \dfrac{xf(\sqrt{2x^2-1})}{\sqrt{2x^2-1}}\mathrm{d}x$

$= ($ 　　　　$)$.

A. $\dfrac{1}{2}\sin(2x^2-1)+C$；　　　　B. $\dfrac{1}{4}\sin^2 x^2 + C$；

C. $\dfrac{1}{2}\sin^2(2x^2-1)+C$；　　　　D. $\dfrac{1}{2}\sin(2x^2-1)^2 + C$.

2. 求下列不定积分：

(1) $\displaystyle\int (x^2 - 2\sqrt{x} + 3\sqrt[3]{x} + \mathrm{e}^{3x})\mathrm{d}x$；　　(2) $\displaystyle\int \dfrac{1}{(2x+1)^5}\mathrm{d}x$；

(3) $\displaystyle\int \dfrac{2^x 3^x}{9^x + 4^x}\mathrm{d}x$；　　(4) $\displaystyle\int \mathrm{e}^{\mathrm{e}^x + x}\mathrm{d}x$；

(5) $\displaystyle\int \dfrac{x\arctan x}{\sqrt{1+x^2}}\mathrm{d}x$；　　(6) $\displaystyle\int \dfrac{1+\arctan x}{1+x^2}\mathrm{d}x$；

(7) $\displaystyle\int x^2 \cos x\,\mathrm{d}x$；　　(8) $\displaystyle\int x\mathrm{e}^{-2x}\mathrm{d}x$；

(9) $\displaystyle\int \dfrac{\mathrm{d}x}{1+\sqrt[3]{x+2}}$；　　(10) $\displaystyle\int \dfrac{1}{x^2 - x - 6}\mathrm{d}x$；

(11) $\displaystyle\int \dfrac{\sin 2x}{1+\sin^4 x}\mathrm{d}x$；　　(12) $\displaystyle\int \tan\sqrt{1+x^2}\,\dfrac{x\mathrm{d}x}{\sqrt{1+x^2}}$；

(13) $\displaystyle\int x\cos^2 x\,\mathrm{d}x$；　　(14) $\displaystyle\int \dfrac{\mathrm{d}x}{(2x^2+1)\sqrt{x^2+1}}$；

(15) $\displaystyle\int \dfrac{\arcsin x}{x^2\sqrt{1-x^2}}\mathrm{d}x$；　　(16) $\displaystyle\int \dfrac{1}{x(x^7+2)}\mathrm{d}x$；

(17) $\displaystyle\int \dfrac{x}{x^2+x+1}\mathrm{d}x$；　　(18) $\displaystyle\int \dfrac{\mathrm{d}x}{1+\sqrt[3]{x+2}}$.

3. 已知 $\dfrac{\sin x}{x}$ 是 $f(x)$ 的一个原函数，求 $\displaystyle\int x^3 f'(x)\mathrm{d}x$.

4. 设 $f(\ln x) = \dfrac{\ln(1+x)}{x}$，求 $\displaystyle\int f(x)\mathrm{d}x$.

总习题 4B

1. 填空题：

(1) $\dfrac{\mathrm{d}}{\mathrm{d}x}\displaystyle\int \mathrm{d}\int \mathrm{d}\int \mathrm{d}(f(x^3)) = $ _____，$\displaystyle\int \mathrm{d}\int \mathrm{d}\int \mathrm{d}(f(x^3))$

= _____.

(2) 已知 $\int \dfrac{f(2\ln 2x)}{x}\mathrm{d}x = \sin x^2 + C$，则 $\int \dfrac{xf(\sqrt{2x^2-1})}{\sqrt{2x^2-1}}\mathrm{d}x$

= _____.

(3) $F(x)$ 是 $f(x)$ 的一个原函数，且 $F(x) = \dfrac{f(x)}{\tan x}$，则 $F(x) =$

_____.

(4) 设 $f(x) = \ln(1+ax^2) - b\displaystyle\int \dfrac{\mathrm{d}x}{1+ax}$，则当 a,b 满足关系式

= _____ 时，$f''(0) = 4$.

2.单项选择题:

(1) 下列结论正确的是(　　　).

A. 周期函数的原函数一定是周期函数;

B. 周期函数的原函数一定不是周期函数;

C. 奇函数的原函数一定是偶函数;

D. 偶函数的原函数一定是奇函数.

(2) 函数(　　　)是函数 $\mathrm{e}^{|x|}$ 的原函数.

A. $F(x) = \begin{cases} \mathrm{e}^x, & x \geqslant 0 \\ \mathrm{e}^{-x}, & x < 0; \end{cases}$

B. $F(x) = \begin{cases} \mathrm{e}^x, & x \geqslant 0 \\ 1 - \mathrm{e}^{-x}, & x < 0; \end{cases}$

C. $F(x) = \begin{cases} \mathrm{e}^x, & x \geqslant 0 \\ 2 - \mathrm{e}^{-x}, & x < 0; \end{cases}$

D. $F(x) = \begin{cases} \mathrm{e}^x, & x \geqslant 0 \\ 3 - \mathrm{e}^{-x}, & x < 0. \end{cases}$

(3) e^{x^2} 的原函数是(　　　).

A. $\displaystyle\int \mathrm{e}^{t^2}\mathrm{d}t + 1$;　　　　　　　　B. $\displaystyle\int \mathrm{e}^{x^2}\mathrm{d}t$;

C. $\displaystyle\int \mathrm{e}^{t^2}\mathrm{d}x + C$;　　　　　　　　D. $\displaystyle\int \mathrm{e}^{x^2}\mathrm{d}x + \sin t$.

3.计算下列积分:

(1) $\displaystyle\int \dfrac{\sin x}{\sin x + \cos x}\mathrm{d}x$;　　　　(2) $\displaystyle\int \dfrac{1+\sin x}{3+\cos x}\mathrm{d}x$;

(3) $\displaystyle\int \dfrac{2x}{1+\cos x}\mathrm{d}x$;　　　　　(4) $\displaystyle\int \dfrac{x}{\sqrt{1-x^2}}\mathrm{e}^{\arcsin x}\mathrm{d}x$;

(5) $\displaystyle\int \dfrac{\sqrt{\ln(x+\sqrt{1+x^2})+5}}{\sqrt{1+x^2}}\mathrm{d}x$; (6) $\displaystyle\int \dfrac{1}{x}\sqrt{\dfrac{1+x}{x}}\mathrm{d}x$;

(7) $\int (x^3 - x + 2)\mathrm{e}^{2x}\mathrm{d}x$;

(8) $\int \dfrac{\mathrm{d}x}{1 + \sqrt{1 - x^2}}$;

(9) $\int \dfrac{\mathrm{d}x}{x^6(x^2 + 1)}$;

(10) $\int \dfrac{\sqrt{x^2 - 9}}{x}\mathrm{d}x$;

(11) $\int \dfrac{\mathrm{d}x}{1 + \mathrm{e}^{\frac{x}{2}} + \mathrm{e}^{\frac{x}{3}} + \mathrm{e}^{\frac{x}{6}}}$;

(12) $\int \dfrac{3\cos x - \sin x}{\cos x + \sin x}\mathrm{d}x$.

4. 设 $F(x)$ 为 $f(x)$ 的原函数，且 $F(0) = 1$，当 $x \geqslant 0$ 时，有 $f(x)F(x) = \sin^2 2x$，$F(x) \geqslant 0$，求 $f(x)$.

5. 设 $f(x) = \begin{cases} \sin x, & x < 0, \\ 0, & x = 0,\ \text{求} \int f(x)\mathrm{d}x. \\ \ln(2x + 1), & x > 0, \end{cases}$

第 5 章

定积分

内容导读

本章将讨论一元函数积分学的另一个基本问题:定积分问题. 定积分有非常广泛的实际背景,在几何学、物理学、经济学、生物学等领域有着广泛的应用.

很多人认为本章是微积分学的基础,因为它解释了微积分的两个部分,微分与积分之间的联系. 积分中的主要思想是"积零为整"的数学方法. 早在 17 世纪后期牛顿(Newton,1643.01.04—1727.03.31)和莱布尼茨(Leibniz,1646.07.01—1715.11.14)在总结前辈大量工作的基础上,建立了比较成熟的积分学理论思想体系. 牛顿指出,在计算曲线所围的面积时,可通过把微分法反过来求得;而莱布尼茨则提出,可把这样的面积看作是"无穷多个无穷窄矩形微元的和",这是一种典型的"积零为整"的思想. 他们两人都发现了微分与积分是一对互逆的运算,并建立了微积分基本定理,从而将微分学与积分学构成统一的微积分学理论.

在积分学的发展史上,柯西曾于 1823 年对定积分做出了最系统的开创性工作,他提出把积分定义为和的极限来代替把积分看作微分的逆运算,并根据这种思想对区间 $[x_0,x]$ 上的连续函数给出了定积分的定义. 后来,黎曼(Riemann,1826.09.17—1866.07.20)把定积分的概念推广到在区间 $[a,b]$ 上有定义且有界的函数上. 这个定义也就是至今仍在教材中出现的定积分的概念,被广泛地称为黎曼积分.

本章首先从两个实际问题出发,引出定积分的概念,给出定积分的性质. 但是要想利用定积分的定义来计算函数的定积分是难以实现的. 为此,需要在上一章学习的原函数和不定积分的基础上与定积分建立联系,即微积分基本定理. 在此基础上讨论计算定积分的方法与技巧,然后介绍反常积分,最后研究定积分在几何与经济上的一些简单应用.

□ 人物 — 牛顿
□ 人物 — 莱布尼茨

□ 人物 — 黎曼

5.1　定积分的概念及性质

5.1.1　引例

定积分最初的产生完全独立于微分学之外,主要源于对曲线图形的面积的计算和曲线段的长度的计算.本章首先从面积问题入手引入定积分的概念.

1. 曲边梯形的面积

如图 5-1 所示,在平面直角坐标系中,由连续曲线 $y = f(x)(f(x) \geqslant 0)$,直线 $x = a$ 和 $x = b(a < b)$ 及 x 轴所围成的平面区域称为曲边梯形.容易看到任何一个平面曲线图形都可以用两个曲边梯形的差来表示.

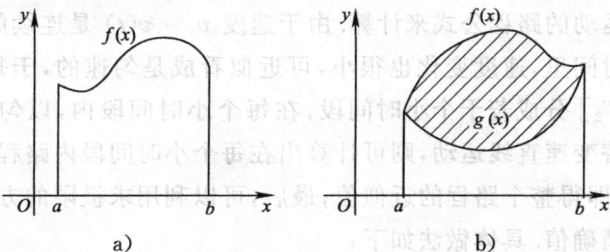

图 5-1

实际生活中经常需要求这样不规则图形的面积.那么,怎样来求曲边梯形的面积 A 呢?我们知道,矩形面积 = 底×高,而曲边梯形与矩形的不同之处,在于其底边上各点的高在区间 $[a,b]$ 上是变化的,于是其面积不能用矩形面积公式直接计算.如果用平行于 y 轴的一组直线细分曲边梯形,就会得到许多小曲边梯形.由于 $f(x)$ 在 $[a,b]$ 上连续,在很小的一段区间上它的变化也很小,故每个小曲边梯形可以近似看成小矩形,我们可以通过计算小矩形的面积之和,得到曲边梯形面积的近似值,取极限即可得到面积 A. 具体做法如下:

(1) 分割　用任意 $n-1$ 个分点 $a = x_0 < x_1 < x_2 < \cdots < x_{i-1} < x_i < \cdots < x_n = b$,把 $[a,b]$ 分成 n 个小区间 $[x_0,x_1]$,$\cdots$,$[x_{i-1},x_i]$,$\cdots$,$[x_{n-1},x_n]$,小区间长为 $\Delta x_i = x_i - x_{i-1}(i = 1,2,\cdots,n)$.过分点 x_i 作 y 轴的平行线,将曲边梯形分成 n 个小曲边梯形(见图 5-2),记

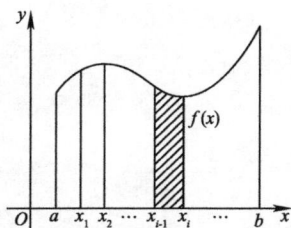

图 5-2

它们的面积为 $\Delta A_i(i = 1,2,\cdots,n)$,则有 $A = \sum_{i=1}^{n} \Delta A_i$.

(2) 近似代替　在每个小区间 $[x_{i-1},x_i]$ 上任取一点 ξ_i,将第 i 个小曲边梯形的面积用以 Δx_i 为底,$f(\xi_i)$ 为高的小矩形面积近似代替(见图 5-3),即

$$\Delta A_i \approx f(\xi_i)\Delta x_i \quad (i = 1,2,\cdots,n).$$

(3) 求和　将 n 个小矩形的面积加起来,可得曲边梯形面积的

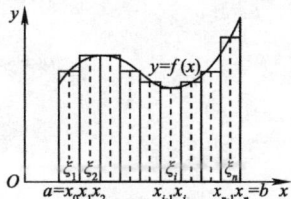

图 5-3

近似值,即

$$A = \sum_{i=1}^{n} \Delta A_i \approx \sum_{i=1}^{n} f(\xi_i) \Delta x_i.$$

□ 示意动图
□ 即时练习 5-1
在上面的极限式 $A = \lim_{\lambda \to 0} \sum_{i=1}^{n} f(\xi_i) \Delta x_i$ 中,能否用 $n \to \infty$ 代替 $\lambda \to 0$?

□ 火箭动图

(4)取极限　各个小区间的长度越小,面积 A 的近似值就越精确.记 $\lambda = \max_{1 \leqslant i \leqslant n}\{\Delta x_i\}$,则有

$$A = \lim_{\lambda \to 0} \sum_{i=1}^{n} f(\xi_i) \Delta x_i.$$

2. 变速直线运动的路程

设某物体沿直线做变速运动,如火箭在发射初期沿直线做上升运动,其速度 $v = v(t)$ 是时间 t 的连续函数,求该物体在时刻 $t = T_1$ 到时刻 $t = T_2$ 所经过的路程 s.

我们知道,匀速直线运动的路程 ＝ 速度×时间,在现在的问题中,速度随时间 t 的变化而连续变化,因此,所求路程不能直接按匀速直线运动的路程公式来计算.由于速度 $v = v(t)$ 是连续的,在很短一段时间里,速度变化也很小,可近似看成是匀速的,于是,如果把 $[T_1, T_2]$ 分成若干个小时间段,在每个小时间段内,以匀速直线运动代替变速直线运动,则可计算出在每个小时间段内路程的近似值;求和即得整个路程的近似值;最后,可以利用求极限的方法算出路程的精确值.具体做法如下:

(1)分割　用任意 $n-1$ 个分点 $T_1 = t_0 < t_1 < t_2 < \cdots < t_{i-1} < t_i < \cdots < t_n = T_2$,把 $[T_1, T_2]$ 分成 n 个小时间段 $[t_0, t_1], \cdots, [t_{i-1}, t_i], \cdots, [t_{n-1}, t_n]$(见图 5-4),每个小时间段长度为 $\Delta t_i = t_i - t_{i-1}(i = 1, 2, \cdots, n)$.物体在每个小时间段内经过的路程记为 Δs_i $(i = 1, 2, \cdots, n)$,则有 $s = \sum_{i=1}^{n} \Delta s_i$.

图 5-4

(2)近似代替　在每个小时间段 $[t_{i-1}, t_i]$ 上任取一点 ξ_i,以该时刻的速度 $v(\xi_i)$ 近似代替 $[t_{i-1}, t_i]$ 各个时刻的速度,得到物体在 $[t_{i-1}, t_i]$ 内经过路程的近似值,即

$$\Delta s_i \approx v(\xi_i) \Delta t_i \quad (i = 1, 2, \cdots, n).$$

(3)求和　将各个小时间段内的路程的近似值加起来,可得物体在时间间隔 $[T_1, T_2]$ 内经过路程的近似值,即

$$s = \sum_{i=1}^{n} \Delta s_i \approx \sum_{i=1}^{n} v(\xi_i) \Delta t_i.$$

(4)取极限　记 $\lambda = \max_{1 \leqslant i \leqslant n}\{\Delta t_i\}$,当 $\lambda \to 0$ 时,和式 $\sum_{i=1}^{n} v(\xi_i) \Delta t_i$ 的极限就是 s 的精确值,即

$$s = \lim_{\lambda \to 0} \sum_{i=1}^{n} v(\xi_i) \Delta t_i.$$

3. 收益问题

设某商品的价格 P 是销售量 x 的函数 $P = P(x)$.我们来计算:

在销售量从 a 增加到 b 的过程中获得的收益 R 为多少？

由于价格随着销售量的变动而变动. 我们不能直接用销售量乘以价格的方法来计算收益. 仿照上面两个例子, 采用如下方法计算:

(1) 分割　用任意 $n-1$ 个分点 $a = x_0 < x_1 < x_2 < \cdots < x_{i-1} < x_i < \cdots < x_n = b$, 把 $[a,b]$ 分成 n 个销售段 $[x_0, x_1], \cdots, [x_{i-1}, x_i], \cdots, [x_{n-1}, x_n]$, 每个销售段的销售量为 $\Delta x_i = x_i - x_{i-1}(i = 1, 2, \cdots, n)$, 收益为 $\Delta R_i(i = 1, 2, \cdots, n)$, 则有 $R = \sum\limits_{i=1}^{n} \Delta R_i$.

(2) 近似代替　在每个销售段 $[x_{i-1}, x_i]$ 上任取一点 ξ_i, 将 $P(\xi_i)$ 作为该段的近似价格, 收益近似为

$$\Delta R_i \approx P(\xi_i) \Delta x_i \quad (i = 1, 2, \cdots, n).$$

(3) 求和　将 n 段的收益加起来, 可得收益的近似值, 即

$$R = \sum_{i=1}^{n} \Delta R_i \approx \sum_{i=1}^{n} P(\xi_i) \Delta x_i.$$

(4) 取极限　记 $\lambda = \max\limits_{1 \leqslant i \leqslant n}\{\Delta x_i\}$, 则有

$$R = \lim_{\lambda \to 0} \sum_{i=1}^{n} P(\xi_i) \Delta x_i.$$

5.1.2　定积分的概念

前面介绍的三个问题虽然实际背景不同, 但解决问题的方法、步骤却完全相同, 最终都是归结于求一种特定和式的极限.

面积　　　$A = \lim\limits_{\lambda \to 0} \sum\limits_{i=1}^{n} f(\xi_i) \Delta x_i$;

路程　　　$s = \lim\limits_{\lambda \to 0} \sum\limits_{i=1}^{n} v(\xi_i) \Delta t_i$;

收益　　　$R = \lim\limits_{\lambda \to 0} \sum\limits_{i=1}^{n} P(\xi_i) \Delta x_i$.

类似这样的实际问题还有很多, 抛开实际问题的具体意义, 我们把这种相同结构的特定和的极限抽象为一个一般的数学概念——定积分. 而且 $f(x)$ 不再局限于非负连续函数, 而是更一般的有界函数.

定义 5-1　设函数 $f(x)$ 在 $[a,b]$ 上有界, 在 a, b 之间任意插入若干个分点

$$a = x_0 < x_1 < x_2 < \cdots < x_{i-1} < x_i < \cdots < x_n = b,$$

把区间 $[a,b]$ 分成 n 个小区间 $[x_{i-1}, x_i](i = 1, 2, \cdots, n)$, 记第 i 个小区间长为 $\Delta x_i = x_i - x_{i-1}$, 任取 $\xi_i \in [x_{i-1}, x_i]$, 作和式

$$S = \sum_{i=1}^{n} f(\xi_i) \Delta x_i, \tag{5-1}$$

记 $\lambda = \max\limits_{1 \leqslant i \leqslant n}\{\Delta x_i\}$. 如果无论区间 $[a,b]$ 的分法以及点 ξ_i 的取法如

何,极限

$$\lim_{\lambda \to 0} \sum_{i=1}^{n} f(\xi_i) \Delta x_i$$

都存在,则称 $f(x)$ 在 $[a,b]$ 上可积,并称此极限值为 $f(x)$ 在 $[a,b]$ 上的定积分(简称积分),记作 $\int_a^b f(x)\mathrm{d}x$,即

$$\int_a^b f(x)\mathrm{d}x = \lim_{\lambda \to 0} \sum_{i=1}^{n} f(\xi_i) \Delta x_i, \qquad (5\text{-}2)$$

其中,称 $f(x)$ 为被积函数,x 称为积分变量,$f(x)\mathrm{d}x$ 称为被积表达式,$[a,b]$ 称为积分区间,a 称为积分下限,b 称为积分上限.

□ 即时练习 5-2

利用定积分的定义,将前面三个例子用定积分来表示.

和式(5-1)通常称为 $f(x)$ 的积分和(也称黎曼和),如果 $f(x)$ 在 $[a,b]$ 上的定积分存在,则称 $f(x)$ 在 $[a,b]$ 上可积.

注意:(1)定积分是一个确定的常数,它的值仅取决于被积函数 $f(x)$ 和积分区间 $[a,b]$,而与积分变量用什么字母表示无关,即

$$\int_a^b f(x)\mathrm{d}x = \int_a^b f(u)\mathrm{d}u = \int_a^b f(t)\mathrm{d}t.$$

□ 即时练习 5-3

设 $f(x)$ 在 $[a,b]$ 上可积,计算 $\dfrac{\mathrm{d}}{\mathrm{d}x}\displaystyle\int_a^b f(x)\mathrm{d}x$.

(2)两个任意:由定义知定积分是和式(5-1)的极限,该极限是否存在与区间 $[a,b]$ 的分法以及点 ξ_i 的取法无关,即区间 $[a,b]$ 的分法以及点 ξ_i 的取法是任意的.

(3)由定积分的定义可知,函数 $f(x)$ 在 $[a,b]$ 上有界是 $f(x)$ 在 $[a,b]$ 上可积的必要条件.

那么对于定积分,还有这样一个重要问题:$f(x)$ 在 $[a,b]$ 上满足什么样的条件,$f(x)$ 在 $[a,b]$ 上一定可积?下面给出可积的两个充分条件:

定理 5-1　$f(x)$ 在 $[a,b]$ 上连续,则 $f(x)$ 在 $[a,b]$ 上可积.

定理 5-2　闭区间上只有有限个间断点的有界函数是可积的.

例 5-1　利用定义计算定积分 $\int_0^1 x^2 \mathrm{d}x$.

解　将 $[0,1]$ n 等分,分点为 $x_i = \dfrac{i}{n}$,小区间为 $\left[\dfrac{i-1}{n}, \dfrac{i}{n}\right]$ $(i=1,2,\cdots,n)$,取 $\xi_i = \dfrac{i}{n}$,$\Delta x_i = \dfrac{1}{n}$ $(i=1,2,\cdots,n)$,则

$$f(\xi_i)\Delta x_i = \xi_i^2 \Delta x_i = \frac{i^2}{n^3},$$

$$\sum_{i=1}^{n} f(\xi_i)\Delta x_i = \frac{1}{n^3}\sum_{i=1}^{n} i^2 = \frac{1}{n^3} \cdot \frac{1}{6} n(n+1)(2n+1)$$

$$= \frac{1}{6}\left(1+\frac{1}{n}\right)\left(2+\frac{1}{n}\right),$$

$$\int_0^1 x^2 \mathrm{d}x = \lim_{\lambda \to 0} \sum_{i=1}^{n} \xi_i^{\,2} \Delta x_i = \lim_{n \to \infty} \frac{1}{n^3} \cdot \frac{n(n+1)(2n+1)}{6} = \frac{1}{3}.$$

注意:当 n 较大时,$\dfrac{1}{6}\left(1+\dfrac{1}{n}\right)\left(2+\dfrac{1}{n}\right)$ 可作为 $\displaystyle\int_0^1 x^2\mathrm{d}x$ 的近似值,采用类似方法,可以利用定积分做近似计算.

5.1.3　定积分的几何意义

设函数 $f(x)$ 在 $[a,b]$ 上连续,由曲线 $y=f(x)$,直线 $x=a$,$x=b$ 和 x 轴所围成的曲边梯形的面积记为 A,易知定积分有如下的几何意义.

(1) 在 $[a,b]$ 上 $f(x)\geqslant 0$,$\displaystyle\int_a^b f(x)\mathrm{d}x=A$.

(2) 在 $[a,b]$ 上 $f(x)\leqslant 0$,$\displaystyle\int_a^b f(x)\mathrm{d}x=-A$.如图 5-5 所示.

(3) 如果在 $[a,b]$ 上,$f(x)$ 有时取正值,有时取负值,那么由曲线 $y=f(x)$,直线 $x=a$,$x=b$ 和 x 轴所围成的曲边梯形可以分成几个部分,使每一部分都位于 x 轴的上方或下方,这时定积分在几何上表示这些小曲边梯形面积的代数和,如图 5-6 所示,有

$$\int_a^b f(x)\mathrm{d}x=-A_1+A_2-A_3.$$

其中 A_1,A_2,A_3 分别是图中相应曲边梯形的面积,都是正数.

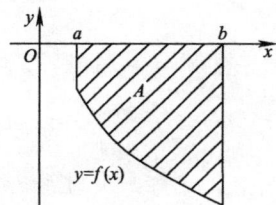

图 5-5

例 5-2　计算定积分 $\displaystyle\int_0^a \sqrt{a^2-x^2}\,\mathrm{d}x$.

解　$\displaystyle\int_0^a \sqrt{a^2-x^2}\,\mathrm{d}x$ 的几何意义为圆 $x^2+y^2=a^2$ 与 x 轴正半轴、y 轴正半轴所围面积,即 $\displaystyle\int_0^a \sqrt{a^2-x^2}\,\mathrm{d}x=\dfrac{1}{4}\pi a^2$.

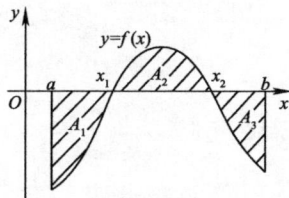

图 5-6

□ 即时练习 5-4　计算定积分 $\displaystyle\int_0^1 x\mathrm{d}x$.

5.1.4　定积分的性质

在定积分定义中,有 $a<b$,为今后使用方便,我们规定:

当 $a>b$ 时,$\displaystyle\int_a^b f(x)\mathrm{d}x=-\int_b^a f(x)\mathrm{d}x$,即交换积分限改变定积分的符号;

当 $a=b$ 时,$\displaystyle\int_a^b f(x)\mathrm{d}x=0$.

接下来我们讨论定积分的性质,在下面的讨论中,假定函数在所讨论的区间上都是可积的.

□ 即时练习 5-5　如果 $f(x)$ 在 $[a,b]$ 上可积,计算 $\displaystyle\int_a^b f(x)\mathrm{d}x+\int_b^a f(x)\mathrm{d}x$.

性质 1　若 k 为常数,则有

$$\int_a^b kf(x)\mathrm{d}x=k\int_a^b f(x)\mathrm{d}x.$$

证明　$\displaystyle\int_a^b kf(x)\mathrm{d}x=\lim_{\lambda\to 0}\sum_{i=1}^n kf(\xi_i)\Delta x_i=k\lim_{\lambda\to 0}\sum_{i=1}^n f(\xi_i)\Delta x_i=k\int_a^b f(x)\mathrm{d}x.$

注意:这里取消了不定积分性质中 $k\neq0$ 的限制,请读者自己思考,这是为什么?

性质2 $\displaystyle\int_a^b[f(x)\pm g(x)]\mathrm{d}x=\int_a^bf(x)\mathrm{d}x\pm\int_a^bg(x)\mathrm{d}x.$

此性质对有限个函数 $f_1(x),f_2(x),\cdots,f_n(x)$ 也成立,即

$$\int_a^b[f_1(x)\pm f_2(x)\pm\cdots\pm f_n(x)]\mathrm{d}x$$
$$=\int_a^bf_1(x)\mathrm{d}x\pm\int_a^bf_2(x)\mathrm{d}x\pm\cdots\pm\int_a^bf_n(x)\mathrm{d}x.$$

性质3 （定积分的可加性） 若积分区间 $[a,b]$ 被点 c 分为两个小区间 $[a,c]$ 和 $[c,b]$,则有

$$\int_a^bf(x)\mathrm{d}x=\int_a^cf(x)\mathrm{d}x+\int_c^bf(x)\mathrm{d}x.$$

证明 当 c 介于 a,b 之间时,即 $a<c<b$,由于定积分的存在与区间 $[a,b]$ 的划分无关,所以我们总可以把 c 取为区间划分的一个分点,比如 $x_k=c$,即

$$a=x_0<x_1<x_2<\cdots<x_{k-1}<x_k=c<x_{k+1}<\cdots<x_n=b,$$

得 $\displaystyle\sum_{i=1}^nf(\xi_i)\Delta x_i=\sum_{i=1}^kf(\xi_i)\Delta x_i+\sum_{i=k+1}^nf(\xi_i)\Delta x_i.$

由 $f(x)$ 在 $[a,b]$ 上可积,知 $f(x)$ 在 $[a,c]$ 和 $[c,b]$ 上都可积,从而

$$\lim_{\lambda\to0}\sum_{i=1}^nf(\xi_i)\Delta x_i=\lim_{\lambda\to0}\sum_{i=1}^kf(\xi_i)\Delta x_i+\lim_{\lambda\to0}\sum_{i=k+1}^nf(\xi_i)\Delta x_i,$$

即 $\displaystyle\int_a^bf(x)\mathrm{d}x=\int_a^cf(x)\mathrm{d}x+\int_c^bf(x)\mathrm{d}x.$

注意:无论 a,b,c 的相对位置如何,这个等式仍然成立.例如,当 $a<b<c$ 时

$$\int_a^cf(x)\mathrm{d}x=\int_a^bf(x)\mathrm{d}x+\int_b^cf(x)\mathrm{d}x=\int_a^bf(x)\mathrm{d}x-\int_c^bf(x)\mathrm{d}x,$$

移项,得

$$\int_a^bf(x)\mathrm{d}x=\int_a^cf(x)\mathrm{d}x+\int_c^bf(x)\mathrm{d}x.$$

同理,当 $c<a<b$ 时,公式也成立.

□ 即时练习 5-6
利用定积分的几何意义证明性质4.

性质4 若在区间 $[a,b]$ 上,$f(x)\equiv1$,则
$$\int_a^b1\mathrm{d}x=b-a.$$

性质5 若在区间 $[a,b]$ 上,$f(x)\geqslant0$,则
$$\int_a^bf(x)\mathrm{d}x\geqslant0(a<b).$$

推论1 若在区间 $[a,b]$ 上,$f(x)\leqslant g(x)$,则
$$\int_a^bf(x)\mathrm{d}x\leqslant\int_a^bg(x)\mathrm{d}x.$$

推论 2 $\left|\int_a^b f(x)\mathrm{d}x\right| \leqslant \int_a^b |f(x)|\mathrm{d}x (a < b).$

性质 5 及其推论可以由极限的保号性或几何意义以及绝对值性质得到.

性质 6 （估值定理） 如果函数 $f(x)$ 在 $[a,b]$ 上有最小值 m 和最大值 M,则

$$m(b-a) \leqslant \int_a^b f(x)\mathrm{d}x \leqslant M(b-a).$$

证明 由已知对任意的 $x \in [a,b]$,有 $m \leqslant f(x) \leqslant M$,根据性质 5 的推论,有

$$\int_a^b m\mathrm{d}x \leqslant \int_a^b f(x)\mathrm{d}x \leqslant \int_a^b M\mathrm{d}x,$$

即

$$m(b-a) \leqslant \int_a^b f(x)\mathrm{d}x \leqslant M(b-a).$$

这个性质说明,由被积函数在积分区间上的最大值及最小值,可以估计积分值的大致范围.

性质 7 （积分中值定理） 如果函数 $f(x)$ 在 $[a,b]$ 上连续,则在 $[a,b]$ 内至少有一点 ξ,使得

$$\int_a^b f(x)\mathrm{d}x = f(\xi)(b-a).$$

证明 因为 $f(x)$ 在 $[a,b]$ 上连续,所以 $f(x)$ 在 $[a,b]$ 上有最小值 m 和最大值 M.

若 $m = M$,则 $f(x) \equiv m$,$[a,b]$ 内的任意一点都可以作为 ξ 点,结论成立.

若 $m \neq M$,由性质 6 可知

$$m(b-a) \leqslant \int_a^b f(x)\mathrm{d}x \leqslant M(b-a).$$

从而有

$$m \leqslant \frac{1}{b-a}\int_a^b f(x)\mathrm{d}x \leqslant M.$$

由连续函数的介值定理知:至少存在一点 $\xi \in (a,b)$,使得

$$f(\xi) = \frac{1}{b-a}\int_a^b f(x)\mathrm{d}x.$$

即

$$\int_a^b f(x)\mathrm{d}x = f(\xi)(b-a).$$

性质 7 的几何意义是:由曲线 $y = f(x)$,直线 $x = a$,$x = b$ 和 x 轴所围成的曲边梯形的面积等于区间 $[a,b]$ 上面某个矩形的面积,此矩形的底是区间 $[a,b]$,高为 $[a,b]$ 上某一点 ξ 处的函数值 $f(\xi)$,如图 5-7 所示.

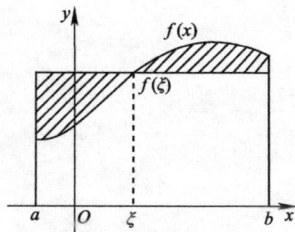
图 5-7

例 5-3 设 $\int_{-1}^1 3f(x)\mathrm{d}x = 18, \int_{-1}^3 f(x)\mathrm{d}x = 4, \int_{-1}^3 g(x)\mathrm{d}x = 3$,求 $\int_1^3 f(x)\mathrm{d}x, \int_{-1}^3 \frac{1}{5}[4f(x) + 3g(x)]\mathrm{d}x.$

解　因为 $\int_{-1}^{1} 3f(x)\mathrm{d}x = 18$，故　$\int_{-1}^{1} f(x)\mathrm{d}x = 6$.

$$\int_{1}^{3} f(x)\mathrm{d}x = \int_{1}^{-1} f(x)\mathrm{d}x + \int_{-1}^{3} f(x)\mathrm{d}x$$

$$= -\int_{-1}^{1} f(x)\mathrm{d}x + \int_{-1}^{3} f(x)\mathrm{d}x = -6 + 4 = -2.$$

$$\int_{-1}^{3} \frac{1}{5}[4f(x) + 3g(x)]\mathrm{d}x$$

$$= \int_{-1}^{3} \left[\frac{1}{5} \cdot 4f(x)\right]\mathrm{d}x + \int_{-1}^{3} [3g(x)]\mathrm{d}x$$

$$= \frac{4}{5}\int_{-1}^{3} f(x)\mathrm{d}x - 3\int_{-1}^{3} g(x)\mathrm{d}x$$

$$= \frac{16}{5} - 9$$

$$= -\frac{29}{5}.$$

例 5-4　比较定积分 $\int_{0}^{1} x^2 \mathrm{d}x$ 和 $\int_{0}^{1} x^3 \mathrm{d}x$ 的大小.

解　对于任意的 $x \in [0,1]$，有 $x^2 \geqslant x^3$，由性质 5 的推论 1，得

$$\int_{0}^{1} x^2 \mathrm{d}x \geqslant \int_{0}^{1} x^3 \mathrm{d}x.$$

例 5-5　估计定积分 $\int_{0}^{2} \mathrm{e}^{x^2-x} \mathrm{d}x$ 的值.

解　设 $f(x) = \mathrm{e}^{x^2-x}$，求得 $f'(x) = (2x-1)\mathrm{e}^{x^2-x}$，令 $f'(x) = 0$，得驻点 $x = \frac{1}{2}$，且 $f\left(\frac{1}{2}\right) = \mathrm{e}^{-\frac{1}{4}}$，$f(0) = 1$，$f(2) = \mathrm{e}^2$.

由于 $f(x) = \mathrm{e}^{x^2-x}$ 在 $[0,2]$ 上连续，其最大值、最小值一定存在，比较 $f(0)$，$f(2)$，$f\left(\frac{1}{2}\right)$ 的值，得 $f(x)$ 在 $[0,2]$ 上的最大值 $M = f(2) = \mathrm{e}^2$，最小值 $m = f\left(\frac{1}{2}\right) = \mathrm{e}^{-\frac{1}{4}}$，由性质 6，得

$$2\mathrm{e}^{-\frac{1}{4}} \leqslant \int_{0}^{2} \mathrm{e}^{x^2-x}\mathrm{d}x \leqslant 2\mathrm{e}^2.$$

习题 5.1

1. 利用定积分的几何意义，求下列定积分的值：

(1) $\int_{-1}^{2} |x|\mathrm{d}x$；　　　　　　　　　(2) $\int_{3}^{4} \sqrt{1-(x-3)^2}\,\mathrm{d}x$；

(3) $\int_{2}^{4} (2x+3)\mathrm{d}x$；　　　　　　　(4) $\int_{1}^{6} (2x-6)\mathrm{d}x$.

2. 比较下列各对定积分的大小：

(1) $\int_{0}^{1} x\mathrm{d}x$ 与 $\int_{0}^{1} x^2\mathrm{d}x$；　　　　(2) $\int_{1}^{2} x^2\mathrm{d}x$ 与 $\int_{1}^{2} x^3\mathrm{d}x$；

(3) $\int_{0}^{\frac{\pi}{2}} \sin x\mathrm{d}x$ 与 $\int_{0}^{\frac{\pi}{2}} \sin^2 x\mathrm{d}x$；　(4) $\int_{0}^{\frac{\pi}{2}} \sin x\mathrm{d}x$ 与 $\int_{0}^{\frac{\pi}{2}} x\mathrm{d}x$.

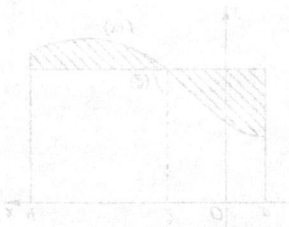

3.估计下列定积分的值:

(1) $\int_0^1 \sqrt{1+x^2}\,\mathrm{d}x$;　　　　　　　　(2) $\int_1^2 \dfrac{x}{1+x^2}\,\mathrm{d}x$;

(3) $\int_{\frac{\pi}{4}}^{\frac{5\pi}{4}} (1+\sin^2 x)\,\mathrm{d}x$;　　　　　　(4) $\int_{\frac{\pi}{6}}^{\frac{\pi}{2}} \dfrac{\sin x}{x}\,\mathrm{d}x$.

4.设 $f(x)$ 可导,且 $\lim\limits_{x\to+\infty} f(x)=1$,求 $\lim\limits_{x\to+\infty} \int_x^{x+2} t\sin\dfrac{3}{t}f(t)\,\mathrm{d}t$.

5.2　微积分基本公式

由 5.1 节可知,定积分的定义有较强的实际背景,但是像例 5-1 那样都通过定积分定义去计算具体函数的定积分不是很容易的事,所以我们必须寻找简捷的方法来计算定积分.另一方面,上一章从微分的逆运算的角度引入了不定积分,不定积分具有计算方便的优点,如何将二者结合起来是我们需要进一步讨论的问题.

下面先从实际问题入手,进一步讨论变速直线运动中速度函数与位移函数的联系.

5.2.1　变速直线运动的路程的进一步讨论

引例　设某物体沿直线做变速运动,已知速度函数 $v(t)$ 和位移函数 $s(t)$.求在时间 $[T_1,T_2]$ 内物体所经过的路程 s.

解　一方面,由 5.1 节有: $s=\int_{T_1}^{T_2} v(t)\,\mathrm{d}t$;

另一方面,显然这段路程可以通过位移函数在区间 $[T_1,T_2]$ 的增量来表达:

$$s=s(T_2)-s(T_1),$$

则

$$\int_{T_1}^{T_2} v(t)\,\mathrm{d}t=s(T_2)-s(T_1),$$

又注意到 $s(t)$ 是 $v(t)$ 的原函数,所以上式表示速度函数 $v(t)$ 在区间 $[T_1,T_2]$ 上的定积分等于 $v(t)$ 的原函数 $s(t)$ 在 $[T_1,T_2]$ 上的增量 $s(T_2)-s(T_1)$.

那么推广开来,这样的结论是不是具有一般性呢?也就是说,若 $F(x)$ 是 $f(x)$ 的原函数,是不是一定有 $\int_a^b f(x)\,\mathrm{d}x=F(b)-F(a)$ 成立?

5.2.2　积分上限的函数及其导数

定义 5-2　设函数 $f(x)$ 在区间 $[a,b]$ 上连续,对于任意 $x\in[a,b]$, $f(x)$ 在 $[a,x]$ 上也连续,所以 $f(x)$ 在 $[a,x]$ 上可积.对于 $[a,b]$ 上的每个 x 的取值,都有唯一确定的定积分 $\int_a^x f(x)\,\mathrm{d}x$ 与之对

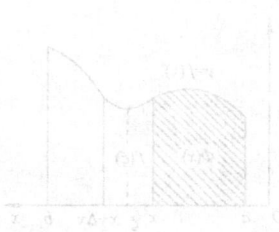

应,这里的 x 既表示积分变量,又表示积分上限,为区别起见,把积分变量换成 t,将其改写为 $\int_a^x f(t)\mathrm{d}t$. 于是 $\int_a^x f(t)\mathrm{d}t$ 是定义在 $[a,b]$ 上的函数,记为

$$\Phi(x) = \int_a^x f(t)\mathrm{d}t, x \in [a,b],$$

称 $\Phi(x)$ 为积分上限的函数,有时又称为变上限积分函数.

注意:变上限积分函数是一类新的函数,在讨论这类函数时,首先要弄清变量之间的关系. 从函数结构来看,其中含有两个变量,一个是积分变量,另一个是积分限上出现的函数自变量. 例如积分式 $\int_a^x xf(t)\mathrm{d}t$,其中 t 为积分变量,x 为自变量,相对于积分而言,x 可看作常数,提到积分号外,记作 $x\int_a^x f(t)\mathrm{d}t$.

函数 $\Phi(x)$ 具有如下重要性质:

定理 5-3　　如果函数 $f(x)$ 在区间 $[a,b]$ 上连续,则 $\Phi(x) = \int_a^x f(t)\mathrm{d}t$ 在 $[a,b]$ 上可导,且

$$\Phi'(x) = \frac{\mathrm{d}}{\mathrm{d}x}\int_a^x f(t)\mathrm{d}t = f(x) \quad (a \leqslant x \leqslant b). \tag{5-3}$$

证明　　设 $x \in (a,b)$,给定自变量 x 的改变量 Δx,使得 $x + \Delta x \in (a,b)$,则函数 $\Phi(x)$ 有相应的改变量(见图 5-8)

$$\Delta\Phi = \Phi(x + \Delta x) - \Phi(x) = \int_a^{x+\Delta x} f(t)\mathrm{d}t - \int_a^x f(t)\mathrm{d}t$$

$$= \int_x^{x+\Delta x} f(t)\mathrm{d}t,$$

由积分中值定理可得,存在 ξ 介于 x 和 $x + \Delta x$ 之间,使

$$\int_x^{x+\Delta x} f(t)\mathrm{d}t = f(\xi)\Delta x.$$

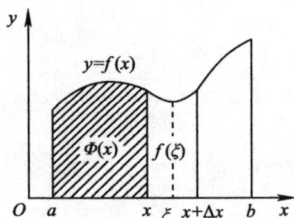

图 5-8

于是

$$\Phi'(x) = \lim_{\Delta x \to 0} \frac{\Delta\Phi}{\Delta x} = \lim_{\Delta x \to 0} \frac{f(\xi)\Delta x}{\Delta x} = \lim_{\Delta x \to 0} f(\xi) = \lim_{\xi \to x} f(\xi) = f(x).$$

当 $x = a$ 时,取 $\Delta x > 0, a + \Delta x \in (a,b)$,同上可证明 $\Phi'_+(a) = f(a)$.

当 $x = b$ 时,取 $\Delta x < 0, b + \Delta x \in (a,b)$,同上可证明 $\Phi'_-(b) = f(b)$.

由定理 5-3 可知,如果函数 $f(x)$ 在区间 $[a,b]$ 上连续,则函数 $\Phi(x) = \int_a^x f(t)\mathrm{d}t$ 的导数就是 $f(x)$,即 $\Phi(x)$ 是 $f(x)$ 在区间 $[a,b]$ 上的一个原函数. 于是有如下的原函数存在定理.

定理 5-4　　如果函数 $f(x)$ 在区间 $[a,b]$ 上连续,则函数 $\Phi(x) = \int_a^x f(t)\mathrm{d}t$ 就是 $f(x)$ 在区间 $[a,b]$ 上的一个原函数.

注意:(1) 上述定理说明了连续函数的原函数是存在的,因此称为原函数存在定理.

(2) 定理揭示了导数与定积分之间的内在联系:求导运算是积分上限的函数的逆运算,因此有可能利用原函数来计算定积分.

(3) 定理还扩展了函数的形式,上一章我们提到过的那些原函数不能用初等函数表示的函数此时就可以用 $\Phi(x)$ 的形式来表示.

□ 即时练习 5-7

写出函数 e^{-x^2},$\sin x^2$ 的原函数.

若 $f(x)$ 连续,$\varphi(x)$,$a(x)$,$b(x)$ 可导,利用复合函数的求导法则,可进一步得到

(1) $\dfrac{d}{dx}\displaystyle\int_a^{\varphi(x)} f(t)dt = f\big[\varphi(x)\big]\varphi'(x)$; \qquad (5-4)

(2) $\dfrac{d}{dx}\displaystyle\int_{a(x)}^{b(x)} f(t)dt = f\big[b(x)\big]b'(x) - f\big[a(x)\big]a'(x)$. \quad (5-5)

例 5-6 求 $\dfrac{d}{dx}\displaystyle\int_0^x e^{-3t^2}dt$.

解 由定理 5-3,有 $\dfrac{d}{dx}\displaystyle\int_0^x e^{-3t^2}dt = e^{-3x^2}$.

例 5-7 求 $\dfrac{d}{dx}\displaystyle\int_x^0 \sin^2 t dt$.

解 $\dfrac{d}{dx}\displaystyle\int_x^0 \sin^2 t dt = \dfrac{d}{dx}\left(-\displaystyle\int_0^x \sin^2 t dt\right) = -\sin^2 x$.

例 5-8 求 $\dfrac{d}{dx}\displaystyle\int_{x^2}^{x^3} \cos t^2 dt$.

解
$$\frac{d}{dx}\int_{x^2}^{x^3} \cos t^2 dt = (x^3)'\cos (x^3)^2 - (x^2)'\cos (x^2)^2$$
$$= 3x^2\cos x^6 - 2x\cos x^4.$$

例 5-9 求极限 $\lim\limits_{x\to 0} \dfrac{\displaystyle\int_0^{x^2} \sin t dt}{x^4}$.

解 因为 $\lim\limits_{x\to 0} x^4 = 0$,$\lim\limits_{x\to 0}\displaystyle\int_0^{x^2} \sin t dt = 0$.所以这个极限是 $\dfrac{0}{0}$ 型未定式,利用洛必达法则,可得

$$\lim_{x\to 0} \frac{\displaystyle\int_0^{x^2} \sin t dt}{x^4} = \lim_{x\to 0} \frac{2x\sin x^2}{4x^3} = \lim_{x\to 0} \frac{\sin x^2}{2x^2} = \frac{1}{2}.$$

5.2.3 牛顿-莱布尼茨公式

定理 5-5 如果函数 $f(x)$ 在区间 $[a,b]$ 上连续,$F(x)$ 是 $f(x)$ 的任意一个原函数,则

$$\int_a^b f(x)dx = F(b) - F(a), \qquad (5-6)$$

或记为 $\displaystyle\int_a^b f(x)dx = F(x)\Big|_a^b = F(b) - F(a)$.

证明 由定理 5-4 知,$\Phi(x) = \displaystyle\int_a^x f(t)dt$ 是 $f(x)$ 在区间 $[a,b]$ 上的一个原函数.那么 $\Phi(x)$ 与 $F(x)$ 相差一个常数 C,即

$$\Phi(x) = \int_a^x f(t)dt = F(x) + C.$$

由于 $\Phi(a) = \int_a^a f(t)\mathrm{d}t = 0$,

所以 $F(a) + C = 0$, 即 $C = -F(a)$.

因而

$$\Phi(x) = \int_a^x f(t)\mathrm{d}t = F(x) - F(a).$$

令 $x = b$, 则

$$\Phi(b) = \int_a^b f(t)\mathrm{d}t = F(b) - F(a),$$

即

$$\int_a^b f(x)\mathrm{d}x = F(b) - F(a).$$

□ 微积分发明权之争

公式(5-6) 称为牛顿-莱布尼茨公式,又称微积分基本公式. 此公式揭示了定积分与被积函数的原函数之间的联系,它表明,求已知函数 $f(x)$ 在区间 $[a,b]$ 上的定积分,只要求出 $f(x)$ 在区间 $[a,b]$ 上的一个原函数 $F(x)$,然后计算 $F(b) - F(a)$ 就可以了. 但是,在使用牛顿-莱布尼茨公式的时候一定要注意检查被积函数的连续性.

例 5-10   求 $\int_0^1 x^3\mathrm{d}x$.

解 x^3 在 $[0,1]$ 上连续,$\dfrac{x^4}{4}$ 为 x^3 在 $[0,1]$ 上的一个原函数,根据牛顿-莱布尼茨公式,有

$$\int_0^1 x^3\mathrm{d}x = \frac{x^4}{4}\Big|_0^1 = \frac{1}{4} - 0 = \frac{1}{4}.$$

例 5-11   求 $\int_0^1 2x\mathrm{e}^{x^2}\mathrm{d}x$.

解 $2x\mathrm{e}^{x^2}$ 在 $[0,1]$ 上连续,e^{x^2} 为 $2x\mathrm{e}^{x^2}$ 在 $[0,1]$ 上的原函数,故 $\int_0^1 2x\mathrm{e}^{x^2}\mathrm{d}x = \mathrm{e}^{x^2}\Big|_0^1 = \mathrm{e} - 1$.

例 5-12   求 $\int_0^4 |x - 3|\mathrm{d}x$.

解 $|x - 3| = \begin{cases} 3 - x, & x \leqslant 3, \\ x - 3, & x > 3. \end{cases}$

由定积分的可加性得

$$\int_0^4 |x - 3|\mathrm{d}x = \int_0^3 (3 - x)\mathrm{d}x + \int_3^4 (x - 3)\mathrm{d}x$$

$$= \left(3x - \frac{x^2}{2}\right)\Big|_0^3 + \left(\frac{x^2}{2} - 3x\right)\Big|_3^4$$

$$= 9 - \frac{9}{2} + 8 - 12 - \left(\frac{9}{2} - 9\right) = 5.$$

例 5-13   设 $f(x) = \begin{cases} \sin x, & 0 \leqslant x < \dfrac{\pi}{2}, \\ x, & \dfrac{\pi}{2} \leqslant x \leqslant \pi, \end{cases}$ 求 $\int_0^\pi f(x)\mathrm{d}x$.

解 $\int_0^\pi f(x)\mathrm{d}x = \int_0^{\frac{\pi}{2}} f(x)\mathrm{d}x + \int_{\frac{\pi}{2}}^\pi f(x)\mathrm{d}x$

$$= \int_0^{\frac{\pi}{2}} \sin x \mathrm{d}x + \int_{\frac{\pi}{2}}^{\pi} x \mathrm{d}x$$

$$= -\cos x \Big|_0^{\frac{\pi}{2}} + \frac{x^2}{2} \Big|_{\frac{\pi}{2}}^{\pi} = 1 + \frac{3}{8}\pi^2.$$

习题 5.2

1. 求下列函数的导数：

(1) $y = \int_0^x t\sqrt{1+t^2}\,\mathrm{d}t$;　　　　(2) $y = \int_1^{x^2} \frac{\sin t}{t}\mathrm{d}t$;

(3) $y = \int_{x^3}^{\sin x} t\mathrm{e}^t \mathrm{d}t$;　　　　(4) $y = \int_{-x}^{x^2} \cos^2 t \mathrm{d}t$.

2. 求下列极限：

(1) $\lim\limits_{x \to 0} \dfrac{\int_0^x \sin t^2 \mathrm{d}t}{x^3}$;　　　　(2) $\lim\limits_{x \to 0} \dfrac{\int_x^0 \ln(1+t)\mathrm{d}t}{x^2}$.

(3) $\lim\limits_{x \to 0} \dfrac{\int_0^x (\mathrm{e}^{2t}-1)\mathrm{d}t}{1-\cos x}$;　　　　(4) $\lim\limits_{x \to 0^+} \dfrac{\int_0^{x^2} \mathrm{e}^{-t}\mathrm{d}t}{\int_0^{\sqrt{x}} t^3 \mathrm{e}^{-t^2}\mathrm{d}t}$.

3. 求函数 $F(x) = \int_0^x t(t-4)\mathrm{d}t$ 在 $[-1,5]$ 上的最大值和最小值.

4. 设方程 $\int_0^y \mathrm{e}^{-t^2}\mathrm{d}t + \int_0^x \cos t^2 \mathrm{d}t = 0$ 确定了 y 是 x 的函数，求 $\dfrac{\mathrm{d}y}{\mathrm{d}x}$.

5. 计算下列定积分：

(1) $\int_1^2 \left(x^2 + \frac{1}{x^2}\right)\mathrm{d}x$;　　　　(2) $\int_1^2 \frac{x^2}{x+1}\mathrm{d}x$;

(3) $\int_{-\frac{1}{2}}^{\frac{1}{2}} \frac{1}{\sqrt{1-x^2}}\mathrm{d}x$;　　　　(4) $\int_1^{\mathrm{e}} \frac{1+\ln x}{x}\mathrm{d}x$;

(5) $\int_0^1 (2^x + x^2)\mathrm{d}x$;　　　　(6) $\int_0^5 \frac{2x^2+3x-5}{x-1}\mathrm{d}x$;

(7) $\int_0^{\frac{\pi}{2}} 2\sin^2 \frac{x}{2}\mathrm{d}x$;　　　　(8) $\int_0^3 \sqrt{(2-x)^2}\,\mathrm{d}x$;

(9) $\int_0^{\pi} |\cos x|\mathrm{d}x$;

(10) 设 $f(x) = \begin{cases} x+1, & x \leqslant 1, \\ \frac{1}{2}x^2, & x > 1, \end{cases}$ 求 $\int_0^2 f(x)\mathrm{d}x$.

6. 已知函数 $f(x)$ 连续，且 $f(x) = \mathrm{e}^x + \frac{1}{\mathrm{e}}\int_0^1 f(x)\mathrm{d}x$, 求 $f(x)$.

7. 设 $f(x) = \begin{cases} \mathrm{e}^x, 0 \leqslant x < 1, \\ 2x, 1 \leqslant x \leqslant 2, \end{cases}$ 求 $F(x) = \int_0^x f(t)\mathrm{d}t$ 的表达式.

5.3 定积分的换元积分法和分部积分法

上一章我们学习了不定积分的换元积分法和分部积分法,将其稍加改变就是定积分的换元积分法和分部积分法.

5.3.1 定积分的换元积分法

在上一章用换元法计算不定积分时,并没有考虑原变量与新变量的取值范围,如果要用换元法计算定积分,积分区间会随之改变,而且新的积分区间应该是唯一的,这就要求代换函数 $x = \varphi(t)$ 单调且具有连续导数,因此有下面的定理.

定理 5-6 如果函数 $f(x)$ 在区间 $[a,b]$ 上连续,函数 $x = \varphi(t)$ 在以 α,β 为端点的区间上单调且具有连续的导数,又 $\varphi(\alpha) = a$,$\varphi(\beta) = b$,则

$$\int_a^b f(x)\mathrm{d}x = \int_\alpha^\beta f[\varphi(t)]\varphi'(t)\mathrm{d}t. \tag{5-7}$$

式(5-7)称为定积分的换元公式.

证明 设 $F(x)$ 为 $f(x)$ 的一个原函数,则

$$\int_a^b f(x)\mathrm{d}x = F(b) - F(a).$$

另一方面,根据复合函数求导法则知 $F[\varphi(t)]$ 是 $f[\varphi(t)]\varphi'(t)$ 的一个原函数,所以

$$\int_\alpha^\beta f[\varphi(t)]\varphi'(t)\mathrm{d}t = F[\varphi(\beta)] - F[\varphi(\alpha)] = F(b) - F(a).$$

于是 $$\int_a^b f(x)\mathrm{d}x = \int_\alpha^\beta f[\varphi(t)]\varphi'(t)\mathrm{d}t.$$

注意:(1)在利用定积分换元公式将原积分变量 x 换成新积分变量 t 时,积分限也要换成新积分变量 t 的积分限,在积分限做了相应替换后,原定积分变成了一个新的定积分,计算新定积分的值即得原来定积分的值,不必为写出原函数而将积分变量还原回去.

(2)当 $a > b$ 时,换元公式(5-7)仍然适用.

(3)与不定积分一样,换元公式也可反过来使用,即

$$\int_\alpha^\beta f(\varphi(t))\varphi'(t)\mathrm{d}t = \int_a^b f(x)\mathrm{d}x (\text{设 } x = \varphi(t)).$$

例 5-14 求 $\int_0^9 \dfrac{1}{1+\sqrt{x}}\mathrm{d}x$.

解 令 $\sqrt{x} = t$,则 $x = t^2$,$\mathrm{d}x = 2t\mathrm{d}t$,当 $x = 0$ 时,$t = 0$;当 $x = 9$ 时,$t = 3$.于是

$$\int_0^9 \frac{1}{1+\sqrt{x}}dx = \int_0^3 \frac{2t}{1+t}dt = 2\int_0^3 \left(1 - \frac{1}{1+t}\right)dt$$

$$= 2\left(\int_0^3 dt - \int_0^3 \frac{1}{1+t}dt\right)$$

$$= 2\left(t\big|_0^3 - \ln(1+t)\big|_0^3\right) = 2(3 - 2\ln 2).$$

例 5-15 求 $\int_0^a \sqrt{a^2-x^2}\,dx$ $(a > 0)$.

解 设 $x = a\sin t$，则 $dx = a\cos t\,dt$，当 $x = 0$ 时，$t = 0$；当 $x = a$ 时，$t = \frac{\pi}{2}$. 于是

$$\int_0^a \sqrt{a^2-x^2}\,dx = \int_0^{\frac{\pi}{2}} a\cos t \cdot a\cos t\,dt = a^2\int_0^{\frac{\pi}{2}} \frac{1+\cos 2t}{2}dt$$

$$= \frac{a^2}{2}\left(t + \frac{\sin 2t}{2}\right)\Big|_0^{\frac{\pi}{2}} = \frac{\pi a^2}{4}.$$

例 5-16 求 $\int_0^{\frac{\pi}{2}} \sin x \cos^5 x\,dx$.

解 设 $t = \cos x$，则 $dt = -\sin x\,dx$，当 $x = 0$ 时，$t = 1$；当 $x = \frac{\pi}{2}$ 时，$t = 0$. 于是

$$\int_0^{\frac{\pi}{2}} \sin x \cos^5 x\,dx = -\int_1^0 t^5\,dt = \int_0^1 t^5\,dt = \frac{t^6}{6}\Big|_0^1 = \frac{1}{6}.$$

此例中，我们也可以不明显写出新变量 t，这时就不用更换定积分的上、下限. 可按下列方式计算：

$$\int_0^{\frac{\pi}{2}} \sin x \cos^5 x\,dx = -\int_0^{\frac{\pi}{2}} \cos^5 x\,d\cos x = -\frac{\cos^6 x}{6}\Big|_0^{\frac{\pi}{2}}$$

$$= -\left(0 - \frac{1}{6}\right) = \frac{1}{6}.$$

例 5-17 求 $\int_0^{\pi} \sqrt{\sin^3 x - \sin^5 x}\,dx$.

解 $\int_0^{\pi} \sqrt{\sin^3 x - \sin^5 x}\,dx = \int_0^{\pi} \sin^{\frac{3}{2}} x\,|\cos x|\,dx$

$$= \int_0^{\frac{\pi}{2}} \sin^{\frac{3}{2}} x \cos x\,dx - \int_{\frac{\pi}{2}}^{\pi} \sin^{\frac{3}{2}} x \cos x\,dx$$

$$= \int_0^{\frac{\pi}{2}} \sin^{\frac{3}{2}} x\,d\sin x - \int_{\frac{\pi}{2}}^{\pi} \sin^{\frac{3}{2}} x\,d\sin x$$

$$= \frac{2}{5} \sin^{\frac{5}{2}} x\Big|_0^{\frac{\pi}{2}} - \frac{2}{5} \sin^{\frac{5}{2}} x\Big|_{\frac{\pi}{2}}^{\pi}$$

$$= \frac{2}{5} - \left(-\frac{2}{5}\right) = \frac{4}{5}.$$

例 5-18 求 $\int_0^1 \frac{\ln(1+x)}{1+x^2}dx$.

解 令 $x = \tan t$，则 $dx = \sec^2 t\,dt$. 当 $x = 0$ 时，$t = 0$；$x = 1$ 时，$t = \frac{\pi}{4}$.

$$\int_0^1 \frac{\ln(1+x)}{1+x^2}\mathrm{d}x = \int_0^{\frac{\pi}{4}} \frac{\ln(1+\tan t)}{\sec^2 t}\sec^2 t\mathrm{d}t = \int_0^{\frac{\pi}{4}} \ln\frac{\cos t + \sin t}{\cos t}\mathrm{d}t$$

$$= \int_0^{\frac{\pi}{4}} \ln\frac{2\cos\frac{\pi}{4}\cos\left(\frac{\pi}{4}-t\right)}{\cos t}\mathrm{d}t$$

$$= \int_0^{\frac{\pi}{4}} \ln\left(2\cos\frac{\pi}{4}\right)\mathrm{d}t + \int_0^{\frac{\pi}{4}} \ln\cos\left(\frac{\pi}{4}-t\right)\mathrm{d}t - \int_0^{\frac{\pi}{4}} \ln(\cos t)\mathrm{d}t$$

$$= \frac{\pi}{4}\ln\sqrt{2} - \int_{\frac{\pi}{4}}^0 \ln(\cos u)\mathrm{d}u - \int_0^{\frac{\pi}{4}} \ln(\cos t)\mathrm{d}t$$

$$= \frac{\pi}{4}\ln\sqrt{2}.$$

此例中的被积函数不能用初等函数表达,因此无法使用牛顿－莱布尼茨公式,但是可以利用定积分的性质和换元积分公式最终求得.

例 5-19 证明:

(1) 如果 $f(x)$ 在 $[-a,a]$ 上连续且为奇函数,则 $\int_{-a}^a f(x)\mathrm{d}x = 0$.

(2) 如果 $f(x)$ 在 $[-a,a]$ 上连续且为偶函数,则 $\int_{-a}^a f(x)\mathrm{d}x = 2\int_0^a f(x)\mathrm{d}x$.

证明 因为 $\int_{-a}^a f(x)\mathrm{d}x = \int_{-a}^0 f(x)\mathrm{d}x + \int_0^a f(x)\mathrm{d}x$,

对上式右边第一个积分 $\int_{-a}^0 f(x)\mathrm{d}x$,令 $x = -t$,则 $\mathrm{d}x = -\mathrm{d}t$,当 $x = -a$ 时,$t = a$;当 $x = 0$ 时,$t = 0$.得

$$\int_{-a}^0 f(x)\mathrm{d}x = -\int_a^0 f(-t)\mathrm{d}t = \int_0^a f(-t)\mathrm{d}t = \int_0^a f(-x)\mathrm{d}x,$$

于是

$$\int_{-a}^a f(x)\mathrm{d}x = \int_0^a f(-x)\mathrm{d}x + \int_0^a f(x)\mathrm{d}x$$

$$= \int_0^a [f(x) + f(-x)]\mathrm{d}x.$$

(1) 如果 $f(x)$ 在 $[-a,a]$ 上为奇函数,则 $f(x) + f(-x) = 0$,从而

$$\int_{-a}^a f(x)\mathrm{d}x = 0.$$

(2) 如果 $f(x)$ 在 $[-a,a]$ 上为偶函数,则 $f(x) + f(-x) = 2f(x)$,从而

$$\int_{-a}^a f(x)\mathrm{d}x = 2\int_0^a f(x)\mathrm{d}x.$$

□ 即时练习 5-8

计算定积分 $\int_{-1}^1 x^3\mathrm{e}^{x^2}(1 + \cos 3x)\mathrm{d}x$.

这两个结论称为定积分的奇偶对称性,可当成定理使用,用来简化计算奇、偶函数在关于原点的对称区间上的定积分. 例如对积

分 $\int_{-2}^{2} \dfrac{x^2 \sin x}{3 + \cos x} \mathrm{d}x$，因为被积函数 $\dfrac{x^2 \sin x}{3 + \cos x}$ 是奇函数，而积分区间 $[-2, 2]$ 为对称区间，所以

$$\int_{-2}^{2} \frac{x^2 \sin x}{3 + \cos x} \mathrm{d}x = 0.$$

例 5-20 若函数 $f(x)$ 在区间 $[0, 1]$ 上连续，证明：

$$\int_{0}^{\frac{\pi}{2}} f(\sin x) \mathrm{d}x = \int_{0}^{\frac{\pi}{2}} f(\cos x) \mathrm{d}x.$$

证明 令 $x = \dfrac{\pi}{2} - t$，则 $\mathrm{d}x = -\mathrm{d}t$. 当 $x = 0$ 时，$t = \dfrac{\pi}{2}$；当 $x = \dfrac{\pi}{2}$ 时，$t = 0$.

于是 $\displaystyle\int_{0}^{\frac{\pi}{2}} f(\sin x) \mathrm{d}x = -\int_{\frac{\pi}{2}}^{0} f\left[\sin\left(\frac{\pi}{2} - t\right)\right] \mathrm{d}t$

$$= \int_{0}^{\frac{\pi}{2}} f(\cos t) \mathrm{d}t = \int_{0}^{\frac{\pi}{2}} f(\cos x) \mathrm{d}x.$$

我们立即可以得到

$$\int_{0}^{\frac{\pi}{2}} \sin^n x \, \mathrm{d}x = \int_{0}^{\frac{\pi}{2}} \cos^n x \, \mathrm{d}x.$$

例 5-21 求 $\displaystyle\int_{0}^{\frac{\pi}{2}} \dfrac{\mathrm{d}x}{1 + \tan x}$.

解 由例 5-20，有

$$I_1 = \int_{0}^{\frac{\pi}{2}} \frac{\mathrm{d}x}{1 + \tan x} = \int_{0}^{\frac{\pi}{2}} \frac{\cos x \mathrm{d}x}{\cos x + \sin x} = \int_{0}^{\frac{\pi}{2}} \frac{\sin x \mathrm{d}x}{\cos x + \sin x} = I_2,$$

则 $\displaystyle I_1 + I_2 = \int_{0}^{\frac{\pi}{2}} \frac{(\sin x + \cos x) \mathrm{d}x}{\cos x + \sin x} = \frac{\pi}{2},$

从而有 $\displaystyle\int_{0}^{\frac{\pi}{2}} \frac{\mathrm{d}x}{1 + \tan x} = \frac{\pi}{4}.$

5.3.2 定积分的分部积分法

若函数 $u = u(x)$ 和 $v = v(x)$ 在区间 $[a, b]$ 上具有连续的导数 $u'(x), v'(x)$，则有 $(uv)' = u'v + uv'$. 两边在 $[a, b]$ 上求定积分，得

$$\int_{a}^{b} (uv)' \mathrm{d}x = \int_{a}^{b} u'v \mathrm{d}x + \int_{a}^{b} uv' \mathrm{d}x.$$

左边由牛顿-莱布尼茨公式有 $\displaystyle\int_{a}^{b} (uv)' \mathrm{d}x = (uv) \Big|_{a}^{b}$，

代入，移项整理得

$$\int_{a}^{b} uv' \mathrm{d}x = (uv) \Big|_{a}^{b} - \int_{a}^{b} u'v \mathrm{d}x,$$

即

$$\int_{a}^{b} u \, \mathrm{d}v = (uv) \Big|_{a}^{b} - \int_{a}^{b} v \, \mathrm{d}u. \tag{5-8}$$

式 (5-8) 称为定积分的分部积分公式. 公式表明原函数已经积出来

的部分可以先用上下限代入.

例 5-22 求 $\int_0^\pi x\sin x dx$.

解 $\int_0^\pi x\sin x dx = -\int_0^\pi x d\cos x = -x\cos x\Big|_0^\pi + \int_0^\pi \cos x dx$

$$= \pi + \sin x\Big|_0^\pi = \pi.$$

例 5-23 求 $\int_1^e x^2\ln x dx$.

解 $\int_1^e x^2\ln x dx = \frac{1}{3}\int_1^e \ln x d(x^3) = \frac{1}{3}x^3\ln x\Big|_1^e - \frac{1}{3}\int_1^e x^3 \cdot \frac{1}{x}dx$

$$= \frac{1}{3}e^3 - \frac{1}{3}\int_1^e x^2 dx = \frac{1}{3}e^3 - \frac{1}{9}x^3\Big|_1^e$$

$$= \frac{2e^3}{9} + \frac{1}{9}.$$

例 5-24 求 $\int_0^1 e^{\sqrt{x}}dx$.

解 令 $\sqrt{x} = t$,则 $x = t^2$,$dx = 2tdt$,当 $x = 0$ 时,$t = 0$;当 $x = 1$ 时,$t = 1$. 于是

$$\int_0^1 e^{\sqrt{x}}dx = 2\int_0^1 te^t dt = 2\int_0^1 t de^t = 2te^t\Big|_0^1 - 2\int_0^1 e^t dt$$

$$= 2e - 2e^t\Big|_0^1 = 2e - (2e - 2) = 2.$$

例 5-25 设 $f(x) = \int_1^{x^2} e^{-t^2}dt$,求 $\int_0^1 xf(x)dx$.

解 $\int_0^1 xf(x)dx = \int_0^1 f(x)d\frac{x^2}{2} = \frac{x^2}{2}f(x)\Big|_0^1 - \int_0^1 \frac{x^2}{2}df(x)$

$$= 0 - \int_0^1 \frac{x^2}{2}f'(x)dx = -\int_0^1 \frac{x^2}{2} \cdot 2xe^{-x^4}dx$$

$$= -\int_0^1 x^3 e^{-x^4}dx = \frac{1}{4}\int_0^1 e^{-x^4}d(-x^4)$$

$$= \frac{1}{4}e^{-x^4}\Big|_0^1 = \frac{e^{-1} - 1}{4}.$$

例 5-26 计算 $I_n = \int_0^{\frac{\pi}{2}} \sin^n x dx$($n$ 为正整数).

解 当 n 为正整数且 $n \geqslant 2$ 时,

$$I_n = \int_0^{\frac{\pi}{2}} \sin^{n-1}x d(-\cos x) = (-\cos x \sin^{n-1}x)\Big|_0^{\frac{\pi}{2}} + \int_0^{\frac{\pi}{2}} \cos x d(\sin^{n-1}x)$$

$$= (n-1)\int_0^{\frac{\pi}{2}} \cos^2 x \sin^{n-2}x dx = (n-1)\int_0^{\frac{\pi}{2}} (1 - \sin^2 x)\sin^{n-2}x dx$$

$$= (n-1)\int_0^{\frac{\pi}{2}} \sin^{n-2}x dx - (n-1)\int_0^{\frac{\pi}{2}} \sin^n x dx = (n-1)I_{n-2} - (n-1)I_n.$$

从而有递推公式

$$I_n = \frac{n-1}{n}I_{n-2}.$$

又 $I_0 = \int_0^{\frac{\pi}{2}} \mathrm{d}x = \frac{\pi}{2}, I_1 = \int_0^{\frac{\pi}{2}} \sin x \mathrm{d}x = 1,$

所以

$$I_n = \begin{cases} \dfrac{n-1}{n} \cdot \dfrac{n-2}{n-3} \cdot \cdots \cdot \dfrac{3}{4} \cdot \dfrac{1}{2} \cdot \dfrac{\pi}{2}, n \text{ 为正偶数}, \\ \dfrac{n-1}{n} \cdot \dfrac{n-2}{n-3} \cdot \cdots \cdot \dfrac{4}{5} \cdot \dfrac{2}{3} \cdot 1, n \text{ 为大于 } 1 \text{ 的正奇数}. \end{cases}$$

由本节例 5-20,同样有公式

$$\int_0^{\frac{\pi}{2}} \sin^n x \mathrm{d}x = \int_0^{\frac{\pi}{2}} \cos^n x \mathrm{d}x$$

$$= \begin{cases} \dfrac{n-1}{n} \cdot \dfrac{n-2}{n-3} \cdot \cdots \cdot \dfrac{3}{4} \cdot \dfrac{1}{2} \cdot \dfrac{\pi}{2}, n \text{ 为正偶数}, \\ \dfrac{n-1}{n} \cdot \dfrac{n-2}{n-3} \cdot \cdots \cdot \dfrac{4}{5} \cdot \dfrac{2}{3} \cdot 1, n \text{ 为大于 } 1 \text{ 的正奇数}. \end{cases}$$

本例提供了在 $\left[0, \dfrac{\pi}{2}\right]$ 上计算关于 $\sin x, \cos x$ 高次幂的积分的计算

方法,例如

$$\int_0^{\frac{\pi}{2}} \sin^3 x \cos^2 x \mathrm{d}x = \int_0^{\frac{\pi}{2}} \sin^3 x (1 - \sin^2 x) \mathrm{d}x$$

$$= I_3 - I_5 = \frac{2}{3} - \frac{4 \times 2}{5 \times 3} = \frac{2}{15}.$$

习题 5.3

1. 计算下列定积分:

(1) $\int_{\frac{\pi}{3}}^{\pi} \sin\left(x + \frac{\pi}{3}\right) \mathrm{d}x$;

(2) $\int_{\frac{\pi}{6}}^{\frac{\pi}{2}} \cos^2 u \mathrm{d}u$;

(3) $\int_1^2 \frac{1}{x^2} \mathrm{e}^{\frac{1}{x}} \mathrm{d}x$;

(4) $\int_1^{\mathrm{e}} \frac{(\ln x)^4}{x} \mathrm{d}x$;

(5) $\int_0^{\frac{\pi}{2}} \sin\varphi \cos^3\varphi \mathrm{d}\varphi$;

(6) $\int_1^8 \frac{1}{x + \sqrt[3]{x}} \mathrm{d}x$;

(7) $\int_1^{64} \frac{1}{\sqrt{x} + \sqrt[3]{x}} \mathrm{d}x$;

(8) $\int_1^5 \frac{\sqrt{x-1}}{x} \mathrm{d}x$;

(9) $\int_0^{\ln 2} \sqrt{\mathrm{e}^x - 1} \mathrm{d}x$;

(10) $\int_0^1 \sqrt{4 - x^2} \mathrm{d}x$.

2. 计算下列定积分:

(1) $\int_0^1 x \mathrm{e}^{-x} \mathrm{d}x$;

(2) $\int_0^{\frac{\pi}{4}} x \cos 2x \mathrm{d}x$;

(3) $\int_1^4 x \ln x \mathrm{d}x$;

(4) $\int_0^{\frac{\sqrt{3}}{2}} \arccos x \mathrm{d}x$;

(5) $\int x \arctan x \mathrm{d}x$;

(6) $\int_{\frac{1}{\mathrm{e}}}^{\mathrm{e}} |\ln x| \mathrm{d}x$;

(7) $\int_0^{\frac{\pi}{2}} \mathrm{e}^x \sin x \mathrm{d}x$;

(8) $\int_0^{\pi^2} \cos \sqrt{x} \mathrm{d}x$.

3. 计算下列定积分:

(1) $\int_{-3}^{3} \dfrac{x\cos x}{x^2+2}\mathrm{d}x$;   (2) $\int_{-1}^{1} \dfrac{1+\sin x}{\sqrt{1-x^2}}\mathrm{d}x$.

(3) $\int_{-2}^{2} x^3 \mathrm{e}^{x^6}\mathrm{d}x$;   (4) $\int_{-1}^{1} (x^2+2x+\sin x\cos x)\mathrm{d}x$.

4. 设 $f(x)$ 连续,证明:

(1) $\int_{0}^{1} x^m (1-x)^n \mathrm{d}x = \int_{0}^{1} x^n (1-x)^m \mathrm{d}x$($m, n$ 都是正整数);

(2) $\int_{0}^{a} x^3 f(x^2)\mathrm{d}x = \dfrac{1}{2}\int_{0}^{a^2} x f(x)\mathrm{d}x$;

(3) $\int_{0}^{\pi} f(\sin x)\mathrm{d}x = 2\int_{0}^{\frac{\pi}{2}} f(\sin x)\mathrm{d}x$.

5. 设 $f(x)$ 是以 l 为周期的连续函数,证明:

$$\int_{a}^{a+l} f(x)\mathrm{d}x = \int_{0}^{l} f(x)\mathrm{d}x,$$

即 $\int_{a}^{a+l} f(x)\mathrm{d}x$ 的值与 l 无关.

6. 设 $f(x) = \int_{0}^{x} \mathrm{e}^{-t^2+2t}\mathrm{d}t$,求 $\int_{0}^{1} (x-1)^2 f(x)\mathrm{d}x$.

7. 设 $\int_{0}^{\pi} [f(x)+f''(x)]\sin x\mathrm{d}x = 5$,$f(\pi) = 2$,求 $f(0)$.

5.4 反常积分

前面所学习的定积分是在被积函数有界,区间有限的基础上定义的. 但在实际问题中,经常会遇到积分区间是无限的,或者被积函数是无界的积分,这两类积分已经不属于前面所说的定积分了,我们一般称为反常积分或广义积分.

5.4.1 无穷区间上的反常积分

定义 5-3   设函数 $f(x)$ 在区间 $[a, +\infty)$ 上连续,取 $b > a$,若极限

$$\lim_{b \to +\infty} \int_{a}^{b} f(x)\mathrm{d}x$$

存在,则称此极限为函数 $f(x)$ 在无穷区间 $[a, +\infty)$ 上的反常积分,记为 $\int_{a}^{+\infty} f(x)\mathrm{d}x$,即

$$\int_{a}^{+\infty} f(x)\mathrm{d}x = \lim_{b \to +\infty} \int_{a}^{b} f(x)\mathrm{d}x. \tag{5-9}$$

此时也称反常积分 $\int_{a}^{+\infty} f(x)\mathrm{d}x$ 收敛;若 $\lim\limits_{b \to +\infty} \int_{a}^{b} f(x)\mathrm{d}x$ 不存在,就称反常积分 $\int_{a}^{+\infty} f(x)\mathrm{d}x$ 发散.

同样,设函数 $f(x)$ 在区间 $(-\infty,b]$ 上连续,取 $a<b$,若极限

$$\lim_{a\to-\infty}\int_a^b f(x)\mathrm{d}x$$

存在,则称此极限为函数 $f(x)$ 在无穷区间 $(-\infty,b]$ 上的反常积分,记为 $\int_{-\infty}^b f(x)\mathrm{d}x$,即

$$\int_{-\infty}^b f(x)\mathrm{d}x = \lim_{a\to-\infty}\int_a^b f(x)\mathrm{d}x. \tag{5-10}$$

此时也称反常积分 $\int_{-\infty}^b f(x)\mathrm{d}x$ 收敛;若 $\lim\limits_{a\to-\infty}\int_a^b f(x)\mathrm{d}x$ 不存在,就称反常积分 $\int_{-\infty}^b f(x)\mathrm{d}x$ 发散.

设函数 $f(x)$ 在区间 $(-\infty,+\infty)$ 上连续,还可定义 $f(x)$ 在 $(-\infty,+\infty)$ 上的反常积分为

$$\int_{-\infty}^{+\infty} f(x)\mathrm{d}x = \int_{-\infty}^c f(x)\mathrm{d}x + \int_c^{+\infty} f(x)\mathrm{d}x$$

$$= \lim_{a\to-\infty}\int_a^c f(x)\mathrm{d}x + \lim_{b\to+\infty}\int_c^b f(x)\mathrm{d}x. \tag{5-11}$$

其中 c 为任意常数. 当上式右边两个极限都存在时,称反常积分 $\int_{-\infty}^{+\infty} f(x)\mathrm{d}x$ 收敛,否则称它发散.

以上定义的反常积分统称为无穷区间上的反常积分或者无穷限的反常积分.

例 5-27　求 $\int_{-\infty}^{+\infty} \dfrac{1}{1+x^2}\mathrm{d}x$.

解　$\displaystyle\int_{-\infty}^{+\infty} \frac{1}{1+x^2}\mathrm{d}x = \int_{-\infty}^0 \frac{1}{1+x^2}\mathrm{d}x + \int_0^{+\infty} \frac{1}{1+x^2}\mathrm{d}x$

$$= \lim_{a\to-\infty}\int_a^0 \frac{1}{1+x^2}\mathrm{d}x + \lim_{b\to+\infty}\int_0^b \frac{1}{1+x^2}\mathrm{d}x$$

$$= \lim_{a\to-\infty} \arctan x \Big|_a^0 + \lim_{b\to+\infty} \arctan x \Big|_0^b$$

$$= \lim_{a\to-\infty}(-\arctan a) + \lim_{b\to+\infty}\arctan b$$

$$= -\left(-\frac{\pi}{2}\right) + \frac{\pi}{2} = \pi.$$

这个反常积分的几何意义是:当 $a\to-\infty$,$b\to+\infty$,虽然图 5-9 中阴影部分向左、右无限延伸,但其面积却有极限值 π.

若在 $[a,+\infty)$ 上,有 $F'(x)=f(x)$,引入记号

$$F(+\infty) = \lim_{x\to+\infty}F(x),\quad F(x)\Big|_a^{+\infty} = F(+\infty)-F(a),$$

则当 $F(+\infty)$ 存在时,

$$\int_a^{+\infty} f(x)\mathrm{d}x = F(x)\Big|_a^{+\infty}.$$

当 $F(+\infty)$ 不存在时,反常积分 $\int_a^{+\infty} f(x)\mathrm{d}x$ 发散. 其他情形类似.

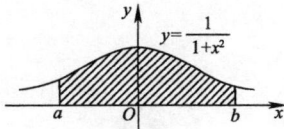

图 5-9

□ 即时练习 5-9

仿照 x 在区间 $[a,+\infty)$ 情形,写出 x 在区间 $(-\infty,b]$ 与 $(-\infty,+\infty)$ 上的情形.

例 5-28 求 $\int_{-\infty}^{0} x e^{-x^2} dx$.

解 $\int_{-\infty}^{0} x e^{-x^2} dx = -\frac{1}{2} \int_{-\infty}^{0} e^{-x^2} d(-x^2) = -\frac{1}{2} e^{-x^2} \Big|_{-\infty}^{0} = -\frac{1}{2}$.

例 5-29 讨论反常积分 $\int_{a}^{+\infty} \frac{1}{x^p} dx (a > 0)$ 的敛散性.

解 当 $p = 1$ 时,

$$\int_{a}^{+\infty} \frac{1}{x} dx = \ln|x| \Big|_{a}^{+\infty} = +\infty;$$

当 $p \neq 1$ 时,

$$\int_{a}^{+\infty} \frac{1}{x^p} dx = \frac{x^{1-p}}{1-p} \Big|_{a}^{+\infty} = \lim_{x \to +\infty} \frac{x^{1-p}}{1-p} - \frac{a^{1-p}}{1-p}$$

$$= \begin{cases} +\infty, & p < 1, \\ \dfrac{a^{1-p}}{p-1}, & p > 1. \end{cases}$$

因此,当 $p > 1$ 时,该反常积分收敛,其值为 $\dfrac{a^{1-p}}{p-1}$,当 $p \leqslant 1$ 时,该反常积分发散.

5.4.2　无界函数的反常积分

如果函数 $f(x)$ 在点 a 的任一邻域内无界,那么称 a 为函数 $f(x)$ 的瑕点.无界函数的反常积分又称为瑕积分.

定义 5-4 设函数 $f(x)$ 在区间 $(a, b]$ 上连续,且 $\lim\limits_{x \to a^+} f(x) = \infty$,此时 a 为瑕点,设 $\varepsilon > 0$,若极限 $\lim\limits_{\varepsilon \to 0^+} \int_{a+\varepsilon}^{b} f(x) dx$ 存在,则称此极限为函数 $f(x)$ 在 $(a, b]$ 上的反常积分,仍记为 $\int_{a}^{b} f(x) dx$,即

$$\int_{a}^{b} f(x) dx = \lim_{\varepsilon \to 0^+} \int_{a+\varepsilon}^{b} f(x) dx. \tag{5-12}$$

此时也称反常积分 $\int_{a}^{b} f(x) dx$ 收敛;若 $\lim\limits_{\varepsilon \to 0^+} \int_{a+\varepsilon}^{b} f(x) dx$ 不存在,就称反常积分 $\int_{a}^{b} f(x) dx$ 发散.

同样,设函数 $f(x)$ 在区间 $[a, b)$ 上连续,且 $\lim\limits_{x \to b^-} f(x) = \infty$,此时 b 为瑕点,设 $\varepsilon > 0$,若极限 $\lim\limits_{\varepsilon \to 0^+} \int_{a}^{b-\varepsilon} f(x) dx$ 存在,则称此极限为函数 $f(x)$ 在 $[a, b)$ 上的反常积分,仍记为 $\int_{a}^{b} f(x) dx$,即

$$\int_{a}^{b} f(x) dx = \lim_{\varepsilon \to 0^+} \int_{a}^{b-\varepsilon} f(x) dx. \tag{5-13}$$

此时也称反常积分 $\int_{a}^{b} f(x) dx$ 收敛;若 $\lim\limits_{\varepsilon \to 0^+} \int_{a}^{b-\varepsilon} f(x) dx$ 不存在,就称反常积分 $\int_{a}^{b} f(x) dx$ 发散.

设函数 $f(x)$ 在区间 $[a, b]$ 上除了点 $c(a < c < b)$ 外处处连续,

且 $\lim\limits_{x\to c}f(x)=\infty$,此时 c 为瑕点,我们还可定义 $f(x)$ 在 $[a,b]$ 上的反常积分为

$$\int_a^b f(x)\mathrm{d}x = \int_a^c f(x)\mathrm{d}x + \int_c^b f(x)\mathrm{d}x$$
$$= \lim_{\varepsilon\to 0^+}\int_a^{c-\varepsilon} f(x)\mathrm{d}x + \lim_{\varepsilon'\to 0^+}\int_{c+\varepsilon'}^b f(x)\mathrm{d}x. \qquad (5\text{-}14)$$

当上式右边两个极限都存在时,称反常积分 $\int_a^b f(x)\mathrm{d}x$ 收敛,否则称它发散.

以 $x=a$ 为瑕点的反常积分的几何意义是:位于曲线 $y=f(x)$ 与 x 轴之间,直线 $x=a$ 与 $x=b$ 之间的图形的面积,如图 5-10 所示.

注意:从定义可以看出,无穷区间上的反常积分与无界函数的反常积分都是在定积分基础上极限的推广,关键在于极限的收敛性.在收敛条件下,反常积分是一个数,具有与定积分相同的性质.

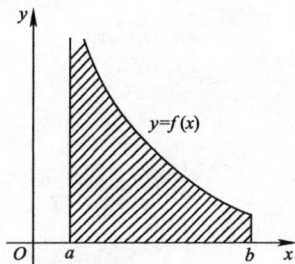

图 5-10

例 5-30　求 $\displaystyle\int_0^1 \frac{1}{\sqrt{1-x}}\mathrm{d}x$.

解　因为 $\lim\limits_{x\to 1^-}\dfrac{1}{\sqrt{1-x}}=\infty$,所以该积分为反常积分.

$$\int_0^1 \frac{1}{\sqrt{1-x}}\mathrm{d}x = \lim_{\varepsilon\to 0^+}\int_0^{1-\varepsilon}\frac{1}{\sqrt{1-x}}\mathrm{d}x = \lim_{\varepsilon\to 0^+}(-2\sqrt{1-x})\,\Big|_0^{1-\varepsilon}$$
$$= \lim_{\varepsilon\to 0^+}(-2\sqrt{\varepsilon}+2)=2.$$

例 5-31　求 $\displaystyle\int_{-1}^1 \frac{1}{x^2}\mathrm{d}x$.

解　因为 $\lim\limits_{x\to 0}\dfrac{1}{x^2}=\infty$,所以该积分为反常积分.

$$\int_{-1}^1 \frac{1}{x^2}\mathrm{d}x = \int_{-1}^0 \frac{1}{x^2}\mathrm{d}x + \int_0^1 \frac{1}{x^2}\mathrm{d}x.$$

考察右边第二个反常积分 $\displaystyle\int_0^1 \frac{1}{x^2}\mathrm{d}x$,因为

$$\int_0^1 \frac{1}{x^2}\mathrm{d}x = \lim_{\varepsilon\to 0^+}\int_\varepsilon^1 \frac{1}{x^2}\mathrm{d}x = -\lim_{\varepsilon\to 0^+}\frac{1}{x}\,\Big|_\varepsilon^1 = -\lim_{\varepsilon\to 0^+}\Big(1-\frac{1}{\varepsilon}\Big)=+\infty,$$

所以反常积分 $\displaystyle\int_0^1 \frac{1}{x^2}\mathrm{d}x$ 发散,于是 $\displaystyle\int_{-1}^1 \frac{1}{x^2}\mathrm{d}x$ 也发散.

注意:如果此题按正常定积分去做,就会得出如下错误结果.

$$\int_{-1}^1 \frac{1}{x^2}\mathrm{d}x = -\frac{1}{x}\,\Big|_{-1}^1 = -2.$$

例 5-32　讨论反常积分 $\displaystyle\int_a^b \frac{1}{(x-a)^p}\mathrm{d}x$ 的敛散性 $(p>0)$.

解　当 $p=1$ 时,

$$\int_a^b \frac{1}{x-a}\mathrm{d}x = \lim_{\varepsilon\to 0^+}\int_{a+\varepsilon}^b \frac{1}{x-a}\mathrm{d}x = \lim_{\varepsilon\to 0^+}\ln(x-a)\,\Big|_{a+\varepsilon}^b$$
$$= \ln(b-a) - \lim_{\varepsilon\to 0^+}\ln\varepsilon = +\infty.$$

当 $p \neq 1$ 时，

$$\int_a^b \frac{1}{(x-a)^p}\mathrm{d}x = \lim_{\varepsilon \to 0^+}\int_{a+\varepsilon}^b \frac{1}{(x-a)^p}\mathrm{d}x = \lim_{\varepsilon \to 0^+} \frac{(x-a)^{1-p}}{1-p}\Big|_{a+\varepsilon}^b$$

$$= \frac{(b-a)^{1-p}}{1-p} - \lim_{\varepsilon \to 0^+}\frac{\varepsilon^{1-p}}{1-p}$$

$$= \begin{cases} \dfrac{(b-a)^{1-p}}{1-p}, & p < 1, \\ +\infty, & p > 1. \end{cases}$$

因此，当 $p < 1$ 时，该反常积分收敛，其值为 $\dfrac{(b-a)^{1-p}}{1-p}$，当 $p \geqslant 1$ 时，该反常积分发散.

5.4.3　Γ 函数

下面讨论一个在概率论中要用到的积分区间无限而且含有参变量的积分.

定义 5-5　含参变量 t 的反常积分

$$\Gamma(t) = \int_0^{+\infty} x^{t-1}\mathrm{e}^{-x}\mathrm{d}x \,(t > 0)$$

称为 Γ 函数.

可以证明 Γ 函数是收敛的，下面我们介绍 Γ 函数的一个重要性质：

$$\Gamma(t+1) = t\Gamma(t) \qquad (t > 0).$$

这是因为　$\Gamma(t+1) = \int_0^{+\infty} x^t \mathrm{e}^{-x}\mathrm{d}x = -\int_0^{+\infty} x^t\mathrm{d}\mathrm{e}^{-x}$

$$= -x^t\mathrm{e}^{-x}\Big|_0^{+\infty} + t\int_0^{+\infty} x^{t-1}\mathrm{e}^{-x}\mathrm{d}x = t\Gamma(t).$$

特别地，当 $t = n$ 为正整数时，有 $\Gamma(n+1) = n!$.

这是因为 $\Gamma(n+1) = n\Gamma(n) = n(n-1)\Gamma(n-1) = \cdots = n!\Gamma(1)$，

又　　　　　$\Gamma(1) = \int_0^{+\infty} \mathrm{e}^{-x}\mathrm{d}x = 1$,

所以　　　　$\Gamma(n+1) = n!$.

此外，$\Gamma\left(\dfrac{1}{2}\right) = \int_0^{+\infty} x^{-\frac{1}{2}}\mathrm{e}^{-x}\mathrm{d}x = 2\int_0^{+\infty} \mathrm{e}^{-x}\mathrm{d}\sqrt{x} = 2\int_0^{+\infty} \mathrm{e}^{-u^2}\mathrm{d}u =$

$\sqrt{\pi}$. 这个积分是概率论中的一个重要积分，其计算过程我们将在介绍二重积分时给出.

习题 5.4

1. 判断下列反常积分的敛散性，若收敛，计算反常积分的值：

(1) $\displaystyle\int_1^{+\infty} \frac{1}{x^4}\mathrm{d}x$；

(2) $\displaystyle\int_0^{+\infty} \frac{\mathrm{d}x}{\sqrt{x\,(x+1)^3}}$；

(3) $\displaystyle\int_{\mathrm{e}}^{+\infty} \frac{\ln x}{x}\mathrm{d}x$；

(4) $\displaystyle\int_1^{+\infty} \frac{\arctan x}{1+x^2}\mathrm{d}x$；

(5) $\int_0^{+\infty} \mathrm{e}^{-x} \sin x \mathrm{d}x$;　　　　(6) $\int_{\frac{2}{\pi}}^{+\infty} \frac{1}{x^2} \sin \frac{1}{x} \mathrm{d}x$.

2. 判断下列反常积分的敛散性,若收敛,计算反常积分的值:

(1) $\int_0^1 \frac{1}{\sqrt{x}} \mathrm{d}x$;　　　　(2) $\int_0^1 \ln x \mathrm{d}x$;

(3) $\int_1^2 \frac{1}{x \ln x} \mathrm{d}x$;　　　　(4) $\int_1^2 \frac{x}{\sqrt{x-1}} \mathrm{d}x$;

(5) $\int_0^2 \frac{1}{(1-x)^2} \mathrm{d}x$;　　　　(6) $\int_0^2 \frac{\mathrm{d}x}{\sqrt[3]{(x-1)^2}}$.

3. 讨论反常积分 $\int_2^{+\infty} \frac{1}{x(\ln x)^p} \mathrm{d}x$,当 p 取何值时收敛;p 取何值时发散.

5.5　定积分在几何上的应用

本节先介绍利用定积分解决实际问题的基本思想方法 —— 微元法,然后讨论定积分在几何上的一些应用.

5.5.1　微元法

为了更好地说明定积分的微元法,我们回顾一下 5.1 节中是如何来求曲边梯形面积 A 的.

(1) 在 a,b 间任意插入 $n-1$ 个分点,将区间 $[a,b]$ 分成 n 个小区间,相应得到 n 个小曲边梯形,这些小曲边梯形的面积记为 ΔA_i $(i=1,2,\cdots,n)$,$A = \sum_{i=1}^n \Delta A_i$;

(2) 计算出 ΔA_i 的近似值,即 $\Delta A_i \approx f(\xi_i)\Delta x_i$　$(\Delta x_i = x_i - x_{i-1}, \xi_i \in [x_{i-1},x_i])$;

(3) 求和,得到 A 的近似值,即 $A \approx \sum_{i=1}^n f(\xi_i)\Delta x_i$;

(4) 求极限得到 $A = \lim_{\lambda \to 0} \sum_{i=1}^n f(\xi_i)\Delta x_i = \int_a^b f(x)\mathrm{d}x$　$(\lambda = \max_{1 \le i \le n}\{\Delta x_i\})$.

在这四个步骤中,第二步最为关键,这一步确定的 $\Delta A_i \approx f(\xi_i)\Delta x_i$ 是被积表达式 $f(x)\mathrm{d}x$ 的雏形,有了它,就可以求和、取极限,从而求得 A 的精确值. 为简便起见,对 $\Delta A_i \approx f(\xi_i)\Delta x_i$ 省略下标,并把这个小区间记为 $[x, x+\mathrm{d}x]$,得 $\Delta A \approx f(\xi)\Delta x$,取 $[x, x+\mathrm{d}x]$ 的左端点 x 为 ξ,以点 x 处的函数值 $f(x)$ 为高、$\mathrm{d}x$ 为底的小矩形面积 $f(x)\mathrm{d}x$ 作为 ΔA 的近似值,即

$$\Delta A \approx f(x)\mathrm{d}x.$$

通常称 $f(x)\mathrm{d}x$ 为面积元素,记为

$$\mathrm{d}A = f(x)\mathrm{d}x.$$

再把这些面积元素在 $[a,b]$ 上"无限累加"—— 求和、取极限,

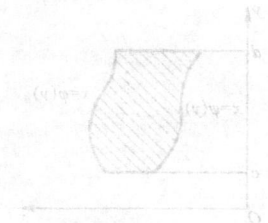

就得到面积 A,即

$$A = \lim_{\lambda \to 0} \sum_{i=1}^{n} f(\xi_i) \Delta x_i = \int_a^b f(x) \mathrm{d}x.$$

一般地,如果某一实际问题的所求量 F 符合下列条件:

(1)F 与自变量 x 的变化区间 $[a,b]$ 有关;

(2)F 关于 $[a,b]$ 具有可加性,也就是说,如果把区间 $[a,b]$ 分成许多小区间,则 F 等于在每个小区间上的部分量 ΔF_i 之和;

(3)每个小区间上的部分量 ΔF_i 可以近似地表示为 F 在这个小区间上任意一点处的函数值与小区间长度的乘积,那么可以运用定积分来表达这个量 F,一般步骤为:

1)选取一个变量如 x 作为积分变量,确定其变化区间 $[a,b]$;

2)设想将 $[a,b]$ 分成 n 个小区间,取其中任意一个小区间 $[x,x+\mathrm{d}x]$,在 $[x,x+\mathrm{d}x]$ 上找出 F 的微元 $\mathrm{d}F = f(x)\mathrm{d}x$,然后以其为被积表达式,得到

$$F = \int_a^b f(x) \mathrm{d}x,$$

这种方法称为微元法(元素法).

关于微元 $\mathrm{d}F = f(x)\mathrm{d}x$,应该注意:$f(x)\mathrm{d}x$ 作为 ΔF 的近似表达式,应该足够准确,也就是说,ΔF 与 $\mathrm{d}F$ 只相差一个高阶无穷小,即 $\Delta F - f(x)\mathrm{d}x = o(\Delta x)$.

下面我们用定积分的微元法来讨论一些几何问题.

5.5.2 平面图形的面积

1. 直角坐标系下面积的计算

(1)由连续曲线 $y = f(x)$,直线 $x = a,x = b$ 和 x 轴所围成的曲边梯形的面积 A 的求法前面已经讲过,不再多说. 特别地,若在 $[a,b]$ 上 $f(x) > 0$,则 $A = \int_a^b f(x)\mathrm{d}x$.

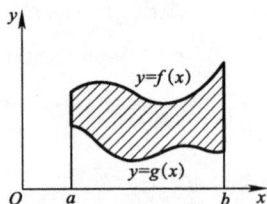

(2)求由两条连续曲线 $y = f(x),y = g(x)(f(x) \geqslant g(x))$ 及直线 $x = a,x = b$ 所围成平面图形的面积 A,如图 5-11 所示.

用微元法解决这个问题.

取 x 为积分变量,$x \in [a,b]$,在区间 $[a,b]$ 上任取一个小区间 $[x,x+\mathrm{d}x]$,与这个小区间对应的窄曲边形的面积 ΔA 可用高为 $f(x) - g(x)$,底为 $\mathrm{d}x$ 的小矩形面积近似代替,从而得到面积元素

$$\mathrm{d}A = [f(x) - g(x)]\mathrm{d}x.$$

图 5-11

于是

$$A = \int_a^b [f(x) - g(x)]\mathrm{d}x. \tag{5-15}$$

(3)求由两条连续曲线 $x = \varphi(y),x = \psi(y)(\varphi(y) \geqslant \psi(y))$ 及直线 $y = c,y = \mathrm{d}$ 所围成平面图形的面积 A,如图 5-12 所示.

取 y 为积分变量,$y \in [c,d]$,用微元法可推出

$$A = \int_c^d [\varphi(y) - \psi(y)]\mathrm{d}y. \tag{5-16}$$

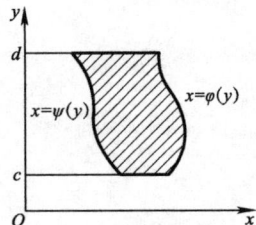

图 5-12

例 5-33　计算由 $y = x, y = x^2$ 所围成的平面图形的面积.

解　如图 5-13 所示,由 $\begin{cases} y = x, \\ y = x^2 \end{cases}$ 求得交点坐标为 $O(0,0), B(1,1)$.

取 x 为积分变量,$x \in [0,1]$,由公式(5-15) 得

$$A = \int_0^1 (x - x^2) \mathrm{d}x = \left(\frac{x^2}{2} - \frac{x^3}{3} \right) \bigg|_0^1 = \frac{1}{2} - \frac{1}{3} = \frac{1}{6}.$$

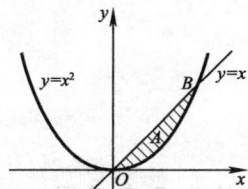

图 5-13

例 5-34　计算由曲线 $y^2 = 2x$ 与 $y = x - 4$ 所围成的平面图形的面积.

解　如图 5-14 所示,由 $\begin{cases} y^2 = 2x, \\ y = x - 4 \end{cases}$ 求得交点坐标为 $A(2, -2), B(8,4)$.

取 y 为积分变量,$y \in [-2,4]$,把两曲线方程改写为 $x = \dfrac{y^2}{2}$ 和 $x = y + 4$,由公式(5-16) 得所求面积为

$$A = \int_{-2}^4 \left(y + 4 - \frac{y^2}{2} \right) \mathrm{d}y = \left(\frac{y^2}{2} + 4y - \frac{y^3}{6} \right) \bigg|_{-2}^4 = 18.$$

此题如果取 x 为积分变量,则

$$A = \int_0^2 [\sqrt{2x} - (-\sqrt{2x})] \mathrm{d}x + \int_2^8 [\sqrt{2x} - (x - 4)] \mathrm{d}x.$$

计算起来较为麻烦,可见适当选取积分变量,可以简化计算.

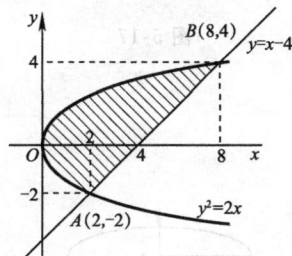

图 5-14

2. 极坐标系下面积的计算

设连续曲线由极坐标方程 $r = r(\theta)$ 给出.求由 $r = r(\theta)$ 及射线 $\theta = \alpha, \theta = \beta$ 所围曲边扇形的面积 A,如图 5-15 所示.

下面用微元法来求解.取极角 θ 为积分变量,$\theta \in [\alpha, \beta]$,相应的小曲边扇形的面积,可用半径为 $r(\theta)$、中心角为 $\mathrm{d}\theta$ 的圆扇形面积近似代替,从而得到面积元素为

$$\mathrm{d}A = \frac{1}{2} [r(\theta)]^2 \mathrm{d}\theta.$$

于是,所求曲边扇形面积为

$$A = \int_\alpha^\beta \frac{1}{2} [r(\theta)]^2 \mathrm{d}\theta. \tag{5-17}$$

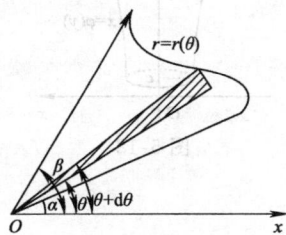

图 5-15

例 5-35　计算心形线 $r = a(1 + \cos\theta)(a > 0)$ 所围成图形的面积,如图 5-16 所示.

解　由于心形线所围图形关于极轴对称,于是所求面积 A 是极轴上方部分图形面积 A_1 的 2 倍.对于 A_1,取 θ 为积分变量,$\theta \in [0, \pi]$,由公式(5-17) 得

$$A = 2A_1 = 2 \times \frac{1}{2} \int_0^\pi a^2 (1 + \cos\theta)^2 \mathrm{d}\theta$$

$$= a^2 \int_0^\pi (1 + 2\cos\theta + \cos^2\theta) \mathrm{d}\theta$$

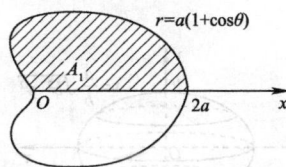

图 5-16

$$= a^2 \int_0^\pi \left(\frac{3}{2} + 2\cos\theta + \frac{1}{2}\cos2\theta \right) \mathrm{d}\theta$$

$$= a^2 \left[\frac{3\theta}{2} + 2\sin\theta + \frac{1}{4}\sin2\theta \right] \Big|_0^\pi = \frac{3}{2}\pi a^2.$$

5.5.3 　立体的体积

1. 旋转体的体积

一平面图形绕该平面内的一条直线旋转一周所成立体称为旋转体,这条直线称为旋转体的旋转轴.

设一立体是以连续曲线 $y = f(x)(f(x) \geqslant 0)$,直线 $x = a$, $x = b$ 和 x 轴所围成的曲边梯形绕 x 轴旋转一周而成的旋转体,如图 5-17 所示,求它的体积 V_x.

取 x 为积分变量,$x \in [a,b]$,在区间 $[a,b]$ 上任取一个小区间 $[x, x+\mathrm{d}x]$,过点 x 和 $x+\mathrm{d}x$ 分别作垂直于 x 轴的平面去截旋转体,所截得的小薄立体体积近似等于以 $f(x)$ 为底圆半径,$\mathrm{d}x$ 为高的小圆柱体的体积,从而得到体积元素为

$$\mathrm{d}V_x = \pi [f(x)]^2 \mathrm{d}x,$$

于是,所求旋转体体积为

$$V_x = \int_a^b \pi [f(x)]^2 \mathrm{d}x. \tag{5-18}$$

类似可推得,由连续曲线 $x = \varphi(y)(\varphi(y) \geqslant 0)$,直线 $y = c$, $y = d$ 和 y 轴所围成的曲边梯形绕 y 轴旋转一周而成的旋转体,如图 5-18 所示,其体积为

$$V_y = \int_c^d \pi [\varphi(y)]^2 \mathrm{d}y. \tag{5-19}$$

例 5-36　求椭圆 $\dfrac{x^2}{a^2} + \dfrac{y^2}{b^2} = 1$ 分别绕 x 轴与 y 轴旋转一周而成的旋转体(称为旋转椭球体)体积.

解　如图 5-19 和图 5-20 所示,由于图形关于坐标轴对称,所以只考虑第一象限内的曲边梯形绕坐标轴旋转一周而成的旋转体体积.

$$V_x = 2\int_0^a \pi \left(\frac{b}{a}\sqrt{a^2-x^2} \right)^2 \mathrm{d}x = 2\pi \int_0^a \frac{b^2}{a^2}(a^2-x^2)\mathrm{d}x$$

$$= 2\pi \frac{b^2}{a^2} \left(a^2 x - \frac{x^3}{3} \right) \Big|_0^a = \frac{4}{3}\pi ab^2.$$

$$V_y = 2\int_0^b \pi \left(\frac{a}{b}\sqrt{b^2-y^2} \right)^2 \mathrm{d}y = 2\pi \int_0^b \frac{a^2}{b^2}(b^2-y^2)\mathrm{d}y$$

$$= 2\pi \frac{a^2}{b^2} \left(b^2 y - \frac{y^3}{3} \right) \Big|_0^b = \frac{4}{3}\pi a^2 b.$$

特别地,当 $a = b$ 时,我们得到球体体积 $V = \dfrac{4}{3}\pi a^3$.

□ 旋转体示意动图

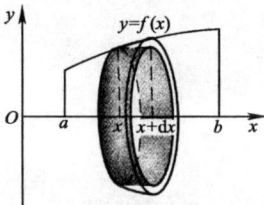

图 5-17

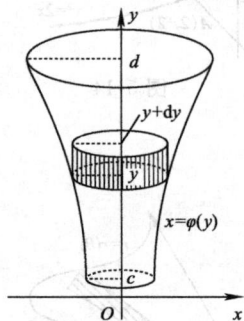

图 5-18

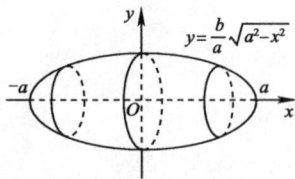

图 5-19

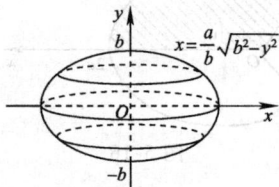

图 5-20

例 5-37 求由曲线 $xy=3$ 和 $x+y=4$ 所围成的平面图形绕 x 轴旋转一周而成的旋转体体积.

解 如图 5-21 所示,由 $\begin{cases} xy=3, \\ x+y=4 \end{cases}$ 求得交点坐标为 $A(1,3)$, $B(3,1)$.

设由曲线 $xy=3$,$x=1$,$x=3$,及 x 轴所围成的平面图形绕 x 轴旋转一周而成的旋转体体积为 V_1,由曲线 $x+y=4$,$x=1$,$x=3$,以及 x 轴所围成的平面图形绕 x 轴旋转一周而成的旋转体体积为 V_2,于是,所求旋转体体积为

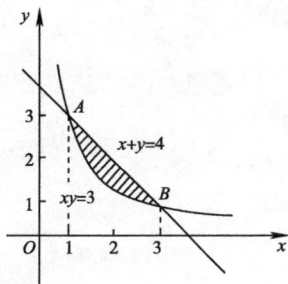

图 5-21

$$V_x = V_2 - V_1 = \pi \int_1^3 (4-x)^2 \mathrm{d}x - \pi \int_1^3 \left(\frac{3}{x}\right)^2 \mathrm{d}x$$

$$= \pi \left(16x - 4x^2 + \frac{x^3}{3}\right) \Big|_1^3 + \pi \frac{9}{x} \Big|_1^3 = \frac{8}{3}\pi.$$

2. 平行截面面积已知的立体的体积

设一空间立体位于垂直于 x 轴的两平面 $x=a$ 与 $x=b(a<b)$ 之间,如图 5-22 所示,且过任一点 $x \in [a,b]$ 垂直于 x 轴的平面与该立体相交的截面面积为 $A(x)$,$A(x)$ 为 $[a,b]$ 上的已知函数,求该立体的体积.

□ 截面示意图

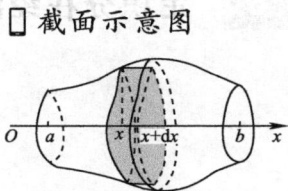

图 5-22

取 x 为积分变量,$x \in [a,b]$,在区间 $[a,b]$ 上任取一个小区间 $[x, x+\mathrm{d}x]$,过点 x 和 $x+\mathrm{d}x$ 分别作垂直于 x 轴的截面,所截得的小薄立体体积近似等于以 $A(x)$ 为底面积,$\mathrm{d}x$ 为高的小薄柱体的体积,从而得到体积元素为

$$\mathrm{d}V = A(x)\mathrm{d}x,$$

于是所求立体体积为

$$V = \int_a^b A(x)\mathrm{d}x. \tag{5-20}$$

习题 5.5

1. 计算下列各曲线所围成的平面图形的面积:

(1) $y=x$,$x=2$ 及 $y=\dfrac{1}{x}$;

(2) $y=x^2$ 与 $y^2=x$;

(3) $y=4-x^2$ 与 $y=0$;

(4) $y=x^2$,$y=x$ 及 $y=2x$;

(5) $y^2=4+x$ 与 $x+2y=4$;

(6) $y=\sin x$,$y=\cos x$,$x=0$ 及 $x=\dfrac{\pi}{2}$.

2. 求抛物线 $y=-x^2+4x-3$ 及其在点 $(0,-3)$ 和 $(3,0)$ 处的切线所围成的图形的面积.

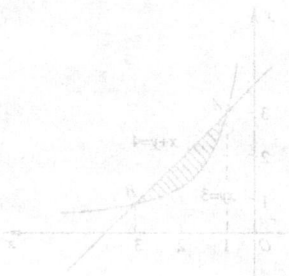

3. 确定正数 k 的值,使曲线 $y^2 = x$ 与直线 $y = kx$ 围成的面积为 $\frac{1}{6}$.

4. 求双纽线 $r^2 = a^2 \cos 2\theta$ 所围成的图形的面积.

5. 求下列旋转体的体积:

(1) 由 $y = x^2$ 与 $x = 1, x = 2$ 及 $y = 0$ 所围图形分别绕 x 轴、y 轴旋转;

(2) 由 $2x + y = 1, x = 0$ 及 $y = 0$ 所围图形绕 y 轴旋转;

(3) 由 $y = x^2$ 与 $y^2 = x$ 所围图形绕 y 轴旋转;

(4) 由 $y = e^x, x = 1, x$ 轴及 y 轴所围图形绕 x 轴旋转;

(5) 由 $y = \frac{3}{x}$ 及 $y = 4 - x$ 所围图形分别绕 x 轴、y 轴旋转.

6. 求曲线 $y = \ln x$ 及过曲线上点 $(e, 1)$ 的切线和 x 轴所围成的图形绕 x 轴旋转所成的旋转体的体积.

5.6   定积分在经济上的应用

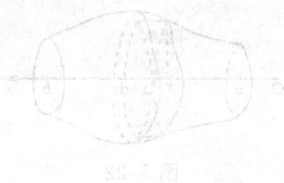

5.6.1   已知边际函数求总函数

如果已知经济应用函数 $u(x)$ 的边际函数为 $u'(x)$,则有

$$\int_0^x u'(x) \mathrm{d}x = u(x) - u(0).$$

于是

$$u(x) = \int_0^x u'(x) \mathrm{d}x + u(0).$$

例如,已知边际成本函数、边际收益函数分别为

$$MC = \frac{\mathrm{d}C}{\mathrm{d}Q}, MR = \frac{\mathrm{d}R}{\mathrm{d}Q},$$

则总成本函数可表为

$$C(Q) = \int_0^Q (MC) \mathrm{d}Q + C_0 \text{(其中 } C_0 \text{ 为固定成本)},$$

同理,总收益函数可表为

$$R(Q) = \int_0^Q (MR) \mathrm{d}Q.$$

由此,总利润函数为

$$L(Q) = \int_0^Q (MR - MC) \mathrm{d}Q - C_0.$$

例 5-38   已知某产品的边际成本函数 $MC = 3Q^2 - 18Q + 36$,且固定成本为 6,求总成本函数.

解   总成本函数为

$$C(Q) = \int_0^Q (3Q^2 - 18Q + 36) \mathrm{d}Q + 6 = Q^3 - 9Q^2 + 36Q + 6.$$

例 5-39　设生产某产品的固定成本为 50,边际成本和边际收益分别为

$$MC = Q^2 - 14Q + 111, MR = 100 - 2Q.$$

(1) 求总利润函数;

(2) 当产量从 3 增加到 6 时,求总成本与总收益的增量;

(3) 产量为多少时总利润最大?并求出最大利润.

解　(1) $L(Q) = \int_0^Q (MR - MC) \mathrm{d}Q - C_0$

$$= \int_0^Q (-Q^2 + 12Q - 11) \mathrm{d}Q - 50$$

$$= -\frac{Q^3}{3} + 6Q^2 - 11Q - 50.$$

(2) 当产量从 3 增加到 6 时,总成本的增量为

$$C(6) - C(3) = \int_3^6 (MC) \mathrm{d}Q = \int_3^6 (Q^2 - 14Q + 111) \mathrm{d}Q$$

$$= \left(\frac{1}{3}Q^3 - 7Q^2 + 111Q \right) \Big|_3^6 = 207.$$

当产量从 3 增加到 6 时,总收益的增量为

$$R(6) - R(3) = \int_3^6 (MR) \mathrm{d}Q = \int_3^6 (100 - 2Q) \mathrm{d}Q$$

$$= \left(100Q - Q^2 \right) \Big|_3^6 = 273.$$

(3) 令 $L'(Q) = 0$,即 $Q^2 - 12Q + 11 = 0$,得 $Q_1 = 1, Q_2 = 11$.

由于 $L''(Q) = 12 - 2Q$,而 $L''(1) = 10 > 0, Q = 1$ 为极小值点;$L''(11) = -10 < 0, Q = 11$ 为极大值点. 由实际问题知所求最大利润一定存在,所以 $Q = 11$ 为所求最大值点,即当产量为 11 时总利润最大,且最大利润为 $L(11) = 111\frac{1}{3}$.

例 5-40　某地区当消费者人均收入为 x 元时,人均消费支出 $W(x)$ 的变化率 $W'(x) = \frac{15}{\sqrt{x}}$,当人均收入由 2500 元增加至 3600 元时,消费支出增加多少?

解　$W(3600) - W(2500) = \int_{2500}^{3600} W'(x) \mathrm{d}x = \int_{2500}^{3600} \frac{15}{\sqrt{x}} \mathrm{d}x$

$$= 30\sqrt{x} \Big|_{2500}^{3600} = 300,$$

即当人均收入由 2500 元增加至 3600 元时,消费支出增加 300 元.

5.6.2　收益流的现值和将来值

当我们支付给某人款项或某人获得款项时,通常把这些款项当成离散地支付或者获得,即在某些特定的时刻支付或者获得的,但是一个大型公司的收益,一般来说是随时流进的,因此这些收益可

以被看作一种随时间连续变化的收益流,而收益流对时间的变化率称为收益流量,可以理解为收益的"速率",表示的是 t 时刻的单位时间内的收益,因此也称为收益率,一般用 $P(t)$ 表示;若时间 t 以年为单位,收益以元为单位,则收益流量(收益率)的单位为:元/年,若 $P(t)$ 为常数,则称该收益流具有常数收益流量(收益率).

如果不考虑利息,则从 $t = 0$ 时刻开始,以 $P(t)$ 为收益率的收益流到 T 时刻的总收益为 $\int_0^T P(t)\mathrm{d}t$.

和单笔款项一样,收益流的将来值定义为将其存入银行并加上利息之后的存款值;而收益流的现值是这样一笔款项,你若把它存入可以获得利息的银行,你就可以在将来从收益流中获得预期达到的存款值.

如果考虑利息,我们假设利息是以连续复利的方式盈取.对一笔收益率为 $P(t)$(元/年)的收益流,下面计算其现值和将来值,设年利率为 r.

考虑从现在开始($t = 0$)到 T 年后这一时间段.利用微元法,在 $[0, T]$ 内,任取一小区间 $[t, t+\mathrm{d}t]$,在 $[t, t+\mathrm{d}t]$ 内将 $P(t)$ 近似看成常数,则该段时间的收益近似等于 $P(t)\mathrm{d}t$(元),而这一金额是从现在($t = 0$)算起到 t 年后的将来而获得,因此在 $[t, t+\mathrm{d}t]$ 内,

$$收益流的现值 \approx [P(t)\mathrm{d}t]\mathrm{e}^{-rt} = P(t)\mathrm{e}^{-rt}\mathrm{d}t,$$

从而

$$总现值 = \int_0^T P(t)\mathrm{e}^{-rt}\mathrm{d}t.$$

在计算将来值时,收益 $P(t)\mathrm{d}t$ 在以后的 $(T-t)$ 年期间内获息,所以在 $[t, t+\mathrm{d}t]$ 内,

$$收益流的将来值 \approx [P(t)\mathrm{d}t]\mathrm{e}^{r(T-t)} = P(t)\mathrm{e}^{r(T-t)}\mathrm{d}t,$$

从而

$$将来值 = \int_0^T P(t)\mathrm{e}^{r(T-t)}\mathrm{d}t.$$

例 5-41   假设以年连续复利率 $r = 0.1$ 来计息,求每年都以 100 元流进的收益流在 20 年期间内的现值和将来值,将来值和现值的关系如何?试加以解释.

解   现值 $= \int_0^{20} 100\mathrm{e}^{-0.1t}\mathrm{d}t = 100\left(-\dfrac{\mathrm{e}^{-0.1t}}{0.1}\right)\Big|_0^{20}$

$= 1000(1 - \mathrm{e}^{-2}) \approx 864.66.$

将来值 $= \int_0^{20} 100\mathrm{e}^{0.1(20-t)}\mathrm{d}t = 100\mathrm{e}^2\int_0^{20}\mathrm{e}^{-0.1t}\mathrm{d}t$

$= 1000\mathrm{e}^2(1 - \mathrm{e}^{-2}) \approx 6389.06.$

显然   将来值 = 现值 $\cdot \mathrm{e}^2$.

若在 $t = 0$ 时刻以现值 $1000(1 - \mathrm{e}^{-2})$ 作为一笔款项存入银行,以年连续复利率 $r = 0.1$ 来计息,则 20 年中这笔单独款项的将来值为

$$1000(1 - \mathrm{e}^{-2})\mathrm{e}^{0.1\times 20} = 1000(1 - \mathrm{e}^{-2})\mathrm{e}^2,$$

而这正好是上述收益流在 20 年期间的将来值.

一般来说,以年连续复利率来计息,则在从现在起到 T 年后该收益流的将来值,等于将该收益流的现值作为单笔款项存入银行 T 年后的将来值.

例 5-42　　一栋楼房现售价 5000 万元,分期付款购买,10 年付清,每年付款数相同.若以年连续复利率 $r = 0.04$ 来计息,每年应付多少万元?

解　　设每年付款 A 万元,由已知,全部付款的总现值为 5000 万元,于是

$$5000 = \int_0^{10} A e^{-0.04t} dt = \frac{A}{0.04}(1 - e^{-0.4}),$$

即　　　　　　　$200 = A(1 - 0.6703), A = 606.61(万元).$

每年应付款 606.61 万元.

5.6.3　消费者剩余与生产者剩余

第 3 章我们学习过市场价格围绕均衡价格 P_0 上下波动. 需求函数 $Q_需$ 与横轴 P 的交点 P_U,称为商品的最高限价,即商品价格涨到 P_U 时,需求量为 0,商品完全没有销路.供给函数 $Q_供$ 与横轴 P 的交点 P_L,称为商品的最低限价,即商品价格下降到 P_L 时,生产者就不会生产了.

所谓消费者剩余是指消费者愿以高于均衡价格 P_0 购买但实际仅以 P_0 购买的事实中得到的利益. 它是消费者一种心理上的感觉,并不意味着有实际收益. 例如,某地小瓶可乐的均衡价格是每瓶 2元,但消费者愿意以 2.5 元的价格购买,但实际支付的时候价格是 2元.消费者买了 2 瓶,心理上感觉有了收益,经济学上称这种收益为消费者剩余,记为 C_s,此时

$$C_s = 2 \times 0.5 = 1.0(元).$$

如果需求函数是连续函数,则消费者这种心理上的收益可用需求函数 $Q_需 = f(P)$ 与直线 $P = P_0$ 右边的面积表示(见图 5-23),则消费者剩余可用定积分表示为

$$C_s = \int_{P_0}^{P_U} f(P) dP.$$

所谓生产者剩余是指生产者愿以低于均衡价格 P_0 供给商品而实际仍以 P_0 供给的事实中得到的利益 P_s. 如果供给函数是连续函数,则生产者这种得益可用供给曲线 $Q_供 = \varphi(P)$ 与直线 $P = P_0$ 左边的面积表示(见图 5-23),则生产者剩余可用定积分表示为

$$P_s = \int_{P_L}^{P_0} \varphi(P) dP.$$

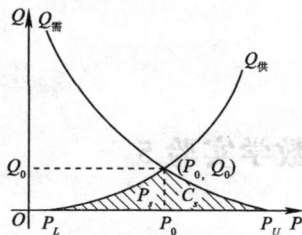

图 5-23

例 5-43　　设某商品的供给曲线与需求曲线分别为
$$f(P) = 4P - 1, \varphi(P) = 4 - P^2,$$

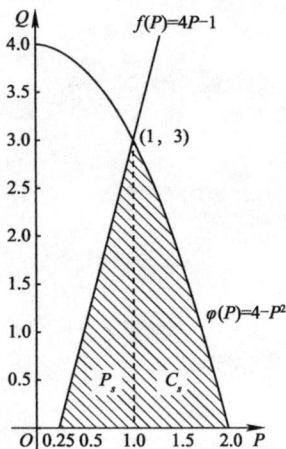

试求此商品的消费者剩余与生产者剩余(单位:元).

解   先求两曲线的交点,则

$$4P - 1 = 4 - P^2,$$

解得 $P = 1, P = -5$(舍去),可得均衡价格为1(见图 5-24).

消费者剩余为 $C_s = \int_{P_0}^{P_U} f(P)\mathrm{d}P = \int_1^2 (4 - P^2)\mathrm{d}P$

$$= \frac{5}{3} \approx 1.67(元);$$

生产者剩余 $P_s = \int_{P_L}^{P_0} \varphi(P)\mathrm{d}P = \int_{0.25}^1 (4P - 1)\mathrm{d}P$

$$= 1.125(元).$$

图中坐标图显示 $f(P) = 4P - 1$ 和 $\varphi(P) = 4 - P^2$ 两曲线,交点 $(1, 3)$,阴影区域标注 P_s 和 C_s.

图 5-24

习题 5.6

1. 某商品的边际成本 $C'(x) = x^2 - 4x + 6$,且固定成本为 2,求总成本函数,当产品从 2 个单位增到 4 个单位时,求总成本的增量.

2. 某商品的边际成本 $C'(x) = 2 - x$,且固定成本为 100,边际收益 $R'(x) = 20 - 4x$,求:(1) 总成本函数;(2) 收益函数;(3) 产量为多少时,利润最大?

3. 某地区居民购买冰箱的消费支出 $W(x)$ 的变化率是居民收入 x 的函数,$W'(x) = \dfrac{1}{200\sqrt{x}}$,当居民收入由 4 亿元增加至 9 亿元时,购买冰箱的消费支出增加多少?

4. 连续收益流量每年 500 元,设年利率为 8%,按连续复利计算为期 10 年,求将来值为多少?现值为多少?

5. 一小轿车的使用寿命为 10 年. 如购进此轿车需 35000 元,如租用此轿车每月租金为 600 元. 设资金的年利率为 14%,按连续复利计算,问购进轿车与租用轿车哪一种方式合算?

6. 购买一座别墅现价为 250 万元,若分期付款,要求 10 年付清. 年利率为 6%,按连续复利计算,问每年应付款多少?

7. 有一个大型投资项目,投资成本为 $C = 10000$ 万元,投资年利率为 5%,每年可均匀收益 2000 万元,求该投资为无限期时的纯收益的现值.

8. 设某商品的供给函数与需求函数分别为 $f(P) = P^2, \varphi(P) = -7P + 30$,$P$ 为价格,试求:

(1) 均衡价格 P_0;

(2) 消费者剩余与生产者剩余.

数学实验 5

1. 实验目的与内容

(1) 运用 MATLAB 计算定积分和广义积分.

(2) 运用 MATLAB 计算定积分在几何上的应用问题,如求平面图形面积、旋转体体积等.

2. MATLAB 命令

MATLAB 中主要用 int 进行符号积分(表 5-1).

表 5-1　MATLAB 求定积分命令

调用格式	描述
$\text{int}(s,a,b)$	符号表达式 s 的定积分,a、b 分别为积分的上、下限
$\text{int}(s,x,a,b)$	符号表达式 s 关于变量 x 的定积分,a、b 分别为积分的上、下限,a,b 可以是符号表达式
$\text{int}(f(x),x,-\inf,\inf)$	计算反常积分 $\int_{-\infty}^{+\infty}f(x)\mathrm{d}x$

注:可以用 help int 查阅这些命令的详细信息.

3. 实验案例

例 5-44　计算定积分 $\int_{0}^{a}x^2\sqrt{a^2-x^2}\,\mathrm{d}x$.

程序代码:

`>> syms x a;`

`>> int(x^2 * sqrt(a^2 - x^2),x,0,a)` %sqrt(f(x)),求函数 f(x) 的平方根

输出结果:

ans =

　　　　$(\text{pi} * a^4)/16$

例 5-45　判别广义积分 $\int_{-\infty}^{+\infty}\dfrac{1}{x^2}\cos x\,\mathrm{d}x$ 的敛散性.

程序代码:

`>> syms x`

`>> int(1/x^2 * cos(x),x,-inf,inf)`

输出结果:

ans =

　　　　Inf

所以原积分发散.

例 5-46　求由抛物线 $y^2=2x$ 和直线 $y=-x+4$ 所围图形的面积.

(1) 先画出函数图形:

程序代码:

`>> x = 0:0.1:9; ;`

`>> plot(x, -x+4, 'b', x,sqrt(2 * x), 'r', x, -sqrt(2 * x), 'r')`

输出结果如图 5-25 所示.

(2) 求解方程组,得到两曲线交点

程序代码:

`>> [x,y] = solve('y^2 - 2 * x = 0', 'y + x - 4 = 0')`

输出结果:

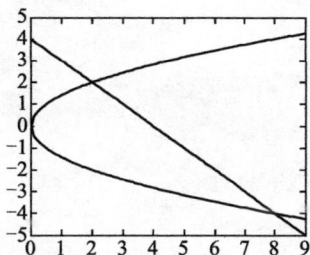

图 5-25

$$x =$$
$$2$$
$$8$$
$$y =$$
$$2$$
$$-4$$

则两曲线的交点是[2,2],[8,-4].

(3) 以 y 为积分变量求面积

程序代码:

```
>> syms y ;
>> int(-y+4-y^2/2,y,-4,2)
```

输出结果:

```
ans =
     18
```

例 5-47   已知生产某产品 x 台的边际成本为

$$C'(x) = \frac{150}{\sqrt{1+x^2}} + 1(万元 / 台),$$

边际收入为 $$R'(x) = 30 - \frac{2}{5}x(万元 / 台).$$

(1) 若固定成本为 $C(0) = 10$(万元),求总成本函数、总收益函数和总利润函数;

(2) 当产量从 40 台增加到 80 台时,求其总成本与总收益的增量;

(3) 绘制总利润函数图形,求当产量为多少时,总利润最大. 总利润最大是多少?

解   (1) 本题中总成本为固定成本与可变成本之和,于是总成本函数为

$$C(x) = C(0) + \int_0^x C'(x)\mathrm{d}x = 10 + \int_0^x \left(\frac{150}{\sqrt{1+x^2}} + 1\right)\mathrm{d}x.$$

程序代码:

```
>> clear;
>> syms x ;
>> C(x) = 10 + int(150/sqrt(1+x^2)+1,x,0,x)
```

输出结果:

```
C(x) =
     x + 150 * asinh(x) + 10
```

当产量为零时,总收益为零,即 $R(0) = 0$,因此,总收益函数为

$$R(x) = R(0) + \int_0^x R'(x)\mathrm{d}x = 0 + \int_0^x \left(30 - \frac{2}{5}x\right)\mathrm{d}x$$

程序代码:

```
>> clear;
```

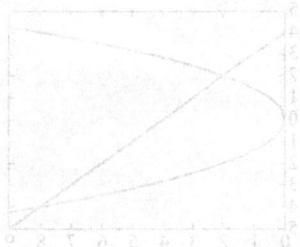

```
>> syms x ;
>> R(x) = 0 + int(30 − 0.4 * x,x,0,x)
```

输出结果：

```
R(x) =
        − (x * (x − 150))/5
```

总利润函数为总收益与总成本之差，故总利润函数 $L(x)$ 为

$$L(x) = R(x) − C(x).$$

程序代码：

```
>> L(x) = R(x) − C(x)
```

输出结果：

```
L(x) =
        − x − 150 * asinh(x) − (x * (x − 150))/5 − 10
```

(2) 当产量从 40 台增加到 80 台时，总成本的增量为 $C(80) − C(40).$

程序代码：

```
>> C(80) − C(40)
```

输出结果：

```
ans =
        150 * asinh(80) − 150 * asinh(40) + 40
```

对上述数据进行化简，程序代码：

```
format short
>> 150 * asinh(80) − 150 * asinh(40) + 40
```

输出结果：

```
ans =
        143.9545
```

当产量从 40 台增加到 80 台时，总收益的增量为 $R(80) − R(40).$

程序代码：

```
>> R(80) − R(40)
```

输出结果：

```
ans =
        240
```

(3) 绘制总利润函数图形

程序代码：

```
>> x = 0:1:120;
>> plot(x,L(x))
```

输出结果如图 5-26 所示．

当 $x = 66.8969$ 时，利润函数 $L(x)$ 取最大．又

$$L(67) = 300.516, L(66) = 300.371,$$

故当生产产量 $x = 67$ 台时，总利润达到最大，最大总利润为 300.516 万元．

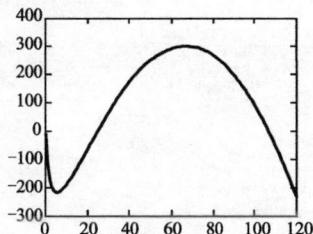

图 5-26

□ 实验补充例题

练习

1. 用 MATLAB 计算下列定积分：

(1) $\int_0^1 \dfrac{\sin x}{x} \mathrm{d}x$；

(2) $\int_1^{\sqrt{3}} \dfrac{1}{x^2 \sqrt{1+x^2}} \mathrm{d}x$；

□ 数学建模：卖菜人的烦恼

(3) $\int_0^{2\pi} \mathrm{e}^x \sin 2x \mathrm{d}x$；

(4) $\int_0^1 \mathrm{e}^{-x^2} \mathrm{d}x$.

2. 用 MATLAB 求曲线 $y = \dfrac{1}{2}x^2$ 与 $x^2 + y^2 = 8$ 所围成图形的面积（两部分都要计算）.

本章小结

一、知识点结构图

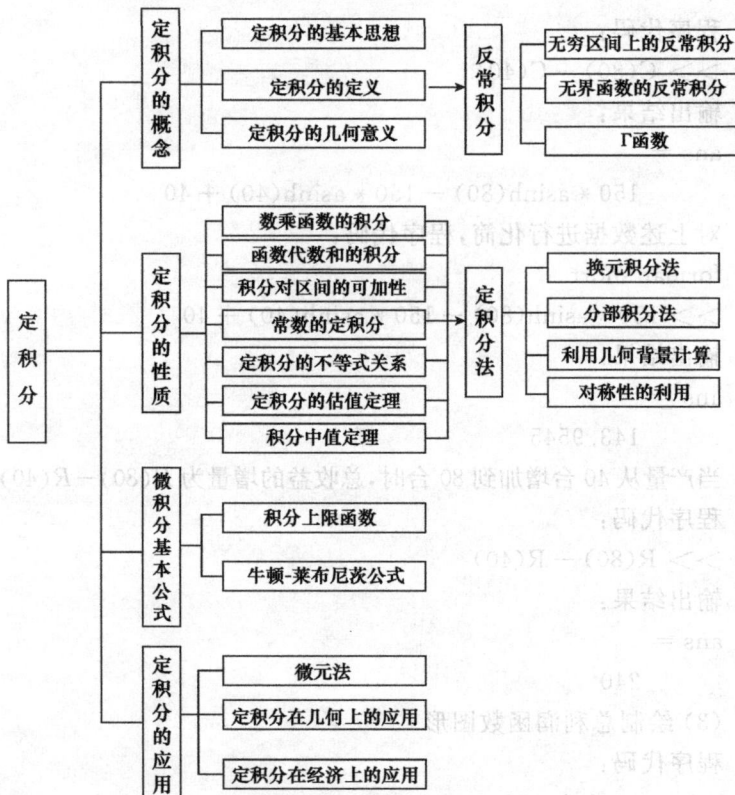

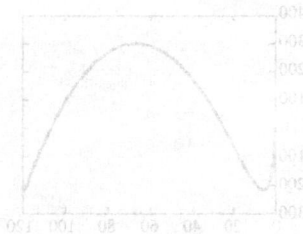

```
                            ┌ 定积分的基本思想
                 ┌ 定积分   │                        ┌ 无穷区间上的反常积分
                 │ 的概念   ├ 定积分的定义    反常    │
                 │          │                 积分   ├ 无界函数的反常积分
                 │          └ 定积分的几何意义        │
                 │                                    └ Γ函数
                 │          ┌ 数乘函数的积分
                 │          ├ 函数代数和的积分         ┌ 换元积分法
                 │ 定积分   ├ 积分对区间的可加性  定   │
                 │ 的性质   ├ 常数的定积分        积   ├ 分部积分法
          定      │          ├ 定积分的不等式关系  分   │
          积     ─┤          ├ 定积分的估值定理    法   ├ 利用几何背景计算
          分      │          └ 积分中值定理              │
                 │                                    └ 对称性的利用
                 │ 微积分   ┌ 积分上限函数
                 │ 基本     │
                 │ 公式     └ 牛顿-莱布尼茨公式
                 │
                 │          ┌ 微元法
                 │ 定积分   │
                 └ 的应用   ├ 定积分在几何上的应用
                            │
                            └ 定积分在经济上的应用
```

二、知识点自我检验

1. 定积分的概念及性质

(1) $f(x)$ 在 $[a,b]$ 上的定积分是积分和的极限，即 _____.

(2) 定积分的值只与 _____ 和 _____ 有关，而与 _____ 无关；

(3) 定积分定义中的两个任意是 _____.

(4) $f(x)$ 在 $[a,b]$ 上可积的必要条件是 _____，

充分条件是 _____.

（5）定积分的可加性是指 _____.

（6）定积分的估值定理是 _____.

（7）积分中值定理是 _____.

2.微积分基本公式

（1）积分上限的函数 $\Phi(x) =$ _____ ,它的自变量是 ____ ,它的导数是 _____.

（2）原函数存在定理说明 _____ 运算是 _____ 运算的逆运算.

（3）微积分基本公式：_____.

3.换元积分法与分部积分法

（1）换元积分公式为 _____.

（2）分部积分公式为 _____.

4.反常积分

（1）若函数 $f(x)$ 在区间 $[a,+\infty)$ 上连续,则 $f(x)$ 在 $[a,+\infty)$ 上的反常积分定义为 _____,
若 _____,
就称该反常积分发散.

（2）瑕点的定义是 _____.
若函数 $f(x)$ 在区间 $[a,b]$ 上除点 c 外处处连续,点 c 为瑕点,$f(x)$ 在 $[a,b]$ 上的反常积分定义为 _____.

（3）Γ 函数的定义是 _____.

5.定积分在几何上的应用

（1）微元法的一般做法是 _____
_____.

（2）由 $x = \varphi(y)$,$x = \psi(y)$（$\varphi(y) \geqslant \psi(y)$）及直线 $y = c$,$y = d$ 所围成平面图形的面积是 _____.

（3）以连续曲线 $y = f(x)$（$f(x) \geqslant 0$）,直线 $x = a$,$x = b$ 和 x 轴所围成的曲边梯形绕 x 轴旋转一周而成的旋转体的体积是 _____ ,如果绕 y 轴旋转一周而成旋转体的体积是 _____.

（4）平行截面面积为 $A(x)$ 的体积公式为 _____.

6.定积分在经济上的应用

（1）有一笔收益率为 $P(t)$（元 / 年）的收益流,年利率为 r,以连续复利方式计息,该收益流的现在值为 _____ ,将来值为 _____.

（2）消费者剩余是指 _____ ,
如果需求函数为 $Q_{需} = f(P)$,供给函数为 $Q_{供} = \varphi(P)$,均衡价格为 P_0,商品的最高限价为 P_U、最低限价为 P_L,则消费者剩余可用定积分表示为 _____.

总习题 5A

1. 填空题：

(1) 若 $\int_0^1 (2x+k)\,\mathrm{d}x = 2$，则 $k = $ _____.

(2) 根据定积分的几何意义，$\int_0^2 \sqrt{4-x^2}\,\mathrm{d}x = $ _____.

(3) $\int_{-1}^1 \left(\sin^5 x + \dfrac{1}{2} \right)\mathrm{d}x = $ _____.

(4) 设 $f(x)$ 是连续函数，$F(x) = \int_{x^2}^{e^x} f(t)\,\mathrm{d}t$，则 $F'(x) = $ ___.

(5) 设 $f(x)$ 是连续函数，则 $\int_0^1 f(x)\,\mathrm{d}x + \int_1^0 f(t)\,\mathrm{d}t = $ _____.

2. 单项选择题：

(1) 函数 $f(x)$ 在 $[a,b]$ 上连续是 $\int_a^b f(x)\,\mathrm{d}x$ 存在的（　　）.

A. 充要条件；　　　　　　　　B. 无关条件；

C. 充分不必要条件；　　　　　D. 必要不充分条件.

(2) 函数 $f(x)$ 在 $[a,b]$ 上有界是 $\int_a^b f(x)\,\mathrm{d}x$ 存在的（　　）.

A. 充要条件；　　　　　　　　B. 无关条件；

C. 充分不必要条件；　　　　　D. 必要不充分条件.

(3) $\dfrac{\mathrm{d}}{\mathrm{d}x} \int_1^2 \dfrac{\sin t}{t}\,\mathrm{d}t = $（　　）.

A. $\dfrac{\sin 2}{2}$；　　B. 0；　　C. $\sin 1$；　　D. $\dfrac{\sin x}{x}$.

(4) 设函数 $f(x)$ 在 $[a,b]$ 上连续，则下列各式中不成立的是（　　）.

A. $\int_a^b f(x)\,\mathrm{d}x = \int_a^b f(t)\,\mathrm{d}t$；

B. $\int_a^b f(x)\,\mathrm{d}x = -\int_b^a f(t)\,\mathrm{d}t$；

C. $\int_a^a f(x)\,\mathrm{d}x = 0$；

D. 若 $\int_a^b f(x)\,\mathrm{d}x = 0$，则 $f(x) = 0$.

(5) 下列积分中，（　　　　）满足牛顿-莱布尼茨公式的条件.

A. $\int_{-1}^1 \dfrac{1}{x^2}\,\mathrm{d}x$；　　　　　　B. $\int_1^{27} \dfrac{1}{\sqrt{x}}\,\mathrm{d}x$；

C. $\int_0^1 \dfrac{1}{x}\,\mathrm{d}x$；　　　　　　　　D. $\int_{\frac{1}{e}}^e \dfrac{1}{x\ln x}\,\mathrm{d}x$.

3.求下列极限:

(1) $\lim\limits_{x\to0}\dfrac{\int_0^x(\sqrt{1+t^2}-\sqrt{1-t^2})\mathrm{d}t}{x^3}$;　　(2) $\lim\limits_{x\to0}\dfrac{\int_0^x t\arctan t\,\mathrm{d}t}{\mathrm{e}^x+\mathrm{e}^{-x}-2}$.

4.计算下列定积分:

(1) $\displaystyle\int_1^{\mathrm{e}}\frac{\mathrm{d}x}{x(2+\ln^2x)}$;　　　　(2) $\displaystyle\int_0^{\frac{\pi}{2}}\sqrt{1-\sin2x}\,\mathrm{d}x$;

(3) $\displaystyle\int_{\frac{3}{4}}^1\frac{\mathrm{d}x}{\sqrt{1-x}+1}$;　　　　(4) $\displaystyle\int_0^{\frac{1}{2}}\arcsin x\,\mathrm{d}x$;

(5) $\displaystyle\int_0^{\frac{\pi}{2}}x\sin2x\,\mathrm{d}x$;　　　　(6) $\displaystyle\int_0^{\frac{\pi}{2}}\mathrm{e}^{2x}\cos x\,\mathrm{d}x$.

5.已知 $f(x)=\begin{cases}x,&x\leqslant0,\\2-x,&x>0;\end{cases}$ 求 $\displaystyle\int_1^3 f(x-2)\mathrm{d}x$.

6.判断下列反常积分的敛散性,若收敛,计算反常积分的值:

(1) $\displaystyle\int_0^{+\infty}\frac{1}{1+\mathrm{e}^x}\mathrm{d}x$;　　　　(2) $\displaystyle\int_1^{\mathrm{e}}\frac{1}{x\sqrt{1-(\ln x)^2}}\mathrm{d}x$.

7.设 $f(x)$ 是连续函数,且 $f(x)=\dfrac{1}{1+x^2}+\sqrt{1-x^2}\displaystyle\int_0^1 f(x)\mathrm{d}x$,求 $\displaystyle\int_0^1 f(x)\mathrm{d}x$.

8.已知 $\lim\limits_{x\to\infty}\left(\dfrac{x+c}{x-c}\right)^x=\displaystyle\int_{-\infty}^c t\mathrm{e}^{2t}\mathrm{d}t$,求 c 的值.

9.求曲线 $y=x^2-2x,y=0,x=1,x=3$ 所围成的平面图形面积 S,并求该平面图形绕 y 轴旋转一周所成立体的体积 V.

10.计算阿基米德螺线 $r=a\theta(a>0)$ 对应 θ 从 0 变到 2π 所围图形的面积.

11.设 $f(x)$ 在 $[0,1]$ 上连续,且 $f(x)<1$,证明:
$$F(x)=2x-1-\int_0^x f(t)\mathrm{d}t$$
在 $(0,1)$ 内只有一个零点.

12.设 $f(x)$ 在 $[a,b]$ 上连续,在 (a,b) 内可导,且 $f'(x)\leqslant0$,记 $F(x)=\dfrac{1}{x-a}\displaystyle\int_a^x f(t)\mathrm{d}t$,证明:在 (a,b) 内,$F'(x)\leqslant0$.

13.设生产某产品的固定成本为 6,而边际成本和边际收益分别为
$$MC=3Q^2-18Q+36,MR=33-8Q.$$
试求获取最大利润的产量和最大利润.

14.每天生产某产品的固定成本为 20 万元,边际成本函数
$$MC=0.4Q+2(万元/t),$$
商品的销售价格 $P=18(万元/t)$,求每天生产多少吨产品可获得最大利润?最大利润是多少?

15.连续收益流量每年 10000 元,设年利率为 5%,按连续复利计算,为期 8 年,求现值为多少?

16.某机器使用寿命为10年,如购进机器需要40000元,如租用此机器每月租金500元,设年利率为14％,按连续复利计算,问购进与租用哪一种方式合算?

17.设某商品需求函数为 $P = \sqrt{49 - 6x}$,供给函数为 $P = x + 1$.式中 x 为需求量,P 为价格.试求均衡价格与消费者剩余.

总习题 5B

1.填空题:

(1) $\dfrac{\mathrm{d}}{\mathrm{d}x}\displaystyle\int_0^x \sin^{100}(x - t)\mathrm{d}t = $ _____.

(2) $\displaystyle\lim_{n \to \infty} \dfrac{1^\alpha + 2^\alpha + \cdots + n^\alpha}{n^{\alpha+1}} = $ _____.

(3) $\displaystyle\int_{-2}^2 \dfrac{x + |\,x\,|}{2 + x^2}\mathrm{d}x = $ _____.

(4) 已知 $f'(x) \cdot \displaystyle\int_0^2 f(x)\mathrm{d}x = 8$,且 $f(0) = 0$,则函数 $f(x) = $ _____.

(5) 设 $\varphi(x) = \dfrac{x + 1}{x(x - 2)}$,则 $\displaystyle\int_1^3 \dfrac{\varphi'(x)}{1 + \varphi^2(x)}\mathrm{d}x = $ _____.

2.单项选择题:

(1) $\displaystyle\lim_{n \to \infty}\int_0^1 \dfrac{x^n \mathrm{e}^x}{1 + \mathrm{e}^x}\mathrm{d}x$ 为( ).

A.1; B.0;

C. -1; D.极限不存在.

(2) 设 $I_1 = \displaystyle\int_0^{\frac{\pi}{4}} \dfrac{\tan x}{x}\mathrm{d}x$,$I_2 = \displaystyle\int_0^{\frac{\pi}{4}} \dfrac{x}{\tan x}\mathrm{d}x$,则( ).

A. $I_1 > I_2 > 1$; B. $1 > I_1 > I_2$;

C. $I_2 > I_1 > 1$; D. $1 > I_2 > I_1$.

(3) 设 $f(x)$ 为连续的偶函数,$F(x)$ 为 $f(x)$ 的原函数,且 $\displaystyle\int_{-1}^1 F(x)\mathrm{d}x = 0$,则 $F(x) = $ ( ).

A. $\displaystyle\int_{-1}^1 f(t)\mathrm{d}t$; B. $\displaystyle\int_0^x f(t)\mathrm{d}t$;

C. $\displaystyle\int_1^x f(t)\mathrm{d}t$; D. $\displaystyle\int_0^x f(t)\mathrm{d}t + C$($C$ 为任意常数).

(4) 曲线 $y = x(x - 1)(2 - x)$ 与 x 轴所围图形面积可表示为( ).

A. $-\displaystyle\int_0^2 x(x - 1)(x - 2)\mathrm{d}x$;

B. $\displaystyle\int_0^1 x(x - 1)(x - 2)\mathrm{d}x - \displaystyle\int_1^2 x(x - 1)(x - 2)\mathrm{d}x$;

C. $\displaystyle\int_0^2 x(x - 1)(x - 2)\mathrm{d}x$;

D. $-\int_0^1 x(x-1)(x-2)\mathrm{d}x + \int_1^2 x(x-1)(x-2)\mathrm{d}x$.

(5) 设 $f(x), g(x)$ 在区间 $[a,b]$ 上连续，且 $g(x) < f(x) < m(m$ 为常数)，则曲线 $y = g(x), y = f(x), x = a$ 及 $x = b$ 所围平面图形绕直线 $y = m$ 旋转而成的旋转体体积为（　　）.

A. $\int_a^b \pi[2m - f(x) + g(x)][f(x) - g(x)]\mathrm{d}x$;

B. $\int_a^b \pi[2m - f(x) - g(x)][f(x) - g(x)]\mathrm{d}x$;

C. $\int_a^b \pi[m - f(x) + g(x)][f(x) - g(x)]\mathrm{d}x$;

D. $\int_a^b \pi[m - f(x) - g(x)][f(x) - g(x)]\mathrm{d}x$.

3. 设 $f(x)$ 在 $[0,1]$ 上连续，在 $(0,1)$ 内可导，且 $3\int_{\frac{2}{3}}^1 f(x)\mathrm{d}x = f(0)$. 证明：$\exists \xi \in (0,1), f'(\xi) = 0$.

4. 设 $f(x)$ 是连续函数，且 $\int_0^x tf(x - t)\mathrm{d}t = 1 - \cos x$，求 $\int_0^{\frac{\pi}{2}} f(x)\mathrm{d}x$.

5. 设 $f(x)$ 是连续函数，$F(x) = \int_0^1 f(xt)\mathrm{d}t(x \neq 0)$，求 $F'(x)$.

6. 设 $f(x) = \begin{cases} x\mathrm{e}^{-x^2}, & x \geqslant 0, \\ \dfrac{1}{1 + \cos x}, & -\pi < x < 0, \end{cases}$ 求 $\int_1^4 f(x - 2)\mathrm{d}x$.

7. 设 $f(x) = \int_0^x \dfrac{\sin t}{\pi - t}\mathrm{d}t$，计算 $\int_0^\pi f(x)\mathrm{d}x$.

8. 设 $f(x)$ 是 $[0,1]$ 上的连续函数，

(1) 证明 $\int_0^\pi xf(\sin x)\mathrm{d}x = \dfrac{\pi}{2}\int_0^\pi f(\sin x)\mathrm{d}x$;

(2) 计算 $\int_0^\pi \dfrac{x\sin x}{1 + \cos^2 x}\mathrm{d}x$.

9. 一平面经过半径为 R 的圆柱体的底圆中心，并与底面交成 α 角，计算该平面截圆柱体所得立体的体积.

10. 设某商品的供给函数为 $P = x^2 + x$，式中 x 为需求量，已知均衡价格是 20 元. 试求生产者剩余.

6 第6章

多元函数微分学

内容导读

在前面各章中,我们所讨论的函数只限于一个自变量,这种函数称为一元函数.但是在许多实际问题中所遇到的往往是含有多个自变量的函数,例如矩形的面积 $S = xy$ 依赖于两个自变量 x, y;长方体的体积 $V = xyz$ 是三个自变量 x, y, z 的函数,这一章将介绍多个自变量的函数,即多元函数.在一元函数微分学的基础上,本章将讨论多元函数的微分法及其应用问题.讨论中以二元函数为主,这是因为从一元到二元函数会出现质的变化,产生新的问题;而从二元到三元以上函数仅仅是量的变化,可以类推.

为了更好地理解多元函数、偏导数的概念,在这一章中,我们首先对空间解析几何知识进行简单的介绍.读者可以参照平面解析几何的相关知识,来理解空间直角坐标系、空间中两点的距离、空间曲面及其方程.

接下来主要介绍二元函数微分学中的基本概念:二元函数及其几何意义、二元函数的极限与连续性、偏导数和全微分.这些概念的学习,读者可以参照一元函数的定义及其几何意义,一元函数的极限、连续性、导数、微分来加以理解,要注意其间的联系和区别.掌握了二元函数微分学的有关理论和研究方法后,很容易将其推广到一般的多元函数中.

最后,作为多元函数微分学的应用,我们研究多元函数的极值和最值问题,当然,这也是从二元函数入手,继而推广到一般的多元函数.与一元函数极值不同的是,二元函数的极值分为无条件极值(自变量只限制在定义域内)和条件极值(除了将自变量限制在定义域内,还有其他的附加条件).

6.1 空间解析几何简介

正如平面解析几何的知识对于学习一元函数微积分是必不可少的一样,空间解析几何的知识是我们学习多元函数微积分所必须具备的.

6.1.1　空间直角坐标系

以空间中一定点 O 为共同原点,作三条两两互相垂直的数轴 Ox,Oy,Oz,并取定单位长度和正方向,它们的正方向符合右手规则:以右手握住 z 轴,右手的四指从 x 轴的正方向逆时针旋转 $\dfrac{\pi}{2}$ 到 y 轴正方向时,大拇指的指向即为 z 轴的正方向. 这样就建立了空间直角坐标系 $Oxyz$. 通常将 x 轴、y 轴配置在水平面上,z 轴垂直于水平面,如图 6-1 所示.

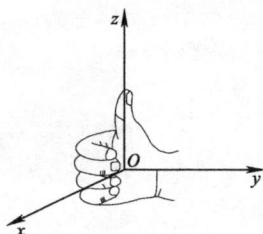

图 6-1

□ 卦限示意图

点 O 称为坐标原点,Ox,Oy,Oz 轴分别称为 x 轴(横轴)、y 轴(纵轴)、z 轴(竖轴),统称为坐标轴. 每两条坐标轴确定一个平面,称为坐标面. 例如由 x 轴和 y 轴所确定的平面称为 xOy 面. 类似地,有 yOz 面和 zOx 面. 三个坐标面将空间分成八个部分,每一部分叫作一个卦限. 其中第 Ⅰ,Ⅱ,Ⅲ,Ⅳ 卦限位于 xOy 面上方,由 x 轴、y 轴、z 轴正方向确定的卦限叫作第 Ⅰ 卦限,由第 Ⅰ 卦限开始逆时针依次为第 Ⅱ,Ⅲ,Ⅳ 卦限. 第 Ⅴ,Ⅵ,Ⅶ,Ⅷ 卦限位于 xOy 面下方,由第 Ⅰ 卦限下方的第 Ⅴ 卦限开始逆时针依次为第 Ⅵ,Ⅶ,Ⅷ 卦限. 如图 6-2 所示.

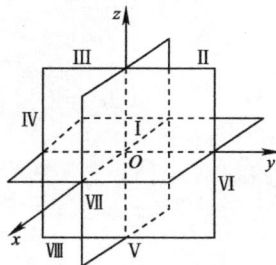

图 6-2

在空间中任取一点 M,过 M 分别作垂直于坐标轴的三个平面,分别交 x 轴、y 轴、z 轴于点 P、Q、R. 设点 P、Q、R 在三个坐标轴上的坐标分别为 x、y、z,于是点 M 唯一确定了一个三元有序数组 (x,y,z). 反之,给定了一个三元有序数组 (x,y,z),在三个坐标轴上可以确定以 x、y、z 为坐标的点 P、Q、R,过这三个点分别作垂直于三个坐标轴的平面,这三个平面的交点 M 就是由三元有序数组 (x,y,z) 在空间确定的唯一的点. 如图 6-3 所示.

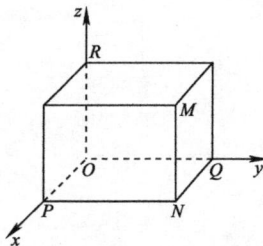

图 6-3

□ 即时练习 6-1

空间中的点 $M_1(1,1,2)$ 在第 _____ 卦限,点 $M_2(-1,-1,-2)$ 在第 _____ 卦限.

这样,三元有序数组 (x,y,z) 与空间的点 M 存在一一对应的关系,我们称三元有序数组 (x,y,z) 为点 M 的坐标,记作 $M(x,y,z)$,其中 x,y,z 分别为 M 的横坐标、纵坐标和竖坐标.

显然,原点 O 的坐标为 $(0,0,0)$,三个坐标面 xOy 面、yOz 面和 zOx 面上点的坐标分别为 $(x,y,0)$,$(0,y,z)$ 和 $(x,0,z)$,三个坐标轴 x 轴、y 轴、z 轴上点的坐标分别为 $(x,0,0)$,$(0,y,0)$ 和 $(0,0,z)$.

□ 即时练习 6-2

空间两点 $M_1(1,2,3)$,$M_2(1,5,7)$ 之间的距离 $|M_1M_2| = $ _____ .

6.1.2　空间两点间的距离

设 $M_1(x_1,y_1,z_1)$,$M_2(x_2,y_2,z_2)$ 是空间中给定的两点,过点 M_1 和 M_2 各作三个平面分别垂直于三个坐标轴,这六个平面构成以 M_1M_2 为一条对角线的长方体. 如图 6-4 所示. 由图可知

$$|M_1M_2|^2 = |M_1P|^2 + |M_2P|^2 = |M_1N|^2 + |NP|^2 + |M_2P|^2$$
$$= (x_2-x_1)^2 + (y_2-y_1)^2 + (z_2-z_1)^2,$$

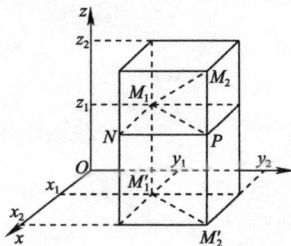

图 6-4

于是得到空间两点间距离公式
$$|M_1M_2| = \sqrt{(x_2-x_1)^2+(y_2-y_1)^2+(z_2-z_1)^2}.$$
特别地,点 $M(x,y,z)$ 到原点的距离为
$$|OM| = \sqrt{x^2+y^2+z^2}.$$

6.1.3   空间曲面及其方程

1. 曲面方程的概念

在空间直角坐标系中,任何曲面都可以看成动点 $M(x,y,z)$ 的轨迹.一般来讲,三元方程 $F(x,y,z)=0$ 表示一张空间曲面.

例如,球面可以看成是空间中到一个定点 $M_0(x_0,y_0,z_0)$ 的距离等于常数 R 的点的轨迹.设点 $M(x,y,z)$ 为轨迹上的任意一点,由 $|M_0M|=R$,有
$$\sqrt{(x-x_0)^2+(y-y_0)^2+(z-z_0)^2}=R,$$
两边平方得
$$(x-x_0)^2+(y-y_0)^2+(z-z_0)^2=R^2. \qquad (6\text{-}1)$$
这个含有三个变量 x,y,z 的方程就是以点 $M_0(x_0,y_0,z_0)$ 为球心,R 为半径的球面方程.

显然,凡是在球面上的点的坐标 (x,y,z) 都满足方程(6-1),而不在球面上的点到 M_0 的距离都不等于 R,所以其坐标不满足方程(6-1).我们把方程(6-1)称为上述球面的方程,而球面称为方程(6-1)的图形.

一般地,有如下概念:

若曲面 S 与三元方程 $F(x,y,z)=0$ 满足如下关系:

(1) 曲面 S 上每一点的坐标都满足方程 $F(x,y,z)=0$;

(2) 不在曲面 S 上的点的坐标都不满足方程 $F(x,y,z)=0$,

则称三元方程 $F(x,y,z)=0$ 是空间曲面 S 的方程,同时称空间曲面 S 为方程 $F(x,y,z)=0$ 的图形.

2. 几种常见的空间曲面

(1) 平面

例 6-1   一动点 $M(x,y,z)$ 与两定点 $M_1(2,-3,-1)$,$M_2(3,4,1)$ 等距离,求此动点的轨迹方程.

解   由题意,有
$$|MM_1|=|MM_2|,$$
根据空间中两点间的距离公式,得
$$\sqrt{(x-2)^2+(y+3)^2+(z+1)^2}=\sqrt{(x-3)^2+(y-4)^2+(z-1)^2},$$
化简得三元一次方程
$$x+7y+2z-6=0.$$

　　由几何知识,动点 M 的轨迹是线段 M_1M_2 的垂直平分面,因此, 上述方程就是这个平面的方程.

　　可以证明,空间中任意一个平面的方程为三元一次方程

$$Ax + By + Cz + D = 0,$$

其中 A,B,C,D 全为常数,且 A,B,C 不全为零.

　　反过来,任何一个三元一次方程,在空间中确定了一个平面.

　　特别地,在上述平面方程中:

　　当 $D = 0$ 时,方程变为

$$Ax + By + Cz = 0.$$

显然原点 $O(0,0,0)$ 满足方程,这是通过坐标原点的平面.

　　当 $A = B = 0, C \neq 0$ 时,方程变为

$$Cz + D = 0, \text{即 } z = h\left(h = -\frac{D}{C}\right).$$

这是平行于 xOy 面的平面,该平面到 xOy 面的距离为 $|h|$. 当 $h = 0$ 时,方程 $z = 0$ 即为 xOy 面的方程. 类似地,可知 yOz 面的方程为 $x = 0, zOx$ 面的方程为 $y = 0$.

　　(2)球面

　　由前面讨论可知,以定点 $M_0(x_0, y_0, z_0)$ 为球心,R 为半径的球面方程为

$$(x - x_0)^2 + (y - y_0)^2 + (z - z_0)^2 = R^2.$$

　　特别地,当球心为坐标原点时,球面方程为(见图 6-5)

$$x^2 + y^2 + z^2 = R^2.$$

　　再如,方程 $z = \sqrt{R^2 - x^2 - y^2}$ 的图形为上半球面(见图 6-6).

　　(3)柱面

　　一般地,平行于定直线并沿着定曲线 C 移动的直线 L 形成的曲面称为柱面. 动直线 L 称为柱面的母线,定曲线 C 称为柱面的准线.

　　一般来讲,方程 $F(x, y) = 0$ 在平面直角坐标系中表示一条平面曲线 C,而在空间直角坐标系中则表示一个柱面. 这个柱面的母线平行于 z 轴,准线就是 xOy 面上的平面曲线 C.

　　例 6-2　下列方程在空间直角坐标系中表示什么样的曲面?

　　(1) $x^2 + y^2 = R^2$;　　　　　　(2) $\dfrac{x^2}{a^2} + \dfrac{y^2}{b^2} = 1$;

　　(3) $\dfrac{x^2}{a^2} - \dfrac{y^2}{b^2} = 1$;　　　　　(4) $x^2 - 2py = 0$.

　　解　在平面直角坐标系下,上述方程分别表示圆、椭圆、双曲线和抛物线. 在空间直角坐标系下,则上述方程表示母线平行于 z 轴的柱面,分别称为圆柱面、椭圆柱面、双曲柱面和抛物柱面. 图形分别如图 6-7、图 6-8、图 6-9 和图 6-10 所示.

□ **球面示意图**

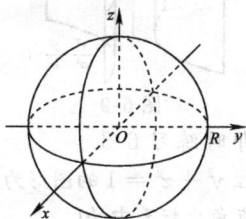

图 6-5

□ **上半球面示意图**

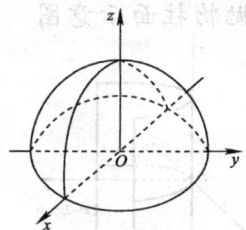

图 6-6

□ **圆柱面示意图**

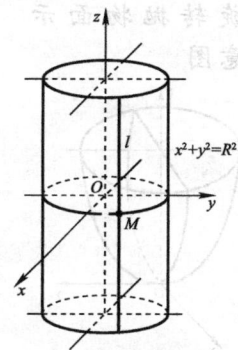

图 6-7

□ **椭圆柱面示意图**

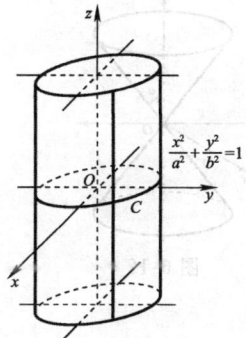

图 6-8

□ 双曲柱面示意图

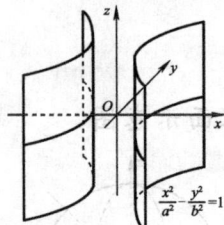

图 6-9

□ 即时练习 6-3

方程 $y^2 + z^2 = 1$ 的图形为空间直角坐标系中的（　　）.

A. 平面；　　B. 球面；

C. 圆柱面；D. 抛物柱面.

□ 抛物柱面示意图

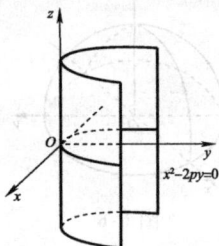

图 6-10

□ 旋转抛物面示意图

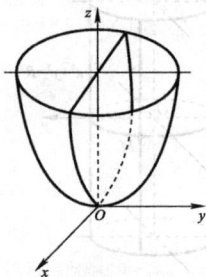

图 6-11

□ 圆锥面示意图

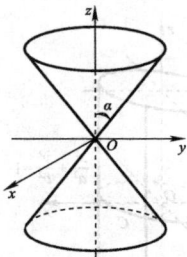

图 6-12

同理可知，方程 $F(x, z) = 0$ 表示母线平行于 y 轴的柱面，$F(y, z) = 0$ 表示母线平行于 x 轴的柱面.

（4）旋转曲面

一条平面曲线绕这个平面上的一条定直线旋转一周所形成的图形称为旋转曲面. 下面介绍两种简单的旋转曲面.

例如，在 yOz 面上有一条抛物线 $z = y^2$，这条抛物线绕 z 轴在空间旋转一周，这条动曲线所生成的曲面称为旋转抛物面（见图 6-11）. 动曲线与 z 轴的交点称为旋转抛物面的顶点，这里旋转抛物面的顶点就是坐标原点. 此旋转抛物面的方程为

$$z = x^2 + y^2.$$

又如，在 yOz 面上有一条直线 $z = y$，它与 z 轴的夹角 $\alpha = \dfrac{\pi}{4}$. 这条直线绕 z 轴在空间旋转一周，始终与 z 轴保持定角 $\alpha = \dfrac{\pi}{4}$，这条动直线所生成的曲面称为圆锥面（见图 6-12）. 动直线与 z 轴的交点称为圆锥面的顶点，这里圆锥面的顶点就是坐标原点，定角 α 称为圆锥面的半顶角. 此圆锥面的方程为

$$z^2 = x^2 + y^2.$$

（5）双曲抛物面

方程

$$z = y^2 - x^2$$

表示的曲面称为双曲抛物面，也称为马鞍面.

对于三元二次方程所表示的空间曲面的形状，我们通常采用截痕法来研究图形的几何特性. 所谓截痕法，就是用坐标面和平行于坐标面的平面去截空间曲面，考察截痕曲线的形状，然后加以综合来得知曲面的全貌.

下面用截痕法讨论双曲抛物面的形状.

首先，用平面 $z = C$ 去截曲面，截痕是平面 $z = C$ 上的曲线

$$y^2 - x^2 = C,$$

当 $C = 0$ 时（即用 xOy 面去截曲面），截痕为两条直线 $y - x = 0$，$y + x = 0$.

当 $C \neq 0$ 时，截痕为双曲线：$C > 0$ 时，实轴在 y 轴上；$C < 0$ 时，实轴在 x 轴上.

其次，用平面 $y = C$ 去截曲面，截痕是平面 $y = C$ 上的抛物线 $z = C^2 - x^2$，开口向下.

最后，用平面 $x = C$ 去截曲面，截痕是平面 $x = C$ 上的抛物线 $z = y^2 - C^2$，开口向上.

综合可得双曲抛物面的图形，如图 6-13 所示.

马鞍面示意图

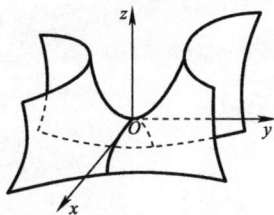

图 6-13

习题 6.1

1. 在空间直角坐标系中,指出下列各点所在位置:

$A(2,-3,-5)$;$B(0,4,3)$;$C(0,-3,0)$;$D(2,3,-5)$.

2. 在 yOz 面上,求与三个已知点 $A(3,1,2)$,$B(4,-2,-2)$ 和 $C(0,5,1)$ 等距离的点.

3. 求点 $M(a,b,c)$ 关于各坐标面、坐标轴、坐标原点对称的点的坐标.

4. 证明以三点 $A(4,3,1)$,$B(7,1,2)$,$C(5,2,3)$ 为顶点的三角形是等腰三角形.

5. 求过三点 $(1,0,1)$,$(2,1,0)$ 和 $\left(2,\dfrac{1}{2},\dfrac{1}{3}\right)$ 的平面方程,并判断点 $\left(1,1,\dfrac{1}{3}\right)$ 是否在该平面上.

6. 方程 $x^2+y^2+z^2-2x+4y+2z=0$ 表示怎样的曲面?

7. 建立以点 $(1,3,-2)$ 为球心,且通过原点的球面方程.

8. 在空间直角坐标系中,方程 $x^2+y^2-2x=0$ 确定怎样的曲面?

6.2　多元函数的基本概念

本节以二元函数为例来介绍多元函数以及多元函数的极限与连续这些基本概念.

6.2.1　平面区域

邻域　设 $P_0(x_0,y_0)$ 是 xOy 平面上一个定点,δ 是某个正数,与点 P_0 的距离小于 δ 的点 $P(x,y)$ 的全体,称为点 P_0 的 δ 邻域,记为 $U(P_0,\delta)$,即

$$U(P_0,\delta)=\{P\mid|PP_0|<\delta\}$$
$$=\{(x,y)\mid\sqrt{(x-x_0)^2+(y-y_0)^2}<\delta\}.$$

从图形上看,$U(P_0,\delta)$ 就是平面上以点 P_0 为中心,以 δ 为半径的圆内部的点 $P(x,y)$ 的全体.

$U(P_0,\delta)$ 中除去点 P_0 后所剩的部分,则为点 P_0 的去心 δ 邻域,记为 $\mathring{U}(P_0,\delta)$;如果不需要强调邻域半径 δ,通常用 $U(P_0)$ 或 $\mathring{U}(P_0)$ 表示点 P_0 的某个邻域或某个去心邻域.

内点、开集　设 E 是 xOy 平面上的点集,点 $P\in E$,若存在 $\delta>0$,使得 $U(P,\delta)\subset E$,则称点 P 为 E 的内点;若 E 中每一点都是 E 的内点,则称 E 为开集.

　　边界点、边界　设 E 是 xOy 平面上的点集,若在点 P 的任一邻域内,都既有属于 E 的点,也有不属于 E 的点,则称点 P 为 E 的边界点;E 的所有边界点的全体称为 E 的边界.

　　连通集、开区域、闭区域　设 E 是 xOy 平面上的点集,若对于 E 内任意两点,都可以用完全属于 E 的折线连接起来,则称 E 为连通集.平面上的连通开集称为开区域或简称区域;区域及其边界所构成的集合称为闭区域.

　　有界区域、无界区域　设 E 是 xOy 平面上的区域,若存在正数 R,使得 $E \subset U(O,R)$,其中 O 为坐标原点,则称 E 为有界区域;否则称 E 为无界区域.

　　例如,集合 $\{(x,y) \mid 1 < x^2 + y^2 < 4\}$ 为有界开区域;集合 $\{(x,y) \mid 1 \leqslant x^2 + y^2 \leqslant 4\}$ 为有界闭区域;集合 $\{(x,y) \mid x+y > 0\}$ 是无界开区域.

6.2.2　多元函数的概念

　　一元函数研究的是一个自变量对因变量的影响,但在实际问题中,所涉及的函数往往依赖于两个或者更多个变量,例如:圆柱体的体积 V 与它的底半径 r 和高 h 之间具有关系

$$V = \pi r^2 h,$$

当变量 r 和 h 在集合 $\{(r,h) \mid r>0, h>0\}$ 内取定一对值 (r,h) 时,体积 V 的对应值就随之确定.这就是以 r,h 为自变量,V 为因变量的二元函数.

1. 二元函数的定义

　　定义 6-1　设 D 是一个平面非空点集,若按照某一确定的对应法则 f,对 D 内每一数对 (x,y) 都有唯一确定的实数 z 与之对应,则称 f 为定义在 D 上的二元函数,记为

$$z = f(x,y), (x,y) \in D$$

或

$$z = f(P), P(x,y) \in D,$$

其中 x,y 称为自变量,z 称为因变量.点集 D 称为函数 f 的定义域,数集 $\{z \mid z = f(x,y), (x,y) \in D\}$ 称为函数 f 的值域.

　　类似地,可以定义三元函数 $u = f(x,y,z)$ 以及一般的 n 元函数

$$y = f(x_1, x_2, \cdots, x_n).$$

二元以及二元以上的函数统称为多元函数.

　　与一元函数类似,构成二元函数的两因素仍是对应法则和定义域.同样,我们所说的二元函数的定义域是指使得二元函数有意义

的自变量的取值范围,也叫作自然定义域.

例 6-3　求下列函数的定义域:

(1)$z = \sqrt{y - x^2}$;　(2)$z = \ln(x^2 + y^2 - 1) + \dfrac{1}{\sqrt{4 - x^2 - y^2}}$.

解　(1)要使得函数有意义,必须有

$$y - x^2 \geqslant 0,$$

所以所求定义域为 $D = \{(x,y) \mid y \geqslant x^2\}$,如图 6-14 所示.

(2)要使得函数有意义,必须有

$$\begin{cases} x^2 + y^2 - 1 > 0, \\ 4 - x^2 - y^2 > 0, \end{cases} \quad 即 \quad 1 < x^2 + y^2 < 4.$$

所以所求定义域为 $D = \{(x,y) \mid 1 < x^2 + y^2 < 4\}$,如图 6-15 所示.

2. 二元函数的几何意义

设二元函数 $z = f(x,y)$,$(x,y) \in D$,D 为 xOy 面上的区域,对于 D 内任意一点 $P(x,y)$,总有确定的函数值 $z = f(x,y)$ 与之相对应,于是在空间确定一个点 $M(x,y,z)$.当 $P(x,y)$ 在 D 内取遍每一组值时,所对应的点 $M(x,y,z)$ 就在空间中形成一张曲面.这张曲面就是二元函数 $z = f(x,y)$ 的几何图形,此曲面在 xOy 面上的投影就是函数的定义域 D.如图 6-16 所示.

例如,二元函数 $z = x^2 + y^2$ 的几何图形是旋转抛物面,它在 xOy 面上方,函数的定义域是 xOy 面.

6.2.3 二元函数的极限

对于一元函数来说,函数的极限刻画了自变量变化时函数的变化趋势.同样,对于二元函数,我们也要研究当自变量 $x \to x_0$,$y \to y_0$,即点 $P(x,y) \to P_0(x_0,y_0)$ 时,或 $|P_0P| = \sqrt{(x - x_0) + (y - y_0)^2}$ 趋于零时,函数 $z = f(x,y)$ 的变化趋势,这就是二元函数的极限问题.

设二元函数 $z = f(x,y)$ 在点 $P_0(x_0,y_0)$ 的某一去心邻域 $\mathring{U}(P_0)$ 有定义.$P(x,y)$ 是 $\mathring{U}(P_0)$ 内的任一点,如果 $P(x,y)$ 以任意方式无限趋近于点 $P_0(x_0,y_0)$ 时,对应的函数值 $f(x,y)$ 都无限接近于某一个确定的常数 A,则称 A 是二元函数 $z = f(x,y)$ 当 $(x,y) \to (x_0,y_0)$ 时的极限.

以上是函数 $z = f(x,y)$ 在点 $P_0(x_0,y_0)$ 的极限的直观描述,下面给出二元函数极限的"$\varepsilon - \delta$"定义.

定义 6-2　设二元函数 $z = f(x,y)$ 在点 $P_0(x_0,y_0)$ 的某一去心邻域 $\mathring{U}(P_0)$ 内有定义,A 是一个常数.如果对任意给定的正数 ε,总存在正数 δ,使得当 $0 < \sqrt{(x - x_0)^2 + (y - y_0)^2} < \delta$ 时,都有

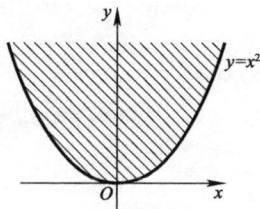

图 6-14

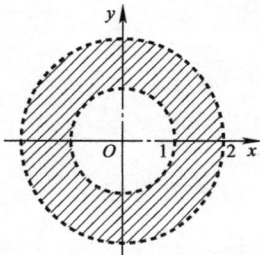

图 6-15

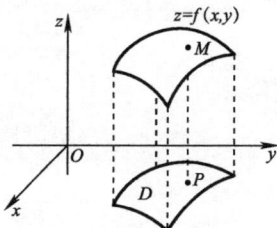

图 6-16

$$|f(x,y) - A| < \varepsilon,$$

则称常数 A 是二元函数 $z = f(x,y)$ 当 $P(x,y) \to P_0(x_0, y_0)$ 时的极限,记作

$$\lim_{\substack{x \to x_0 \\ y \to y_0}} f(x,y) = A \quad \text{或} \quad f(x,y) \to A((x,y) \to (x_0, y_0)).$$

与一元函数的极限定义相比较,二元函数的极限定义在形式上并无多大差别.但是,二元函数的极限过程要比一元函数复杂得多.因为在平面内点 $P(x,y)$ 无限趋近于点 $P_0(x_0, y_0)$ 的方式有无限多种,而二元函数的极限定义严格要求无论点 $P(x,y)$ 以何种方式无限趋近于点 $P_0(x_0, y_0)$,函数值 $f(x,y)$ 都要无限接近于同一个常数 A.因此,如果点 $P(x,y)$ 以某一种特殊方式(例如沿一确定直线)趋近 $P_0(x_0, y_0)$ 时,即使函数值无限接近某个确定值,我们仍无法断定此函数的极限存在与否.但是,一旦发现 $P(x,y)$ 以不同方式趋近 $P_0(x_0, y_0)$ 时,函数值趋于不同的值,那么就可以断定这个函数当 $(x,y) \to (x_0, y_0)$ 时极限不存在.

例 6-4　证明函数 $f(x,y) = \begin{cases} \dfrac{2xy}{x^2 + y^2}, & (x,y) \neq (0,0), \\ 0, & (x,y) = (0,0) \end{cases}$

当 $(x,y) \to (0,0)$ 时极限不存在.

解　动点 (x,y) 沿直线 $y = kx$ 趋于 $(0,0)$ 点时,有

$$\lim_{\substack{x \to 0 \\ y = kx \to 0}} \frac{2xy}{x^2 + y^2} = \lim_{x \to 0} \frac{2kx^2}{(1+k^2)x^2} = \frac{2k}{1+k^2},$$

显然它的取值随 k 的不同而变化,故 $\lim\limits_{\substack{x \to 0 \\ y \to 0}} f(x,y)$ 不存在.

在计算二元函数的极限时,以前学过的方法仍可灵活使用,但注意 (x,y) 是一个整体,我们常使用变量替换.运算熟练后,也可以不写出变量替换过程.

例 6-5　求极限 $\lim\limits_{\substack{x \to 1 \\ y \to 1}} \dfrac{\sin(xy)}{x}$.

解　$$\lim_{\substack{x \to 0 \\ y \to 1}} \frac{\sin(xy)}{x} = \lim_{\substack{x \to 0 \\ y \to 1}} \frac{\sin(xy)}{xy} \cdot y,$$

令 $t = xy$,则

$$\lim_{\substack{x \to 0 \\ y \to 1}} \frac{\sin(xy)}{xy} = \lim_{t \to 0} \frac{\sin t}{t} = 1,$$

而 $$\lim_{\substack{x \to 0 \\ y \to 1}} y = 1.$$

所以 $$\lim_{\substack{x \to 0 \\ y \to 1}} \frac{\sin(xy)}{x} = \lim_{\substack{x \to 0 \\ y \to 1}} \frac{\sin(xy)}{xy} \cdot y = \lim_{\substack{x \to 0 \\ y \to 1}} \frac{\sin(xy)}{xy} \cdot \lim_{\substack{x \to 0 \\ y \to 1}} y = 1.$$

例 6-6　求极限 $\lim\limits_{\substack{x \to 0 \\ y \to 0}} x \cos \dfrac{1}{x^2 + y^2}$.

解　$\lim\limits_{\substack{x \to 0 \\ y \to 0}} x = 0$,而 $\left| \cos \dfrac{1}{x^2 + y^2} \right| \leqslant 1$,

因为有界变量与无穷小量的乘积还是无穷小量,所以

$$\lim_{\substack{x \to 0 \\ y \to 0}} x \cos \frac{1}{x^2 + y^2} = 0.$$

6.2.4　二元函数的连续性

1. 二元函数的连续性的概念

与一元函数一样,利用二元函数的极限可以定义二元函数的连续性.

定义 6-3　设二元函数 $z = f(x, y)$ 在点 $P_0(x_0, y_0)$ 的某个邻域内有定义.如果

$$\lim_{\substack{x \to x_0 \\ y \to y_0}} f(x, y) = f(x_0, y_0),$$

则称二元函数 $z = f(x, y)$ 在点 $P_0(x_0, y_0)$ 连续,$P_0(x_0, y_0)$ 称为 $f(x, y)$ 的连续点.否则称 $f(x, y)$ 在 $P_0(x_0, y_0)$ 间断,$P_0(x_0, y_0)$ 称为 $f(x, y)$ 的间断点.

如果二元函数 $f(x, y)$ 在区域 D 内的每一点都连续,则称 $f(x, y)$ 在区域 D 上连续,或者称 $f(x, y)$ 是区域 D 上的连续函数.

以上概念可以相应推广到 n 元函数上去.

□ 即时练习 6-4

二元函数 $z = \cos \dfrac{1}{(x-1)^2 + y^2}$ 在点 _____ 是间断的.

例 6-7　讨论函数 $f(x, y) = \begin{cases} \dfrac{2xy}{x^2 + y^2}, & (x, y) \neq (0, 0) \\ 0, & (x, y) = (0, 0) \end{cases}$,

在点 $(0, 0)$ 处的连续性.

解　由例 6-4 知 $\lim\limits_{\substack{x \to 0 \\ y \to 0}} f(x, y)$ 不存在,故函数 $f(x, y)$ 在点 $(0, 0)$ 处不连续.即点 $(0, 0)$ 是函数 $f(x, y)$ 的间断点.

2. 二元连续函数的性质

一般来讲,一元函数中关于极限的运算法则,对于二元函数同样适用.我们可以证明如下结论:

(1) 两个连续的二元函数的和、差、积、商(分母不为零)仍是连续函数;

(2) 两个连续的二元函数若能复合,则复合后的函数仍是连续函数.

与一元初等函数相类似,有二元初等函数的概念.它是可用一个式子表示的二元函数,这个式子是由常数和具有不同自变量的一元基本初等函数经过有限次四则运算和有限次复合运算而得到的.

例如,$z = \dfrac{y - x}{1 + x^2}$,$z = \sin(x + y)$ 等都是二元初等函数.

根据以上分析,可以得到如下结论:

一切二元初等函数在其定义区域内是连续的. 所谓定义区域, 是指包含在定义域内的区域或闭区域.

最后我们列举有界闭区域上二元连续函数的几个性质,这些性质分别与闭区间上一元连续函数的性质类似.

性质 1   (有界性定理) 如果二元函数 $f(x, y)$ 在有界闭区域 D 上连续,则 $f(x, y)$ 在 D 上有界.

性质 2   (最值定理) 如果二元函数 $f(x, y)$ 在有界闭区域 D 上连续,则 $f(x, y)$ 在 D 上必取得最大值和最小值.

性质 3   (介值定理) 如果二元函数 $f(x, y)$ 在有界闭区域 D 上连续,则 $f(x, y)$ 在 D 上必取得介于最大值和最小值之间的一切值.

习题 6.2

1. 求下列函数的定义域:

(1) $z = \sqrt{4x^2 + y^2 - 1}$;

(2) $z = \sqrt{1 - x^2} + \sqrt{y^2 - 1}$;

(3) $z = \sqrt{9 - x^2 - y^2} + \ln(x^2 - y)$;

(4) $z = \dfrac{\sqrt{4x - y^2}}{\ln(1 - x^2 - y^2)}$.

2. 若 $f\left(x + y, \dfrac{y}{x}\right) = x^2 - y^2$,求 $f(x, y)$.

3. 证明下列极限不存在:

(1) $\lim\limits_{\substack{x \to 0 \\ y \to 0}} \dfrac{xy}{x + y}$; 　　　　　　　　(2) $\lim\limits_{\substack{x \to 0 \\ y \to 0}} \dfrac{x^2 y}{x^4 + y^2}$.

4. 求下列极限:

(1) $\lim\limits_{\substack{x \to 0 \\ y \to 0}} (x^2 + y^2) \sin \dfrac{1}{x^2 y^2}$; 　　　(2) $\lim\limits_{\substack{x \to 0 \\ y \to 0}} \dfrac{2 - \sqrt{xy + 4}}{xy}$.

5. 讨论函数 $f(x, y) = \begin{cases} \dfrac{xy}{\sqrt{x^2 + y^2}}, & (x, y) \neq (0, 0), \\ 0, & (x, y) = (0, 0) \end{cases}$

在点 $(0, 0)$ 处的连续性.

6. 求函数 $f(x, y) = \sin \dfrac{1}{x^2 + y^2 - 1}$ 的连续区域.

6.3   偏导数

在研究一元函数时,我们从研究函数的变化率引入了导数的概念. 对于多元函数,同样也要研究其变化率. 但由于多元函数的自变量不止一个,我们可以让其中一个自变量变化,而暂时固定其他的自变量.这样,研究多元函数对其中一个自变量的变化率问题,本质上就是一元函数的变化率问题.这就是下面要讨论的偏导数问题.

6.3.1　偏导数

1.偏导数的定义

定义 6-4　设二元函数 $z = f(x,y)$ 在点 $P_0(x_0,y_0)$ 的某邻域内有定义.固定 $y = y_0$,当 x 在 x_0 有增量 Δx 时,相应地函数有增量

$$\Delta_x z = f(x_0 + \Delta x, y_0) - f(x_0, y_0),$$

如果 $\lim\limits_{\Delta x \to 0} \dfrac{\Delta_x z}{\Delta x} = \lim\limits_{\Delta x \to 0} \dfrac{f(x_0 + \Delta x, y_0) - f(x_0, y_0)}{\Delta x}$ 存在,则称此极限为函数 $z = f(x,y)$ 在 (x_0,y_0) 处对 x 的偏导数,记为

$$\dfrac{\partial z}{\partial x}\Big|_{\substack{x=x_0\\y=y_0}}, \dfrac{\partial f}{\partial x}\Big|_{\substack{x=x_0\\y=y_0}} \quad 或 \quad z_x'\Big|_{\substack{x=x_0\\y=y_0}}, f_x'(x_0,y_0).$$

□ 偏导数的几何意义

类似地,固定 $x = x_0$,当 y 在 y_0 有增量 Δy 时,如果 $\lim\limits_{\Delta y \to 0} \dfrac{\Delta_y z}{\Delta y} = \lim\limits_{\Delta y \to 0}$
$\dfrac{f(x_0, y_0 + \Delta y) - f(x_0, y_0)}{\Delta y}$ 存在,则称此极限为函数 $z = f(x,y)$ 在点 (x_0,y_0) 处对 y 的偏导数,记为

$$\dfrac{\partial z}{\partial y}\Big|_{\substack{x=x_0\\y=y_0}}, \dfrac{\partial f}{\partial y}\Big|_{\substack{x=x_0\\y=y_0}} \quad 或 \quad z_y'\Big|_{\substack{x=x_0\\y=y_0}}, f_y'(x_0,y_0).$$

若函数 $z = f(x,y)$ 在区域 D 内任何一点 (x,y) 处对 x 的偏导数都存在,则这个偏导数是 x,y 的一个新的二元函数,称之为函数 $z = f(x,y)$ 在区域 D 上对 x 的偏导函数,记为

$$\dfrac{\partial z}{\partial x}, \quad \dfrac{\partial f}{\partial x} \quad 或 \quad z_x', \quad f_x'(x,y).$$

类似地,可定义函数 $z = f(x,y)$ 在区域 D 上对 y 的偏导函数,记为

$$\dfrac{\partial z}{\partial y}, \quad \dfrac{\partial f}{\partial y} \quad 或 \quad z_y', \quad f_y'(x,y).$$

通常把偏导函数简称为偏导数.由上述定义可知,$z = f(x,y)$ 在点 (x_0,y_0) 处的两个偏导数 $f_x'(x_0,y_0), f_y'(x_0,y_0)$ 分别是偏导函数 $f_x'(x,y), f_y'(x,y)$ 在点 (x_0,y_0) 处的函数值.称 $\dfrac{\partial z}{\partial x}\mathrm{d}x$ 为函数 $z = f(x,y)$ 在点 (x,y) 对 x 的偏微分,$\dfrac{\partial z}{\partial y}\mathrm{d}y$ 为 $z = f(x,y)$ 在点 (x,y) 对 y 的偏微分.

□ 偏微分和偏导数符号的由来

求二元函数对某一个自变量的偏导数时,只需把另一个自变量看成常数,这就是一元函数的求导问题.也就是说,对二元函数 $z =$

$f(x, y)$，求 $\dfrac{\partial z}{\partial x}$ 时，只要把 y 看作常数，对 x 求导即可；同理，求 $\dfrac{\partial z}{\partial y}$ 时，只要把 x 看作常数，对 y 求导即可.

偏导数的概念可以相应地推广到三元或三元以上的函数.

例 6-8　　求 $z = x^3 - 3xy^2 + y^4$ 在点 $(2, 1)$ 处的偏导数.

解　　将 y 看作常数，对 x 求导，得

$$\frac{\partial z}{\partial x} = 3x^2 - 3y^2,$$

把 x 看作常数，对 y 求导，得

$$\frac{\partial z}{\partial y} = -6xy + 4y^3.$$

将 $x = 2, y = 1$ 代入上面的结果中，有

$$\frac{\partial z}{\partial x}\bigg|_{\substack{x=2\\y=1}} = 9, \frac{\partial z}{\partial y}\bigg|_{\substack{x=2\\y=1}} = -8.$$

例 6-9　　求 $z = x^y (x > 0)$ 的偏导数.

解　　对 x 求偏导数时，把 y 看成常数，这时是幂函数求导，有

$$\frac{\partial z}{\partial x} = yx^{y-1},$$

对 y 求偏导数时，把 x 看成常数，这时是指数函数求导，有

$$\frac{\partial z}{\partial y} = x^y \ln x.$$

例 6-10　　求 $z = \arctan \dfrac{y}{x}$ 的偏导数.

解
$$\frac{\partial z}{\partial x} = \frac{1}{1 + \left(\dfrac{y}{x}\right)^2} \cdot \left(-\frac{y}{x^2}\right) = -\frac{y}{x^2 + y^2},$$

$$\frac{\partial z}{\partial y} = \frac{1}{1 + \left(\dfrac{y}{x}\right)^2} \cdot \left(\frac{1}{x}\right) = \frac{x}{x^2 + y^2}.$$

例 6-11　　求 $u = \sqrt{x^2 + y^2 + z^2}$ 的偏导数.

解　　这是三元函数的偏导数. 与二元函数一样，对 x 求偏导数时，把 y, z 都看成常数即可，有

$$\frac{\partial u}{\partial x} = \frac{1}{2\sqrt{x^2 + y^2 + z^2}} \cdot 2x = \frac{x}{\sqrt{x^2 + y^2 + z^2}},$$

由于函数中三个自变量是对称的，所以同理得到

$$\frac{\partial u}{\partial y} = \frac{y}{\sqrt{x^2 + y^2 + z^2}},$$

$$\frac{\partial u}{\partial z} = \frac{z}{\sqrt{x^2 + y^2 + z^2}}.$$

需要说明的是，偏导数记号 $\dfrac{\partial z}{\partial x}$ 是个整体记号，不能看作商的形式. 这点与导数记号 $\dfrac{\mathrm{d}y}{\mathrm{d}x}$ 可以看作微分的商是不同的.

2. 偏导数存在与连续的关系

在一元函数中,若函数在某点可导,则它在该点一定连续;而对二元函数而言,即使已知函数在某点处的两个偏导数都存在,也不能断定函数在该点连续.

例 6-12　求函数 $f(x,y) = \begin{cases} \dfrac{2xy}{x^2+y^2}, & (x,y) \neq (0,0), \\ 0, & (x,y) = (0,0) \end{cases}$ 在点

$(0,0)$ 的两个偏导数.

解　由偏导数定义可得

$$f'_x(0,0) = \lim_{\Delta x \to 0} \frac{f(0+\Delta x, 0) - f(0,0)}{\Delta x} = \lim_{\Delta x \to 0} \frac{0-0}{\Delta x} = 0,$$

$$f'_y(0,0) = \lim_{\Delta y \to 0} \frac{f(0, 0+\Delta y) - f(0,0)}{\Delta y} = \lim_{\Delta y \to 0} \frac{0-0}{\Delta y} = 0.$$

所以函数 $z = f(x,y)$ 在点 $(0,0)$ 处的两个偏导数都存在.

但是,由上一节例 6-7 可知,此函数在点 $(0,0)$ 处不连续.

3. 偏导数的经济意义

设某商品的需求量 Q 是价格 P 和消费者收入 Y 的函数,即 $Q = Q(P,Y)$.

当消费者收入 Y 保持不变,而价格 P 的改变量为 ΔP 时,需求量 Q 对于价格 P 的偏改变量为

$$\Delta_P Q = Q(P+\Delta P, Y) - Q(P,Y),$$

比值　　　$$\frac{\Delta_P Q}{\Delta P} = \frac{Q(P+\Delta P, Y) - Q(P,Y)}{\Delta P}$$

为需求量 Q 对于价格 P 由 P 到 $P+\Delta P$ 的平均变化率,而

$$\frac{\partial Q}{\partial P} = \lim_{\Delta P \to 0} \frac{\Delta_P Q}{\Delta P}$$

是当价格为 P,消费者收入为 Y 时,需求量 Q 对于价格 P 的变化率.

我们称

$$E_P = -\lim_{\Delta P \to 0} \frac{\dfrac{\Delta_P Q}{Q}}{\dfrac{\Delta P}{P}} = -\frac{P}{Q} \cdot \frac{\partial Q}{\partial P}$$

为需求量对价格的偏弹性.

当价格 P 保持不变,而消费者收入 Y 的改变量为 ΔY 时,需求量 Q 对于消费者收入 Y 的偏改变量为

$$\Delta_Y Q = Q(P, Y+\Delta Y) - Q(P,Y),$$

比值　　　$$\frac{\Delta_Y Q}{\Delta Y} = \frac{Q(P, Y+\Delta Y) - Q(P,Y)}{\Delta Y}$$

为需求量 Q 对于消费者收入 Y 由 Y 到 $Y+\Delta Y$ 的平均变化率,而

$$\frac{\partial Q}{\partial Y} = \lim_{\Delta Y \to 0} \frac{\Delta_Y Q}{\Delta Y}$$

是当价格为 P,消费者收入为 Y 时,需求量 Q 对于消费者收入 Y 的

变化率.

我们称

$$E_Y = \lim_{\Delta Y \to 0} \frac{\dfrac{\Delta_Y Q}{Q}}{\dfrac{\Delta Y}{Y}} = \frac{Y}{Q} \cdot \frac{\partial Q}{\partial Y}$$

为需求量对消费者收入的偏弹性.

6.3.2　高阶偏导数

设函数 $z = f(x, y)$ 在区域 D 上具有偏导数

$$\frac{\partial z}{\partial x} = f'_x(x, y), \qquad \frac{\partial z}{\partial y} = f'_y(x, y).$$

由前面可知它们都是关于 x, y 的二元函数. 如果这两个函数的偏导数也存在,就称这两个函数的偏导数为函数 $z = f(x, y)$ 的二阶偏导数.按照对变量求导次序的不同,有下列四个二阶偏导数.

$$\frac{\partial}{\partial x}\left(\frac{\partial z}{\partial x}\right) = \frac{\partial^2 z}{\partial x^2} = \frac{\partial^2 f}{\partial x^2} = f''_{xx}(x, y) = z''_{xx};$$

$$\frac{\partial}{\partial y}\left(\frac{\partial z}{\partial x}\right) = \frac{\partial^2 z}{\partial x \partial y} = \frac{\partial^2 f}{\partial x \partial y} = f''_{xy}(x, y) = z''_{xy};$$

$$\frac{\partial}{\partial x}\left(\frac{\partial z}{\partial y}\right) = \frac{\partial^2 z}{\partial y \partial x} = \frac{\partial^2 f}{\partial y \partial x} = f''_{yx}(x, y) = z''_{yx};$$

$$\frac{\partial}{\partial y}\left(\frac{\partial z}{\partial y}\right) = \frac{\partial^2 z}{\partial y^2} = \frac{\partial^2 f}{\partial y^2} = f''_{yy}(x, y) = z''_{yy}.$$

其中,$\dfrac{\partial^2 z}{\partial x \partial y}$ 和 $\dfrac{\partial^2 z}{\partial y \partial x}$ 称为二阶混合偏导数.相应地,可以定义三阶以及更高阶的偏导数.二阶及二阶以上的偏导数统称为高阶偏导数.

例 6-13　求函数 $z = e^{xy} + ye^x$ 的二阶偏导数 $\dfrac{\partial^2 z}{\partial x^2}, \dfrac{\partial^2 z}{\partial y^2}, \dfrac{\partial^2 z}{\partial x \partial y},$

$\dfrac{\partial^2 z}{\partial y \partial x}.$

解　　　$\dfrac{\partial z}{\partial x} = ye^{xy} + ye^x,$

$$\frac{\partial z}{\partial y} = xe^{xy} + e^x,$$

$$\frac{\partial^2 z}{\partial x^2} = \frac{\partial}{\partial x}\left(\frac{\partial z}{\partial x}\right) = y^2 e^{xy} + ye^x,$$

$$\frac{\partial^2 z}{\partial y^2} = \frac{\partial}{\partial y}\left(\frac{\partial z}{\partial y}\right) = x^2 e^{xy},$$

$$\frac{\partial^2 z}{\partial x \partial y} = \frac{\partial}{\partial y}\left(\frac{\partial z}{\partial x}\right) = e^{xy} + xye^{xy} + e^x,$$

$$\frac{\partial^2 z}{\partial y \partial x} = \frac{\partial}{\partial x}\left(\frac{\partial z}{\partial y}\right) = e^{xy} + xye^{xy} + e^x.$$

在上例中我们看到,两个二阶混合偏导数相等,即 $\dfrac{\partial^2 z}{\partial x \partial y} = \dfrac{\partial^2 z}{\partial y \partial x}$,这并不是偶然的.事实上,有下述定理:

定理 6-1　　如果函数 $z = f(x, y)$ 的两个二阶混合偏导数 $\dfrac{\partial^2 z}{\partial x \partial y}$ 及 $\dfrac{\partial^2 z}{\partial y \partial x}$ 在区域 D 内连续,则在区域 D 内这两个二阶混合偏导数相等.

定理的证明从略.

此定理说明,如果一个函数的两个二阶混合偏导数在区域 D 内连续,则在区域 D 内求二阶混合偏导数与求导的次序无关.这个结论对二元以上的高阶混合偏导数同样成立.

例 6-14　　验证函数 $z = \ln \sqrt{x^2 + y^2}$ 满足方程 $\dfrac{\partial^2 z}{\partial x^2} + \dfrac{\partial^2 z}{\partial y^2} = 0$.

证明　　由于 $z = \ln \sqrt{x^2 + y^2} = \dfrac{1}{2} \ln(x^2 + y^2)$,所以

$$\frac{\partial z}{\partial x} = \frac{x}{x^2 + y^2}, \quad \frac{\partial z}{\partial y} = \frac{y}{x^2 + y^2},$$

故

$$\frac{\partial^2 z}{\partial x^2} = \frac{x^2 + y^2 - x \cdot 2x}{(x^2 + y^2)^2} = \frac{y^2 - x^2}{(x^2 + y^2)^2},$$

$$\frac{\partial^2 z}{\partial y^2} = \frac{x^2 + y^2 - y \cdot 2y}{(x^2 + y^2)^2} = \frac{x^2 - y^2}{(x^2 + y^2)^2},$$

所以

$$\frac{\partial^2 z}{\partial x^2} + \frac{\partial^2 z}{\partial y^2} = 0.$$

习题 6.3

1.求下列函数的偏导数:

(1) $z = \dfrac{3}{y^2} - \dfrac{1}{\sqrt[3]{x}} + \ln 5$;

(2) $z = \sqrt{\ln(xy)}$;

(3) $z = \ln \tan \dfrac{x}{y}$;

(4) $u = \sin \dfrac{x}{y} \cos \dfrac{y}{x} + z$;

(5) $u = x^{\frac{y}{z}}$;

(6) $u = e^{\frac{x}{y}} \ln y$.

2.求下列函数在指定点的偏导数:

(1) $f(x, y) = x + y + \sqrt{x^2 + y^2}$,求 $f'_x(3, 4)$, $f'_y(4, 3)$;

(2) $f(x, y) = \dfrac{x \cos y - y \cos x}{1 + \sin x + \sin y}$,求 $f'_x(0, 0)$, $f'_y(0, 0)$;

(3) $f(x, y, z) = \ln(1 + x + y^2 + z^3)$,求 $f'_x(1, 1, 1) + f'_y(1, 1, 1) + f'_z(1, 1, 1)$.

3.求下列函数的二阶偏导数 $\dfrac{\partial^2 z}{\partial x^2}$, $\dfrac{\partial^2 z}{\partial x \partial y}$, $\dfrac{\partial^2 z}{\partial y^2}$:

$(1) z = x^{2y}$;　　　　　　　　$(2) z = \arctan \dfrac{x}{y}$;

$(3) z = e^x(\cos y + x \sin y)$;　　　$(4) z = e^{x e^y}$.

4. 设 $z = y\ln(xy)$，求 $\dfrac{\partial^3 z}{\partial x^2 \partial y}$，$\dfrac{\partial^3 z}{\partial x \partial y^2}$.

5. 设 $r = \sqrt{x^2 + y^2 + z^2}$，证明：

$(1) \left(\dfrac{\partial r}{\partial x}\right)^2 + \left(\dfrac{\partial r}{\partial y}\right)^2 + \left(\dfrac{\partial r}{\partial z}\right)^2 = 1$;

$(2) \dfrac{\partial^2 r}{\partial x^2} + \dfrac{\partial^2 r}{\partial y^2} + \dfrac{\partial^2 r}{\partial z^2} = \dfrac{2}{r}$.

6. 已知某商品的需求函数为 $Q = 700 - 2P + 0.02Y$，当价格 $P = 25$，收入 $Y = 5000$ 时，求：

(1) 需求量对价格的偏弹性；

(2) 需求量对收入的偏弹性.

6.4　全微分

6.4.1　全微分的概念

对一元函数 $y = f(x)$，设其在 x_0 的某一邻域内有定义，当自变量 x 在 x_0 获得增量 Δx 时，为了近似计算函数的增量

$$\Delta y = f(x_0 + \Delta x) - f(x_0),$$

我们引入了 $f(x)$ 在点 x_0 处的微分 $\mathrm{d}y = f'(x_0)\Delta x$. 在 $|\Delta x|$ 较小时，用 $\mathrm{d}y$ 近似代替 Δy，计算更加简单，而且近似程度较好.

对二元函数也有类似的问题. 设函数 $z = f(x, y)$ 在点 $P_0(x_0, y_0)$ 的某个邻域内有定义，关于自变量 x, y 分别有增量 Δx，Δy，函数的全增量为

$$\Delta z = f(x_0 + \Delta x, y_0 + \Delta y) - f(x_0, y_0),$$

为近似计算 Δz，我们引入全微分的定义.

定义 6-5　函数 $z = f(x, y)$ 在点 $P_0(x_0, y_0)$ 的某个邻域内有定义，如果 $z = f(x, y)$ 在点 $P_0(x_0, y_0)$ 处的全增量 Δz 可以表示为

$$\Delta z = A\Delta x + B\Delta y + o(\rho), \tag{6-2}$$

其中 A, B 是不依赖于 $\Delta x, \Delta y$，仅与 x_0, y_0 有关的常数，$\rho = \sqrt{(\Delta x)^2 + (\Delta y)^2}$，则称函数 $z = f(x, y)$ 在点 $P_0(x_0, y_0)$ 处可微，且称 $A\Delta x + B\Delta y$ 为函数 $z = f(x, y)$ 在点 $P_0(x_0, y_0)$ 处的全微分，记作 $\mathrm{d}z$，即

$$\mathrm{d}z = A\Delta x + B\Delta y.$$

如果函数 $f(x,y)$ 在区域 D 内每一点都可微,则称 $f(x,y)$ 在区域 D 内可微.

由全微分的定义可以看出,函数 $f(x,y)$ 在点 (x_0,y_0) 的全微分 $\mathrm{d}z$ 是 $\Delta x,\Delta y$ 的线性函数,且当 $\rho \to 0$ 时,$\Delta z - \mathrm{d}z$ 是比 ρ 高阶的无穷小.因此,全微分 $\mathrm{d}z$ 是全增量 Δz 的线性主部.当 $|\Delta x|$、$|\Delta y|$ 较小时,就可以用函数的全微分 $\mathrm{d}z$ 来近似代替函数的全增量 Δz.

下面讨论二元函数可微与连续的关系.

定理 6-2　若函数 $z = f(x,y)$ 在点 (x_0,y_0) 处可微,则 $f(x,y)$ 在点 (x_0,y_0) 处连续.

证明　因为函数 $z = f(x,y)$ 在点 (x_0,y_0) 处可微,由可微的定义,有

$$\lim_{\substack{\Delta x \to 0 \\ \Delta y \to 0}} \Delta z = \lim_{\substack{\Delta x \to 0 \\ \Delta y \to 0}} [A\Delta x + B\Delta y + o(\rho)] = 0,$$

即

$$\lim_{\substack{\Delta x \to 0 \\ \Delta y \to 0}} [f(x_0 + \Delta x, y_0 + \Delta y) - f(x_0,y_0)] = 0,$$

从而

$$\lim_{\substack{\Delta x \to 0 \\ \Delta y \to 0}} f(x_0 + \Delta x, y_0 + \Delta y) = f(x_0,y_0).$$

所以,函数 $f(x,y)$ 在点 (x_0,y_0) 处连续.

由此定理可知,如果二元函数在某点不连续,则函数在该点一定不可微.

其次,可微和偏导数存在之间有如下关系.

定理 6-3　(必要条件) 若函数 $z = f(x,y)$ 在点 (x_0,y_0) 处可微,则该函数在点 (x_0,y_0) 处的偏导数 $f_x'(x_0,y_0)$ 与 $f_y'(x_0,y_0)$ 都存在,并且有 $A = f_x'(x_0,y_0)$,$B = f_y'(x_0,y_0)$.

证明　由于函数 $z = f(x,y)$ 在点 (x_0,y_0) 处可微,则式(6-2)对任意的 $\Delta x,\Delta y$ 都成立.令 $\Delta y = 0$,此时 $\rho = |\Delta x|$,则式(6-2)化为

$$\Delta z = f(x_0 + \Delta x, y_0) - f(x_0,y_0) = A\Delta x + o(|\Delta x|),$$

两边同时除以 Δx,再令 $\Delta x \to 0$,取极限,得

$$\lim_{\Delta x \to 0} \frac{f(x_0 + \Delta x, y_0) - f(x_0,y_0)}{\Delta x} = \lim_{\Delta x \to 0} \left(A + \frac{o(|\Delta x|)}{\Delta x} \right) = A.$$

从而偏导数 $f_x'(x_0,y_0)$ 存在,且等于 A.

同理可证 $B = f_y'(x_0,y_0)$.

与一元函数类似,我们将自变量 x,y 的增量 $\Delta x,\Delta y$ 叫作自变量的微分,记为 $\mathrm{d}x = \Delta x,\mathrm{d}y = \Delta y$,因此,如果函数 $z = f(x,y)$ 在点 (x,y) 处可微,则有

$$\mathrm{d}z = \frac{\partial z}{\partial x}\mathrm{d}x + \frac{\partial z}{\partial y}\mathrm{d}y. \tag{6-3}$$

注意:定理 6-3 只是指出偏导数存在是全微分存在的必要条件,并

未说它是充分条件. 例如, 函数 $f(x,y) = \begin{cases} \dfrac{2xy}{x^2+y^2}, & (x,y) \neq (0,0), \\ 0, & (x,y) = (0,0) \end{cases}$

在点 $(0,0)$ 的两个偏导数都存在且为零, 但由于它在点 $(0,0)$ 不连续, 因此不可微. 下面再举一个例子.

例 6-15   讨论函数

$$f(x,y) = \begin{cases} \dfrac{xy}{\sqrt{x^2+y^2}}, & (x,y) \neq (0,0), \\ 0, & (x,y) = (0,0) \end{cases}$$

在点 $(0,0)$ 的可微性.

解 $f'_x(0,0) = \lim_{\Delta x \to 0} \dfrac{f(0+\Delta x, 0) - f(0,0)}{\Delta x} = \lim_{\Delta x \to 0} \dfrac{0-0}{\Delta x} = 0,$

$f'_y(0,0) = \lim_{\Delta y \to 0} \dfrac{f(0,0+\Delta y) - f(0,0)}{\Delta y} = \lim_{\Delta y \to 0} \dfrac{0-0}{\Delta y} = 0,$

$\Delta z = f(\Delta x, \Delta y) - f(0,0) = \dfrac{\Delta x \Delta y}{\sqrt{(\Delta x)^2 + (\Delta y)^2}},$

$f'_x(0,0)\Delta x + f'_y(0,0)\Delta y = 0.$

当 $(\Delta x, \Delta y)$ 沿着直线 $y = x$ 趋于 $(0,0)$ 时,

$$\lim_{\rho \to 0} \dfrac{\Delta z - f'_x(0,0)\Delta x - f'_y(0,0)\Delta y}{\rho} = \lim_{\substack{\Delta x \to 0 \\ \Delta y = \Delta x}} \dfrac{\dfrac{\Delta x \Delta y}{\sqrt{(\Delta x)^2 + (\Delta y)^2}}}{\sqrt{(\Delta x)^2 + (\Delta y)^2}}$$

$$= \lim_{\substack{\Delta x \to 0 \\ \Delta y = \Delta x}} \dfrac{\Delta x \Delta y}{(\Delta x)^2 + (\Delta y)^2}$$

$$= \lim_{\Delta x \to 0} \dfrac{(\Delta x)^2}{(\Delta x)^2 + (\Delta x)^2}$$

$$= \dfrac{1}{2} \neq 0.$$

因此, 函数 $f(x,y)$ 在点 $(0,0)$ 不可微.

上面的例子说明, 即使二元函数 $z = f(x,y)$ 在点 (x_0, y_0) 的两个偏导数 $f'_x(x_0,y_0)$ 与 $f'_y(x_0,y_0)$ 都存在, 也不能保证它在该点可微. 但如果二元函数的偏导数在该点连续, 则函数在此点一定可微. 即有下述全微分存在的充分条件.

定理 6-4   (充分条件) 如果函数 $z = f(x,y)$ 在点 (x_0, y_0) 的某个邻域内存在偏导函数 $f'_x(x,y)$ 与 $f'_y(x,y)$, 且 $f'_x(x,y)$ 与 $f'_y(x,y)$ 在点 (x_0, y_0) 都连续, 则函数 $f(x,y)$ 在点 (x_0, y_0) 可微.

例 6-16   求函数 $z = \ln(x^2 + y^2)$ 的全微分.

解   因为 $\dfrac{\partial z}{\partial x} = \dfrac{2x}{x^2+y^2}, \dfrac{\partial z}{\partial y} = \dfrac{2y}{x^2+y^2}$, 所以

$$dz = \frac{\partial z}{\partial x}dx + \frac{\partial z}{\partial y}dy = \frac{2x}{x^2+y^2}dx + \frac{2y}{x^2+y^2}dy.$$

例 6-17　求函数 $z = e^{xy}$ 在点 $(2,1)$ 处的全微分.

解　因为　　　$\frac{\partial z}{\partial x} = ye^{xy}$,　　$\frac{\partial z}{\partial y} = xe^{xy}$,

$$\frac{\partial z}{\partial x}\bigg|_{\substack{x=2\\y=1}} = e^2,　　\frac{\partial z}{\partial y}\bigg|_{\substack{x=2\\y=1}} = 2e^2.$$

所以　　　　　　　$dz\bigg|_{\substack{x=2\\y=1}} = e^2 dx + 2e^2 dy.$

上面关于二元函数全微分的概念、全微分存在的充分和必要条件、全微分存在时的表达式等,都可以相应地推广到三元及三元以上函数.例如可微的三元函数 $u = f(x,y,z)$ 也有类似的全微分公式

$$du = \frac{\partial u}{\partial x}dx + \frac{\partial u}{\partial y}dy + \frac{\partial u}{\partial z}dz. \tag{6-4}$$

例 6-18　求函数 $u = x + \sin\frac{y}{2} + e^{yz}$ 的全微分.

解　因为　　$\frac{\partial u}{\partial x} = 1, \frac{\partial u}{\partial y} = \frac{1}{2}\cos\frac{y}{2} + ze^{yz}, \frac{\partial u}{\partial z} = ye^{yz}$,

所以　　　　　$du = \frac{\partial u}{\partial x}dx + \frac{\partial u}{\partial y}dy + \frac{\partial u}{\partial z}dz$

$$= dx + \left(\frac{1}{2}\cos\frac{y}{2} + ze^{yz}\right)dy + ye^{yz}dz.$$

6.4.2　全微分在近似计算中的应用

若函数 $z = f(x,y)$ 在点 (x_0,y_0) 处可微,则有

$$\Delta z = f'_x(x_0,y_0)\Delta x + f'_y(x_0,y_0)\Delta y + o(\rho),$$

当 $|\Delta x|$, $|\Delta y|$ 都很小时,当然 ρ 很小,从而 $o(\rho)$ 也很小,于是有

$$\Delta z \approx dz = f'_x(x_0,y_0)\Delta x + f'_y(x_0,y_0)\Delta y,$$

或写成

$$f(x_0+\Delta x, y_0+\Delta y) \approx f(x_0,y_0) + f'_x(x_0,y_0)\Delta x + f'_y(x_0,y_0)\Delta y.$$

$$\tag{6-5}$$

利用式 (6-5) 可做近似计算.

例 6-19　求 $(1.05)^{2.01}$ 的近似值.

解　设 $z = f(x,y) = x^y$,则要计算的就是该函数的函数值 $f(1.05,2.01)$.

$$\frac{\partial z}{\partial x} = yx^{y-1},　　\frac{\partial z}{\partial y} = x^y\ln x,$$

由式 (6-5) 有

$$f(x+\Delta x, y+\Delta y) \approx x^y + yx^{y-1}\Delta x + x^y\ln x\Delta y.$$

取 $x = 1, y = 2, \Delta x = 0.05, \Delta y = 0.01$ 代入上式,有

$$(1.05)^{2.01} = f(1.05,2.01) \approx 1 + 2\times 0.05 + 0\times 0.01 = 1.1.$$

习题 6.4

1.求下列函数的全微分:

(1)$z = 3xe^{-y} - 2\sqrt{x} + \ln 5$;   (2)$z = e^{\frac{y}{x}}$;

(3)$z = \arctan(xy)$;   (4)$u = y^{xz}$.

2.求函数 $z = \ln(1 + x^2 + y^2)$ 当 $x = 1, y = 2$ 时的全微分.

3.求函数 $z = e^{xy}$ 当 $x = 1, y = 1, \Delta x = 0.1, \Delta y = -0.2$ 时的全微分.

4.求下列数的近似值:

(1) $(1.04)^{2.02}$;   (2) $\sqrt{(1.02)^3 + (1.97)^3}$.

5.生产某产品的成本为

$$C = x^2 + y^2 - xy - 8x - 2y + 1000(元),$$

其中 x 为工时数,y 为所用原料的公斤数.若 x 从 20 变到 21,y 从 18 变到 20,求成本 C 的近似变化.

6.5   多元复合函数的微分法

在一元函数微分学中,复合函数的求导法则对导数的计算起着重要的作用,现在我们把它推广到多元函数的情形.

6.5.1   多元复合函数的偏导数

对于一元复合函数 $y = f(g(x))$,其中 $y = f(u), u = g(x)$ 均可导,则有以下求复合函数导数的链式法则:

$$\frac{dy}{dx} = \frac{dy}{du} \cdot \frac{du}{dx},$$

所谓链式法则就是复合求导时,因变量对自变量的导数,等于因变量对中间变量的导数再乘上中间变量对自变量的导数.现在将这一法则推广到多元复合函数.

定理 6-5   设函数 $u = \varphi(x,y), v = \psi(x,y)$ 在点 (x,y) 的偏导数都存在,且函数 $z = f(u,v)$ 在对应点 (u,v) 可微,则复合函数 $z = f(\varphi(x,y), \psi(x,y))$ 在点 (x,y) 的两个偏导数 $\frac{\partial z}{\partial x}$ 及 $\frac{\partial z}{\partial y}$ 都存在,且有

$$\frac{\partial z}{\partial x} = \frac{\partial z}{\partial u}\frac{\partial u}{\partial x} + \frac{\partial z}{\partial v}\frac{\partial v}{\partial x}, \tag{6-6}$$

$$\frac{\partial z}{\partial y} = \frac{\partial z}{\partial u}\frac{\partial u}{\partial y} + \frac{\partial z}{\partial v}\frac{\partial v}{\partial y}. \tag{6-7}$$

上面这两个公式是二元复合函数求偏导数的基本公式,也称为二元复合函数求导的链式法则.后面的公式都是基本公式的特例或推广.

证明　固定 y，设 x 有改变量 Δx，则 u,v 有相应的改变量 Δu，Δv，从而函数 $z = f(u,v)$ 也得到相应的改变量 Δz，又函数 $z = f(u,v)$ 可微，所以

$$\Delta z = \frac{\partial z}{\partial u} \Delta u + \frac{\partial z}{\partial v} \Delta v + o(\rho).$$

其中 $\rho = \sqrt{(\Delta u)^2 + (\Delta v)^2}$，且 $\lim\limits_{\rho \to 0} \dfrac{o(\rho)}{\rho} = 0$.

上式两边同时除以 $\Delta x (\Delta x \neq 0)$，得

$$\frac{\Delta z}{\Delta x} = \frac{\partial z}{\partial u} \cdot \frac{\Delta u}{\Delta x} + \frac{\partial z}{\partial v} \cdot \frac{\Delta v}{\Delta x} + \frac{o(\rho)}{\Delta x}.$$

因为 $\dfrac{\partial u}{\partial x}, \dfrac{\partial v}{\partial x}$ 都存在，所以函数 $u = \varphi(x,y)$，$v = \psi(x,y)$ 关于 x 连续. 这样，当 $\Delta x \to 0$ 时，有 $\Delta u \to 0, \Delta v \to 0$，从而 $\rho \to 0$，并且

$$\lim_{\Delta x \to 0} \frac{\Delta u}{\Delta x} = \frac{\partial u}{\partial x}, \qquad\qquad \lim_{\Delta x \to 0} \frac{\Delta v}{\Delta x} = \frac{\partial v}{\partial x},$$

$$\lim_{\Delta x \to 0} \left| \frac{o(\rho)}{\Delta x} \right| = \lim_{\Delta x \to 0} \left| \frac{o(\rho)}{\rho} \right| \cdot \left| \frac{\rho}{\Delta x} \right|$$

$$= \lim_{\Delta x \to 0} \left| \frac{o(\rho)}{\rho} \right| \cdot \lim_{\Delta x \to 0} \sqrt{\left(\frac{\Delta u}{\Delta x} \right)^2 + \left(\frac{\Delta v}{\Delta x} \right)^2}$$

$$= 0 \cdot \sqrt{\left(\frac{\partial u}{\partial x} \right)^2 + \left(\frac{\partial v}{\partial x} \right)^2} = 0.$$

所以
$$\lim_{\Delta x \to 0} \frac{\Delta z}{\Delta x} = \frac{\partial z}{\partial u} \frac{\partial u}{\partial x} + \frac{\partial z}{\partial v} \frac{\partial v}{\partial x}.$$

从而 z 对 x 的偏导数存在，且

$$\frac{\partial z}{\partial x} = \frac{\partial z}{\partial u} \frac{\partial u}{\partial x} + \frac{\partial z}{\partial v} \frac{\partial v}{\partial x}.$$

同理可证得式 (6-7) 成立.

在使用链式法则求多元复合函数的偏导数时，为了弄清复合函数的结构，即分清哪些是自变量，哪些是中间变量，以及每个中间变量又是哪些自变量的函数，通常画出复合关系图（见图 6-17）.

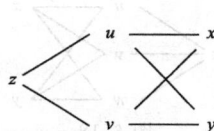

图 6-17

例 6-20　设 $z = \mathrm{e}^u \sin v$，而 $u = xy$，$v = x + y$，求 $\dfrac{\partial z}{\partial x}$ 及 $\dfrac{\partial z}{\partial y}$.

解　$\dfrac{\partial z}{\partial u} = \mathrm{e}^u \sin v, \dfrac{\partial z}{\partial v} = \mathrm{e}^u \cos v, \dfrac{\partial u}{\partial x} = y, \dfrac{\partial u}{\partial y} = x, \dfrac{\partial v}{\partial x} = 1, \dfrac{\partial v}{\partial y} = 1$，于是

$$\frac{\partial z}{\partial x} = \frac{\partial z}{\partial u} \frac{\partial u}{\partial x} + \frac{\partial z}{\partial v} \frac{\partial v}{\partial x}$$

$$= \mathrm{e}^u \sin v \cdot y + \mathrm{e}^u \cos v \cdot 1$$

$$= \mathrm{e}^{xy} [y \sin(x+y) + \cos(x+y)],$$

$$\frac{\partial z}{\partial y} = \frac{\partial z}{\partial u} \frac{\partial u}{\partial y} + \frac{\partial z}{\partial v} \frac{\partial v}{\partial y}$$

$$= \mathrm{e}^u \sin v \cdot x + \mathrm{e}^u \cos v \cdot 1$$

$$= \mathrm{e}^{xy} [x \sin(x+y) + \cos(x+y)].$$

例 6-21　设 $z = f(x^2 - y^2, e^{xy})$，其中 f 可微，求 $\dfrac{\partial z}{\partial x}$ 及 $\dfrac{\partial z}{\partial y}$.

解　本题中，外层函数 f 的表达式未给出，一般称这种函数为抽象函数. 而它的偏导数只能用符号表示. 引进中间变量

$$u = x^2 - y^2, \quad v = e^{xy},$$

这就可以看成是由 $z = f(u,v), u = x^2 - y^2, v = e^{xy}$ 构成的复合函数，于是

$$\frac{\partial z}{\partial x} = \frac{\partial z}{\partial u} \cdot 2x + \frac{\partial z}{\partial v} \cdot y e^{xy},$$

$$\frac{\partial z}{\partial y} = \frac{\partial z}{\partial u} \cdot (-2y) + \frac{\partial z}{\partial v} \cdot x e^{xy}.$$

若将 $\dfrac{\partial z}{\partial u}$ 记作 f'_1（这表示函数 $f(u,v)$ 对第一个中间变量求偏导数），

$\dfrac{\partial z}{\partial v}$ 记作 f'_2（这表示函数 $f(u,v)$ 对第二个中间变量求偏导数），则上面的两个式子又可写成

$$\frac{\partial z}{\partial x} = 2x f'_1 + y e^{xy} f'_2,$$

$$\frac{\partial z}{\partial y} = -2y f'_1 + x e^{xy} f'_2.$$

公式 (6-6) 和公式 (6-7) 可以推广到具有多个中间变量和多个自变量的情形. 例如，由三个中间变量、两个自变量复合而成的复合函数，即

$$z = f(u,v,w), \text{而 } u = \varphi(x,y), v = \psi(x,y), w = \omega(x,y),$$

其中 f, φ, ψ, ω 满足相应条件，则函数

$$z = f(\varphi(x,y), \psi(x,y), \omega(x,y))$$

的偏导数可用链式法则（见图 6-18）计算：

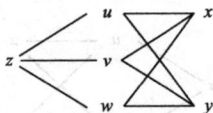

图 6-18

$$\frac{\partial z}{\partial x} = \frac{\partial z}{\partial u} \frac{\partial u}{\partial x} + \frac{\partial z}{\partial v} \frac{\partial v}{\partial x} + \frac{\partial z}{\partial w} \frac{\partial w}{\partial x}, \tag{6-8}$$

$$\frac{\partial z}{\partial y} = \frac{\partial z}{\partial u} \frac{\partial u}{\partial y} + \frac{\partial z}{\partial v} \frac{\partial v}{\partial y} + \frac{\partial z}{\partial w} \frac{\partial w}{\partial y}. \tag{6-9}$$

在基本公式中，中间变量均为二元函数，复合函数本身也是二元函数. 下面就中间变量的变化讨论几种特殊情形. 以下为方便起见，我们假设所用到的函数均满足求导数或求偏导数的一切条件.

情形 Ⅰ　设 $z = f(u,v), u = \varphi(x), v = \psi(x)$，则由于因变量 z 只是自变量 x 的一元函数，所以 z 对 x 求导就是 $\dfrac{\mathrm{d}z}{\mathrm{d}x}$，由图 6-19，有

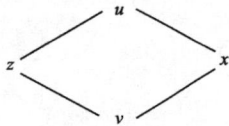

图 6-19

$$\frac{\mathrm{d}z}{\mathrm{d}x} = \frac{\partial z}{\partial u} \frac{\mathrm{d}u}{\mathrm{d}x} + \frac{\partial z}{\partial v} \frac{\mathrm{d}v}{\mathrm{d}x}. \tag{6-10}$$

这种导数称为全导数.

例 6-22　设 $z = u^2 v, u = \cos x, v = \sin x$，求全导数 $\dfrac{\mathrm{d}z}{\mathrm{d}x}$.

解　由公式 (6-10)，得

$$\frac{\mathrm{d}z}{\mathrm{d}x} = \frac{\partial z}{\partial u}\frac{\mathrm{d}u}{\mathrm{d}x} + \frac{\partial z}{\partial v}\frac{\mathrm{d}v}{\mathrm{d}x}$$

$$= 2uv(-\sin x) + u^2\cos x$$

$$= -\sin x \cdot \sin 2x + \cos^3 x.$$

情形 Ⅱ　设 $z = f(u), u = \varphi(x,y)$，由图 6-20，有

$$\frac{\partial z}{\partial x} = \frac{\mathrm{d}z}{\mathrm{d}u}\frac{\partial u}{\partial x}, \tag{6-11}$$

$$\frac{\partial z}{\partial y} = \frac{\mathrm{d}z}{\mathrm{d}u}\frac{\partial u}{\partial y}. \tag{6-12}$$

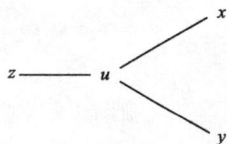

图 6-20

例 6-23　设 $z = \cos\left(\dfrac{y}{x^2} + \dfrac{x^2}{y}\right)$，求 $\dfrac{\partial z}{\partial x}$ 及 $\dfrac{\partial z}{\partial y}$.

解　设 $u = \dfrac{y}{x^2} + \dfrac{x^2}{y}$，这就可以看成是由 $z = \cos u, u = \dfrac{y}{x^2} + \dfrac{x^2}{y}$ 构成的复合函数，根据公式(6-11)、公式(6-12) 得

$$\frac{\partial z}{\partial x} = \frac{\mathrm{d}z}{\mathrm{d}u}\frac{\partial u}{\partial x} = -\sin u \cdot \left(-\frac{2y}{x^3} + \frac{2x}{y}\right)$$

$$= \left(\frac{2y}{x^3} - \frac{2x}{y}\right)\sin\left(\frac{y}{x^2} + \frac{x^2}{y}\right),$$

$$\frac{\partial z}{\partial y} = \frac{\mathrm{d}z}{\mathrm{d}u}\frac{\partial u}{\partial y} = -\sin u \cdot \left(\frac{1}{x^2} - \frac{x^2}{y^2}\right)$$

$$= \left(\frac{x^2}{y^2} - \frac{1}{x^2}\right)\sin\left(\frac{y}{x^2} + \frac{x^2}{y}\right).$$

情形 Ⅲ　设 $z = f(u,x,y), u = \varphi(x,y)$，这里 x,y 既是中间变量，又是自变量. 由图 6-21，有

$$\frac{\partial z}{\partial x} = \frac{\partial f}{\partial u}\frac{\partial u}{\partial x} + \frac{\partial f}{\partial x}, \tag{6-13}$$

$$\frac{\partial z}{\partial y} = \frac{\partial f}{\partial u}\frac{\partial u}{\partial y} + \frac{\partial f}{\partial y}. \tag{6-14}$$

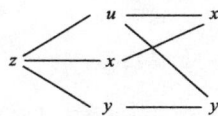

图 6-21

注意：上述公式中的 $\dfrac{\partial z}{\partial x}$ 与 $\dfrac{\partial f}{\partial x}$ 是不相同的. $\dfrac{\partial z}{\partial x}$ 指的是因变量 z 对自变量 x 的偏导数，这时 $z = f(\varphi(x,y),x,y)$ 是 x,y 的函数，即 x 与 y 处于同一地位，对 x 求偏导数要把 y 看成常数. 而 $\dfrac{\partial f}{\partial x}$ 是指函数 $f(u,x,y)$ 对中间变量 x 的偏导数，此时，u,x,y 地位相同，都是中间变量. 对 x 求偏导数要把 u,y 都看成常数. $\dfrac{\partial z}{\partial y}$ 与 $\dfrac{\partial f}{\partial y}$ 也有类似的区别.

按这种理解，前面公式中，凡是因变量对中间变量的偏导数，都可以使用相应的对应法则的符号代替这个因变量. 如公式(6-6)也可以写成

$$\frac{\partial z}{\partial x} = \frac{\partial f}{\partial u}\frac{\partial u}{\partial x} + \frac{\partial f}{\partial v}\frac{\partial v}{\partial x}. \tag{6-15}$$

例 6-24　设 $u = f(x,y,z) = \mathrm{e}^{x^2+y^2+z^2}, z = x^2\sin y$，求 $\dfrac{\partial u}{\partial x}$ 与 $\dfrac{\partial u}{\partial y}$.

解　这里 x, y 既是中间变量，又是自变量. 由公式(6-13)、公式(6-14) 可得

$$\frac{\partial u}{\partial x} = \frac{\partial f}{\partial x} + \frac{\partial f}{\partial z} \frac{\partial z}{\partial x} = 2x e^{x^2+y^2+z^2} + 2z e^{x^2+y^2+z^2} \cdot 2x \sin y$$

$$= 2x(1 + 2x^2 \sin^2 y) e^{x^2+y^2+x^4\sin^2 y},$$

$$\frac{\partial u}{\partial y} = \frac{\partial f}{\partial y} + \frac{\partial f}{\partial z} \frac{\partial z}{\partial y} = 2y e^{x^2+y^2+z^2} + 2z e^{x^2+y^2+z^2} \cdot x^2 \cos y$$

$$= 2(y + x^4 \sin y \cos y) e^{x^2+y^2+x^4\sin^2 y}.$$

例 6-25　设 $z = f(u,v,t) = uv + \cos t, u = e^t, v = \sin t$，求全导数 $\dfrac{\mathrm{d}z}{\mathrm{d}t}$.

解　此题中，z 是因变量，u, v, t 是中间变量，t 也是自变量. 而 u, v 又是 t 的一元函数，最终 z 是 t 的一元函数. 所以所求全导数为

$$\frac{\mathrm{d}z}{\mathrm{d}t} = \frac{\partial f}{\partial u} \frac{\mathrm{d}u}{\mathrm{d}t} + \frac{\partial f}{\partial v} \frac{\mathrm{d}v}{\mathrm{d}t} + \frac{\partial f}{\partial t} = v e^t + u \cos t - \sin t$$

$$= e^t(\sin t + \cos t) - \sin t.$$

例 6-26　设 $z = f\left(xy, \dfrac{x}{y}\right)$，其中 f 具有二阶连续偏导数，求 $\dfrac{\partial z}{\partial x}, \dfrac{\partial^2 z}{\partial x^2}$ 及 $\dfrac{\partial^2 z}{\partial x \partial y}$.

解　令 $u = xy, v = \dfrac{x}{y}$，则 $z = f(u,v)$. 于是有

$$\frac{\partial z}{\partial x} = \frac{\partial f}{\partial u} \frac{\partial u}{\partial x} + \frac{\partial f}{\partial v} \frac{\partial v}{\partial x} = y f_1' + \frac{1}{y} f_2'.$$

在求二阶偏导数时，必须要清楚上式中的 f_1', f_2' 仍然是以 u, v 为中间变量，x, y 为自变量的复合函数，于是

$$\frac{\partial^2 z}{\partial x^2} = \frac{\partial}{\partial x}\left(\frac{\partial z}{\partial x}\right) = \frac{\partial}{\partial x}\left(y f_1' + \frac{1}{y} f_2'\right) = y \frac{\partial f_1'}{\partial x} + \frac{1}{y} \frac{\partial f_2'}{\partial x},$$

而

$$\frac{\partial f_1'}{\partial x} = \frac{\partial f_1'}{\partial u} \frac{\partial u}{\partial x} + \frac{\partial f_1'}{\partial v} \frac{\partial v}{\partial x} = y f_{11}'' + \frac{1}{y} f_{12}'',$$

$$\frac{\partial f_2'}{\partial x} = \frac{\partial f_2'}{\partial u} \frac{\partial u}{\partial x} + \frac{\partial f_2'}{\partial v} \frac{\partial v}{\partial x} = y f_{21}'' + \frac{1}{y} f_{22}''.$$

其中 $f_{11}'' = f_{uu}'', f_{12}'' = f_{uv}'', f_{21}'' = f_{vu}'', f_{22}'' = f_{vv}''$. 由 f 具有二阶连续偏导数知 $f_{12}'' = f_{21}''$，这样

$$\frac{\partial^2 z}{\partial x^2} = y\left(y f_{11}'' + \frac{1}{y} f_{12}''\right) + \frac{1}{y}\left(y f_{21}'' + \frac{1}{y} f_{22}''\right)$$

$$= y^2 f_{11}'' + f_{12}'' + f_{21}'' + \frac{1}{y^2} f_{22}''$$

$$= y^2 f_{11}'' + 2 f_{12}'' + \frac{1}{y^2} f_{22}''.$$

$$\frac{\partial^2 z}{\partial x \partial y} = \frac{\partial}{\partial y}\left(\frac{\partial z}{\partial x}\right) = \frac{\partial}{\partial y}\left(y f_1' + \frac{1}{y} f_2'\right)$$

$$= f_1' + y \frac{\partial f_1'}{\partial y} - \frac{1}{y^2} f_2' + \frac{1}{y} \frac{\partial f_2'}{\partial y}.$$

而
$$\frac{\partial f_1'}{\partial y} = \frac{\partial f_1'}{\partial u}\frac{\partial u}{\partial y} + \frac{\partial f_1'}{\partial v}\frac{\partial v}{\partial y} = xf_{11}'' - \frac{x}{y^2}f_{12}'',$$

$$\frac{\partial f_2'}{\partial y} = \frac{\partial f_2'}{\partial u}\frac{\partial u}{\partial y} + \frac{\partial f_2'}{\partial v}\frac{\partial v}{\partial y} = xf_{21}'' - \frac{x}{y^2}f_{22}''.$$

于是
$$\frac{\partial^2 z}{\partial x \partial y} = f_1' + y\left(xf_{11}'' - \frac{x}{y^2}f_{12}''\right) - \frac{1}{y^2}f_2' + \frac{1}{y}\left(xf_{21}'' - \frac{x}{y^2}f_{22}''\right)$$

$$= f_1' - \frac{1}{y^2}f_2' + xyf_{11}'' - \frac{x}{y^3}f_{22}''.$$

6.5.2　全微分的形式不变性

与一元函数的微分形式不变性类似,多元函数的全微分也具有形式不变性,下面以二元函数为例来说明.

设函数 $z = f(u,v)$ 可微,当 u,v 为自变量时,有全微分

$$dz = \frac{\partial z}{\partial u}du + \frac{\partial z}{\partial v}dv.$$

当 u,v 为中间变量,即 u,v 是 x,y 的函数: $u = \varphi(x,y)$, $v = \psi(x,y)$ 且它们也可微时,由定理 6-4,对复合函数 $z = f(\varphi(x,y),\psi(x,y))$ 有

$$\frac{\partial z}{\partial x} = \frac{\partial z}{\partial u}\frac{\partial u}{\partial x} + \frac{\partial z}{\partial v}\frac{\partial v}{\partial x},$$

$$\frac{\partial z}{\partial y} = \frac{\partial z}{\partial u}\frac{\partial u}{\partial y} + \frac{\partial z}{\partial v}\frac{\partial v}{\partial y}.$$

根据全微分定义

$$dz = \frac{\partial z}{\partial x}dx + \frac{\partial z}{\partial y}dy = \left(\frac{\partial z}{\partial u}\frac{\partial u}{\partial x} + \frac{\partial z}{\partial v}\frac{\partial v}{\partial x}\right)dx + \left(\frac{\partial z}{\partial u}\frac{\partial u}{\partial y} + \frac{\partial z}{\partial v}\frac{\partial v}{\partial y}\right)dy$$

$$= \frac{\partial z}{\partial u}\left(\frac{\partial u}{\partial x}dx + \frac{\partial u}{\partial y}dy\right) + \frac{\partial z}{\partial v}\left(\frac{\partial v}{\partial x}dx + \frac{\partial v}{\partial y}dy\right)$$

$$= \frac{\partial z}{\partial u}du + \frac{\partial z}{\partial v}dv.$$

这就是说,无论 u,v 是中间变量还是自变量,其微分形式不变,这个性质称为全微分的形式不变性. 利用该性质不仅可以求复合函数的全微分,也可以通过求全微分来求偏导数.

例 6-27　利用全微分的形式不变性解本节例 6-20.

解　$dz = \dfrac{\partial z}{\partial u}du + \dfrac{\partial z}{\partial v}dv = e^u \sin v du + e^u \cos v dv,$

而
$$du = \frac{\partial u}{\partial x}dx + \frac{\partial u}{\partial y}dy = ydx + xdy,$$

$$dv = \frac{\partial v}{\partial x}dx + \frac{\partial v}{\partial y}dy = dx + dy,$$

代入,整理得

$$dz = (ye^u \sin v + e^u \cos v)dx + (xe^u \sin v + e^u \cos v)dy,$$

即

$$\frac{\partial z}{\partial x}\mathrm{d}x + \frac{\partial z}{\partial y}\mathrm{d}y = \mathrm{e}^{xy}\big[y\sin(x+y)+\cos(x+y)\big]\mathrm{d}x +$$

$$\mathrm{e}^{xy}\big[x\sin(x+y)+\cos(x+y)\big]\mathrm{d}y.$$

比较上式两边 $\mathrm{d}x$ 和 $\mathrm{d}y$ 的系数,就得到

$$\frac{\partial z}{\partial x} = \mathrm{e}^{xy}\big[y\sin(x+y)+\cos(x+y)\big],$$

$$\frac{\partial z}{\partial y} = \mathrm{e}^{xy}\big[x\sin(x+y)+\cos(x+y)\big].$$

习题 6.5

1. 求下列函数的全导数:

(1) 设 $z = \dfrac{v}{u}$,而 $u = \ln x, v = \mathrm{e}^x$,求 $\dfrac{\mathrm{d}z}{\mathrm{d}x}$;

(2) 设 $z = \arctan(x - y)$,而 $x = 3t, y = 4t^3$,求 $\dfrac{\mathrm{d}z}{\mathrm{d}t}$;

(3) 设 $z = xy + yt$,而 $y = 2^x, t = \sin x$,求 $\dfrac{\mathrm{d}z}{\mathrm{d}x}$;

(4) 设 $z = u^v$,而 $u = \sin x, v = \cos x$,求 $\dfrac{\mathrm{d}z}{\mathrm{d}x}$.

2. 求下列函数的一阶偏导数(其中 f 具有一阶连续偏导数):

(1) $z = u\mathrm{e}^{\frac{u}{v}}$,而 $u = x^2 + y^2, v = xy$;

(2) $z = x^2\ln y$,而 $x = \dfrac{u}{v}, y = 3u - 2v$;

(3) $z = f(x^2 + y^2, \sin(xy))$;

(4) $u = f\left(\dfrac{x}{y}, \dfrac{y}{z}\right)$;

(5) $u = f(x, xy, xyz)$.

3. 设 $z = \arctan\dfrac{x}{y}$,而 $x = u + v, y = u - v$,验证

$$\frac{\partial z}{\partial u} + \frac{\partial z}{\partial v} = \frac{u - v}{u^2 + v^2}.$$

4. 设 $z = xy + xF(u)$,而 $u = \dfrac{y}{x}$,$F(u)$ 为可导函数,证明

$$x\frac{\partial z}{\partial x} + y\frac{\partial z}{\partial y} = z + xy.$$

5. 设 $z = f(xy^2, x^2 y)$,其中 f 具有二阶连续偏导数,求 $\dfrac{\partial^2 z}{\partial x^2}, \dfrac{\partial^2 z}{\partial x \partial y}$.

6. 设 $u = f(xy, yz, zx)$,其中 f 具有二阶连续偏导数,求 $\dfrac{\partial^2 u}{\partial x \partial y}$,$\dfrac{\partial^2 u}{\partial x \partial z}$.

6.6　隐函数的微分法

在一元函数微分学中,我们提出了隐函数的概念,并给出了不经过显化直接由方程

$$F(x,y) = 0 \qquad (6\text{-}16)$$

求它所确定的隐函数的导数的方法. 本节将列举出隐函数存在定理,并且根据多元复合函数的微分法来推导出隐函数的微分法.

定理 6-6　设函数 $F(x,y)$ 在点 (x_0,y_0) 的某邻域内有连续的偏导数,$F(x_0,y_0) = 0$,$F'_y(x_0,y_0) \neq 0$,则方程 $F(x,y) = 0$ 在点 (x_0,y_0) 的某一邻域内恒能唯一确定一个具有连续导数的函数 $y = f(x)$,它满足 $y_0 = f(x_0)$,并且

$$\frac{\mathrm{d}y}{\mathrm{d}x} = -\frac{F'_x}{F'_y}. \qquad (6\text{-}17)$$

公式 (6-17) 就是隐函数的求导公式.

此定理的证明从略. 我们仅就公式 (6-17) 做出如下推导.

将方程 (6-16) 所确定的函数 $y = f(x)$ 代入方程 (6-16),得到

$$F(x,f(x)) \equiv 0,$$

两边对 x 求导,由多元复合函数的求导法则,得

$$F'_x + F'_y \frac{\mathrm{d}y}{\mathrm{d}x} = 0,$$

由于 F'_y 连续,且 $F'_y(x_0,y_0) \neq 0$,所以存在 (x_0,y_0) 的某个邻域,在此邻域内 $F'_y \neq 0$,于是得到

$$\frac{\mathrm{d}y}{\mathrm{d}x} = -\frac{F'_x}{F'_y}.$$

例 6-28　设方程 $\sin(xy) + \mathrm{e}^x = y^2$ 确定了函数 $y = f(x)$,求 $\dfrac{\mathrm{d}y}{\mathrm{d}x}$.

解　令 $F(x,y) = \sin(xy) + \mathrm{e}^x - y^2$,因为

$$F'_x = y\cos(xy) + \mathrm{e}^x, \quad F'_y = x\cos(xy) - 2y,$$

所以

$$\frac{\mathrm{d}y}{\mathrm{d}x} = -\frac{F'_x}{F'_y} = -\frac{y\cos(xy) + \mathrm{e}^x}{x\cos(xy) - 2y}.$$

隐函数存在定理还可以推广到多元函数. 例如,我们可以根据三元函数 $F(x,y,z)$ 的性质来断定由方程 $F(x,y,z) = 0$ 所确定的二元函数 $z = f(x,y)$ 的存在,以及这个函数的性质. 这就是下面的定理.

定理 6-7　设函数 $F(x,y,z)$ 在点 (x_0,y_0,z_0) 的某邻域内有连续的偏导数,$F(x_0,y_0,z_0) = 0$,$F'_z(x_0,y_0,z_0) \neq 0$,则方程

$F(x,y,z) = 0$ 在点 (x_0, y_0, z_0) 的某一邻域内恒能唯一确定一个具有连续偏导数的函数 $z = f(x,y)$，它满足 $z_0 = f(x_0, y_0)$，并且

$$\frac{\partial z}{\partial x} = -\frac{F_x'}{F_z'}, \quad \frac{\partial z}{\partial y} = -\frac{F_y'}{F_z'}. \tag{6-18}$$

这个定理我们也不做证明，与定理6-6类似，仅对公式(6-18)进行推导.

由于

$$F(x, y, f(x,y)) \equiv 0,$$

上式两边分别对 x 和 y 求偏导，由多元复合函数的微分法，得

$$F_x' + F_z' \frac{\partial z}{\partial x} = 0, \quad F_y' + F_z' \frac{\partial z}{\partial y} = 0,$$

由于 F_z' 连续，且 $F_z'(x_0, y_0, z_0) \neq 0$，故存在 (x_0, y_0, z_0) 的某个邻域，在此邻域内 $F_z' \neq 0$，于是得

$$\frac{\partial z}{\partial x} = -\frac{F_x'}{F_z'}, \quad \frac{\partial z}{\partial y} = -\frac{F_y'}{F_z'}.$$

例 6-29　设方程 $\sin z = x^2 yz$ 确定了函数 $z = f(x,y)$，求 $\dfrac{\partial z}{\partial x}$ 及 $\dfrac{\partial z}{\partial y}$.

解　设 $F(x,y,z) = \sin z - x^2 yz$，则有

$$F_x' = -2xyz, \quad F_y' = -x^2 z, \quad F_z' = \cos z - x^2 y,$$

由公式(6-18)可得

$$\frac{\partial z}{\partial x} = -\frac{F_x'}{F_z'} = \frac{2xyz}{\cos z - x^2 y},$$

$$\frac{\partial z}{\partial y} = -\frac{F_y'}{F_z'} = \frac{x^2 z}{\cos z - x^2 y}.$$

例 6-30　设方程 $z^3 - 3xyz = 1$ 确定了函数 $z = f(x,y)$，求 $\dfrac{\partial^2 z}{\partial x \partial y}$.

解　设 $F(x,y,z) = z^3 - 3xyz - 1$，则有

$$F_x' = -3yz, \quad F_y' = -3xz, \quad F_z' = 3z^2 - 3xy,$$

从而

$$\frac{\partial z}{\partial x} = -\frac{F_x'}{F_z'} = \frac{yz}{z^2 - xy}, \quad \frac{\partial z}{\partial y} = -\frac{F_y'}{F_z'} = \frac{xz}{z^2 - xy},$$

于是

$$\frac{\partial^2 z}{\partial x \partial y} = \frac{\partial}{\partial y}\left(\frac{\partial z}{\partial x}\right) = \frac{\partial}{\partial y}\left(\frac{yz}{z^2 - xy}\right)$$

$$= \frac{(z^2 - xy)\left(z + y\dfrac{\partial z}{\partial y}\right) - yz\left(2z\dfrac{\partial z}{\partial y} - x\right)}{(z^2 - xy)^2}$$

$$= \frac{z(z^4 - 2xyz^2 - x^2 y^2)}{(z^2 - xy)^3}.$$

习题 6.6

1. 函数 $y = f(x)$ 由下列方程所确定,求 $\dfrac{\mathrm{d}y}{\mathrm{d}x}$:

(1) $xy - \ln y = \mathrm{e}$; 　　　　　　(2) $\sin y + \mathrm{e}^x - xy^2 = 0$;

(3) $\ln \sqrt{x^2 + y^2} = \arctan \dfrac{y}{x}$.

2. 函数 $z = f(x, y)$ 由下列方程所确定,求 $\dfrac{\partial z}{\partial x}, \dfrac{\partial z}{\partial y}$:

(1) $x + y + z = \sin(xyz)$; 　　(2) $\mathrm{e}^{-xy} - 2z + \mathrm{e}^z = 0$;

(3) $\sin(xy) + \cos(xz) + \tan(yz) = 0$.

3. 函数 $z = f(x, y)$ 由方程 $x + y + z = \mathrm{e}^z$ 所确定,求 $\dfrac{\partial z}{\partial x}, \dfrac{\partial^2 z}{\partial x^2}$.

4. 设 $\mathrm{e}^z = xyz$,求 $\dfrac{\partial^2 z}{\partial x \partial y}$.

5. 设 $x = x(y, z), y = y(x, z), z = z(x, y)$ 都是由方程 $F(x, y, z) = 0$ 所确定的有连续偏导数的函数,证明

$$\frac{\partial x}{\partial y} \cdot \frac{\partial y}{\partial z} \cdot \frac{\partial z}{\partial x} = -1.$$

6.7　多元函数的极值

在管理科学、经济学和许多工程、科技问题中,常常需要求出一个多元函数的最大值或者最小值. 与一元函数的情形类似,多元函数的最大值、最小值与极大值、极小值有密切联系,因此我们以二元函数为例来讨论多元函数的极值问题.

6.7.1　多元函数的极值及最大值、最小值

多元函数的极值与一元函数一样,也是一种局部性质.

定义 6-6　　设函数 $z = f(x, y)$ 在点 (x_0, y_0) 的某邻域内有定义,如果对该邻域的一切 (x, y),都有

$$f(x, y) \leqslant f(x_0, y_0)(\text{或 } f(x, y) \geqslant f(x_0, y_0)),$$

则称函数 $f(x, y)$ 在点 (x_0, y_0) 处取得极大值(或极小值) $f(x_0, y_0)$,并称 (x_0, y_0) 是函数 $f(x, y)$ 的极大值点(或极小值点).

函数的极大值和极小值统称为极值. 极大值点和极小值点统称为极值点.

我们知道,对于可导的一元函数 $y = f(x)$,在点 x_0 处有极值的必要条件是 $f'(x_0) = 0$. 对于多元函数也有类似的结论.

□ 即时练习 6-5

点 $(0, 0)$ 不是二元函数 (　　) 的极值点.

A. $z = \sqrt{1 - x^2 - y^2}$;

B. $z = \sqrt{x^2 + y^2}$;

C. $z = x^2 + y^2$;

D. $z = xy$.

定理 6-8 （必要条件）设函数 $z = f(x,y)$ 在点 (x_0,y_0) 具有一阶偏导数，且在点 (x_0,y_0) 处有极值，则必有

$$f'_x(x_0,y_0) = 0, f'_y(x_0,y_0) = 0.$$

证明 不妨设 $z = f(x,y)$ 在点 (x_0,y_0) 处取极大值. 根据极大值的定义，在点 (x_0,y_0) 的某邻域内的点 (x,y) 都有

$$f(x,y) \leqslant f(x_0,y_0).$$

特殊地，在该邻域内的点 $(x,y_0) \neq (x_0,y_0)$，也有

$$f(x,y_0) \leqslant f(x_0,y_0).$$

这表明一元函数 $f(x,y_0)$ 在 $x = x_0$ 处取得极大值，因而必有

$$f'_x(x_0,y_0) = 0.$$

类似地，可证

$$f'_y(x_0,y_0) = 0.$$

和一元函数类似，凡是能使 $f'_x(x_0,y_0) = 0, f'_y(x_0,y_0) = 0$ 同时成立的点 (x_0,y_0) 称为函数 $z = f(x,y)$ 的驻点. 从定理 6-8 可知，具有一阶偏导数的函数的极值点一定是驻点. 但反之函数的驻点不一定是极值点，例如，点 $(0,0)$ 是函数 $z = xy$ 的驻点，但函数在该点并无极值.

那么怎样判定一个驻点是不是极值点呢？我们有如下定理.

定理 6-9 （充分条件）设函数 $z = f(x,y)$ 在点 (x_0,y_0) 的某邻域内具有一阶及二阶连续偏导数，又 $f'_x(x_0,y_0) = 0$，$f'_y(x_0,y_0) = 0$，记

$$f''_{xx}(x_0,y_0) = A, f''_{xy}(x_0,y_0) = B, f''_{yy}(x_0,y_0) = C,$$

则 $f(x,y)$ 在点 (x_0,y_0) 处是否取得极值的条件如下：

(1) $B^2 - AC < 0$ 时具有极值，且当 $A < 0$ 时有极大值，当 $A > 0$ 时有极小值；

(2) $B^2 - AC > 0$ 时没有极值；

(3) $B^2 - AC = 0$ 时可能有极值，也可能没有极值，还需另做讨论.

这个定理的证明从略.

利用上面的两个定理，我们把具有二阶连续偏导数的函数 $z = f(x,y)$ 的极值求法叙述如下：

第一步，解方程组

$$\begin{cases} f'_x(x,y) = 0, \\ f'_y(x,y) = 0, \end{cases}$$

求得一切实数解，即可求出一切驻点.

第二步，对于每个驻点 (x_0,y_0)，求出二阶偏导数的值 A, B

和 C.

第三步,定出 B^2-AC 的符号,按定理 6-9 的结论判定 $f(x_0,y_0)$ 是不是极值,是极大值还是极小值.

例 6-31　　求函数 $f(x,y)=x^3-y^3+3x^2+3y^2-9x$ 的极值.

解　　先解方程组
$$\begin{cases} f'_x(x,y)=3x^2+6x-9=0, \\ f'_y(x,y)=-3y^2+6y=0, \end{cases}$$
求得驻点为 $(1,0),(1,2),(-3,0),(-3,2)$.

再求出二阶偏导数:
$$f''_{xx}(x,y)=6x+6,f''_{xy}(x,y)=0,f''_{yy}(x,y)=-6y+6.$$

在点 $(1,0)$ 处,$A=12,B=0,C=6,B^2-AC=-72<0$,又 $A>0$,所以函数在 $(1,0)$ 处有极小值 $f(1,0)=-5$.

在点 $(1,2)$ 处,$A=12,B=0,C=-6,B^2-AC=72>0$,所以函数在 $(1,2)$ 处无极值.

在点 $(-3,0)$ 处,$A=-12,B=0,C=6,B^2-AC=72>0$,所以函数在点 $(-3,0)$ 处无极值.

在点 $(-3,2)$ 处,$A=-12,B=0,C=-6,B^2-AC=-72<0$,又 $A<0$,所以函数在 $(-3,2)$ 处有极大值 $f(-3,2)=31$.

讨论二元函数的极值问题时,如果函数在所讨论的区域内具有一阶偏导数,则由定理 6-8 可知,极值只可能在驻点处取得.然而,如果函数在个别点处的偏导数不存在,这样的点当然不是驻点,但也有可能是极值点.例如,前面提到过的函数 $z=\sqrt{x^2+y^2}$ 在点 $(0,0)$ 处的偏导数不存在,但它在点 $(0,0)$ 处却取得极小值 0.所以,在考虑多元函数的极值问题时,除了考虑函数的驻点外,还要考虑偏导数不存在的点.

与一元函数类似,可以利用函数的极值来求函数的最大值和最小值.我们知道,如果二元函数 $f(x,y)$ 在有界闭区域 D 上连续,则 $f(x,y)$ 在 D 上必定能取得最大值和最小值.这种使函数取得最大值或最小值的点既可能在 D 的内部,也可能在 D 的边界上.因此,求在有界闭区域 D 上的连续函数 $f(x,y)$ 的最大值和最小值的一般方法是:将 $f(x,y)$ 在 D 内所有驻点处和偏导数不存在的点处的函数值,以及 $f(x,y)$ 在 D 的边界上的最大值和最小值加以比较,这些数值中的最大者和最小者就是所求的最大值和最小值.但这种做法,需要求出函数 $f(x,y)$ 在 D 的边界上的最大值和最小值,这往往是很复杂的问题.

对于实际问题,如果根据问题的性质,知道可微函数 $f(x,y)$ 的最大值(最小值)一定在区域 D 的内部取得,且函数在 D 内只有一个驻点,那么据此就可以断定该驻点处的函数值就是函数 $f(x,y)$ 在 D 上的最大值(最小值).

例 6-32　要用铁板做一个体积为 $2m^3$ 的有盖长方体水箱,问当长、宽、高各取怎样的尺寸时,才能使用料最省?

解　设水箱的长为 xm,宽为 ym,则其高应为 $\dfrac{2}{xy}$ m,此水箱所用材料的面积为

$$A = 2\left(xy + y \cdot \frac{2}{xy} + x \cdot \frac{2}{xy}\right),$$

即

$$A = 2\left(xy + \frac{2}{x} + \frac{2}{y}\right)(x > 0, y > 0).$$

可见材料面积 A 是 x 和 y 的二元函数.

令

$$A'_x = 2\left(y - \frac{2}{x^2}\right) = 0,$$

$$A'_y = 2\left(x - \frac{2}{y^2}\right) = 0.$$

解此方程组,得

$$x = \sqrt[3]{2}, y = \sqrt[3]{2}.$$

由题意可知,水箱所用材料面积的最小值一定存在,并在区域 $D = \{(x,y) \mid x > 0, y > 0\}$ 内取得.又函数在 D 内只有唯一的驻点 $(\sqrt[3]{2}, \sqrt[3]{2})$,因此可断定当 $x = \sqrt[3]{2}, y = \sqrt[3]{2}$ 时,A 取得最小值.即当水箱的长为 $\sqrt[3]{2}$ m、宽为 $\sqrt[3]{2}$ m、高为 $\dfrac{2}{\sqrt[3]{2} \times \sqrt[3]{2}}$ m $= \sqrt[3]{2}$ m 时,做水箱所用的材料最省.

例 6-33　某企业生产两种产品的产量分别为 x 单位和 y 单位,利润函数为

$$L = 64x - 2x^2 + 4xy - 4y^2 + 32y - 14,$$

试求最大利润.

解　令 $\begin{cases} L'_x = 64 - 4x + 4y = 0, \\ L'_y = 4x - 8y + 32 = 0, \end{cases}$ 解此方程组得唯一驻点 $(40, 24)$.

又　　　　　$L''_{xx} = -4, L''_{xy} = 4, L''_{yy} = -8,$

故 $x = 40, y = 24$ 时,$B^2 - AC = -16 < 0$.

于是,点 $(40, 24)$ 是极大值点,也是最大值点,且最大利润为 $L(40, 24) = 1650$.

6.7.2　条件极值

上面所讨论的极值问题,对于函数的自变量,除了限制在函数的定义域内以外,并无其他条件,所以有时候称为无条件极值问题.但在实际问题中,经常会遇到对函数的自变量还有附加条件(称为约束条件)的极值问题.例如,求表面积为 a^2 而体积为最大的长方体的体积问题.设长方体的三条棱的长分别为 x,y,z,则体积 $V = xyz$.又因假定表面积为 a^2,所以自变量 x,y,z 还必须满足约束条件 $2(xy + yz + xz) = a^2$.像这种对自变量有约束条件的极值称为条件极值.对于有些实际问题,可以把条件极值化为无条件极值,然后利用前面的方法加以解决.例如上述问题,可由条件 $2(xy + yz + xz) = a^2$,将 z 表示成 x,y 的函数

$$z = \frac{a^2 - 2xy}{2(x + y)}.$$

再把它代入 $V = xyz$ 中,于是问题就化为求

$$V = \frac{xy}{2}\left(\frac{a^2 - 2xy}{x + y}\right)$$

的无条件极值.例 6-32 也属于把条件极值转化为无条件极值的例子.但是在很多情形下,将条件极值问题转化为无条件极值问题比较困难.我们另有一种直接寻求条件极值的方法,可以不必先把问题化为无条件极值,这就是下面所述的拉格朗日乘数法.

以二元函数为例,设函数 $f(x,y),\varphi(x,y)$ 都具有连续的偏导数,且 $\varphi_y'(x,y) \neq 0$,下面求函数 $z = f(x,y)$ 在约束条件 $\varphi(x,y) = 0$ 下的极值.

拉格朗日乘数法的具体求解步骤如下:

首先,构造辅助函数(称为拉格朗日函数)

$$F(x,y) = f(x,y) + \lambda\varphi(x,y),$$

其中 λ 为待定常数,称为拉格朗日常数.

接着,求辅助函数关于 x 与 y 的一阶偏导数,并使之为零,然后与约束条件联立起来,

$$\begin{cases} f_x'(x,y) + \lambda\varphi_x'(x,y) = 0, \\ f_y'(x,y) + \lambda\varphi_y'(x,y) = 0, \\ \varphi(x,y) = 0 \end{cases} \tag{6-19}$$

由此方程组解出 x,y 及 λ,(x,y) 就是函数 $f(x,y)$ 在约束条件 $\varphi(x,y) = 0$ 下的可能极值点.

最后,判别求出的 (x,y) 是否为极值点,通常由实际问题的具体意义来判定.

这个方法的证明从略.

此方法可推广到自变量多于两个的情形.例如,要求函数 $u = f(x, y, z)$ 在约束条件 $\varphi(x, y, z) = 0$ 下的极值,其中 f, φ 满足相应条件.可以先作辅助函数

$$F(x, y, z) = f(x, y, z) + \lambda \varphi(x, y, z),$$

求其一阶偏导数,并使之为零,然后与约束条件联立起来求解.这样得出的 (x, y, z) 就是可能的条件极值点.

例 6-34　某工厂生产 A、B 两种产品,产量分别为 x 和 y(单位:kg),总利润函数为

$$L(x, y) = 6x - x^2 + 16y - 4y^2 - 2 (单位:万元).$$

已知生产这两种产品时,每千克产品均需消耗某种原料 2000kg,现有该原料 5000kg,问两种产品各生产多少千克时,总利润最大?最大总利润是多少?

解　由题意,约束条件为

$$2000x + 2000y = 5000, 即 \ x + y = 2.5.$$

因此,问题是求总利润函数在约束条件 $x + y = 2.5$ 下的最大值.构造拉格朗日函数为

$$F(x, y) = 6x - x^2 + 16y - 4y^2 - 2 + \lambda(x + y - 2.5),$$

令

$$\begin{cases} F'_x = 6 - 2x + \lambda = 0, \\ F'_y = 16 - 8y + \lambda = 0, \\ x + y - 2.5 = 0, \end{cases}$$

消去 λ,得到

$$\begin{cases} -x + 4y = 5, \\ x + y = 2.5, \end{cases}$$

解得

$$x = 1, y = 1.5.$$

因为只有唯一的可能极值点 $(1, 1.5)$,由实际问题知总利润的最大值一定存在,所以最大值就在这个唯一的可能极值点处取得,最大总利润为 $L(1, 1.5) = 18$(万元).即当生产 A 产品 1kg,B 产品 1.5kg 时,总利润最大,最大总利润为 18 万元.

例 6-35　求表面积为 a^2 而体积为最大的长方体的体积.

解　设长方体的长、宽、高分别为 x, y, z,则问题就是求函数

$$V = xyz \quad (x > 0, y > 0, z > 0)$$

在约束条件

$$\varphi(x, y, z) = 2xy + 2yz + 2xz - a^2 = 0 \qquad (6\text{-}20)$$

之下的最大值.

构造辅助函数

$$F(x, y, z) = xyz + \lambda(2xy + 2yz + 2xz - a^2),$$

求其对 x,y,z 的偏导数,并使之为零,再与式(6-20)联立,得到方程组

$$\begin{cases} F'_x = yz + 2\lambda(y+z) = 0, \\ F'_y = xz + 2\lambda(x+z) = 0, \\ F'_z = xy + 2\lambda(y+x) = 0, \\ 2xy + 2yz + 2xz - a^2 = 0, \end{cases}$$

解得

$$x = y = z = \frac{\sqrt{6}}{6}a.$$

这是唯一可能的极值点,由问题本身可知最大值一定存在,所以最大值就在这个可能的极值点处取得. 即表面积为 a^2 的长方体中,以棱长为 $\frac{\sqrt{6}}{6}a$ 的正方体的体积为最大,最大体积为 $V = \frac{\sqrt{6}}{36}a^3$.

拉格朗日乘数法还可以推广到约束条件多于一个的情形. 例如,要求函数 $u = f(x,y,z)$ 在约束条件 $\varphi(x,y,z) = 0, \psi(x,y,z) = 0$ 下的极值,其中 f,φ,ψ 满足相应条件. 可以先构造拉格朗日函数

$$F(x,y,z) = f(x,y,z) + \lambda\varphi(x,y,z) + \mu\psi(x,y,z),$$

其中 λ,μ 为待定常数,分别求出 $F(x,y,z)$ 对 x,y,z 的偏导数,并使之为零,然后再与两个约束条件联立,得方程组

$$\begin{cases} F'_x = f'_x + \lambda\varphi'_x + \mu\psi'_x = 0, \\ F'_y = f'_y + \lambda\varphi'_y + \mu\psi'_y = 0, \\ F'_z = f'_z + \lambda\varphi'_z + \mu\psi'_z = 0, \\ \varphi(x,y,z) = 0, \\ \psi(x,y,z) = 0, \end{cases}$$

解之就得到可能极值点,再依据实际问题的具体意义进行判别即可.

习题 6.7

1.求下列函数的极值:

(1) $f(x,y) = 4(x-y) - x^2 - y^2$;

(2) $f(x,y) = x^2 + xy + y^2 - 3x - 6y$;

(3) $f(x,y) = x^2 + y^2 - 2\ln x - 2\ln y$;

(4) $f(x,y) = e^{2x}(x + y^2 + 2y)$.

2.已知函数 $z = x^2 + y^2$ 在条件 $\frac{x}{a} + \frac{y}{b} = 1(a > 0, b > 0)$ 下存在最小值,求这个最小值.

3.求内接于半径为 a 的球且有最大体积的长方体.

4.要造一个容积等于定数 k 的长方体无盖水池,应如何选择水池的尺寸,方可使它的表面积最小.

5.某工厂每年用于储存的投资为 x(千元),用于广告的开支为 y(千元),收入 $R(x,y)$ 是可控决策量 x,y 的函数,且有

$$R(x,y) = -3x^2 + 2xy - 6y^2 + 30x + 24y - 86,$$

问:当储存投资 x 和广告开支 y 分别为多少时,收入最大?最大收入是多少?

6. 某工厂生产两种产品,总成本函数为
$$C = 2Q_1^2 - 2Q_1Q_2 + Q_2^2 + 37.5,$$
两种产品的价格函数分别为
$$P_1 = 70 - 2Q_1 - 3Q_2, \quad P_2 = 110 - 3Q_1 - 5Q_2,$$
为使利润最大,试确定两种产品的产量和最大利润.

7. 某商品的销售量 Q 与用在两种广告手段的费用 x 和 y 之间的函数关系为 $Q = \dfrac{200x}{5+x} + \dfrac{100y}{10+y}$(单位:万元),且利润是销售量的 $\dfrac{1}{5}$ 减去广告成本,而广告成本为 25 万元. 问应如何选择两种广告形式,才能使利润最大?最大利润是多少?

数学实验 6

1. 实验目的与内容
(1) 运用 MATLAB 求多元函数的偏导数;
(2) 运用 MATLAB 绘制多元函数图形;
(3) 运用 MATLAB 求多元函数的极值.

2. MATLAB 命令
(1) 求多元函数偏导数命令

MATLAB 中主要用 diff 命令(表 6-1)求多元函数偏导数.

表 6-1　MATLAB 中求函数偏导数命令

调用格式	描述
diff(f,x,n)	求函数 f 关于自变量 x 的 n 阶导数

注:可以用 help diff 查阅上述命令的详细信息.

(2) 绘制多元函数图像命令

MATLAB 中主要用 mesh, surf 命令(表 6-2)绘制三元函数图形.

表 6-2　MATLAB 中绘制三元函数图形命令

调用格式	描述
mesh(x,y,z)	画网格曲面,这里 x,y,z 是维数相同的矩阵,分别表示数据点的横坐标、纵坐标和函数值
surf(x,y,z)	画完整曲面,这里 x,y,z 是三个数据矩阵,分别表示数据点的横坐标、纵坐标和函数值

注:可以用 help mesh, help surf 查阅上述命令的详细信息.

3. 实验案例
例 6-36　求函数 $z = e^{xy} + ye^x$ 的一阶偏导数并分别求 4 个二阶偏导数 $\dfrac{\partial^2 z}{\partial x^2}, \dfrac{\partial^2 z}{\partial x \partial y}, \dfrac{\partial^2 z}{\partial y^2}$ 和 $\dfrac{\partial^2 z}{\partial y \partial x}$.

（1）计算函数 z 对变量 x 和 y 的一阶偏导数

程序代码：

```
>> syms x y;
>> z = 'exp(x * y) + y * exp(x)';
>> zx = diff(z,x)
>> zy = diff(z,y)
```

输出结果：

```
zx =
    y * exp(x * y) + y * exp(x)
zy =
    exp(x) + x * exp(x * y)
```

（2）计算函数 z 的 4 个二阶偏导数 $\dfrac{\partial^2 z}{\partial x^2}, \dfrac{\partial^2 z}{\partial x \partial y}, \dfrac{\partial^2 z}{\partial y^2}$ 和 $\dfrac{\partial^2 z}{\partial y \partial x}$

程序代码：

```
>> zxx = diff(z,x,2)    % 求函数 z 的二阶偏导数 ∂²z/∂x²
>> zxy = diff(diff(z,x),y)    % 求函数 z 的二阶偏导数 ∂²z/∂x∂y
>> zyy = diff(z,y,2)    % 求 z 的二阶偏导数 ∂²z/∂y²
>> zyx = diff(diff(z,y),x)% 求 z 的二阶偏导数 ∂²z/∂y∂x
```

输出结果：

```
zxx =
    y * exp(x) + y^2 * exp(x * y)
zxy =
    exp(x * y) + exp(x) + x * y * exp(x * y)
zyy =
    x^2 * exp(x * y)
zyx =
    exp(x * y) + exp(x) + x * y * exp(x * y)
```

由此结果可见，两个混合偏导数相等，即 zxy = zyx.

例 6-37　　求函数 $z = x^4 - 8xy + 2y^2 - 3$ 的极值点和极值.

（1）求函数 z 关于变量 x, y 的一阶偏导数

程序代码：

```
>> clear;
>> syms x y;
>> z = x^4 - 8 * x * y + 2 * y^2 - 3;
>> diff(z,x)
>> diff(z,y)
```

输出结果：

```
ans =
    4 * x^3 - 8 * y
```

ans =

$$4*y - 8*x$$

即 $\dfrac{\partial z}{\partial x} = 4x^3 - 8y, \dfrac{\partial z}{\partial y} = -8x + 4y.$ 再求解正规方程组 $\begin{cases} z'_x = 0, \\ z'_y = 0, \end{cases}$ 得

各驻点的坐标.

（2）求正规方程组的解

程序代码：

$>> [x, y] = $ solve('$4*x^\wedge 3 - 8*y = 0$', '$-8*x + 4*y = 0$', 'x', 'y')

输出结果：

x =

  0

  2

  -2

y =

  0

  4

  -4

结果有三个驻点，分别是 $P(0,0), Q(2,4), R(-2,-4)$.

（3）计算 z 的二阶偏导数

程序代码：

$>>$ clear; syms x y;

$>> z = x^\wedge 4 - 8*x*y + 2*y^\wedge 2 - 3;$

$>> A = $ diff(z, x, 2) % 求函数 z 的二阶偏导数 $\dfrac{\partial^2 z}{\partial x^2}$

$>> B = $ diff(diff(z, x), y) % 求函数 z 的二阶偏导数 $\dfrac{\partial^2 z}{\partial x \partial y}$

$>> C = $ diff(z, y, 2) % 求 z 的二阶偏导数 $\dfrac{\partial^2 z}{\partial y^2}$

输出结果：

A =

  $12*x^\wedge 2$

B =

  -8

C =

  4

（4）判断极值

程序代码：

$>> m = A*C - B^\wedge 2;$ % 构造函数 $AC - B^2$

$>> x = 0;$

$>> a = $ eval(m) % 将字符串 m 视为语句并运行，计算 x = 0 时，$AC - B^2$ 的值

```
>> x = 2;
>> b = eval(m)    % 计算 x = 2 时,AC－B² 的值
>> x =－2;
>> c = eval(m)    % 计算 x =－2 时,AC－B² 的值
```

输出结果:

a =

　　－64

b =

　　128

c =

　　128

由判别法可知 $Q(2,4)$,$R(-2,-4)$ 都使 $AC-B^2=128$,大于零,函数 z 有极值;而点 $P(0,0)$ 使 $AC-B^2=-64$,小于零,不是极值点.

进一步判断点 $Q(2,4)$,$R(-2,-4)$ 是极大值还是极小值,看 A 的符号性.

程序代码:

```
>> clear;
>> x = 2;
>> A = 12 * x^2
>> x =－2;
>> A1 = 12 * x^2
```

输出结果:

A =

　　48

A1 =

　　48

$Q(2,4)$,$R(-2,-4)$ 都使 $AC-B^2=128$,大于零,函数 z 有极值;而且 $AC-B^2$ 中的 A 都为 48,故都是函数的极小值点.

练习

1. 设函数 $z=x^y+\cos xy$,用 MATLAB 求 $\dfrac{\partial z}{\partial x}$,$\dfrac{\partial z}{\partial y}$,$\dfrac{\partial^2 z}{\partial x^2}$,$\dfrac{\partial^2 z}{\partial y^2}$,$\dfrac{\partial^2 z}{\partial x\partial y}$,$\dfrac{\partial^2 z}{\partial y\partial x}$.

□ 实验 6 补充例题

2. 用 MATLAB 求函数 $z=1-x^2-y^2$ 的极值.

3. 用 MATLAB 求 $z=x^4+y^4-4xy+1$ 的极值,并对图形进行观测.

□ 数学建模:最大利润模型

4. 用 MATLAB 求函数 $f(x,y)=x^2+2y^2$ 在圆周 $x^2+y^2=1$ 的最大值和最小值.

本章小结

一、知识点结构图

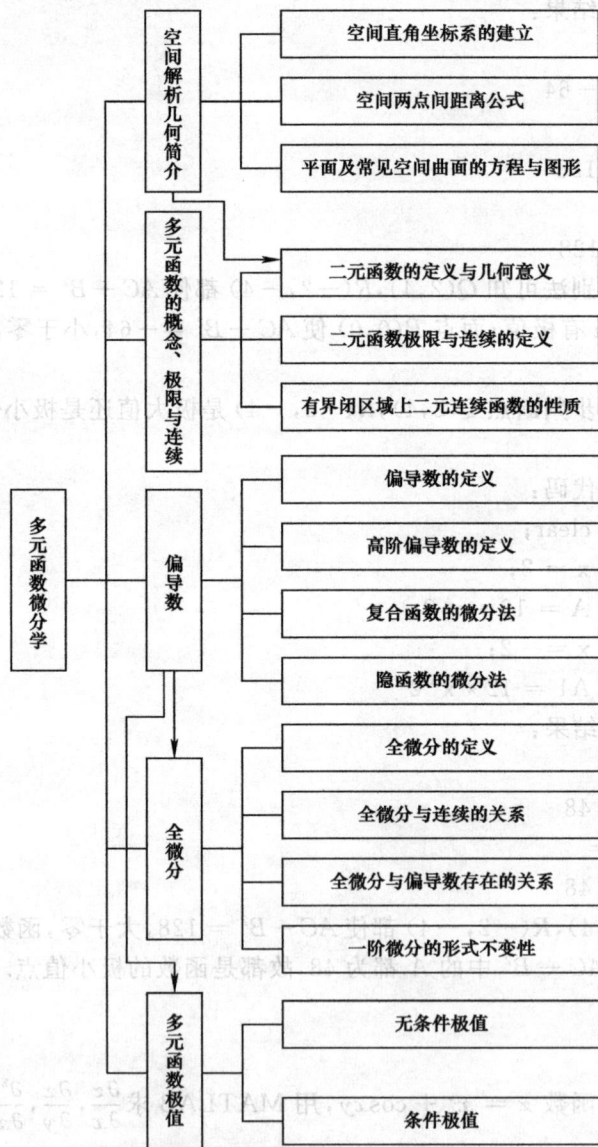

空间解析几何简介
- 空间直角坐标系的建立
- 空间两点间距离公式
- 平面及常见空间曲面的方程与图形

多元函数的概念、极限与连续
- 二元函数的定义与几何意义
- 二元函数极限与连续的定义
- 有界闭区域上二元连续函数的性质

偏导数
- 偏导数的定义
- 高阶偏导数的定义
- 复合函数的微分法
- 隐函数的微分法

全微分
- 全微分的定义
- 全微分与连续的关系
- 全微分与偏导数存在的关系
- 一阶微分的形式不变性

多元函数极值
- 无条件极值
- 条件极值

（左侧总标题）多元函数微分学

二、知识点自我检验

1.二元函数的极限和连续

(1) $\lim\limits_{\substack{x \to x_0 \\ y \to y_0}} f(x,y) = A$ 的定义：_____.

(2) 若 $f(x,y)$ 在点 $P_0(x_0,y_0)$ 连续,则 $\lim\limits_{\substack{x \to x_0 \\ y \to y_0}} f(x,y) =$ ____.

2.二元函数的偏导数与全微分

(1) 若 $f(x,y)$ 在 (x_0,y_0) 对 x 的偏导数存在,则其定义式

$f'_x(x_0,y_0) =$ _____.

（2）二元复合函数求偏导的链式法则：设 $u = \varphi(x,y)$，$v = \psi(x,y)$ 在 (x,y) 的偏导数都存在，且 $z = f(u,v)$ 在对应点 (u,v) 可微，则 $z = f(\varphi(x,y),\psi(x,y))$ 在点 (x,y) 的两个偏导数 $\frac{\partial z}{\partial x}$ 及 $\frac{\partial z}{\partial y}$ 都存在，且有 $\frac{\partial z}{\partial x} = $ ＿＿＿＿＿，$\frac{\partial z}{\partial y} = $ ＿＿＿＿＿．

（3）隐函数的微分法：设 $F(x,y,z)$ 在 (x_0,y_0,z_0) 的某邻域内有连续偏导数，$F(x_0,y_0,z_0) = 0$，$F_z'(x_0,y_0,z_0) \neq 0$，则方程 $F(x,y,z) = 0$ 在 (x_0,y_0,z_0) 的某邻域内恒能唯一确定一个具有连续偏导数的函数 $z = f(x,y)$，它满足 $z_0 = f(x_0,y_0)$，并且 $\frac{\partial z}{\partial x} = $ ＿＿＿＿＿，$\frac{\partial z}{\partial y} = $ ＿＿＿＿＿．

（4）$z = f(x,y)$ 在点 (x_0,y_0) 可微是它在该点连续的 ＿＿＿＿＿ 条件；$z = f(x,y)$ 在点 (x_0,y_0) 可微是它在该点两个偏导数存在的 ＿＿＿＿＿ 条件；若 $z = f(x,y)$ 在点 (x_0,y_0) 的某邻域内存在偏导函数 $f_x'(x,y)$ 与 $f_y'(x,y)$，且 ＿＿＿＿＿，则 $f(x,y)$ 在该点可微.

3. 多元函数的极值

（1）偏导数存在的二元函数取得极值的必要条件：设函数 $z = f(x,y)$ 在点 (x_0,y_0) 具有偏导数，且在点 (x_0,y_0) 处有极值，则必有：＿＿＿＿＿．

（2）二元函数取得极值的充分条件：设 $z = f(x,y)$ 在点 (x_0,y_0) 的某邻域内具有一阶及二阶连续偏导数，又 $f_x'(x_0,y_0) = 0$，$f_y'(x_0,y_0) = 0$，记 $f_{xx}''(x_0,y_0) = A$，$f_{xy}''(x_0,y_0) = B$，$f_{yy}''(x_0,y_0) = C$，则当 $B^2 - AC < 0$ 时，＿＿＿＿＿；当 $B^2 - AC > 0$ 时，＿＿＿＿＿；当 $B^2 - AC = 0$ 时，＿＿＿＿＿．

总习题 6A

1. 填空题：

（1）$\lim\limits_{\substack{x\to 0 \\ y\to 0}} \dfrac{\ln(1 + x^2 + y^2)}{\arctan(x^2 + y^2)} = $ ＿＿＿＿＿．

（2）设 $z = \sin(x^2 y)$，则 $\frac{\partial z}{\partial x} = $ ＿＿＿＿＿．

（3）设 $z = e^{\sin xy}$，则 $dz = $ ＿＿＿＿＿．

（4）设 $z = xyf\left(\frac{y}{x}\right)$，其中 $f(u)$ 可导，则 $xz_x' + yz_y' = $ ＿＿＿＿＿．

（5）设函数 $z = f(x,y)$ 由方程 $x^2 + y^2 + z^2 - 2xyz = 0$ 所确定，则 $\frac{\partial z}{\partial x} = $ ＿＿＿＿＿．

2. 单项选择题:

(1) 函数 $z = \ln(-x - y)$ 的定义域为(   ).

A. $\{x, y \mid x < 0, y < 0\}$;　　　　B. $\{x, y \mid x + y \leqslant 0\}$;

C. $\{x, y \mid x + y < 0\}$;　　　　　D. 在 xOy 平面上处处无定义.

(2) 下列方程中,其图形是上半球面的是(   ).

A. $z = -2(x^2 + y^2)$;　　　　　B. $z = \sqrt{1 - x^2 - y^2}$;

C. $z = -x + y$;　　　　　　　D. $z = -y^2$.

(3) $\lim\limits_{\substack{x \to 0 \\ y \to 0}} \dfrac{3xy}{\sqrt{xy + 1} - 1} = ($ $)$.

A. 3;　　　　　　　　　　B. 6;

C. 不存在;　　　　　　　　D. ∞.

(4) 设 $u = \sqrt{xy}$,则 $\dfrac{\partial u}{\partial x}\Big|_{(0,0)} = ($ $)$.

A. 0;　　　　　　　　　　B. 不存在;

C. -1;　　　　　　　　　D. 1.

(5) 已知 $(axy^3 - y^2\cos x)\mathrm{d}x + (1 + by\sin x + 3x^2y^2)\mathrm{d}y$ 为某一函数的全微分,那么 a, b 的值分别为(   ).

A. -2 和 2;　　　　　　　B. 3 和 -3;

C. -3 和 3;　　　　　　　D. 2 和 -2.

(6) 函数 $f(x, y)$ 在点 (x_0, y_0) 的偏导数存在是 $f(x, y)$ 在该点连续的(   ).

A. 充分条件,但不是必要条件;

B. 必要条件,但不是充分条件;

C. 充分必要条件;

D. 既不是充分条件,也不是必要条件.

(7) 设 $u = f(xyz)$ 可微,则 $\dfrac{\partial u}{\partial x} = ($ $)$.

A. $\dfrac{\mathrm{d}f}{\mathrm{d}x}$;　　　　　　　　B. $f'(xyz)$;

C. $yzf'(xyz)$;　　　　　　D. $yz\dfrac{\mathrm{d}f}{\mathrm{d}x}$.

(8) 对函数 $f(x, y) = xy$,原点 $(0, 0)$(   ).

A. 不是驻点;　　　　　　　B. 是驻点却不是极值点;

C. 是极大值点;　　　　　　D. 是极小值点.

(9) $z = x + 2y$ 在满足 $x^2 + y^2 = 5$ 的条件下的极小值为(   ).

A. 5;　　　　　　　　　　B. -5;

C. $2\sqrt{5}$;　　　　　　　D. $-2\sqrt{5}$.

(10) 二元函数 $f(x, y) = \begin{cases} \dfrac{xy}{x^2 + y^2}, & x^2 + y^2 \neq 0, \\ 0, & x^2 + y^2 = 0 \end{cases}$ 在点

(0,0) 处(　　　　).

　　A. 连续, 偏导数存在; 　　　　　　　B. 连续, 偏导数不存在;

　　C. 不连续, 偏导数存在; 　　　　　　D. 不连续, 偏导数不存在.

3. 求下列函数的导数或偏导数:

(1) 设 $z = \mathrm{e}^{x-2y}$, 而 $x = \sin t, y = t^3$, 求 $\dfrac{\mathrm{d}z}{\mathrm{d}t}$;

(2) 设 $z = x^2 y - xy^2$, 而 $x = r\cos\theta, y = r\sin\theta$, 求 $\dfrac{\partial z}{\partial r}, \dfrac{\partial z}{\partial \theta}$;

(3) 设 $z = f(\mathrm{e}^x \sin y, x^2 + y^2)$, 其中 f 可微, 求 $\dfrac{\partial z}{\partial x}, \dfrac{\partial z}{\partial y}$.

4. 已知 $z = (x^2 + y^2)\mathrm{e}^{-\arctan\frac{y}{x}}$, 求 $\dfrac{\partial^2 z}{\partial x \partial y}$.

5. 设 $z = z(x,y)$ 由 $z + \ln z - \displaystyle\int_y^x \mathrm{e}^{-t^2}\,\mathrm{d}t = 0$ 确定, 求 $\dfrac{\partial z}{\partial x}$.

6. 设 $z = \dfrac{y}{f(x^2 - y^2)}$, 其中 f 为可微函数, 验证 $\dfrac{1}{x}\dfrac{\partial z}{\partial x} + \dfrac{1}{y}\dfrac{\partial z}{\partial y} = \dfrac{z}{y^2}$.

7. 设 $x^2 + z^2 = y\varphi\left(\dfrac{z}{y}\right)$, 其中 φ 可微, 求 $\dfrac{\partial z}{\partial x}, \dfrac{\partial z}{\partial y}$.

8. 求下列函数的全微分:

(1) $z = \mathrm{e}^{x^2 y} + xy^2 + \sin xy$; 　　　　(2) $u = z\arcsin\dfrac{x}{y}$.

9. 求函数 $f(x,y) = (6x - x^2)(4y - y^2)$ 的极值.

10. 求从原点到曲面 $(x - y)^2 - z^2 = 1$ 的距离.

11. 设 $f(x,y) = \begin{cases} \dfrac{x^4 y^4}{(x^2 + y^4)^3}, & x^2 + y^2 \neq 0, \\ 0, & x^2 + y^2 = 0, \end{cases}$ 证明 $\lim\limits_{\substack{x \to 0 \\ y \to 0}} f(x,y)$

不存在.

12. 一种产品在两个独立市场销售, 其需求函数分别为

$$Q_1 = 103 - \frac{1}{6}P_1, \quad Q_2 = 55 - \frac{1}{2}P_2,$$

该产品的总成本函数为

$$C = 18Q + 75,$$

其中 $Q = Q_1 + Q_2$, 求利润最大时, 投放到每个市场的销量, 并确定此时每个市场的价格.

13. 某公司可通过电台及报纸两种方式做销售某种商品的广告, 根据统计资料, 销售收入 R(万元) 与电台广告费用 x(万元) 及报纸广告费用 y(万元) 之间的关系有如下经验公式:

$$R = 15 + 14x + 32y - 8xy - 2x^2 - 10y^2.$$

若总广告费用为 1.5 万元, 问如何做广告可使销售收入最大?

总习题 6B

1. 设 f 具有二阶连续偏导数，在下列问题中，求指定的偏导数：

(1) $z = f(x+y, y^2)$，求 $\dfrac{\partial^2 z}{\partial y^2}$；

(2) $z = f(e^{xy}, x^2 - y^2)$，求 $\dfrac{\partial^2 z}{\partial x \partial y}$.

2. 设 $u = f(x, y, z)$ 有一阶连续的偏导数，又 $y = y(x)$ 由 $e^{xy} - xy = 2$ 确定，$z = z(x)$ 由 $e^x = \displaystyle\int_1^{x-z} \dfrac{\sin t}{t} \mathrm{d}t$ 确定，求 $\dfrac{\mathrm{d}u}{\mathrm{d}x}$.

3. 设 $z = \dfrac{1}{x} f(xy) + y g(x+y)$，$f, g$ 具有二阶连续导数，求 $\dfrac{\partial^2 z}{\partial x \partial y}$.

4. 设 $f(u, v)$ 具有二阶连续偏导数，其满足 $\dfrac{\partial^2 f}{\partial u^2} + \dfrac{\partial^2 f}{\partial v^2} = 1$，又 $g(x, y) = f(xy, \dfrac{1}{2}(x^2 - y^2))$，求证

$$\dfrac{\partial^2 g}{\partial x^2} + \dfrac{\partial^2 g}{\partial y^2} = x^2 + y^2.$$

5. 设 $f(x, y) = \begin{cases} xy \sin \dfrac{1}{\sqrt{x^2 + y^2}}, & x^2 + y^2 \neq 0, \\ 0, & x^2 + y^2 = 0, \end{cases}$ 求证：

(1) $f'_x(0, 0), f'_y(0, 0)$ 存在；

(2) $f'_x(x, y)$ 与 $f'_y(x, y)$ 在点 $(0, 0)$ 不连续；

(3) $f(x, y)$ 在点 $(0, 0)$ 可微.

6. 求函数 $f(x, y) = x^2 - y^2 + 2$ 在椭圆域 $D = \{(x, y) \mid x^2 + \dfrac{y^2}{4} \leqslant 1\}$ 上的最大值和最小值.

7. 设生产某种产品必须投入两种要素，x 和 y 分别为两要素的投入量，Q 为产出量. 若生产函数为 $Q = 2x^\alpha y^\beta$，其中 α, β 为正常数，且 $\alpha + \beta = 1$. 假设两种要素的价格分别为 P_1 和 P_2，问当产出量为 12 时，两要素各投入多少可以使得投入总费用最小？

第 7 章

二重积分

内容导读

二重积分是定积分的推广:被积函数由一元函数 $y = f(x)$ 推广为二元函数 $z = f(x,y)$,积分范围由 x 轴上的闭区间推广为 xOy 平面上的有界闭区域.二重积分有着广泛的应用,可以用来计算不规则几何体的体积、表面积、平面薄片重心、平面薄片转动惯量、平面薄片对质点的引力等.本章将介绍二重积分的概念、性质及基本计算方法.

☐ 重积分理论的演化过程
☐ 二重积分的应用

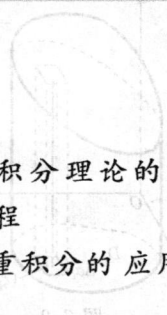

7.1 二重积分的概念及性质

我们从一个实际问题来引出二重积分的概念.

7.1.1 引例

曲顶柱体的体积

设有一个立体,它的底是 xOy 面上的有界闭区域 D,它的侧面是以 D 的边界曲线为准线,母线平行于 z 轴的柱面,它的顶是曲面 $z = f(x,y), f(x,y) \geqslant 0$ 且在 D 上连续,如图 7-1 所示.这样的立体称为曲顶柱体.

怎样来求曲顶柱体的体积 V 呢?我们知道,平顶柱体的体积 = 底面积 × 高,而曲顶柱体与平顶柱体的不同之处,在于其底面上各点的高在闭区域 D 上是变化的,于是其体积不能用平顶柱体的体积公式直接计算.但是,如果想起第 5 章里求曲边梯形面积的问题,不难想到,我们可以采用类似的以直代曲的解决办法,来求解曲顶柱体的体积问题.

(1) 分割　用一组曲线网,把 D 分成 n 个小闭区域

$$\Delta\sigma_1, \Delta\sigma_2, \cdots, \Delta\sigma_n,$$

小闭区域 $\Delta\sigma_i$ 的面积也记为 $\Delta\sigma_i$.分别以这些小闭区域的边界曲线为准线,作母线平行于 z 轴的柱面,这些柱面把原来的曲顶柱体分成 n 个小曲顶柱体,记它们的体积为 $\Delta V_i (i = 1,2,\cdots,n)$,则有 $V = \sum_{i=1}^{n} \Delta V_i$.

(2) 近似代替　当这些小闭区域 $\Delta\sigma_i (i = 1,2,\cdots,n)$ 的直径

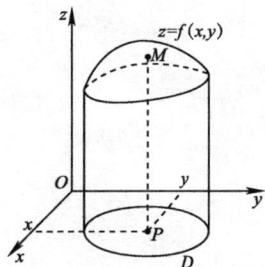

图 7-1

λ_i(即小闭区域 $\Delta\sigma_i$ 上任意两点间距离的最大值）很小时，由于 $f(x,y)$ 连续，对同一个小闭区域来说，$f(x,y)$ 变化很小，这时的小曲顶柱体可以看作小平顶柱体. 在每个小闭区域 $\Delta\sigma_i$ 上任取一点 (ξ_i,η_i)，将第 i 个小曲顶柱体的体积用以 $\Delta\sigma_i$ 为底，$f(\xi_i,\eta_i)$ 为高的小平顶柱体体积近似代替，如图 7-2 所示. 于是

$$\Delta V_i \approx f(\xi_i,\eta_i)\Delta\sigma_i \quad (i=1,2,\cdots,n).$$

（3）求和　将 n 个小平顶柱体的体积加起来，可得曲顶柱体体积的近似值，即

$$V = \sum_{i=1}^{n}\Delta V_i \approx \sum_{i=1}^{n}f(\xi_i,\eta_i)\Delta\sigma_i.$$

（4）取极限　各个小闭区域的面积越小，体积 V 的近似值就越精确. 记 $\lambda = \max_{1\leqslant i\leqslant n}\{\lambda_i\}$，则有

$$V = \lim_{\lambda\to 0}\sum_{i=1}^{n}f(\xi_i,\eta_i)\Delta\sigma_i.$$

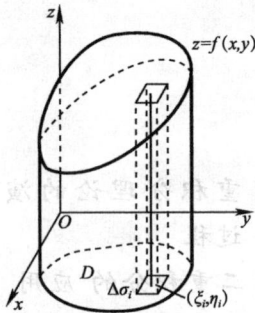

图 7-2

还有许多的实际问题，如平面薄片的质量等，其求解过程都是采取分割、近似代替、求和、取极限的方法，最后归结为求上述和式的极限. 我们抛开上述和式极限的实际意义，就可以抽象出二重积分的定义.

□ 平面薄片的质量

7.1.2　二重积分的定义

定义 7-1　设函数 $z = f(x,y)$ 在有界闭区域 D 上有界，把 D 任意分成 n 个小闭区域 $\Delta\sigma_i(i=1,2,\cdots,n)$，其中 $\Delta\sigma_i$ 既表示第 i 个小闭区域，也表示它的面积. 在每个小闭区域 $\Delta\sigma_i$ 上任取一点 (ξ_i,η_i)，作和式 $\sum_{i=1}^{n}f(\xi_i,\eta_i)\Delta\sigma_i$，记 $\lambda = \max_{1\leqslant i\leqslant n}\{\lambda_i\}$. 如果极限 $\lim_{\lambda\to 0}\sum_{i=1}^{n}f(\xi_i,\eta_i)\Delta\sigma_i$ 存在（此极限与有界闭区域 D 的分法以及点 (ξ_i,η_i) 的取法无关），则称 $f(x,y)$ 在 D 上可积，并称此极限为 $f(x,y)$ 在 D 上的二重积分，记作 $\iint\limits_{D}f(x,y)\mathrm{d}\sigma$，即

$$\iint\limits_{D}f(x,y)\mathrm{d}\sigma = \lim_{\lambda\to 0}\sum_{i=1}^{n}f(\xi_i,\eta_i)\Delta\sigma_i. \tag{7-1}$$

其中，称 $f(x,y)$ 为被积函数，$f(x,y)\mathrm{d}\sigma$ 为被积表达式，x,y 为积分变量，D 为积分区域，$\mathrm{d}\sigma$ 为面积元素.

利用二重积分的定义，上面所求曲顶柱体的体积就是函数 $f(x,y)$ 在闭区域 D 上的二重积分，即

$$V = \iint\limits_{D}f(x,y)\mathrm{d}\sigma.$$

注意：（1）可积条件：由二重积分的定义可见，$f(x,y)$ 在有界闭区域 D 上可积的必要条件是 $f(x,y)$ 在 D 上有界；进一步地，我们还可以得到一个 $f(x,y)$ 在有界闭区域 D 上可积的充分条件：如果

函数 $f(x,y)$ 在有界闭区域 D 上连续，则 $f(x,y)$ 在 D 上可积.（证明参见刘玉琏、傅沛仁等编著的《数学分析讲义》下册.）

（2）二重积分的几何意义：由引例可知，如果连续的二元函数 $f(x,y) \geqslant 0$，则二重积分 $\iint\limits_{D} f(x,y)\mathrm{d}\sigma$ 就是以 D 为底，以曲面 $z = f(x,y)$ 为顶的曲顶柱体的体积；如果 $f(x,y) \leqslant 0$，曲顶柱体在 xOy 面的下方，则二重积分 $\iint\limits_{D} f(x,y)\mathrm{d}\sigma$ 就等于曲顶柱体体积的负值；如果 $f(x,y)$ 在 D 上有正有负，则二重积分 $\iint\limits_{D} f(x,y)\mathrm{d}\sigma$ 等于 xOy 面上方的曲顶柱体体积减去 xOy 面下方的曲顶柱体体积所得的差值.

（3）在直角坐标系中，如果用平行于坐标轴的直线网来划分积分区域 D，那么除了包含边界点的一些小闭区域外，其余的小闭区域都是小矩形，其面积 $\Delta\sigma_i = \Delta x_i \Delta y_i$. 因此在直角坐标系中，也常把面积元素 $\mathrm{d}\sigma$ 记为 $\mathrm{d}x\mathrm{d}y$，即 $\mathrm{d}\sigma = \mathrm{d}x\mathrm{d}y$，于是此时二重积分可以表示为 $\iint\limits_{D} f(x,y)\mathrm{d}x\mathrm{d}y$.

□ 即时练习 7-1

二 元 函 数 $f(x,y) = e^x\sin y$ 在单位圆所在区域内是否可积？

7.1.3　二重积分的性质

二重积分与定积分有类似的性质. 以下我们假设 $f(x,y)$，$g(x,y)$ 在有界闭区域 D 上可积.

性质 1　如果在 D 上 $f(x,y) \equiv k$（k 为任意常数），σ 为区域 D 的面积，则

$$\iint\limits_{D} k\,\mathrm{d}\sigma = k\sigma. \tag{7-2}$$

性质 2　若 k 为常数，则有

$$\iint\limits_{D} kf(x,y)\mathrm{d}\sigma = k\iint\limits_{D} f(x,y)\mathrm{d}\sigma. \tag{7-3}$$

性质 3

$$\iint\limits_{D} [f(x,y) \pm g(x,y)]\mathrm{d}\sigma = \iint\limits_{D} f(x,y)\mathrm{d}\sigma \pm \iint\limits_{D} g(x,y)\mathrm{d}\sigma. \tag{7-4}$$

性质 4　如果 $f(x,y)$ 在平面区域 D_1 及 D_2 上都可积，则 $f(x,y)$ 在 $D_1 \bigcup D_2$ 上也可积. 当 D_1 与 D_2 没有公共内点时，有

$$\iint\limits_{D_1 \bigcup D_2} f(x,y)\mathrm{d}\sigma = \iint\limits_{D_1} f(x,y)\mathrm{d}\sigma + \iint\limits_{D_2} f(x,y)\mathrm{d}\sigma. \tag{7-5}$$

即，二重积分对积分区域具有可加性.

性质 5　若在 D 上，恒有 $f(x,y) \leqslant g(x,y)$，则

$$\iint\limits_{D} f(x,y)\mathrm{d}\sigma \leqslant \iint\limits_{D} g(x,y)\mathrm{d}\sigma, \tag{7-6}$$

特别地，若 $f(x,y) \geqslant 0$，则 $\iint\limits_{D} f(x,y)\mathrm{d}\sigma \geqslant 0$.

性质6　如果函数 $f(x,y)$ 在 D 上有最小值 m 和最大值 M，σ 为区域 D 的面积，则

$$m\sigma \leqslant \iint\limits_{D} f(x,y)\mathrm{d}\sigma \leqslant M\sigma. \tag{7-7}$$

性质7　（二重积分的中值定理）　如果函数 $f(x,y)$ 在有界闭区域 D 上连续，σ 为区域 D 的面积，则至少有一点 $(\xi,\eta) \in D$，使得

$$\iint\limits_{D} f(x,y)\mathrm{d}\sigma = f(\xi,\eta) \cdot \sigma. \tag{7-8}$$

习题 7.1

1. 利用二重积分的几何意义及性质，求下列二重积分的值：

(1) $\iint\limits_{D} \mathrm{d}\sigma$，其中 D 是由 x 轴、y 轴及直线 $2x+y-2=0$ 所围的闭区域；

(2) $\iint\limits_{D} 8\mathrm{d}\sigma$，其中 D 为闭区域：$0 \leqslant x \leqslant 1,0 \leqslant y \leqslant 1$；

(3) $\iint\limits_{D} \sqrt{1-x^2-y^2}\mathrm{d}\sigma$，其中 D 为闭区域：$x^2+y^2 \leqslant 1$.

2. 比较下列二重积分的大小：

(1) $\iint\limits_{D}(x+y)^3\mathrm{d}\sigma$ 与 $\iint\limits_{D}(x+y)^4\mathrm{d}\sigma$，其中 D 是由 x 轴、y 轴及直线 $x+y=1$ 所围成的闭区域；

(2) $\iint\limits_{D}\ln(x+y)\mathrm{d}\sigma$ 与 $\iint\limits_{D}[\ln(x+y)]^2\mathrm{d}\sigma$，其中 D 是闭区域：$4 \leqslant x \leqslant 6,0 \leqslant y \leqslant 2$.

3. 估计下列二重积分的值：

(1) $\iint\limits_{D}(x+y+1)\mathrm{d}\sigma$，其中 D 为闭区域：$0 \leqslant x \leqslant 2,0 \leqslant y \leqslant 1$；

(2) $\iint\limits_{D}(x^2+y^2+2)\mathrm{d}\sigma$，其中 D 为闭区域：$x^2+y^2 \leqslant 4$；

(3) $\iint\limits_{D}\mathrm{e}^{x^2+y^2}\mathrm{d}\sigma$，其中 D 为闭区域：$1 \leqslant x^2+y^2 \leqslant 4$.

7.2　二重积分的计算方法

虽然二重积分是用和式的极限来定义的，但和定积分一样，利用定义来进行计算并不是实际可行的方法，因此，本节我们将介绍一种计算二重积分的基本方法，即把二重积分化成两次定积分（累次积分）来进行计算．根据选择的坐标系的不同，分成直角坐标和极坐标这样两种情况讨论．首先讨论二重积分与累次积分的联系．

7.2.1　二重积分与累次积分的联系

我们将利用二重积分的几何意义来建立 $\iint\limits_{D} f(x,y)\mathrm{d}x\mathrm{d}y$ 与累次积分的联系,为方便讨论,我们假定 $f(x,y)\geqslant 0$ 且在积分区域 D 上连续.

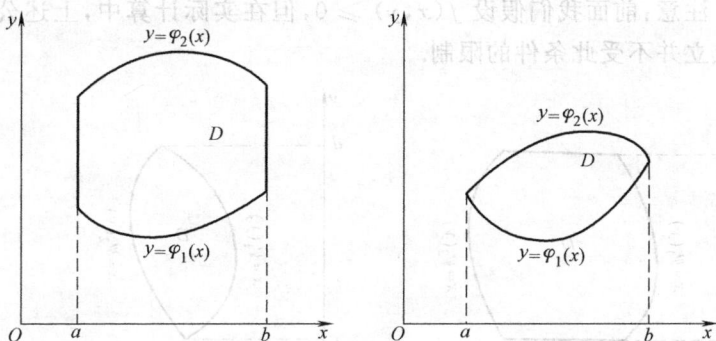

图 7-3

设积分区域为 $D = \{(x,y)\,|\,a\leqslant x\leqslant b,\varphi_1(x)\leqslant y\leqslant\varphi_2(x)\}$,其中 $\varphi_1(x),\varphi_2(x)$ 在区间 $[a,b]$ 上连续,如图 7-3 所示.这种区域我们称之为 X 型区域,其特点是:穿过 D 的内部且平行于 y 轴的直线与 D 的边界相交不多于两点.

□ 即时练习 7-2

圆形、矩形、三角形区域,哪些属于 X 型区域?

由二重积分的几何意义, $\iint\limits_{D} f(x,y)\mathrm{d}x\mathrm{d}y$ 的值等于以 D 为底,以曲面 $z = f(x,y)$ 为顶的曲顶柱体的体积.下面我们利用定积分应用中计算平行截面已知的立体体积的方法,来计算该曲顶柱体的体积,如图 7-4 所示.

在区间 $[a,b]$ 上任意取定一点 x_0,作平行于 yOz 面的平面 $x = x_0$,它截曲顶柱体所得截面是一个以区间 $[\varphi_1(x_0),\varphi_2(x_0)]$ 为底,曲线 $z = f(x_0,y)$ 为曲边的曲边梯形(图 7-4 中的阴影部分).由定积分的几何意义知,其面积为

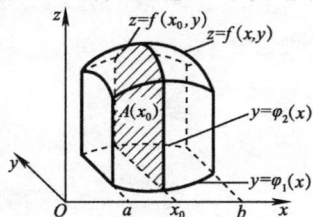

图 7-4

$$A(x_0) = \int_{\varphi_1(x_0)}^{\varphi_2(x_0)} f(x_0,y)\mathrm{d}y.$$

一般地,在 $[a,b]$ 上任取一点 x,作平行于 yOz 面的平面截曲顶柱体所得曲边梯形的面积为

$$A(x) = \int_{\varphi_1(x)}^{\varphi_2(x)} f(x,y)\mathrm{d}y.$$

由平行截面已知的立体体积计算公式,可得曲顶柱体体积为

$$V = \int_a^b A(x)\mathrm{d}x = \int_a^b \Big[\int_{\varphi_1(x)}^{\varphi_2(x)} f(x,y)\mathrm{d}y\Big]\mathrm{d}x.$$

于是

$$\iint\limits_{D} f(x,y)\mathrm{d}x\mathrm{d}y = \int_a^b \Big[\int_{\varphi_1(x)}^{\varphi_2(x)} f(x,y)\mathrm{d}y\Big]\mathrm{d}x. \tag{7-9}$$

式(7-9)右边的积分叫作先对 y 后对 x 的二次积分（累次积分），即先把 x 视为常数，y 视为积分变量，$f(x,y)$ 只看作 y 的一元函数，计算其从 $\varphi_1(x)$ 到 $\varphi_2(x)$ 的定积分，然后再把所得结果（通常是 x 的函数）对 x 从 a 到 b 计算定积分. 这样的二次积分也常记作

$$\iint\limits_D f(x,y)\mathrm{d}x\mathrm{d}y = \int_a^b \mathrm{d}x \int_{\varphi_1(x)}^{\varphi_2(x)} f(x,y)\mathrm{d}y. \tag{7-10}$$

注意：前面我们假设 $f(x,y) \geqslant 0$，但在实际计算中，上述公式的成立并不受此条件的限制.

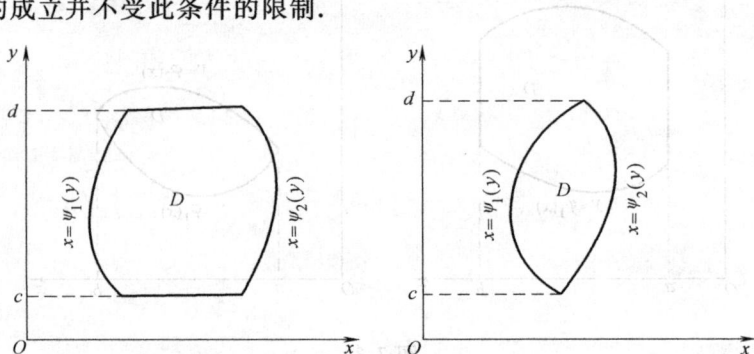

图 7-5

□ 即时练习 7-3
圆形、矩形、三角形区域，哪些属于 Y 型区域？

如果积分区域为 $D = \{(x,y) \mid c \leqslant y \leqslant d, \psi_1(y) \leqslant x \leqslant \psi_2(y)\}$，其中 $\psi_1(y), \psi_2(y)$ 在区间 $[c,d]$ 上连续，如图 7-5 所示.

这种区域我们称之为 Y 型区域，其特点是：穿过 D 的内部且平行于 x 轴的直线与 D 的边界相交不多于两点.

类似地，在 Y 型区域中有

$$\iint\limits_D f(x,y)\mathrm{d}x\mathrm{d}y = \int_c^d \mathrm{d}y \int_{\psi_1(y)}^{\psi_2(y)} f(x,y)\mathrm{d}x. \tag{7-11}$$

式(7-11) 右边的积分叫作先对 x 后对 y 的二次积分.

7.2.2　利用直角坐标计算二重积分

在直角坐标系中计算二重积分时，首先应该画出积分区域 D 的图形，根据图形来确定积分区域 D 的类型；再将二重积分化为累次积分. 在此过程中，需要解决两个问题：(1) 选择积分次序；(2) 确定积分限.

(1) 根据积分区域 D 的类型选择积分次序

1) 若 D 是 X 型区域，则选择先对 y 积分，后对 x 积分；

2) 若 D 是 Y 型区域，则选择先对 x 积分，后对 y 积分；

3) 若 D 既是 X 型区域，又是 Y 型区域，则两种次序均可，且计算结果相同，但计算过程可能有繁有易，应根据具体情况选择较容易的次序.

注意：有时，积分次序的选择也要考虑被积函数的特点. 例如：

$\iint\limits_D \mathrm{e}^{-x^2}\mathrm{d}\sigma$ 只能化为 $\int_a^b \left[\int_{\varphi_1(x)}^{\varphi_2(x)} f(x,y)\mathrm{d}y \right]\mathrm{d}x$

不能化为 $\int_c^d \left[\int_{\varphi_1(y)}^{\varphi_2(y)} f(x,y) \mathrm{d}x \right] \mathrm{d}y.$（见例 7-4）

（2）确定积分限

1）若 D 是 X 型区域,则选择先对 y 积分后对 x 积分. 此时首先把 D 向 x 轴投影,得到一区间 $[a,b]$,则 x 的下限为 a,上限为 b;然后在区间 $[a,b]$ 内任取定一 x 值,过点 $(x,0)$ 做 y 轴的平行线,该线与积分区域 D 的两个交点分别为 $(x,\varphi_1(x))$ 及 $(x,\varphi_2(x))$,且令 $\varphi_1(x) < \varphi_2(x)$,则 y 的下限是 $\varphi_1(x)$,y 的上限是 $\varphi_2(x)$.

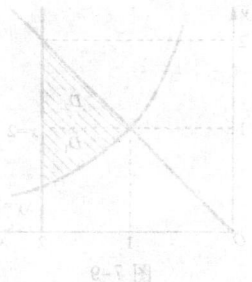

图 7-5

2）若 D 是 Y 型区域,则选择先对 x 积分后对 y 积分. 此时首先把 D 向 y 轴投影,得到一区间 $[c,d]$,则 y 的下限为 c,上限为 d;然后在区间 $[c,d]$ 内任取定一 y 值,过点 $(0,y)$ 作 x 轴的平行线,该线与积分区域 D 的两个交点分别为 $(\psi_1(y),y)$ 及 $(\psi_2(y),y)$,且令 $\psi_1(y) < \psi_2(y)$,则 x 的下限是 $\psi_1(y)$,x 的上限是 $\psi_2(y)$.

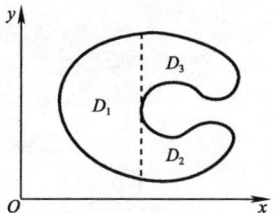

图 7-6

注意:如果积分区域 D 既不是 X 型区域,也不是 Y 型区域,如图 7-6 所示,我们总可以利用一些分界线把区域 D 分成若干个 X 型或 Y 型区域,再利用二重积分对积分区域的可加性进行计算.

例 7-1 计算 $\iint\limits_D \dfrac{x^2}{1+y^2} \mathrm{d}x\mathrm{d}y$,其中 D 是闭区域:$0 \leqslant x \leqslant 1$, $0 \leqslant y \leqslant 1$.

解 积分区域 D 为正方形,如图 7-7 所示.

D 既是 X 型区域,又是 Y 型区域.将其看成 X 型区域,有

$$\iint\limits_D \frac{x^2}{1+y^2} \mathrm{d}x\mathrm{d}y = \int_0^1 \mathrm{d}x \int_0^1 \frac{x^2}{1+y^2} \mathrm{d}y = \int_0^1 (x^2 \arctan y) \Big|_0^1 \mathrm{d}x$$

$$= \frac{\pi}{4} \int_0^1 x^2 \mathrm{d}x = \frac{\pi}{4} \times \frac{1}{3} = \frac{\pi}{12}.$$

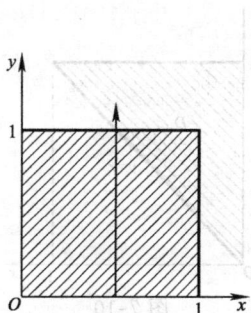

图 7-7

例 7-2 计算 $\iint\limits_D xy \mathrm{d}x\mathrm{d}y$,其中 D 是由直线 $y = x$ 与抛物线 $y = x^2$ 围成的平面闭区域.

解 先做出积分区域 D 的图形,如图 7-8 所示.

将 D 看成 X 型区域,有

$$\iint\limits_D xy \mathrm{d}x\mathrm{d}y = \int_0^1 \mathrm{d}x \int_{x^2}^x xy \mathrm{d}y = \int_0^1 x \cdot \frac{y^2}{2} \Big|_{x^2}^x \mathrm{d}x$$

$$= \frac{1}{2} \int_0^1 (x^3 - x^5) \mathrm{d}x = \frac{1}{2} \left(\frac{x^4}{4} - \frac{x^6}{6} \right) \Big|_0^1 = \frac{1}{24}.$$

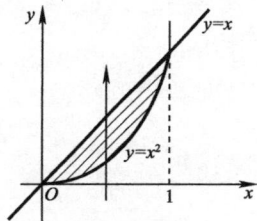

图 7-8

本题也可将 D 看成 Y 型区域,此时

$$\iint\limits_D xy \mathrm{d}x\mathrm{d}y = \int_0^1 \mathrm{d}y \int_y^{\sqrt{y}} xy \mathrm{d}x.$$

接下来的计算请读者自己完成.

例 7-3 计算 $\iint\limits_D \dfrac{x^2}{y^2} \mathrm{d}x\mathrm{d}y$,其中 D 是由直线 $y = x, x = 2$ 及双曲线 $xy = 1$ 围成的闭区域.

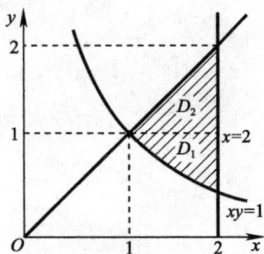

图 7-9

解   先做出积分区域 D 的图形,如图 7-9 所示.

将 D 看成 X 型区域,有

$$\iint_D \frac{x^2}{y^2}\mathrm{d}x\mathrm{d}y = \int_1^2 \mathrm{d}x \int_{\frac{1}{x}}^x \frac{x^2}{y^2}\mathrm{d}y = \int_1^2 \left(-\frac{x^2}{y}\right)\bigg|_{\frac{1}{x}}^x \mathrm{d}x$$

$$= \int_1^2 (x^3 - x)\mathrm{d}x = \frac{9}{4}.$$

如果将 D 看成 Y 型区域,需要用直线 $y = 1$ 将 D 分割成两个子区域 D_1 和 D_2,其中

$$D_1 = \left\{(x, y)\,\Big|\, \frac{1}{2} \leqslant y \leqslant 1, \frac{1}{y} \leqslant x \leqslant 2\right\},$$

$$D_2 = \{(x, y) \mid 1 \leqslant y \leqslant 2, y \leqslant x \leqslant 2\}.$$

于是 $$\iint_D \frac{x^2}{y^2}\mathrm{d}x\mathrm{d}y = \iint_{D_1} \frac{x^2}{y^2}\mathrm{d}x\mathrm{d}y + \iint_{D_2} \frac{x^2}{y^2}\mathrm{d}x\mathrm{d}y.$$

这样计算比较麻烦,所以我们要选择合适的积分次序来计算二重积分.

例 7-4   计算 $\iint_D \mathrm{e}^{-y^2}\mathrm{d}x\mathrm{d}y$,其中 D 是由直线 $x = 0, y = 1$, $y = x$ 所围成的平面闭区域.

解   先做出积分区域 D 的图形,如图 7-10 所示.

D 既是 X 型区域,又是 Y 型区域.

如果把 D 看成 X 型区域,则

$$\iint_D \mathrm{e}^{-y^2}\mathrm{d}x\mathrm{d}y = \int_0^1 \mathrm{d}x \int_x^1 \mathrm{e}^{-y^2}\mathrm{d}y.$$

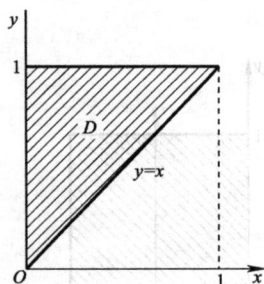

图 7-10

由于 e^{-y^2} 的原函数不能用初等函数表示,因此 $\int_x^1 \mathrm{e}^{-y^2}\mathrm{d}y$ 无法计算.

如果把 D 看成 Y 型区域,则

$$\iint_D \mathrm{e}^{-y^2}\mathrm{d}x\mathrm{d}y = \int_0^1 \mathrm{d}y \int_0^y \mathrm{e}^{-y^2}\mathrm{d}x = \int_0^1 y\mathrm{e}^{-y^2}\mathrm{d}y = -\frac{1}{2}\int_0^1 \mathrm{e}^{-y^2}\mathrm{d}(-y^2)$$

$$= -\frac{1}{2}\mathrm{e}^{-y^2}\bigg|_0^1 = \frac{1}{2} - \frac{1}{2\mathrm{e}}.$$

例 7-5   交换二次积分 $\int_1^{\mathrm{e}} \mathrm{d}x \int_0^{\ln x} f(x, y)\mathrm{d}y$ 的积分次序.

解   根据二次积分的上下限知:二重积分 $\iint_D f(x, y)\mathrm{d}x\mathrm{d}y$ 的积分区域 D 被视为 X 型区域,表示为

$$D: \begin{cases} 1 \leqslant x \leqslant \mathrm{e}, \\ 0 \leqslant y \leqslant \ln x. \end{cases}$$

做出积分区域 D 的图形,如图 7-11 所示.

为把原来的二次积分改为先对 x 后对 y 的二次积分,将 D 视为 Y 型区域,表示为

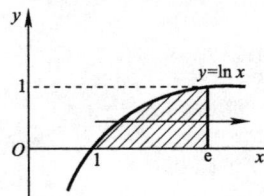

图 7-11

$$D: \begin{cases} 0 \leqslant y \leqslant 1, \\ e^y \leqslant x \leqslant e. \end{cases}$$

于是

$$\int_1^e dx \int_0^{\ln x} f(x,y) dy = \int_0^1 dy \int_{e^y}^e f(x,y) dx.$$

注意:交换二次积分的积分次序时,首先要根据所给积分次序的上下限做出积分区域 D 的图形,然后才能正确地写出另一种积分次序.

7.2.3　利用极坐标计算二重积分

许多二重积分仅仅依靠直角坐标系下化为二次积分的方法难以达到简化和计算的目的.当积分区域为圆域、扇形域及环域,或者被积函数为 $f(x^2 + y^2)$ 形式时,采用极坐标计算二重积分往往更加简便.下面利用微元法推导二重积分 $\iint\limits_D f(x,y) d\sigma$ 在极坐标系中的形式.

假定从极点 O 出发且穿过闭区域 D 内部的射线与 D 的边界曲线相交不多于两点.在极坐标系中,对积分区域的分割常用 r 取一系列常数(得到中心在极点的同心圆)和 θ 取一系列常数(得到一族从极点出发的射线)的两组曲线,把 D 分成 n 个小区域 $\Delta\sigma_i (i = 1, 2, \cdots, n)$,如图 7-12 所示.

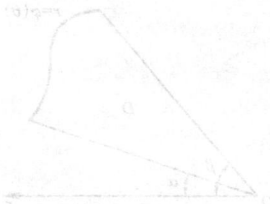
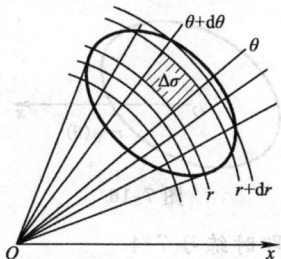

图 7-12

在 D 中取出一个不包含边界点的小区域 $\Delta\sigma$,它是由半径为 r 和 $r + dr$ 的圆弧段,与极角为 θ 和 $\theta + d\theta$ 的射线组成,如图 7-13 所示.当 dr 和 $d\theta (dr = \Delta r, d\theta = \Delta\theta)$ 充分小时,圆弧段可看成直线段,相交的射线段可看成平行的射线段,所以小区域 $\Delta\sigma$ 可以近似看成以 $rd\theta$ 为长、dr 为宽的小矩形,这时,面积元素为

$$d\sigma = rdrd\theta.$$

再把直角坐标系与极坐标系的关系

$$\begin{cases} x = r\cos\theta, \\ y = r\sin\theta \end{cases}$$

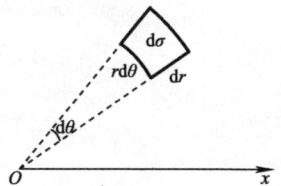

图 7-13

代入被积函数 $f(x,y)$ 中,这样二重积分在极坐标系下的表达式为

$$\iint\limits_D f(x,y) dxdy = \iint\limits_D f(r\cos\theta, r\sin\theta) rdrd\theta. \tag{7-12}$$

利用极坐标系计算二重积分与直角坐标系一样,也是把积分化为二次积分,一般化为先对 r 后对 θ 的二次积分.

确定二次积分的上下限十分重要.θ 的变化范围比较容易找到,对于 r 积分限的确定,我们可以从极点出发作射线穿过积分区域 D.穿入的曲线就是对 r 积分的下限,穿出的曲线就是对 r 积分的上限.

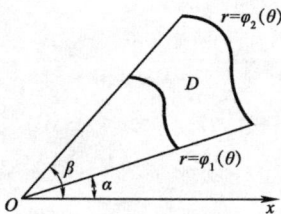

图 7-14

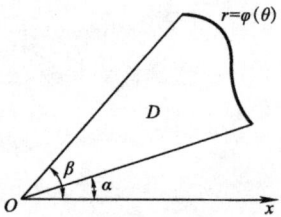

图 7-15

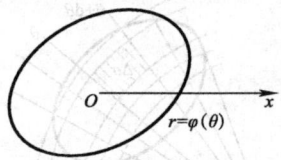

图 7-16

□ 即时练习 7-4

什么条件下利用极坐标计算二重积分可能更加简便?

分三种情况讨论如下:

(1) 极点在积分区域外部,如图 7-14 所示.这时,D 可以表示为

$$\begin{cases} \alpha \leqslant \theta \leqslant \beta, \\ \varphi_1(\theta) \leqslant r \leqslant \varphi_2(\theta). \end{cases}$$

于是

$$\iint\limits_{D} f(r\cos\theta, r\sin\theta) r\mathrm{d}r\mathrm{d}\theta = \int_{\alpha}^{\beta} \mathrm{d}\theta \int_{\varphi_1(\theta)}^{\varphi_2(\theta)} f(r\cos\theta, r\sin\theta) r\mathrm{d}r. \quad (7\text{-}13)$$

(2) 极点在积分区域的边界上,如图 7-15 所示.这时,D 可以表示为

$$\begin{cases} \alpha \leqslant \theta \leqslant \beta, \\ 0 \leqslant r \leqslant \varphi(\theta). \end{cases}$$

于是

$$\iint\limits_{D} f(r\cos\theta, r\sin\theta) r\mathrm{d}r\mathrm{d}\theta = \int_{\alpha}^{\beta} \mathrm{d}\theta \int_{0}^{\varphi(\theta)} f(r\cos\theta, r\sin\theta) r\mathrm{d}r. \quad (7\text{-}14)$$

(3) 极点在积分区域内部,如图 7-16 所示.这时,D 可以表示为

$$\begin{cases} 0 \leqslant \theta \leqslant 2\pi, \\ 0 \leqslant r \leqslant \varphi(\theta). \end{cases}$$

于是

$$\iint\limits_{D} f(r\cos\theta, r\sin\theta) r\mathrm{d}r\mathrm{d}\theta = \int_{0}^{2\pi} \mathrm{d}\theta \int_{0}^{\varphi(\theta)} f(r\cos\theta, r\sin\theta) r\mathrm{d}r. \quad (7\text{-}15)$$

例 7-6　计算 $\iint\limits_{D} xy\mathrm{d}\sigma$,其中 D 为闭区域 $x^2 + y^2 \leqslant a^2 (a > 0)$.

解　积分区域为圆形区域,在极坐标系中,积分区域 D 可表示为

$$0 \leqslant \theta \leqslant 2\pi, 0 \leqslant r \leqslant a.$$

于是

$$\iint\limits_{D} xy\mathrm{d}\sigma = \iint\limits_{D} r^2\cos\theta\sin\theta \cdot r\mathrm{d}r\mathrm{d}\theta = \int_{0}^{2\pi} \mathrm{d}\theta \int_{0}^{a} r^3\cos\theta\sin\theta\mathrm{d}r$$

$$= \int_{0}^{2\pi} \cos\theta\sin\theta \left(\frac{r^4}{4} \right) \Big|_{0}^{a} \mathrm{d}\theta = \frac{a^4}{16} \int_{0}^{2\pi} \sin 2\theta\mathrm{d}2\theta$$

$$= -\frac{a^4}{16} \cos 2\theta \Big|_{0}^{2\pi} = 0.$$

注意:本例用直角坐标系下的二重积分计算也不麻烦.事实上,若将积分区域 D 视为 X 型区域,则有

$$\iint\limits_{D} xy\mathrm{d}\sigma = \int_{-a}^{a} \mathrm{d}x \int_{-\sqrt{a^2-x^2}}^{\sqrt{a^2-x^2}} xy\mathrm{d}y = \int_{-a}^{a} x(a^2 - x^2)\mathrm{d}x = 0. \text{(奇函}$$

数在对称区间上的定积分为零)

例 7-7　计算 $\iint\limits_{D} \ln(x^2 + y^2)\mathrm{d}\sigma$,其中 D 是由圆 $x^2 + y^2 = 1$ 和 $x^2 + y^2 = 4$ 围成的环形区域.

解　积分区域 D 如图 7-17 所示，在极坐标系中，D 可表示为
$$0 \leqslant \theta \leqslant 2\pi, 1 \leqslant r \leqslant 2.$$
于是

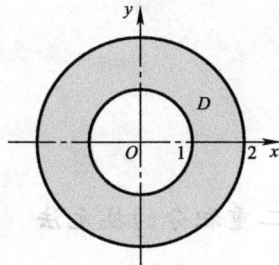

图 7-17

$$\iint\limits_{D} \ln(x^2+y^2)\mathrm{d}\sigma = \int_0^{2\pi}\mathrm{d}\theta\int_1^2 \ln r^2 \cdot r\mathrm{d}r = 2\pi\int_1^2 \frac{1}{2}\ln r^2 \mathrm{d}r^2$$
$$= \pi\left[(r^2\ln r^2)\Big|_1^2 - \int_1^2 2r\mathrm{d}r\right] = \pi(8\ln 2 - r^2\Big|_1^2)$$
$$= 8\pi\ln 2 - 3\pi.$$

例 7-8　计算 $\iint\limits_{D}\sqrt{x^2+y^2}\mathrm{d}\sigma$，其中 D 为闭区域 $x^2+y^2 \leqslant 2y$.

解　积分区域为圆形区域，如图 7-18 所示，在极坐标系中，积分区域 D 可表示为
$$0 \leqslant \theta \leqslant \pi, 0 \leqslant r \leqslant 2\sin\theta.$$
于是

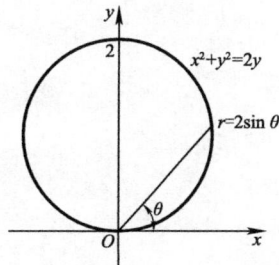

图 7-18

$$\iint\limits_{D}\sqrt{x^2+y^2}\mathrm{d}\sigma = \int_0^{\pi}\mathrm{d}\theta\int_0^{2\sin\theta} r \cdot r\mathrm{d}r = \int_0^{\pi}\frac{r^3}{3}\Big|_0^{2\sin\theta}\mathrm{d}\theta = \frac{8}{3}\int_0^{\pi}\sin^3\theta\mathrm{d}\theta$$
$$= -\frac{8}{3}\int_0^{\pi}\sin^2\theta\mathrm{d}\cos\theta = \frac{8}{3}\int_0^{\pi}(\cos^2\theta - 1)\mathrm{d}\cos\theta$$
$$= \frac{8}{3}\left(\frac{\cos^3\theta}{3} - \cos\theta\right)\Big|_0^{\pi} = \frac{32}{9}.$$

例 7-9　计算积分 $I = \int_0^{+\infty}\mathrm{e}^{-x^2}\mathrm{d}x$ 的值.

解　这是一个反常积分，由于 e^{-x^2} 的原函数不能用初等函数表示，所以用求反常积分的方法不能求出，下面构造二重积分来求.

构造二重积分 $H = \iint\limits_{D}\mathrm{e}^{-x^2-y^2}\mathrm{d}x\mathrm{d}y$，其中 D 是第一象限区域（包括坐标轴的正半轴和原点），如图 7-19 所示，即
$$D = \{(x,y) \mid 0 \leqslant x < +\infty, 0 \leqslant y < +\infty\},$$
于是

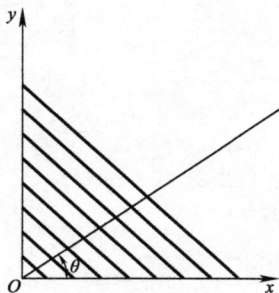

图 7-19

$$H = \iint\limits_{D}\mathrm{e}^{-x^2-y^2}\mathrm{d}x\mathrm{d}y = \int_0^{+\infty}\mathrm{e}^{-x^2}\mathrm{d}x\int_0^{+\infty}\mathrm{e}^{-y^2}\mathrm{d}y = \left(\int_0^{+\infty}\mathrm{e}^{-x^2}\mathrm{d}x\right)^2 = I^2.$$

另一方面，极坐标系下第一象限区域表示为
$$D = \left\{(r,\theta) \,\middle|\, 0 \leqslant r < +\infty, 0 \leqslant \theta \leqslant \frac{\pi}{2}\right\},$$
则 $H = \iint\limits_{D}\mathrm{e}^{-x^2-y^2}\mathrm{d}x\mathrm{d}y = \int_0^{\frac{\pi}{2}}\mathrm{d}\theta\int_0^{+\infty}\mathrm{e}^{-r^2}r\mathrm{d}r = -\frac{1}{2}\int_0^{\frac{\pi}{2}}\mathrm{d}\theta\int_0^{+\infty}\mathrm{e}^{-r^2}\mathrm{d}(-r^2)$

$$= -\frac{1}{2}\int_0^{\frac{\pi}{2}}\mathrm{e}^{-r^2}\Big|_0^{+\infty}\mathrm{d}\theta = \frac{1}{2}\int_0^{\frac{\pi}{2}}\mathrm{d}\theta = \frac{\pi}{4}.$$

所以 $I^2 = \frac{\pi}{4}$，从而 $I = \frac{\sqrt{\pi}}{2}$，即

$$\int_0^{+\infty} e^{-x^2} dx = \frac{\sqrt{\pi}}{2}.$$

容易求得 $\int_{-\infty}^{+\infty} e^{-x^2} dx = \sqrt{\pi}$，这个反常积分称为泊松积分，在概率论中是一个十分重要的积分，经常使用.

注意：某些二重积分比较复杂，用直角坐标和极坐标计算都不方便，这时可能用到二重积分的换元法解决问题.

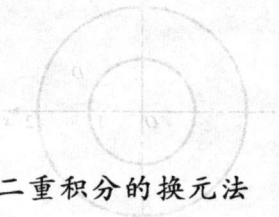

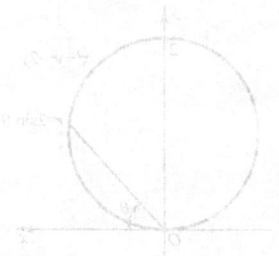

□ 二重积分的换元法

习题 7.2

1. 画出积分区域，将二重积分 $\iint\limits_{D} f(x,y) dx dy$ 按两种积分次序化成二次积分，其中积分区域 D 为：

(1) 由直线 $x+y=1, x-y=1$ 及 $x=0$ 围成的闭区域；

(2) 由直线 $y=x$ 及抛物线 $y^2=4x$ 围成的闭区域；

(3) 由直线 $y=x, x=2$ 及双曲线 $y=\dfrac{1}{x}$ 围成的闭区域.

2. 交换下列二次积分的积分次序：

(1) $\int_0^1 dy \int_0^y f(x,y) dx$；

(2) $\int_0^2 dx \int_{x^2}^{2x} f(x,y) dy$；

(3) $\int_1^2 dx \int_{2-x}^{\sqrt{2x-x^2}} f(x,y) dy$；

(4) $\int_0^1 dy \int_0^{2y} f(x,y) dx + \int_1^3 dy \int_0^{3-y} f(x,y) dx$.

3. 利用直角坐标计算下列二重积分：

(1) $\iint\limits_{D}(x^3+2xy+3y^2) d\sigma$，其中 D 是闭区域：$0 \leqslant x \leqslant 1, 0 \leqslant y \leqslant 1$；

(2) $\iint\limits_{D}(7x^2-xy) d\sigma$，其中 D 为直线 $x=0, y=0$ 及 $x+y=1$ 所围成的闭区域；

(3) $\iint\limits_{D} xy^2 d\sigma$，其中 D 为直线 $y=x, x=1$ 及 x 轴围成的闭区域；

(4) $\iint\limits_{D} x \sqrt{y} d\sigma$，其中 D 是由抛物线 $y=\sqrt{x}$ 和 $y=x^2$ 所围成的闭区域；

(5) $\iint\limits_{D} xy dx dy$，其中 D 是由直线 $y=x-2$ 与抛物线 $y^2=x$ 围成的平面闭区域；

(6) $\iint\limits_{D} x^2 y d\sigma$，其中 D 是由 $y=x, y=-x$ 及 $y=2-x^2$ 围成的

在 x 轴上方的闭区域；

(7)$\displaystyle\iint\limits_{D}\frac{\sin x}{x}\mathrm{d}x\mathrm{d}y$，其中 D 是由 $y=0$，$y=x$ 和 $x=1$ 所围成的闭

区域.；

(8)$\displaystyle\iint\limits_{D}\mathrm{e}^{-y^3}\mathrm{d}x\mathrm{d}y$，其中 D 是由直线 $x=0$，$y=1$ 及抛物线 $y^2=x$

围成的闭区域.

4. 利用极坐标计算下列二重积分：

(1)$\displaystyle\iint\limits_{D}\mathrm{e}^{-x^2-y^2}\mathrm{d}\sigma$，其中 D 为闭区域 $x^2+y^2\leqslant1$；

(2)$\displaystyle\iint\limits_{D}x^2\mathrm{d}\sigma$，其中 D 是由圆 $x^2+y^2=1$ 和 $x^2+y^2=4$ 之间的环

形区域组成的；

(3)$\displaystyle\iint\limits_{D}\ln(1+x^2+y^2)\mathrm{d}\sigma$，其中 D 为 $x^2+y^2\leqslant1$；

(4)$\displaystyle\iint\limits_{D}\frac{1}{\sqrt{x^2+y^2-9}}\mathrm{d}\sigma$，其中 D 为 $16\leqslant x^2+y^2\leqslant25$，$x\geqslant0$，$y\geqslant0$.

5. 选择适当坐标系计算下列二重积分：

(1)$\displaystyle\iint\limits_{D}\cos(x+y)\mathrm{d}\sigma$，其中 D 是由直线 $x=0$，$y=x$ 及 $y=\pi$ 围

成的闭区域；

(2)$\displaystyle\iint\limits_{D}(x+y)^2\mathrm{d}\sigma$，其中 D 是由直线 $y=x$，$y=x+a$，$y=a$ 及

$y=3a(a>0)$ 围成的闭区域；

(3)$\displaystyle\iint\limits_{D}\sin\sqrt{x^2+y^2}\mathrm{d}\sigma$，其中 D 是由圆 $x^2+y^2=\pi^2$ 和 $x^2+y^2=4\pi^2$

之间的环形区域组成的；

(4)$\displaystyle\iint\limits_{D}\arctan\frac{y}{x}\mathrm{d}\sigma$，其中 D 是由 $x^2+y^2=1$，$x^2+y^2=4$，$y=0$

及 $y=x$ 所围成的在第一象限的闭区域.

(5)$\displaystyle\iint\limits_{D}\sqrt{x^2+y^2}\mathrm{d}\sigma$，其中 D 为闭区域 $x^2+y^2\leqslant2ax(a>0)$.

6. 求由三个坐标面、平面 $x=4$、$y=4$ 及抛物面 $z=x^2+y^2+1$

所围立体的体积.

数学实验7

1. 实验目的与内容

运用 MATLAB 计算二重积分.

2. MATLAB 命令

求定积分命令

MATLAB中主要用 int 进行符号积分,若两次使用 int 命令(表7-1),则是求二重积分.

表 7-1　MATLAB 中求定积分命令

调用格式	描述
int(s,a,b)	符号表达式 s 的定积分,a,b 分别为积分的上、下限
int(s,x,a,b)	符号表达式 s 关于变量 x 的定积分,a,b 分别为积分的上、下限
int(f(x),x,-inf,inf)	计算反常积分 $\int_{-\infty}^{+\infty} f(x)\mathrm{d}x$

注:可以用 help int 查阅这些命令的详细信息.

3. 实验案例

例 7-10　计算二重积分 $I = \iint\limits_{D} x^2 e^{-y^2}\mathrm{d}x\mathrm{d}y$,其中 D 是由直线 $x = 0, y = 1, y = x$ 所围区域.

该积分可以写成

$$I = \int_0^1 \mathrm{d}y \int_0^y x^2 e^{-y^2}\mathrm{d}x \quad 或 \quad I = \int_0^1 \mathrm{d}x \int_x^1 x^2 e^{-y^2}\mathrm{d}y.$$

(1) 按 $I = \int_0^1 \mathrm{d}y \int_0^y x^2 e^{-y^2}\mathrm{d}x$ 形式求解二重积分

程序代码:

```
>> syms x y ;
>> I1 = int(x^2 * exp(-y^2),x,0,y)
>> I = int(I1,y,0,1)
```

输出结果:

I1 =

　　(y^3 * exp(-y^2))/3

I =

　　1/6 - exp(-1)/3

(2) 按 $I = \int_0^1 \mathrm{d}x \int_x^1 x^2 e^{-y^2}\mathrm{d}y$ 形式求解二重积分

程序代码:

```
>> syms x y ;
>> I1 = int(x^2 * exp(-y^2),y,x,1)
>> I = int(I1,x,0,1)
```

输出结果:

I1 =

$$(pi^\wedge(1/2)*x^\wedge2*(erf(1)-erf(x)))/2$$

$$I =$$

$$1/6 - \exp(-1)/3$$

注意：如果采用后一种形式，手工无法完成计算，而用 MATLAB 却照样算出了结果.

例 7-11 计算二重积分 $\iint\limits_{D}(x^2+y^2-x)\mathrm{d}x\mathrm{d}y$，其中 D 是由直线 $y=2, y=x, y=2x$ 所围成的区域.

该二重积分可以写成二次积分

$$\int_0^2\mathrm{d}y\int_{\frac{y}{2}}^y(x^2+y^2-x)\mathrm{d}x.$$

程序代码：

```
>> syms x y;
>> int(int(x^2+y^2−x,x,y/2,y),y,0,2)
```

输出结果：

```
ans =
    13/6
```

例 7-12 使用极坐标计算二次积分 $\int_0^1\mathrm{d}x\int_{1-x}^{\sqrt{1-x^2}}(x^2+y^2)\mathrm{d}y$.

该二重积分可以写成

$$\int_0^{\frac{\pi}{2}}\mathrm{d}t\int_{\frac{1}{\cos t+\sin t}}^1r^3\mathrm{d}r.$$

程序代码：

```
>> syms t r;
>> int(int(r^3,r,1/(cos(t)+sin(t)),1),t,0,pi/2)
```

输出结果：

```
ans =
    pi/8 − 1/6
```

□ 实验 7 补充例题

练习

1. 利用 MATLAB 计算下列二重积分：

(1) $\iint\limits_{x^2+y^2\leqslant1}(1+x+y)\mathrm{d}x\mathrm{d}y$；

(2) $\iint\limits_{D}\dfrac{x}{1+xy}\mathrm{d}x\mathrm{d}y$，其中 $D: 0\leqslant x\leqslant 1, 0\leqslant y\leqslant 1$；

(3) $\iint\limits_{D}\dfrac{y}{x}\mathrm{d}x\mathrm{d}y$，其中 D 是由 $y=2x, y=x, x=2, x=4$ 所围成的区域；

(4) $\iint\limits_{D}\dfrac{x^2}{y^2}\mathrm{d}x\mathrm{d}y$，其中 D 是由直线 $y=x, x=2$ 及双曲线 $xy=1$ 围成的闭区域.

2. 利用极坐标计算二重积分 $\iint\limits_{D}\ln(1+x^2+y^2)\mathrm{d}\sigma$，其中 $D: x^2+y^2\leqslant1$.

□ 数学建模：湖泊体积 及平均水深的估算

本章小结

一、知识点结构图

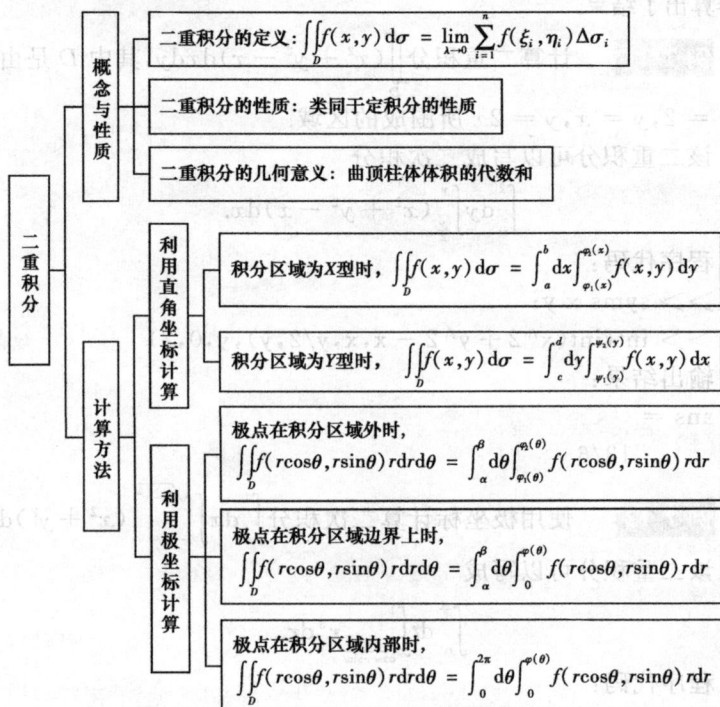

二重积分
- 概念与性质
  - 二重积分的定义：$\displaystyle\iint_D f(x,y)\,\mathrm{d}\sigma = \lim_{\lambda\to 0}\sum_{i=1}^{n} f(\xi_i,\eta_i)\,\Delta\sigma_i$
  - 二重积分的性质：类同于定积分的性质
  - 二重积分的几何意义：曲顶柱体体积的代数和
- 计算方法
  - 利用直角坐标计算
    - 积分区域为X型时，$\displaystyle\iint_D f(x,y)\,\mathrm{d}\sigma = \int_a^b \mathrm{d}x \int_{\varphi_1(x)}^{\varphi_2(x)} f(x,y)\,\mathrm{d}y$
    - 积分区域为Y型时，$\displaystyle\iint_D f(x,y)\,\mathrm{d}\sigma = \int_c^d \mathrm{d}y \int_{\psi_1(y)}^{\psi_2(y)} f(x,y)\,\mathrm{d}x$
  - 利用极坐标计算
    - 极点在积分区域外时，$\displaystyle\iint_D f(r\cos\theta, r\sin\theta)\, r\mathrm{d}r\mathrm{d}\theta = \int_\alpha^\beta \mathrm{d}\theta \int_{\varphi_1(\theta)}^{\varphi_2(\theta)} f(r\cos\theta, r\sin\theta)\, r\mathrm{d}r$
    - 极点在积分区域边界上时，$\displaystyle\iint_D f(r\cos\theta, r\sin\theta)\, r\mathrm{d}r\mathrm{d}\theta = \int_\alpha^\beta \mathrm{d}\theta \int_0^{\varphi(\theta)} f(r\cos\theta, r\sin\theta)\, r\mathrm{d}r$
    - 极点在积分区域内部时，$\displaystyle\iint_D f(r\cos\theta, r\sin\theta)\, r\mathrm{d}r\mathrm{d}\theta = \int_0^{2\pi} \mathrm{d}\theta \int_0^{\varphi(\theta)} f(r\cos\theta, r\sin\theta)\, r\mathrm{d}r$

二、知识点自我检验

1. 二重积分的概念及性质

(1) 二重积分的定义：_____

_____.

(2) $f(x,y)$ 在区域 D 上可积的充分条件：_____.

(3) 二重积分的几何意义：_____.

(4) 二重积分的性质：_____

_____.

2. 二重积分的计算方法

(1) X 型区域的特点：_____.

(2) Y 型区域的特点：_____.

(3) 在 X 型区域中二重积分如何转化为二次积分：_____.

(4) 在 Y 型区域中二重积分如何转化为二次积分：_____.

(5) 若积分区域既非 X 型区域，又非 Y 型区域，如何处理：____

_____.

(6) 何时考虑利用极坐标计算二重积分：_____.

(7) 二重积分 $\displaystyle\iint_D f(x,y)\,\mathrm{d}x\mathrm{d}y$ 在极坐标系下的表达式为_____.

(8) 当极点在积分区域外部时，$\iint f(r\cos\theta, r\sin\theta)r\,dr\,d\theta =$ ___.

(9) 当极点在积分区域边界时，$\iint f(r\cos\theta, r\sin\theta)r\,dr\,d\theta =$ ___.

(10) 当极点在积分区域内部时，$\iint f(r\cos\theta, r\sin\theta)r\,dr\,d\theta =$ ___.

总习题 7A

1. 填空题：

(1) 设积分区域 $D: x^2 + y^2 \leqslant 1$ 且 $x \geqslant 0, y \geqslant 0$，则 $\iint\limits_{D} dx\,dy =$ ___.

(2) 设积分区域 $D: 0 \leqslant x \leqslant 1, 0 \leqslant y \leqslant 1$，则 $\iint\limits_{D} xy^2 dx\,dy =$ ___.

(3) 设 D 是由 $y = kx(k > 0), y = x$ 和 $x = 1$ 围成的闭区域，且 $\iint\limits_{D} xy^2 dx\,dy = \dfrac{1}{15}$，则 $k =$ _____.

(4) 设 D 是由 $y = 2x, y = 0$ 和 $x = 1$ 围成的平面闭区域，将二重积分 $\iint\limits_{D} f(x, y)dx\,dy$ 化成先对 y 后对 x 的二次积分是 _____.

(5) 设 D 为闭区域：$x^2 + y^2 \leqslant 4$，则 $\iint\limits_{D} \sqrt{4 - x^2 - y^2}\,d\sigma =$ ___.

2. 单项选择题：

(1) $\int_0^1 dx \int_0^{\frac{\pi}{2}} \sqrt{x}\cos y\,dy = ($ ___ $)$.

A. $\dfrac{1}{3}$;　　　　B. $\dfrac{2}{3}$;　　　　C. 1;　　　　D. $-\dfrac{2}{3}$.

(2) 将二重积分 $\iint\limits_{D} f(x, y)dx\,dy$ 化成二次积分，其中 D 是第一象限内由 $y = 4, y = x^2$ 和 $x = 0$ 所围成的闭区域，下列各式正确的是 (___).

A. $\int_{x^2}^4 dx \int_0^2 f(x, y)dy$;　　　　B. $\int_0^2 dx \int_0^4 f(x, y)dy$;

C. $\int_0^4 dy \int_0^y f(x, y)dx$;　　　　D. $\int_0^4 dy \int_0^{\sqrt{y}} f(x, y)dx$.

(3) 设 $D: x^2 + y^2 \leqslant a^2$，若 $\iint\limits_{D} \sqrt{a^2 - x^2 - y^2}\,dx\,dy = \pi$，则 $a = ($ ___ $)$.

A. 1;　　B. $\sqrt[3]{\dfrac{3}{2}}$;　　C. $\sqrt[3]{\dfrac{3}{4}}$;　　D. $\sqrt[3]{\dfrac{1}{2}}$.

(4) 设 $D = \{(x, y) \mid x^2 + y^2 \leqslant R^2, y \geqslant 0\}$，则 $\iint\limits_{D} f(x^2 + y^2)dx\,dy$ 在极坐标系下可表示为 (___).

A. $\int_0^\pi d\theta \int_0^R f(r^2)dr$;   B. $\int_{-\frac{\pi}{2}}^{\frac{\pi}{2}} d\theta \int_0^R f(r^2)rdr$;

C. $\int_0^\pi d\theta \int_0^R f(r^2)rdr$;   D. $\int_0^{2\pi} d\theta \int_0^R f(r^2)dr$.

(5) 若二重积分 $\iint\limits_D f(x,y)dxdy = \int_0^{\frac{\pi}{2}} d\theta \int_0^{2\sin\theta} f(r\cos\theta, r\sin\theta)rdr$,
则积分区域 D 为(   ).

A. $x^2 + y^2 \leqslant 2x$;   B. $x^2 + y^2 \leqslant 2$;

C. $x^2 + y^2 \leqslant 2y$;   D. $0 \leqslant x \leqslant \sqrt{2y-y^2}$.

3. 交换下列二次积分的积分次序:

(1) $\int_0^1 dx \int_0^{\frac{\pi}{2}} f(x,y)dy$;   (2) $\int_0^1 dy \int_{y^2}^y f(x,y)dx$;

(3) $\int_0^1 dy \int_{\sqrt{y}}^{\sqrt{2-y^2}} f(x,y)dx$;

(4) $\int_0^1 dx \int_{-\sqrt{x}}^{\sqrt{x}} f(x,y)dy + \int_1^4 dx \int_{x-2}^{\sqrt{x}} f(x,y)dy$.

4. 计算下列二重积分:

(1) $\iint\limits_D x dxdy$, 其中 D 是由直线 $x=0, y=0, x=1$ 及抛物线 $y= x^2+1$ 所围成的闭区域;

(2) $\iint\limits_D (x+6y)dxdy$, 其中 D 是由直线 $y=x, y=5x$ 及 $x=1$ 所围成的闭区域;

(3) $\iint\limits_D x e^{xy} d\sigma$, 其中 D 是由直线 $x=2, y=1$ 及双曲线 $xy=1$ 围成的闭区域;

(4) $\iint\limits_D xy dxdy$, 其中 D 是由直线 $y=x-4$ 与抛物线 $y^2=2x$ 围成的平面闭区域;

(5) $\iint\limits_D x d\sigma$, 其中 $D = \{(x,y) \mid x^2+y^2 \leqslant 4, x \geqslant 0, y \geqslant 0\}$;

(6) $\iint\limits_D \frac{xy}{x^2+y^2} d\sigma$, 其中 $D = \{(x,y) \mid x \leqslant y, 1 \leqslant x^2+y^2 \leqslant 2\}$;

(7) $\iint\limits_D \sqrt{a^2-x^2-y^2} dxdy$, 其中 D 是由 $x^2+y^2 \leqslant ax (a>0)$ 所围成的闭区域.

5. 求由曲面 $z=x^2+2y^2$ 和 $z=6-2x^2-y^2$ 所围成立体的体积.

6. 计算球面 $x^2+y^2+z^2 = 4a^2$ 与圆柱面 $x^2+y^2 = 2ax (a>0)$ 所围成公共部分的体积.

总习题 7B

1.填空题:

(1) 设函数 $f(u)$ 连续,区域 $D = \{(x,y) \mid x^2 + y^2 \leqslant 2y\}$,则在极坐标系下,$\displaystyle\iint\limits_{D} f(xy)\mathrm{d}x\mathrm{d}y = $ _____.

(2) 若积分区域 $D = \{(x,y) \mid 0 \leqslant x \leqslant 2, 0 \leqslant y \leqslant 2\}$,则 $\displaystyle\iint\limits_{D} \max\{xy,1\}\mathrm{d}x\mathrm{d}y = $ _____.

(3) 若 D 为 $|x| + |y| \leqslant 1$,则 $\displaystyle\iint\limits_{D}(|x| + |y|)\mathrm{d}x\mathrm{d}y = $ _____.

2.单项选择题:

(1) 设 函 数 $f(x,y)$ 连 续, 则 $\displaystyle\int_{1}^{2}\mathrm{d}x\int_{x}^{2} f(x,y)\mathrm{d}y + \int_{1}^{2}\mathrm{d}y\int_{y}^{4-y} f(x,y)\mathrm{d}x = ($ _____ $)$.

A. $\displaystyle\int_{1}^{2}\mathrm{d}x\int_{1}^{4-y} f(x,y)\mathrm{d}y$;　　　　B. $\displaystyle\int_{1}^{2}\mathrm{d}x\int_{x}^{4-x} f(x,y)\mathrm{d}y$;

C. $\displaystyle\int_{1}^{2}\mathrm{d}y\int_{1}^{4-y} f(x,y)\mathrm{d}x$;　　　　D. $\displaystyle\int_{1}^{2}\mathrm{d}y\int_{y}^{2} f(x,y)\mathrm{d}x$.

(2) 设函数 $f(x,y)$ 连续,则二次积分 $\displaystyle\int_{\frac{\pi}{2}}^{\pi}\mathrm{d}x\int_{\sin x}^{1} f(x,y)\mathrm{d}y = ($ _____ $)$.

A. $\displaystyle\int_{0}^{1}\mathrm{d}y\int_{\pi+\arcsin y}^{\pi} f(x,y)\mathrm{d}x$;　　B. $\displaystyle\int_{0}^{1}\mathrm{d}y\int_{\pi-\arcsin y}^{\pi} f(x,y)\mathrm{d}x$;

C. $\displaystyle\int_{0}^{1}\mathrm{d}y\int_{\frac{\pi}{2}}^{\pi+\arcsin y} f(x,y)\mathrm{d}x$;　　D. $\displaystyle\int_{0}^{1}\mathrm{d}y\int_{\frac{\pi}{2}}^{\pi-\arcsin y} f(x,y)\mathrm{d}x$.

3.计算:$\displaystyle\iint\limits_{D} |\sin(x-y)|\mathrm{d}\sigma, D: 0 \leqslant x \leqslant y \leqslant 2\pi$.

4.计算:$\displaystyle\iint\limits_{D} |x-y|\mathrm{d}x\mathrm{d}y$,式中 D 为 $x^2 + y^2 \leqslant 1$ 在第一象限中的部分.

5.计算:$\displaystyle\iint\limits_{D}(x-y)\mathrm{d}x\mathrm{d}y$,其中 $D = \{(x,y) \mid (x-1)^2 + (y-1)^2 \leqslant 2, y \geqslant x\}$.

6.证明:$\displaystyle\int_{a}^{b}\mathrm{d}x\int_{a}^{x} f(y)\mathrm{d}y = \int_{a}^{b} f(x)(b-x)\mathrm{d}x$,其中 $f(x)$ 为连续函数.

7.证明:$1 \leqslant \displaystyle\iint\limits_{D}(\sin x^2 + \cos y^2)\mathrm{d}\sigma \leqslant \sqrt{2}$,其中 $D: 0 \leqslant x \leqslant 1$, $0 \leqslant y \leqslant 1$.

8.设 D 是以原点为圆心,R 为半径的圆,试求:

$$\lim_{R \to 0} \frac{1}{\pi R^2}\iint\limits_{D} \mathrm{e}^{x^2-y^2}\cos(x+y)\mathrm{d}x\mathrm{d}y.$$

第8章

无穷级数

第7章

内容导读

无穷级数是高等数学的一个重要组成部分.它是表示和研究函数以及进行数值计算的重要数学工具.无穷级数分为常数项级数和函数项级数.

人们在对数量的认识过程中,常常会遇到由有限多个数量相加而转化为无限多个数量相加的问题.对于无限多个数量相加的问题,需要使用有限个数量之和的极限来加以研究.本章首先介绍常数项级数的一些基本概念及性质,接下来给出了判别各项非负的常数项级数敛散性的几种常用方法:比较判别法及其极限形式、比值判别法和根植判别法,然后讨论了更为一般的任意项级数的绝对收敛与条件收敛.

以常数项级数为基础,本章介绍函数项级数的一些基本概念,并主要讨论一种特殊而重要的函数项级数 —— 幂级数,以及如何把某些函数展开成幂级数.

8.1 常数项级数的概念和性质

8.1.1 引例

人们认识事物数量方面的特性,往往有一个由近似到精确的过程.在这种认识过程中,会遇到由有限个数量相加到无穷多个数量相加的问题."一尺之棰,日取其半,万世不竭",出自《庄子·天下篇》.假设可以这样一直取下去,最终能取到多少?

首先,我们可以得到一个数列

$$\frac{1}{2},\frac{1}{4},\frac{1}{8},\cdots,\frac{1}{2^n},\cdots,$$

然后把它的所有项相加

$$\frac{1}{2}+\frac{1}{4}+\frac{1}{8}+\cdots+\frac{1}{2^n}+\cdots. \tag{8-1}$$

注意:这不是有限个数相加,而是无穷多个数相加,那么这无穷多个数相加是否有"和"呢?这个"和"的确切含义又是什么?为回答此问题,我们用 $S_1,S_2,\cdots,S_n,\cdots$ 分别表示式(8-1)的前1项和,前2

项和,…,前 n 项和,…,即

$$S_1 = \frac{1}{2}, S_2 = \frac{1}{2} + \frac{1}{4}, \cdots, S_n = \frac{1}{2} + \frac{1}{4} + \cdots + \frac{1}{2^n}, \cdots,$$

于是,得到一个数列 $\{S_n\}$. 根据我们对极限概念的理解,容易想到,当 n 无限增大时,若数列 $\{S_n\}$ 有极限,则这个极限就可以充当式(8-1)的"和".

对于式(8-1),利用等比数列前 n 项和的公式,有

$$S_n = \frac{\frac{1}{2}\left[1 - \left(\frac{1}{2}\right)^n\right]}{1 - \frac{1}{2}} = 1 - \left(\frac{1}{2}\right)^n \to 1 \quad (n \to \infty),$$

所以,式(8-1)有和且其和为 1,并可记为

$$\frac{1}{2} + \frac{1}{4} + \frac{1}{8} + \cdots + \frac{1}{2^n} + \cdots = 1.$$

8.1.2 常数项级数的概念

一般地,有如下定义:

定义 8-1   给定一个数列 $\{u_n\}: u_1, u_2, \cdots, u_n, \cdots$,将其各项依次相加,简记为 $\sum\limits_{n=1}^{\infty} u_n$. 即

$$\sum_{n=1}^{\infty} u_n = u_1 + u_2 + u_3 + \cdots + u_n + \cdots, \qquad (8\text{-}2)$$

称上式为常数项无穷级数,简称常数项级数或级数,其中第 n 项 u_n 叫作级数的一般项.

级数(8-2)的前 n 项和

$$S_n = u_1 + u_2 + u_3 + \cdots + u_n$$

称为级数的第 n 个部分和,简称为部分和. 数列 $\{S_n\}$

$$S_1, S_2, \cdots, S_n, \cdots$$

称为级数的部分和数列. 于是,级数(8-2)的和是否存在就转化为部分和数列 $\{S_n\}$ 的收敛性问题.

定义 8-2   如果级数 $\sum\limits_{n=1}^{\infty} u_n$ 的部分和数列 $\{S_n\}$ 有极限 S,即

$$\lim_{n\to\infty} S_n = S,$$

则称常数项级数 $\sum\limits_{n=1}^{\infty} u_n$ 收敛,这时极限 S 称为级数的和,记作

$$S = \sum_{n=1}^{\infty} u_n = u_1 + u_2 + u_3 + \cdots + u_n + \cdots.$$

此时,也称常数项级数 $\sum\limits_{n=1}^{\infty} u_n$ 收敛于和 S. 若部分和数列 $\{S_n\}$ 没有极限,则称常数项级数 $\sum\limits_{n=1}^{\infty} u_n$ 发散.

显然,当级数 $\sum\limits_{n=1}^{\infty} u_n$ 收敛时,其部分和 S_n 是该级数的和 S 的近似值,它们之间的差值

$$R_n = S - S_n = u_{n+1} + u_{n+2} + \cdots$$

称为级数的余项.用近似值 S_n 代替和 S 所产生的误差,就是这个余项的绝对值,即 $|R_n|$.

□ 有趣的几何级数

例 8-1   讨论等比级数(又称几何级数)

$$\sum_{n=0}^{\infty} aq^n = a + aq + aq^2 + \cdots + aq^n + \cdots$$

的敛散性,其中 $a \neq 0, q$ 为公比.

解   若 $|q| \neq 1$,则部分和

$$S_n = a + aq + \cdots + aq^{n-1} = \frac{a - aq^n}{1 - q} = \frac{a}{1-q} - \frac{aq^n}{1-q}.$$

当 $|q| < 1$ 时,因为 $\lim\limits_{n\to\infty} S_n = \frac{a}{1-q}$,所以此时级数 $\sum\limits_{n=0}^{\infty} aq^n$ 收敛,其和为 $\frac{a}{1-q}$.

当 $|q| > 1$ 时,因为 $\lim\limits_{n\to\infty} S_n = \infty$,所以此时级数 $\sum\limits_{n=0}^{\infty} aq^n$ 发散.

若 $|q| = 1$,则当 $q = 1$ 时,$S_n = na \to \infty (n \to \infty)$,因此级数 $\sum\limits_{n=0}^{\infty} aq^n$ 发散;

当 $q = -1$ 时,级数 $\sum\limits_{n=0}^{\infty} aq^n$ 为

$$a - a + a - a + \cdots,$$

此时 $S_n = \begin{cases} a, & n \text{ 为奇数}, \\ 0, & n \text{ 为偶数}, \end{cases}$

□ 即时练习 8-1

判别级数 $\sum\limits_{n=1}^{\infty} \frac{2}{3^n}$ 及 $\sum\limits_{n=1}^{\infty} 5^n$ 的敛散性.

显然 S_n 的极限不存在,从而这时级数 $\sum\limits_{n=0}^{\infty} aq^n$ 也发散.

综上所述,如果 $|q| < 1$,则级数 $\sum\limits_{n=0}^{\infty} aq^n$ 收敛,其和为 $\frac{a}{1-q}$;如果 $|q| \geqslant 1$,则级数 $\sum\limits_{n=0}^{\infty} aq^n$ 发散.

例 8-2   判定级数

$$\sum_{n=1}^{\infty} \frac{1}{n(n+1)} = \frac{1}{1 \cdot 2} + \frac{1}{2 \cdot 3} + \frac{1}{3 \cdot 4} + \cdots + \frac{1}{n(n+1)} + \cdots$$

的敛散性.

解   由于 $\frac{1}{n(n+1)} = \frac{1}{n} - \frac{1}{n+1}$,

因此

$$S_n = \frac{1}{1 \cdot 2} + \frac{1}{2 \cdot 3} + \frac{1}{3 \cdot 4} + \cdots + \frac{1}{n(n+1)}$$

$$= \left(1 - \frac{1}{2}\right) + \left(\frac{1}{2} - \frac{1}{3}\right) + \left(\frac{1}{3} - \frac{1}{4}\right) + \cdots + \left(\frac{1}{n} - \frac{1}{n+1}\right)$$

$$= 1 - \frac{1}{n+1}.$$

从而

$$\lim_{n \to \infty} S_n = \lim_{n \to \infty}\left(1 - \frac{1}{n+1}\right) = 1,$$

所以此级数收敛,其和为 1.

例 8-3　证明调和级数

$$\sum_{n=1}^{\infty} \frac{1}{n} = 1 + \frac{1}{2} + \frac{1}{3} + \cdots + \frac{1}{n} + \cdots$$

是发散的.

证明　用反证法. 若级数 $\displaystyle\sum_{n=1}^{\infty} \frac{1}{n}$ 收敛,设它的部分和数列为

$\{S_n\}$,和为 S. 则有

$$\lim_{n \to \infty} S_n = S \quad 及 \quad \lim_{n \to \infty} S_{2n} = S.$$

于是

$$\lim_{n \to \infty}(S_{2n} - S_n) = S - S = 0. \tag{8-3}$$

但另一方面,

$$S_{2n} - S_n = \frac{1}{n+1} + \frac{1}{n+2} + \cdots + \frac{1}{2n} > \frac{1}{2n} + \frac{1}{2n} + \cdots + \frac{1}{2n} = \frac{1}{2},$$

由数列极限的保号性,有

$$\lim_{n \to \infty}(S_{2n} - S_n) \geqslant \frac{1}{2} \neq 0,$$

与式(8-3)矛盾. 这说明级数 $\displaystyle\sum_{n=1}^{\infty} \frac{1}{n}$ 发散.

8.1.3　常数项级数的基本性质

性质 1　设 k 为非零常数,则级数 $\displaystyle\sum_{n=1}^{\infty} k u_n$ 与 $\displaystyle\sum_{n=1}^{\infty} u_n$ 同时收

敛或同时发散. 当同时收敛时,若 $\displaystyle\sum_{n=1}^{\infty} u_n$ 收敛于 S,则 $\displaystyle\sum_{n=1}^{\infty} k u_n$ 收敛

于 kS.

证明　设级数 $\displaystyle\sum_{n=1}^{\infty} u_n$ 与 $\displaystyle\sum_{n=1}^{\infty} k u_n$ 的部分和分别为 S_n 与 σ_n,则

$$\sigma_n = k u_1 + k u_2 + \cdots + k u_n = k S_n.$$

由于极限 $\lim_{n \to \infty} \sigma_n$ 与 $\lim_{n \to \infty} S_n$ 同时收敛或同时发散,从而级数 $\displaystyle\sum_{n=1}^{\infty} k u_n$ 与

$\displaystyle\sum_{n=1}^{\infty} u_n$ 同时收敛或同时发散.

若 $\displaystyle\sum_{n=1}^{\infty} u_n$ 收敛于 S,则 $\lim_{n \to \infty} S_n = S$. 于是 $\lim_{n \to \infty} \sigma_n = k \lim_{n \to \infty} S_n = kS$,即

$$\sum_{n=1}^{\infty} ku_n \text{ 收敛于 } kS.$$

□ 即时练习 8-2

判别级数 $\sum_{n=1}^{\infty} \dfrac{3}{n}$ 的敛

散性.

性质 2 如果级数 $\sum_{n=1}^{\infty} u_n$, $\sum_{n=1}^{\infty} v_n$ 分别收敛于和 S 与 σ, 则级

数 $\sum_{n=1}^{\infty} (u_n \pm v_n)$ 也收敛, 且其和为 $S \pm \sigma$.

证明 设级数 $\sum_{n=1}^{\infty} u_n$, $\sum_{n=1}^{\infty} v_n$ 及 $\sum_{n=1}^{\infty} (u_n \pm v_n)$ 的部分和分别为

S_n, σ_n 与 τ_n, 则

$$\tau_n = \sum_{k=1}^{n} (u_k \pm v_k) = \sum_{k=1}^{n} u_k \pm \sum_{k=1}^{n} v_k = S_n \pm \sigma_n,$$

于是 $$\lim_{n \to \infty} \tau_n = \lim_{n \to \infty} S_n \pm \lim_{n \to \infty} \sigma_n = S \pm \sigma.$$

即级数 $\sum_{n=1}^{\infty} (u_n \pm v_n)$ 收敛于和 $S \pm \sigma$.

性质 2 也可叙述为: 两个收敛级数可逐项相加(减). 例如级数

$\sum_{n=1}^{\infty} \dfrac{1}{2^n}$, $\sum_{n=1}^{\infty} \dfrac{1}{3^n}$ 都收敛且和分别为 1 和 $\dfrac{1}{2}$, 则级数 $\sum_{n=1}^{\infty} \left(\dfrac{1}{2^n} + \dfrac{1}{3^n} \right)$ 也收

敛, 且和为 $\dfrac{3}{2}$. 但如果级数 $\sum_{n=1}^{\infty} u_n$ 收敛, 级数 $\sum_{n=1}^{\infty} v_n$ 发散, 则 $\sum_{n=1}^{\infty} (u_n \pm v_n)$

必定发散(请读者在本节习题第 3 题里自行证明).

根据级数收敛和发散的定义, 以及数列的极限运算法则, 我们

还可以证得:

性质 3 在级数中去掉、加上或改变有限项, 不会改变级

数的敛散性.

性质 4 收敛级数任意加括号后所成的级数仍收敛, 且收

敛于原级数的和.

由性质 4, 我们还可以得到如下推论:

推论 如果加括号后所成的级数发散, 则原来级数也发散.

注意: 如果加括号后所成的级数收敛, 则原级数未必收敛. 例

如, 级数

$$\sum_{n=1}^{\infty} (-1)^{n+1} = 1 - 1 + 1 - 1 + 1 - 1 + \cdots$$

每两项加括号所得级数

$$(1-1) + (1-1) + (1-1) + \cdots$$

收敛于零.

但是级数 $\sum_{n=1}^{\infty} (-1)^{n+1}$ 的前 n 项和为

$$S_n = \begin{cases} 1, & n \text{ 为奇数}, \\ 0, & n \text{ 为偶数}, \end{cases}$$

显然 S_n 的极限不存在, 于是 $\sum_{n=1}^{\infty} (-1)^{n+1}$ 发散.

□ 即时练习 8-3

判别级数 $\sum_{n=1}^{\infty} \left(\dfrac{1}{3^n} + \dfrac{2}{n} \right)$ 的

敛散性.

□ 即时练习 8-4

判别级数 $\sum_{n=10}^{\infty} \dfrac{1}{n} = \dfrac{1}{10} +$

$\dfrac{1}{11} + \dfrac{1}{12} + \cdots$ 的敛散性.

性质 5　（级数收敛的必要条件）　　如果 $\sum\limits_{n=1}^{\infty} u_n$ 收敛，则
$\lim\limits_{n\to\infty} u_n = 0$.

证明　设级数 $\sum\limits_{n=1}^{\infty} u_n$ 的部分和为 S_n，其和为 S，于是 $\lim\limits_{n\to\infty} S_n = S$，
则

$$\lim_{n\to\infty} u_n = \lim_{n\to\infty}(S_n - S_{n-1}) = \lim_{n\to\infty} S_n - \lim_{n\to\infty} S_{n-1} = S - S = 0.$$

这个性质可以简单地表述为：收敛级数的一般项必趋于零. 由此可知，如果级数的一般项不趋于零，则级数发散. 这是判断级数发散的一种很有用的方法.

　　注意：级数的一般项趋于零并不是级数收敛的充分条件. 有些级数虽然一般项趋于零，却是发散的. 例如调和级数 $\sum\limits_{n=1}^{\infty} \dfrac{1}{n}$，显然
$\lim\limits_{n\to\infty} \dfrac{1}{n} = 0$，但是我们在例 8-3 中已经证明了 $\sum\limits_{n=1}^{\infty} \dfrac{1}{n}$ 是发散的.

□ 即时练习 8-5

判别级数 $\sum\limits_{n=1}^{\infty} \dfrac{n}{n+2}$ 的敛散性.

习题 8.1

1. 写出下列级数的一般项：

(1) $\dfrac{1}{2} + \dfrac{1}{4} + \dfrac{1}{6} + \dfrac{1}{8} + \dfrac{1}{10} + \cdots$；

(2) $1 - \dfrac{1}{3} + \dfrac{1}{5} - \dfrac{1}{7} + \dfrac{1}{9} - \dfrac{1}{10} + \cdots$；

(3) $\dfrac{a^2}{3} - \dfrac{a^4}{6} + \dfrac{a^6}{11} - \dfrac{a^8}{18} + \cdots$；

(4) $\dfrac{\sqrt{x}}{2 \cdot 4} - \dfrac{x}{4 \cdot 6} + \dfrac{x\sqrt{x}}{6 \cdot 8} - \dfrac{x^2}{8 \cdot 10} + \cdots$.

2. 判断下列级数的敛散性，若收敛，求其和：

(1) $\sum\limits_{n=1}^{\infty} (\sqrt{n+1} - \sqrt{n})$；　　　(2) $\sum\limits_{n=1}^{\infty} \ln\dfrac{n+1}{n}$；

(3) $\sum\limits_{n=1}^{\infty} \dfrac{2^n + 3^n}{6^n}$；　　　(4) $\sum\limits_{n=2}^{\infty} \dfrac{1}{n^2 - 1}$；

(5) $\sum\limits_{n=1}^{\infty} \left(\dfrac{n+1}{n}\right)^n$；　　　(6) $\sum\limits_{n=1}^{\infty} 2^n \sin\dfrac{\pi}{2^n}$.

3. (1) 若级数 $\sum\limits_{n=1}^{\infty} u_n$ 收敛，级数 $\sum\limits_{n=1}^{\infty} v_n$ 发散，证明级数 $\sum\limits_{n=1}^{\infty} (u_n + v_n)$ 发散.

(2) 若级数 $\sum\limits_{n=1}^{\infty} u_n$ 和 $\sum\limits_{n=1}^{\infty} v_n$ 都发散，试以级数 $\sum\limits_{n=1}^{\infty} \dfrac{1}{n}$ 和级数 $\sum\limits_{n=1}^{\infty} \dfrac{-1}{n}$ 为例来说明级数 $\sum\limits_{n=1}^{\infty} (u_n + v_n)$ 的敛散性不确定.

8.2　正项级数

如果级数 $\sum\limits_{n=1}^{\infty} u_n$ 的每一项都是非负的,即 $u_n \geqslant 0 (n = 1, 2, \cdots)$,就称它为正项级数.这种级数特别重要,以后很多级数的敛散性问题可以归结为正项级数的敛散性问题.

设级数 $\sum\limits_{n=1}^{\infty} u_n$ 是一个正项级数.因为 $u_n \geqslant 0 (n = 1, 2, \cdots)$,所以级数的部分和数列 $\{S_n\}$ 是单调增加数列,即

$$S_1 \leqslant S_2 \leqslant \cdots \leqslant S_{n-1} \leqslant S_n \leqslant \cdots.$$

由数列极限的存在准则可知:如果正项级数的部分和数列 $\{S_n\}$ 有界,则其收敛;否则发散.因此得到:

定理 8-1　正项级数 $\sum\limits_{n=1}^{\infty} u_n$ 收敛的充分必要条件是它的部分和数列 $\{S_n\}$ 有界.

利用定理 8-1,可以得到几种常用的判别正项级数敛散性的方法.

定理 8-2　(比较判别法) 设 $\sum\limits_{n=1}^{\infty} u_n$ 和 $\sum\limits_{n=1}^{\infty} v_n$ 都是正项级数,且 $u_n \leqslant k v_n (n = 1, 2, \cdots)$,$k$ 是大于零的常数.

(1) 若级数 $\sum\limits_{n=1}^{\infty} v_n$ 收敛,则级数 $\sum\limits_{n=1}^{\infty} u_n$ 收敛;

(2) 若级数 $\sum\limits_{n=1}^{\infty} u_n$ 发散,则级数 $\sum\limits_{n=1}^{\infty} v_n$ 发散.

证明　(1) 设级数 $\sum\limits_{n=1}^{\infty} v_n$ 收敛于和 σ,则级数 $\sum\limits_{n=1}^{\infty} u_n$ 的部分和

$$S_n = u_1 + u_2 + \cdots + u_n \leqslant k(v_1 + v_2 + \cdots + v_n) \leqslant k\sigma (n = 1, 2, \cdots),$$

即正项级数 $\sum\limits_{n=1}^{\infty} u_n$ 的部分和数列 $\{S_n\}$ 有界,由定理 8-1 知 $\sum\limits_{n=1}^{\infty} u_n$ 收敛.

(2) 用反证法.设级数 $\sum\limits_{n=1}^{\infty} u_n$ 发散时,级数 $\sum\limits_{n=1}^{\infty} v_n$ 收敛.根据上面已经证明的结论(1),将有 $\sum\limits_{n=1}^{\infty} u_n$ 也收敛,这与级数 $\sum\limits_{n=1}^{\infty} u_n$ 发散相矛盾.

例 8-4　讨论级数 $\sum\limits_{n=1}^{\infty} \dfrac{1}{3n-1}$ 的敛散性.

解　因为 $u_n = \dfrac{1}{3n-1} > \dfrac{1}{3n} > 0$,级数 $\sum\limits_{n=1}^{\infty} \dfrac{1}{3n}$ 与调和级数 $\sum\limits_{n=1}^{\infty} \dfrac{1}{n}$ 具有相同敛散性,而 $\sum\limits_{n=1}^{\infty} \dfrac{1}{n}$ 是发散的,故 $\sum\limits_{n=1}^{\infty} \dfrac{1}{3n}$ 也发散.由比

较判别法知,级数 $\sum\limits_{n=1}^{\infty}\dfrac{1}{3n-1}$ 是发散的.

例 8-5　讨论 $p-$ 级数 $\sum\limits_{n=1}^{\infty}\dfrac{1}{n^p}(p>0)$ 的敛散性.

解　当 $p\leqslant 1$ 时,有 $\dfrac{1}{n^p}\geqslant\dfrac{1}{n}$,而调和级数 $\sum\limits_{n=1}^{\infty}\dfrac{1}{n}$ 发散,由比较

判别法知,当 $p\leqslant 1$ 时级数 $\sum\limits_{n=1}^{\infty}\dfrac{1}{n^p}$ 发散.

当 $p>1$ 时,按顺序把 $p-$ 级数的一项、两项、四项、八项、$\cdots$ 括在一起,即

$$1+\left(\frac{1}{2^p}+\frac{1}{3^p}\right)+\left(\frac{1}{4^p}+\frac{1}{5^p}+\frac{1}{6^p}+\frac{1}{7^p}\right)+\left(\frac{1}{8^p}+\cdots+\frac{1}{15^p}\right)+\cdots,$$

$$\tag{8-4}$$

从第二项开始,它的各项显然小于下列级数的各项

$$1+\left(\frac{1}{2^p}+\frac{1}{2^p}\right)+\left(\frac{1}{4^p}+\frac{1}{4^p}+\frac{1}{4^p}+\frac{1}{4^p}\right)+\left(\frac{1}{8^p}+\cdots+\frac{1}{8^p}\right)+\cdots,$$

即

$$1+\frac{1}{2^{p-1}}+\frac{1}{4^{p-1}}+\frac{1}{8^{p-1}}+\cdots.\tag{8-5}$$

而后一个级数是等比级数,其公比 $q=\left(\dfrac{1}{2}\right)^{p-1}<1$,所以级数(8-5)

收敛.于是根据正项级数的比较判别法,级数(8-4)收敛,从而级数

(8-4)的部分和数列有界,所以 $p>1$ 时,$\sum\limits_{n=1}^{\infty}\dfrac{1}{n^p}$ 的部分和数列有界,

由定理 8-1 知原 $p-$ 级数收敛.

综上所述,$p-$ 级数 $\sum\limits_{n=1}^{\infty}\dfrac{1}{n^p}$ 当 $p>1$ 时收敛,当 $p\leqslant 1$ 时发散.

例 8-6　判别级数 $\sum\limits_{n=1}^{\infty}\left(\dfrac{n}{2n+1}\right)^n$ 的敛散性.

解　因为

$$\left(\frac{n}{2n+1}\right)^n<\left(\frac{1}{2}\right)^n\ (n=1,2,\cdots),$$

而 $\sum\limits_{n=1}^{\infty}\left(\dfrac{1}{2}\right)^n$ 收敛,由比较判别法知 $\sum\limits_{n=1}^{\infty}\left(\dfrac{n}{2n+1}\right)^n$ 收敛.

实际应用中,我们还常常用到比较判别法的极限形式.

定理 8-3　(比较判别法的极限形式)设 $\sum\limits_{n=1}^{\infty}u_n$ 和 $\sum\limits_{n=1}^{\infty}v_n$ 都是

正项级数,且

$$\lim_{n\to\infty}\frac{u_n}{v_n}=l.$$

(1) 当 $0<l<+\infty$ 时,$\sum\limits_{n=1}^{\infty}u_n$ 和 $\sum\limits_{n=1}^{\infty}v_n$ 同时收敛或同时发散;

(2) 当 $l=0$ 时,由 $\sum\limits_{n=1}^{\infty}v_n$ 收敛可推出 $\sum\limits_{n=1}^{\infty}u_n$ 收敛;

(3) 当 $l=+\infty$ 时，由 $\sum\limits_{n=1}^{\infty} v_n$ 发散可推出 $\sum\limits_{n=1}^{\infty} u_n$ 发散.

证明 (1) 由极限定义可知，对 $\varepsilon_0=\dfrac{l}{2}>0$，存在正整数 N，当 $n>N$ 时，有

$$\left|\frac{u_n}{v_n}-l\right|<\frac{l}{2}\quad\text{或}\quad\frac{l}{2}v_n<u_n<\frac{3l}{2}v_n,$$

由比较判别法知 $\sum\limits_{n=1}^{\infty} u_n$ 和 $\sum\limits_{n=1}^{\infty} v_n$ 同时收敛或同时发散.

(2) 当 $l=0$ 时，由极限定义可知，对 $\varepsilon_0=1$，存在正整数 N，当 $n>N$ 时，有

$$\left|\frac{u_n}{v_n}-0\right|<1,$$

可得到 $u_n<v_n$. 于是当 $\sum\limits_{n=1}^{\infty} v_n$ 收敛时，根据比较判别法可推出 $\sum\limits_{n=1}^{\infty} u_n$ 收敛.

(3) 当 $l=+\infty$ 时，即存在正数 $M>0$，正整数 N，当 $n>N$ 时，有

$$\frac{u_n}{v_n}>M\quad\text{或}\quad u_n>Mv_n,$$

于是当 $\sum\limits_{n=1}^{\infty} v_n$ 发散时，根据比较判别法可推出 $\sum\limits_{n=1}^{\infty} u_n$ 发散.

例 8-7 判别级数 $\sum\limits_{n=1}^{\infty}\sin\dfrac{1}{n}$ 的敛散性.

解 因为

$$\lim_{n\to\infty}\frac{\sin\dfrac{1}{n}}{\dfrac{1}{n}}=1,$$

而级数 $\sum\limits_{n=1}^{\infty}\dfrac{1}{n}$ 发散，根据比较判别法的极限形式，级数 $\sum\limits_{n=1}^{\infty}\sin\dfrac{1}{n}$ 发散.

例 8-8 判别级数 $\sum\limits_{n=1}^{\infty}\ln\left(1+\dfrac{1}{n^2}\right)$ 的敛散性.

解 因为

$$\lim_{n\to\infty}\frac{\ln\left(1+\dfrac{1}{n^2}\right)}{\dfrac{1}{n^2}}=1,$$

而级数 $\sum\limits_{n=1}^{\infty}\dfrac{1}{n^2}$ 收敛，根据比较判别法的极限形式，级数 $\sum\limits_{n=1}^{\infty}\ln\left(1+\dfrac{1}{n^2}\right)$ 收敛.

例 8-9　判别级数 $\displaystyle\sum_{n=1}^{\infty}\frac{1}{\ln(n+1)}$ 的敛散性.

解　因为

$$\lim_{n\to\infty}\frac{\dfrac{1}{\ln(n+1)}}{\dfrac{1}{n}}=\lim_{n\to\infty}\frac{n}{\ln(n+1)}=+\infty,$$

而级数 $\displaystyle\sum_{n=1}^{\infty}\frac{1}{n}$ 发散,根据比较判别法的极限形式,级数 $\displaystyle\sum_{n=1}^{\infty}\frac{1}{\ln(n+1)}$ 发散.

将所给正项级数与等比级数比较,我们可以得到在使用上很方便的比值判别法.

定理 8-4　（比值判别法）　设 $\displaystyle\sum_{n=1}^{\infty}u_n$ 是正项级数,且

$$\lim_{n\to\infty}\frac{u_{n+1}}{u_n}=\rho,$$

则当 $\rho<1$ 时级数收敛;当 $\rho>1$（或 $\displaystyle\lim_{n\to\infty}\frac{u_{n+1}}{u_n}=+\infty$）时级数发散.　　□ 达朗贝尔

比值判别法又称为达朗贝尔判别法.

证明　（1）如果 $\rho<1$,对 $\varepsilon_0=\dfrac{1-\rho}{2}>0$,存在正整数 N,当 $n\geqslant N$ 时,有

$$\frac{u_{n+1}}{u_n}<\rho+\varepsilon_0=\frac{1+\rho}{2}<1.$$

记 $q=\dfrac{1+\rho}{2}$,则

$$\frac{u_n}{u_N}=\frac{u_n}{u_{n-1}}\cdot\frac{u_{n-1}}{u_{n-2}}\cdot\cdots\cdot\frac{u_{N+1}}{u_N}<q^{n-N},$$

所以　　　　　$u_n<\dfrac{u_N}{q^N}q^n\quad(n\geqslant N).$

因为 $\dfrac{u_N}{q^N}$ 是正数,$0<q=\dfrac{1+\rho}{2}<1$,$\displaystyle\sum_{n=N}^{\infty}q^n$ 收敛,由比较判别法知 $\displaystyle\sum_{n=N}^{\infty}u_n$ 收敛,于是 $\displaystyle\sum_{n=1}^{\infty}u_n$ 收敛.

（2）如果 $\rho>1$,由极限定义,对 $\varepsilon_1=\rho-1>0$,存在正整数 N,当 $n>N$ 时,有

$$\frac{u_{n+1}}{u_n}>\rho-\varepsilon_1=1,$$

从而　　　　　$u_{n+1}>u_n.$

这说明当 $n>N$ 时,数列 $\{u_n\}$ 单调增加.这样,当 $n\to\infty$ 时,一般项 u_n 不趋近于零,所以级数发散.

注意: 当 $\rho=1$ 时,比值判别法失效.例如,对 p-级数 $\displaystyle\sum_{n=1}^{\infty}\frac{1}{n^p}$,有

$$\lim_{n\to\infty}\frac{u_{n+1}}{u_n}=\lim_{n\to\infty}\frac{n^p}{(n+1)^p}=\lim_{n\to\infty}\left(\frac{n}{n+1}\right)^p=1.$$

但是我们已经知道,当 $p>1$ 时级数收敛,当 $p\leqslant 1$ 时级数发散.

例 8-10 判别级数 $\displaystyle\sum_{n=1}^{\infty}\frac{2n-1}{3^n}$ 的敛散性.

解 因为

$$\lim_{n\to\infty}\frac{u_{n+1}}{u_n}=\lim_{n\to\infty}\frac{\dfrac{2(n+1)-1}{3^{n+1}}}{\dfrac{2n-1}{3^n}}=\frac{1}{3}\lim_{n\to\infty}\frac{2n+1}{2n-1}=\frac{1}{3}<1,$$

根据比值判别法,级数收敛.

例 8-11 判别级数 $\displaystyle\sum_{n=1}^{\infty}\frac{n!}{10^n}$ 的敛散性.

解 因为

$$\lim_{n\to\infty}\frac{u_{n+1}}{u_n}=\lim_{n\to\infty}\frac{\dfrac{(n+1)!}{10^{n+1}}}{\dfrac{n!}{10^n}}=\lim_{n\to\infty}\frac{n+1}{10}=+\infty,$$

根据比值判别法,级数发散.

例 8-12 判别级数 $\displaystyle\sum_{n=1}^{\infty}\frac{n\cos^2\dfrac{n\pi}{2}}{2^n}$ 的敛散性.

解 因为 $\dfrac{n\cos^2\dfrac{n\pi}{2}}{2^n}<\dfrac{n}{2^n}$,对正项级数 $\displaystyle\sum_{n=1}^{\infty}\frac{n}{2^n}$ 来说,

$$\lim_{n\to\infty}\frac{u_{n+1}}{u_n}=\lim_{n\to\infty}\frac{\dfrac{n+1}{2^{n+1}}}{\dfrac{n}{2^n}}=\frac{1}{2}\lim_{n\to\infty}\frac{n+1}{n}=\frac{1}{2}<1,$$

所以由比值判别法,级数 $\displaystyle\sum_{n=1}^{\infty}\frac{n}{2^n}$ 收敛. 再根据比较判别法知

$\displaystyle\sum_{n=1}^{\infty}\frac{n\cos^2\dfrac{n\pi}{2}}{2^n}$ 收敛.

除了比值判别法外,根值判别法也是常用的判别法.

定理 8-5 (根值判别法) 设 $\displaystyle\sum_{n=1}^{\infty}u_n$ 是正项级数,且

$$\lim_{n\to\infty}\sqrt[n]{u_n}=\rho,$$

则当 $\rho<1$ 时级数收敛;当 $\rho>1$(或 $\displaystyle\lim_{n\to\infty}\sqrt[n]{u_n}=+\infty$)时级数发散.

根值判别法又称为柯西判别法,证明从略.

注意:当 $\rho=1$ 时,根值判别法失效. 例如,对 p-级数 $\displaystyle\sum_{n=1}^{\infty}\frac{1}{n^p}$,有

$$\lim_{n\to\infty}\sqrt[n]{u_n}=\lim_{n\to\infty}\left(\frac{1}{\sqrt[n]{n}}\right)^p\equiv 1.$$

但是我们已经知道,当 $p > 1$ 时级数收敛,当 $p \leqslant 1$ 时级数发散.

例 8-13　设 $a > 0$,判别级数 $\displaystyle\sum_{n=1}^{\infty} \left(\frac{a}{n}\right)^n$ 的敛散性.

解　因为

$$\lim_{n \to \infty} \sqrt[n]{u_n} = \lim_{n \to \infty} \frac{a}{n} = 0,$$

所以由根值判别法,级数收敛.

例 8-14　判别级数 $\displaystyle\sum_{n=1}^{\infty} 2^{-n-(-1)^n}$ 的敛散性.

解　因为

$$\lim_{n \to \infty} \sqrt[n]{u_n} = \lim_{n \to \infty} 2^{-1-\frac{(-1)^n}{n}} = \frac{1}{2} < 1,$$

所以由根值判别法,级数收敛.

习题 8.2

1.用比较判别法判别下列级数的敛散性:

(1) $\displaystyle\sum_{n=1}^{\infty} \frac{1}{n\sqrt{n+1}}$;

(2) $\displaystyle\sum_{n=1}^{\infty} \frac{1}{3^n - n}$;

(3) $\displaystyle\sum_{n=1}^{\infty} \sin\frac{1}{\sqrt{n}}$;

(4) $\displaystyle\sum_{n=1}^{\infty} \left(1 - \cos\frac{a}{n}\right)$(常数 $a > 0$);

(5) $\displaystyle\sum_{n=1}^{\infty} \frac{\ln n}{\sqrt{n}}$;

(6) $\displaystyle\sum_{n=3}^{\infty} \frac{\pi}{n}\tan\frac{\pi}{n}$;

(7) $\displaystyle\sum_{n=1}^{\infty} \frac{1}{n \cdot \sqrt[n]{n}}$;

(8) $\displaystyle\sum_{n=1}^{\infty} \frac{1}{\sqrt{n}}\ln\left(1 + \frac{1}{n^2}\right)$.

2.用比值判别法判别下列级数的敛散性:

(1) $\displaystyle\sum_{n=1}^{\infty} 2^n \sin\frac{\pi}{3^n}$;

(2) $\displaystyle\sum_{n=1}^{\infty} \frac{(n!)^2}{(2n)!}$;

(3) $\displaystyle\sum_{n=1}^{\infty} \frac{3^n n!}{n^n}$;

(4) $\displaystyle\sum_{n=1}^{\infty} \frac{3^n}{n \cdot 2^n}$;

(5) $\displaystyle\sum_{n=1}^{\infty} n\tan\frac{\pi}{2^{n+1}}$;

(6) $\displaystyle\sum_{n=1}^{\infty} \frac{(n!)^2}{2^{n^2}}$.

3.用根值判别法判别下列级数的敛散性:

(1) $\displaystyle\sum_{n=1}^{\infty} \left(\frac{n}{2n+1}\right)^n$;

(2) $\displaystyle\sum_{n=1}^{\infty} \frac{n^2}{\left(2 + \frac{1}{n}\right)^n}$;

(3) $\displaystyle\sum_{n=1}^{\infty} \frac{1}{[\ln(n+1)]^n}$;

(4) $\displaystyle\sum_{n=1}^{\infty} \frac{1}{2^n}\left(\frac{n+1}{n}\right)^{n^2}$.

4.判别下列级数的敛散性:

(1) $\displaystyle\sum_{n=1}^{\infty} \frac{2 + (-1)^n}{2^n}$;

(2) $\displaystyle\sum_{n=1}^{\infty} \frac{n\cos^2\frac{n\pi}{3}}{3^n}$;

$$(3) \sum_{n=1}^{\infty} \sqrt{\frac{n+1}{n}}; \qquad (4) \sum_{n=1}^{\infty} \frac{a^n}{1+a^{2n}} (a > 0).$$

5. 若正项级数 $\sum_{n=1}^{\infty} u_n$ 收敛, 证明正项级数 $\sum_{n=1}^{\infty} u_n^2$ 与 $\sum_{n=1}^{\infty} \frac{u_n}{n}$ 均收敛.

6. 证明 $\lim\limits_{n \to \infty} \dfrac{2^n}{n!} = 0$.

8.3 任意项级数

如果级数 $\sum_{n=1}^{\infty} u_n$ 的各项可以为任意实数, 则称其为任意项级数. 本节就来讨论判别这种级数敛散性的方法.

8.3.1 交错级数

各项正负交错的级数称为交错级数, 它的一般形式为

$$\sum_{n=1}^{\infty} (-1)^{n-1} u_n = u_1 - u_2 + u_3 - u_4 + \cdots \qquad (8\text{-}6)$$

或

$$\sum_{n=1}^{\infty} (-1)^n u_n = -u_1 + u_2 - u_3 + u_4 - \cdots, \qquad (8\text{-}7)$$

其中 $u_n > 0 (n = 1, 2, \cdots)$. 由于级数 $(8\text{-}7)$ 的各项乘以 -1 后就变成级数 $(8\text{-}6)$ 的形式, 因此, 我们只需讨论级数 $(8\text{-}6)$ 的敛散性.

定理 8-6 （莱布尼茨定理） 如果交错级数 $\sum_{n=1}^{\infty} (-1)^{n-1} u_n$ 满足条件:

$(1) u_n \geqslant u_{n+1} (n = 1, 2, \cdots)$;

$(2) \lim\limits_{n \to \infty} u_n = 0$,

则级数 $\sum_{n=1}^{\infty} (-1)^{n-1} u_n$ 收敛, 且其和 $S \leqslant u_1$, 其余项 R_n 的绝对值 $|R_n| \leqslant u_{n+1}$.

证明 我们先考虑前 $2k$ 项的部分和 S_{2k}, 则 S_{2k} 可以写成如下两种形式:

$$S_{2k} = (u_1 - u_2) + (u_3 - u_4) + \cdots + (u_{2k-1} - u_{2k}),$$
$$S_{2k} = u_1 - (u_2 - u_3) - (u_4 - u_5) - \cdots - (u_{2k-2} - u_{2k-1}) - u_{2k}.$$

由条件 (1) 知上面两式括号内都是非负数, 由第一式知 S_{2k} 是单调增加的, 由第二式知 $S_{2k} \leqslant u_1$, 即数列 $\{S_{2k}\}$ 单调增加且有上界 u_1, 因此存在极限. 设 $\lim\limits_{k \to \infty} S_{2k} = S$, 则 $S \leqslant u_1$.

再由 $S_{2k+1} = S_{2k} + u_{2k+1}$ 以及条件 (2), 有

$$\lim_{k \to \infty} S_{2k+1} = \lim_{k \to \infty} S_{2k} + \lim_{k \to \infty} u_{2k+1} = S.$$

这样,级数 $\sum\limits_{n=1}^{\infty}(-1)^{n-1}u_n$ 的部分和数列 $\{S_n\}$ 的奇数项子数列与偶数项子数列都收敛于同一极限 S,因此 $\lim\limits_{n\to\infty}S_n=S$,即级数 $\sum\limits_{n=1}^{\infty}(-1)^{n-1}u_n$ 收敛,且 $S\leqslant u_1$.

最后,余项 R_n 可以写成

$$R_n=\pm(u_{n+1}-u_{n+2}+\cdots),$$

从而 $$|R_n|=u_{n+1}-u_{n+2}+\cdots.$$

显然,上式也是一个交错级数,且满足定理中的两个条件,所以它的和也小于第一项,即

$$|R_n|\leqslant u_{n+1}.$$

例 8-15 判别级数 $\sum\limits_{n=1}^{\infty}(-1)^{n-1}\dfrac{1}{n}$ 的敛散性.

解 这是一个交错级数.因为此级数满足:

$(1)u_n=\dfrac{1}{n}>\dfrac{1}{n+1}=u_{n+1}(n=1,2,\cdots);$

$(2)\lim\limits_{n\to\infty}u_n=\lim\limits_{n\to\infty}\dfrac{1}{n}=0,$

由莱布尼茨定理,级数收敛.

例 8-16 判别级数 $\sum\limits_{n=1}^{\infty}(-1)^{n-1}\dfrac{n}{n+1}$ 的敛散性.

解 由

$$\lim\limits_{n\to\infty}u_n=\lim\limits_{n\to\infty}\dfrac{n}{n+1}=1\neq0$$

可知当 $n\to\infty$ 时,级数 $\sum\limits_{n=1}^{\infty}(-1)^{n-1}\dfrac{n}{n+1}$ 的一般项不趋近于零,所以该级数发散.

8.3.2 绝对收敛与条件收敛

前面讨论的正项级数、交错级数都是形式比较特殊的级数,下面讨论判别任意项级数敛散性的方法.

某些任意项级数的敛散性可转化为正项级数来研究.为此,先考察由任意项级数 $\sum\limits_{n=1}^{\infty}u_n$ 的各项取绝对值后形成的级数

$$\sum_{n=1}^{\infty}|u_n|=|u_1|+|u_2|+\cdots+|u_n|+\cdots.$$

定义 8-3 设 $\sum\limits_{n=1}^{\infty}u_n$ 为任意项级数,若 $\sum\limits_{n=1}^{\infty}|u_n|$ 收敛,则称级数 $\sum\limits_{n=1}^{\infty}u_n$ 绝对收敛;若级数 $\sum\limits_{n=1}^{\infty}u_n$ 收敛,而级数 $\sum\limits_{n=1}^{\infty}|u_n|$ 发散,则称级数 $\sum\limits_{n=1}^{\infty}u_n$ 条件收敛.

例如,我们很容易知道 $\sum\limits_{n=1}^{\infty} (-1)^{n-1} \dfrac{1}{n^2}$ 是绝对收敛的,而 $\sum\limits_{n=1}^{\infty} (-1)^{n-1} \dfrac{1}{n}$ 是条件收敛的.

级数绝对收敛与级数收敛有以下重要关系.

定理 8-7   如果级数 $\sum\limits_{n=1}^{\infty} u_n$ 绝对收敛,则级数 $\sum\limits_{n=1}^{\infty} u_n$ 必定收敛.

证明   设 $v_n = \dfrac{1}{2}(u_n + |u_n|)$ $(n=1,2,\cdots)$,显然 $v_n \geqslant 0$,且 $v_n \leqslant |u_n|$ $(n=1,2,\cdots)$. 因为级数 $\sum\limits_{n=1}^{\infty} |u_n|$ 收敛,故由正项级数的比较判别法知 $\sum\limits_{n=1}^{\infty} v_n$ 收敛,从而 $\sum\limits_{n=1}^{\infty} 2v_n$ 收敛. 而 $u_n = 2v_n - |u_n|$,由此得

$$\sum_{n=1}^{\infty} u_n = \sum_{n=1}^{\infty} (2v_n - |u_n|).$$

根据级数的基本性质可知 $\sum\limits_{n=1}^{\infty} u_n$ 收敛.

定理 8-7 告诉我们,对于任意项级数 $\sum\limits_{n=1}^{\infty} u_n$,如果我们用正项级数的审敛法判定级数 $\sum\limits_{n=1}^{\infty} |u_n|$ 收敛,则级数 $\sum\limits_{n=1}^{\infty} u_n$ 收敛.

例 8-17   证明级数 $\sum\limits_{n=1}^{\infty} \dfrac{\sin na}{n^2}$ 绝对收敛.

证明   因为 $\left| \dfrac{\sin na}{n^2} \right| \leqslant \dfrac{1}{n^2}$,而级数 $\sum\limits_{n=1}^{\infty} \dfrac{1}{n^2}$ 是收敛的,所以级数 $\sum\limits_{n=1}^{\infty} \left| \dfrac{\sin na}{n^2} \right|$ 也收敛,从而级数 $\sum\limits_{n=1}^{\infty} \dfrac{\sin na}{n^2}$ 绝对收敛.

例 8-18   判别下列级数的敛散性,若收敛,指出是绝对收敛还是条件收敛.

$$(1)\ \sum_{n=1}^{\infty} (-1)^{n-1} \frac{n^3}{2^n}; \qquad\qquad (2)\ \sum_{n=1}^{\infty} \frac{(-1)^n}{n - \ln n}.$$

解   (1) 考虑级数 $\sum\limits_{n=1}^{\infty} \dfrac{n^3}{2^n}$. 由于

$$\lim_{n \to \infty} \frac{u_{n+1}}{u_n} = \lim_{n \to \infty} \frac{\dfrac{(n+1)^3}{2^{n+1}}}{\dfrac{n^3}{2^n}} = \frac{1}{2} \lim_{n \to \infty} \left(\frac{n+1}{n} \right)^3 = \frac{1}{2} < 1,$$

根据比值判别法知级数 $\sum\limits_{n=1}^{\infty} \dfrac{n^3}{2^n}$ 收敛,于是级数 $\sum\limits_{n=1}^{\infty} (-1)^{n-1} \dfrac{n^3}{2^n}$ 绝对收敛.

（2）因为 $\left|\dfrac{(-1)^n}{n-\ln n}\right| = \left|\dfrac{1}{n-\ln n}\right| \geqslant \dfrac{1}{n}$，而 $\displaystyle\sum_{n=1}^{\infty} \dfrac{1}{n}$ 发散，由比较判

别法知 $\displaystyle\sum_{n=1}^{\infty} \left|\dfrac{(-1)^n}{n-\ln n}\right|$ 发散，从而原级数不是绝对收敛的. 设 $u_n =$

$\dfrac{1}{n-\ln n}$，因为

$$\lim_{n\to\infty} u_n = \lim_{n\to\infty} \frac{1}{n-\ln n} = \lim_{n\to\infty} \frac{1}{n\left(1-\dfrac{\ln n}{n}\right)} = 0,$$

且对函数 $f(x) = \dfrac{1}{x-\ln x}$，$x > 1$ 时，有

$$f'(x) = -\frac{1-\dfrac{1}{x}}{(x-\ln x)^2} < 0,$$

因此 $f(x)$ 单调减少. 故

$$u_{n+1} < u_n, n = 1, 2, \cdots.$$

由莱布尼茨定理，知级数 $\displaystyle\sum_{n=1}^{\infty} \dfrac{(-1)^n}{n-\ln n}$ 收敛. 所以原级数条件收敛.

从例 8-18 的（2）中可知，一般来说，从级数 $\displaystyle\sum_{n=1}^{\infty} |u_n|$ 发散，我们

不能推断出 $\displaystyle\sum_{n=1}^{\infty} u_n$ 也发散. 但是，如果用比值判别法或根值判别法判

别出 $\displaystyle\sum_{n=1}^{\infty} |u_n|$ 发散，则必有 $\displaystyle\sum_{n=1}^{\infty} u_n$ 发散. 下面用比值判别法来加以

说明：

对任意项级数 $\displaystyle\sum_{n=1}^{\infty} u_n$，用比值判别法考察 $\displaystyle\sum_{n=1}^{\infty} |u_n|$，若

$\lim\limits_{n\to\infty} \left|\dfrac{u_{n+1}}{u_n}\right| = \rho > 1$（或 $\rho = +\infty$），根据上节定理 8-4 比值判别法的证

明，必有 $\dfrac{|u_{n+1}|}{|u_n|} > 1$，于是 $\lim\limits_{n\to\infty} |u_n| \neq 0$，从而 $\lim\limits_{n\to\infty} u_n \neq 0$，由级数收敛

的必要条件可知级数 $\displaystyle\sum_{n=1}^{\infty} u_n$ 发散.

例 8-19 讨论级数 $\displaystyle\sum_{n=1}^{\infty} \dfrac{x^n}{n}$ 的敛散性.

解　注意到 x 可以取任意实数，这是任意项级数. 因为

$$\lim_{n\to\infty} \left|\frac{u_{n+1}}{u_n}\right| = \lim_{n\to\infty} \frac{\left|\dfrac{x^{n+1}}{n+1}\right|}{\left|\dfrac{x^n}{n}\right|} = |x|,$$

所以，当 $|x| < 1$ 时，原级数绝对收敛；当 $|x| > 1$ 时，原级数发

散；当 $x = 1$ 时，级数为调和级数 $\displaystyle\sum_{n=1}^{\infty} \dfrac{1}{n}$，发散；当 $x = -1$ 时，级数为

$\sum\limits_{n=1}^{\infty} (-1)^n \dfrac{1}{n}$，条件收敛.

习题 8.3

1.判别下列交错级数的敛散性：

(1) $\sum\limits_{n=1}^{\infty} (-1)^{n-1} \dfrac{1}{2n-1}$；

(2) $\sum\limits_{n=1}^{\infty} \dfrac{(-1)^{n+1}}{\ln(n+1)}$.

2.判别下列级数是否收敛，如果是收敛的，是绝对收敛还是条件收敛？

(1) $\sum\limits_{n=1}^{\infty} (-1)^{n-1} \dfrac{n}{3^n}$；

(2) $\sum\limits_{n=1}^{\infty} (-1)^{n-1} \dfrac{1}{(2n-1)^2}$；

(3) $\sum\limits_{n=1}^{\infty} (-1)^{n-1} \dfrac{n}{2n-1}$；

(4) $\sum\limits_{n=1}^{\infty} (-1)^{n-1} \sin \dfrac{1}{n}$；

(5) $\sum\limits_{n=1}^{\infty} \left(\dfrac{(-1)^n}{\sqrt{n}} + \dfrac{1}{n} \right)$；

(6) $\sum\limits_{n=1}^{\infty} \dfrac{\sin \frac{n\pi}{4}}{2^n}$.

8.4　幂级数

8.4.1　函数项级数的概念

前面我们讨论了每一项都是数的级数，即常数项级数，现在来讨论每一项都是函数的级数，这就是函数项级数.

定义 8-4　设函数列 $\{u_n(x)\}$：
$$u_1(x), u_2(x), \cdots, u_n(x), \cdots$$
中的每一项 $u_n(x)(n=1,2,\cdots)$ 都在区间 I 上有定义，则将表达式
$$u_1(x) + u_2(x) + \cdots + u_n(x) + \cdots$$
称为定义在区间 I 上的函数项级数，记为 $\sum\limits_{n=1}^{\infty} u_n(x)$，即
$$\sum_{n=1}^{\infty} u_n(x) = u_1(x) + u_2(x) + \cdots + u_n(x) + \cdots.$$

对于区间 I 内的定点 x_0，若常数项级数 $\sum\limits_{n=1}^{\infty} u_n(x_0)$ 收敛，则称点 x_0 是级数 $\sum\limits_{n=1}^{\infty} u_n(x)$ 的收敛点. 若常数项级数 $\sum\limits_{n=1}^{\infty} u_n(x_0)$ 发散，则称点 x_0 是级数 $\sum\limits_{n=1}^{\infty} u_n(x)$ 的发散点.

函数项级数 $\sum\limits_{n=1}^{\infty} u_n(x)$ 的所有收敛点的全体称为它的收敛域，所有发散点的全体称为它的发散域. 对收敛域 D 内任一点 x，记 $\sum\limits_{n=1}^{\infty} u_n(x)$ 的和为 $S(x)$，显然，在收敛域 D 上，$S(x)$ 是 x 的函数，我

们称 $S(x)$ 为函数项级数 $\sum\limits_{n=1}^{\infty} u_n(x)$ 的和函数,并记为

$$S(x) = u_1(x) + u_2(x) + \cdots + u_n(x) + \cdots = \sum_{n=1}^{\infty} u_n(x), x \in D.$$

如果将函数项级数 $\sum\limits_{n=1}^{\infty} u_n(x)$ 的前 n 项和记为 $S_n(x)$,即

$$S_n(x) = u_1(x) + u_2(x) + \cdots + u_n(x),$$

则在收敛域 D 上有

$$\lim_{n \to \infty} S_n(x) = S(x).$$

如果把 $R_n(x) = S(x) - S_n(x)$ 称为函数项级数的余项(显然,只有当 $x \in D$ 时,$R_n(x)$ 才有意义),则有

$$\lim_{n \to \infty} R_n(x) = 0.$$

这里我们只研究函数项级数中最重要的一类级数 —— 幂级数.

8.4.2　幂级数及其收敛域

把形如

$$\sum_{n=0}^{\infty} a_n (x - x_0)^n = a_0 + a_1 (x - x_0) + a_2 (x - x_0)^2 + \cdots +$$
$$a_n (x - x_0)^n + \cdots \tag{8-8}$$

的函数项级数称为幂级数,其中常数 $a_0, a_1, \cdots, a_n, \cdots$ 称为幂级数的系数. 我们着重讨论 $x_0 = 0$,即

$$\sum_{n=0}^{\infty} a_n x^n = a_0 + a_1 x + a_2 x^2 + \cdots + a_n x^n + \cdots \tag{8-9}$$

的情形,因为只要做代换 $t = x - x_0$ 就可以把幂级数(8-8)化成幂级数(8-9)的形式.

给定一个幂级数,其收敛域的结构是什么样的?先看下面的例子.

例 8-20　求幂级数 $\sum\limits_{n=0}^{\infty} x^n$ 的收敛域与和函数.

解　幂级数

$$\sum_{n=0}^{\infty} x^n = 1 + x + x^2 + \cdots + x^n + \cdots$$

可以看成是公比为 x 的等比级数,从而当 $|x| < 1$ 时,幂级数收敛,其和为 $\dfrac{1}{1-x}$;当 $|x| \geqslant 1$ 时,幂级数发散.

所以幂级数 $\sum\limits_{n=0}^{\infty} x^n$ 的收敛域为 $(-1, 1)$,和函数为

$$S(x) = \frac{1}{1-x}.$$

在此例可以看到,这个幂级数的收敛域是一个区间. 这个结论对于一般的幂级数是否也是成立的呢? 对于幂级数 $\sum\limits_{n=0}^{\infty} a_n x^n$,我们用正项级数的比值判别法来考虑 $\sum\limits_{n=0}^{\infty} |a_n x^n|$. 若

$$\lim_{n \to \infty} \left| \frac{a_{n+1}}{a_n} \right| = \rho \quad (\rho \text{ 为非零常数}),$$

则 $\quad \lim\limits_{n \to \infty} \left| \frac{u_{n+1}}{u_n} \right| = \lim\limits_{n \to \infty} \left| \frac{a_{n+1} x^{n+1}}{a_n x^n} \right| = \lim\limits_{n \to \infty} \left| \frac{a_{n+1}}{a_n} \right| \cdot |x| = \rho |x|, \quad$ (8-10)

于是,当 $\rho |x| < 1$,即 $|x| < \dfrac{1}{\rho}$ 时,幂级数 $\sum\limits_{n=0}^{\infty} a_n x^n$ 绝对收敛;当 $\rho |x| > 1$,即 $|x| > \dfrac{1}{\rho}$ 时,幂级数 $\sum\limits_{n=0}^{\infty} a_n x^n$ 发散. 当 $\rho |x| = 1$,即 $x = \dfrac{1}{\rho}$ 或 $x = -\dfrac{1}{\rho}$ 时,可以由所得的相应常数项级数来判别其敛散性.

如果记 $R = \dfrac{1}{\rho}$,通常称 R 为幂级数 $\sum\limits_{n=0}^{\infty} a_n x^n$ 的收敛半径,区间 $(-R, R)$ 称为该幂级数的收敛区间. 按函数项级数收敛域的定义,幂级数 $\sum\limits_{n=0}^{\infty} a_n x^n$ 的收敛域也是一个区间,根据该幂级数在 $x = -R$,$x = R$ 的敛散情况,收敛域可能是开区间 $(-R, R)$、闭区间 $[-R, R]$ 或半开半闭区间 $(-R, R]$,$[-R, R)$.

下面看两种特殊情形:

若 $\lim\limits_{n \to \infty} \left| \dfrac{a_{n+1}}{a_n} \right| = \rho = 0$,由式 (8-10) 知,对任意 $x \neq 0$,$\lim\limits_{n \to \infty} \left| \dfrac{u_{n+1}}{u_n} \right| = 0$,所以幂级数 $\sum\limits_{n=0}^{\infty} a_n x^n$ 都绝对收敛. 又幂级数 $\sum\limits_{n=0}^{\infty} a_n x^n$ 在 $x = 0$ 一定收敛,所以这时可以认为收敛半径 $R = +\infty$,收敛域为 $(-\infty, +\infty)$.

若 $\lim\limits_{n \to \infty} \left| \dfrac{a_{n+1}}{a_n} \right| = \rho = +\infty$,由式 (8-10) 知,除了 $x = 0$ 外,对其他一切 x,幂级数 $\sum\limits_{n=0}^{\infty} a_n x^n$ 都发散. 这时可以认为收敛半径 $R = 0$,收敛域为 $\{0\}$.

通过以上分析,我们得到如下求幂级数收敛半径的定理.

定理 8-8　如果幂级数 $\sum\limits_{n=0}^{\infty} a_n x^n$ 满足 $\lim\limits_{n \to \infty} \left| \dfrac{a_{n+1}}{a_n} \right| = \rho$,则

(1) 当 $0 < \rho < +\infty$ 时,收敛半径为 $R = \dfrac{1}{\rho}$;

(2) 当 $\rho = 0$ 时,收敛半径为 $R = +\infty$;

(3) 当 $\rho = +\infty$ 时,收敛半径为 $R = 0$.

例 8-21　求幂级数 $\sum\limits_{n=0}^{\infty} \dfrac{2^n}{n^2+1} x^n$ 的收敛半径与收敛域.

解　因为

$$\lim_{n\to\infty} \left| \frac{a_{n+1}}{a_n} \right| = \lim_{n\to\infty} \frac{\dfrac{2^{n+1}}{(n+1)^2+1}}{\dfrac{2^n}{n^2+1}} = 2,$$

所以收敛半径为 $R = \dfrac{1}{2}$.

当 $x = -\dfrac{1}{2}$ 时, 级数为 $\sum\limits_{n=0}^{\infty} (-1)^n \dfrac{1}{n^2+1}$, 由莱布尼茨定理知其

收敛; 当 $x = \dfrac{1}{2}$ 时, 级数为 $\sum\limits_{n=0}^{\infty} \dfrac{1}{n^2+1}$, 收敛.

综上所述, 所求收敛域为 $\left[-\dfrac{1}{2}, \dfrac{1}{2} \right]$.

例 8-22　求幂级数 $\sum\limits_{n=0}^{\infty} \dfrac{(-1)^n}{n!} x^n$ 的收敛域.

解　因为

$$\lim_{n\to\infty} \left| \frac{a_{n+1}}{a_n} \right| = \lim_{n\to\infty} \frac{\dfrac{1}{(n+1)!}}{\dfrac{1}{n!}} = \lim_{n\to\infty} \frac{n!}{(n+1)!} = 0,$$

所以收敛半径为 $R = +\infty$, 从而收敛域为 $(-\infty, +\infty)$.

例 8-23　求幂级数 $\sum\limits_{n=1}^{\infty} \dfrac{(x-1)^n}{2^n n}$ 的收敛域.

解　令 $t = x - 1$, 上述级数变为 $\sum\limits_{n=1}^{\infty} \dfrac{t^n}{2^n n}$.

因为

$$\lim_{n\to\infty} \left| \frac{a_{n+1}}{a_n} \right| = \lim_{n\to\infty} \frac{2^n \cdot n}{2^{n+1} \cdot (n+1)} = \frac{1}{2},$$

所以收敛半径 $R = 2$.

当 $t = -2$ 时, 级数为 $\sum\limits_{n=1}^{\infty} \dfrac{(-1)^n}{n}$, 收敛, 当 $t = 2$ 时, 级数为 $\sum\limits_{n=1}^{\infty} \dfrac{1}{n}$,

发散.

因此, 级数 $\sum\limits_{n=1}^{\infty} \dfrac{t^n}{2^n n}$ 的收敛域为 $-2 \leqslant t < 2$. 由 $-2 \leqslant x-1 < 2$

得 $-1 \leqslant x < 3$, 所以原幂级数的收敛域为 $[-1, 3)$.

例 8-24　求幂级数 $\sum\limits_{n=1}^{\infty} 2^n x^{2n+1}$ 的收敛域.

解　这种缺项幂级数不能用定理 8-8 来求其收敛半径和收敛域, 而要用正项级数的比值判别法来求.

记 $u_n = \left| 2^n x^{2n+1} \right|$, 因为

$$\lim_{n\to\infty}\frac{u_{n+1}}{u_n}=\lim_{n\to\infty}\left|\frac{2^{n+1}x^{2n+3}}{2^n x^{2n+1}}\right|=2\,|x|^2,$$

当 $2\,|x|^2<1$，即 $|x|<\dfrac{1}{\sqrt{2}}$ 时，幂级数 $\sum\limits_{n=1}^{\infty}2^n x^{2n+1}$ 绝对收敛；当

$2\,|x|^2>1$，即 $|x|>\dfrac{1}{\sqrt{2}}$ 时，幂级数 $\sum\limits_{n=1}^{\infty}2^n x^{2n+1}$ 发散，所以收敛半径

$R=\dfrac{1}{\sqrt{2}}$.

当 $x=-\dfrac{1}{\sqrt{2}}$ 时，级数为 $\sum\limits_{n=1}^{\infty}\left(-\dfrac{1}{\sqrt{2}}\right)$，发散；当 $x=\dfrac{1}{\sqrt{2}}$ 时，级数为

$\sum\limits_{n=1}^{\infty}\dfrac{1}{\sqrt{2}}$，发散. 所以幂级数的收敛域为 $\left(-\dfrac{1}{\sqrt{2}},\dfrac{1}{\sqrt{2}}\right)$.

8.4.3   幂级数的运算

1.幂级数的加减法运算性质

设幂级数 $\sum\limits_{n=0}^{\infty}a_n x^n$ 及 $\sum\limits_{n=0}^{\infty}b_n x^n$ 的收敛半径分别为 R_1,R_2，记 $R=\min\{R_1,R_2\}$，则在区间 $(-R,R)$ 内，两个幂级数可以逐项相加减，即

$$\sum_{n=0}^{\infty}a_n x^n\pm\sum_{n=0}^{\infty}b_n x^n=\sum_{n=0}^{\infty}(a_n\pm b_n)x^n.$$

2.幂级数的和函数的分析运算性质

幂级数的和函数有很好的分析性质，下面给出三个性质，证明从略.

性质 1   幂级数 $\sum\limits_{n=0}^{\infty}a_n x^n$ 的和函数 $S(x)$ 在其收敛域上连续.

性质 2   幂级数 $\sum\limits_{n=0}^{\infty}a_n x^n$ 的和函数 $S(x)$ 在其收敛区间 $(-R,R)$ 内可导，并且有逐项求导公式

$$S'(x)=\left(\sum_{n=0}^{\infty}a_n x^n\right)'=\sum_{n=0}^{\infty}(a_n x^n)'=\sum_{n=1}^{\infty}na_n x^{n-1},$$

逐项求导后所得到的幂级数和原幂级数有相同的收敛半径.

性质 3   幂级数 $\sum\limits_{n=0}^{\infty}a_n x^n$ 的和函数 $S(x)$ 在其收敛区间 $(-R,R)$ 内可积，并且有逐项积分公式

$$\int_0^x S(x)\mathrm{d}x=\int_0^x\left(\sum_{n=0}^{\infty}a_n x^n\right)\mathrm{d}x=\sum_{n=0}^{\infty}\int_0^x a_n x^n\mathrm{d}x=\sum_{n=0}^{\infty}\frac{a_n}{n+1}x^{n+1},$$

逐项积分后所得到的幂级数和原幂级数有相同的收敛半径.

利用幂级数的性质，可求一些幂级数的和函数.

例 8-25　求幂级数 $\sum\limits_{n=1}^{\infty} \dfrac{1}{n} x^n$ 的和函数.

解　容易求出所给级数的收敛半径为 1,且当 $x=-1$ 时,级数为 $\sum\limits_{n=1}^{\infty}(-1)^n \dfrac{1}{n}$,收敛;当 $x=1$ 时,级数为 $\sum\limits_{n=1}^{\infty} \dfrac{1}{n}$,发散.因此,收敛域为 $[-1,1)$.

在 $(-1,1)$ 内设幂级数的和函数为 $S(x)$,即

$$S(x) = \sum_{n=1}^{\infty} \frac{1}{n} x^n ,$$

于是　　　$S'(x) = \left(\sum\limits_{n=1}^{\infty} \dfrac{1}{n} x^n\right)' = \sum\limits_{n=1}^{\infty} x^{n-1} = \dfrac{1}{1-x}.$

两边从 0 到 x 积分,得

$$S(x) - S(0) = \int_0^x \frac{1}{1-x} \mathrm{d}x = -\ln(1-x),$$

注意到 $S(0)=0$,于是 $S(x) = -\ln(1-x)$.

因为级数 $\sum\limits_{n=1}^{\infty} \dfrac{1}{n} x^n$ 在 $x=-1$ 处收敛,和函数 $-\ln(1-x)$ 在 $x=-1$ 处有定义且连续,故在 $[-1,1)$ 内,

$$\sum_{n=1}^{\infty} \frac{1}{n} x^n = -\ln(1-x) \quad (-1 \leqslant x < 1).$$

例 8-26　求幂级数 $\sum\limits_{n=1}^{\infty} n x^{n-1}$ 的和函数,并求级数 $\sum\limits_{n=1}^{\infty} \dfrac{n}{2^n}$ 的和.

解　容易求出所给级数的收敛半径为 1,且当 $x=-1$ 时,级数为 $\sum\limits_{n=1}^{\infty}(-1)^n n$,发散;且当 $x=1$ 时,级数为 $\sum\limits_{n=1}^{\infty} n$,发散.因此,收敛域为 $(-1,1)$.

在 $(-1,1)$ 内设幂级数的和函数为 $S(x)$,即

$$S(x) = \sum_{n=1}^{\infty} n x^{n-1},$$

两边从 0 到 x 积分,得

$$\int_0^x S(t) \mathrm{d}t = \sum_{n=1}^{\infty} x^n = x(1 + x + x^2 + \cdots + x^{n-1} + \cdots) = \frac{x}{1-x},$$

两边对 x 求导,得

$$S(x) = \left(\frac{x}{1-x}\right)' = \left(\frac{1}{1-x} - 1\right)' = \frac{1}{(1-x)^2}, x \in (-1,1).$$

取 $x = \dfrac{1}{2} \in (-1,1)$,则有

$$S\left(\frac{1}{2}\right) = \sum_{n=1}^{\infty} n \left(\frac{1}{2}\right)^{n-1} = \frac{1}{\left(1 - \dfrac{1}{2}\right)^2} = 4,$$

所以 $\sum\limits_{n=1}^{\infty} \dfrac{n}{2^n} = \sum\limits_{n=1}^{\infty} n \left(\dfrac{1}{2}\right)^n = \dfrac{1}{2} \sum\limits_{n=1}^{\infty} n \left(\dfrac{1}{2}\right)^{n-1} = \dfrac{1}{2} \times 4 = 2.$

习题 8.4

1. 求下列幂级数的收敛半径与收敛域：

(1) $\sum_{n=1}^{\infty} \dfrac{x^n}{n^n}$；

(2) $\sum_{n=1}^{\infty} 2^n x^n$；

(3) $\sum_{n=1}^{\infty} \dfrac{3^n}{n^2+1} x^n$；

(4) $\sum_{n=1}^{\infty} \dfrac{2n+1}{n!} x^n$；

(5) $\sum_{n=1}^{\infty} \dfrac{x^n}{n 3^n}$；

(6) $\sum_{n=1}^{\infty} \dfrac{x^n}{2^n n^2}$；

(7) $\sum_{n=1}^{\infty} (-1)^n \dfrac{5^n x^n}{\sqrt{n}}$；

(8) $\sum_{n=1}^{\infty} \dfrac{x^n}{(2n-1)2n}$.

2. 求下列幂级数的收敛域：

(1) $\sum_{n=1}^{\infty} \dfrac{(2x+1)^n}{n}$；

(2) $\sum_{n=1}^{\infty} \dfrac{(x+1)^n}{3^{n-1}\sqrt{n}}$；

(3) $\sum_{n=1}^{\infty} \dfrac{n+1}{3^n} x^{2n}$；

(4) $\sum_{n=1}^{\infty} \dfrac{x^{2n-1}}{2n-1}$；

(5) $\sum_{n=1}^{\infty} (\sqrt{n+1}-\sqrt{n}) x^{2n}$；

(6) $\sum_{n=2}^{\infty} (-1)^n \dfrac{x^{2n-3}}{2^n n}$.

3. 求下列幂级数的和函数：

(1) $\sum_{n=1}^{\infty} (-1)^{n-1} n x^{n-1}$；

(2) $\sum_{n=1}^{\infty} (-1)^{n-1} \dfrac{x^n}{n}$；

(3) $\sum_{n=1}^{\infty} \dfrac{(-1)^n}{2n-1} x^{2n-1}$；

(4) $\sum_{n=1}^{\infty} n x^n$.

8.5 函数展开成幂级数

上节讨论了幂级数的收敛域及其和函数的性质，我们看到，幂级数在收敛域内可以表示成一个函数. 本节讨论相反的问题，即函数 $f(x)$ 在什么样的条件下可以表示成幂级数的形式.

8.5.1 泰勒级数

我们知道，在初等函数中，多项式函数是最简单的函数. 如果能将较复杂的初等函数用多项式函数近似表示出来，而误差又能满足要求，这对于研究函数的性质、近似计算都有很重要的意义.

回顾一下第 3 章中 3.3.2 小节的泰勒中值定理：如果函数 $f(x)$ 在 x_0 的某邻域内具有直到 $n+1$ 阶导数，则在该邻域内的任一点 x，函数 $f(x)$ 可以展开成 n 阶泰勒公式，即

$$f(x) = f(x_0) + f'(x_0)(x-x_0) + \frac{f''(x_0)}{2!}(x-x_0)^2 + \cdots +$$

$$\frac{f^{(n)}(x_0)}{n!}(x-x_0)^n + R_n(x), \tag{8-11}$$

其中 $R_n(x) = \dfrac{f^{(n+1)}(\xi)}{(n+1)!}(x-x_0)^{n+1}$ （ξ 介于 x 与 x_0 之间）.

这时，在该邻域内 $f(x)$ 可以用 n 次多项式

$$P_n(x) = f(x_0) + f'(x_0)(x-x_0) + \frac{f''(x_0)}{2!}(x-x_0)^2 + \cdots +$$

$$\frac{f^{(n)}(x_0)}{n!}(x-x_0)^n \tag{8-12}$$

来近似表示，并且误差等于余项的绝对值 $|R_n(x)|$. 显然，如果 $|R_n(x)|$ 随着 n 的增大而减小，那么我们就可以用增加多项式(8-12)的项数的办法来提高精确度，不过这时要求 $f(x)$ 具有更高阶的导数.

如果 $f(x)$ 在点 x_0 的某邻域内具有任意阶导数，这时我们可以得到如下的级数：

$$f(x_0) + f'(x_0)(x-x_0) + \frac{f''(x_0)}{2!}(x-x_0)^2 + \cdots + \frac{f^{(n)}(x_0)}{n!}$$

$$(x-x_0)^n + \cdots, \tag{8-13}$$

这一幂级数称为函数 $f(x)$ 的泰勒级数. 显然，当 $x = x_0$ 时，$f(x)$ 的泰勒级数收敛于 $f(x_0)$. 但除了 $x = x_0$ 外，$f(x)$ 的泰勒级数是否收敛？如果收敛，它是否一定收敛于 $f(x)$？

如果 $f(x)$ 的泰勒级数(8-13)收敛于 $f(x)$，即

$$f(x) = \sum_{n=0}^{\infty} \frac{f^{(n)}(x_0)}{n!}(x-x_0)^n \quad (f^{(0)}(x_0) = f(x_0)),$$

则称函数 $f(x)$ 可以展开成泰勒级数.

下面的定理回答了在什么条件下函数 $f(x)$ 可以展开成泰勒级数.

定理 8-9　设函数 $f(x)$ 在点 x_0 的某一邻域 $U(x_0)$ 内有任意阶导数，则 $f(x)$ 在该邻域内能展开成泰勒级数的充分必要条件是 $f(x)$ 的泰勒公式中的余项 $R_n(x)$ 当 $n \to \infty$ 时的极限为零，即

$$\lim_{n\to\infty} R_n(x) = 0, x \in U(x_0).$$

证明　设 $f(x)$ 可以展开成泰勒级数，记 $f(x)$ 的泰勒级数的前 $n+1$ 项和为 $S_{n+1}(x)$，显然 $S_{n+1}(x)$ 就是 $P_n(x)$，且

$$\lim_{n\to\infty} S_{n+1}(x) = \lim_{n\to\infty} P_n(x) = f(x).$$

由泰勒公式　　$f(x) = P_n(x) + R_n(x), x \in U(x_0),$

所以　　　　　　$R_n(x) = f(x) - P_n(x),$

于是　　$\lim_{n\to\infty} R_n(x) = \lim_{n\to\infty}[f(x) - P_n(x)] = f(x) - f(x) = 0.$

反过来，设 $\lim_{n\to\infty} R_n(x) = 0, x \in U(x_0)$. 由泰勒公式得

$$P_n(x) = f(x) - R_n(x),$$

于是　　$\lim_{n\to\infty} P_n(x) = \lim_{n\to\infty}[f(x) - R_n(x)] = f(x), x \in U(x_0),$

即　　　　$f(x) = \sum_{n=0}^{\infty} \frac{f^{(n)}(x_0)}{n!}(x-x_0)^n, x \in U(x_0).$

注意：如果函数 $f(x)$ 在点 x_0 的某一邻域 $U(x_0)$ 内能展开成 $(x-x_0)$ 的幂级数，则 $f(x)$ 在 $U(x_0)$ 内有任意阶导数，且幂级数的系

数由函数 $f(x)$ 在点 x_0 的 k 阶导数唯一确定. 也就是说,如果函数 $f(x)$ 在点 x_0 的某一邻域 $U(x_0)$ 内能展开成 $(x-x_0)$ 的幂级数,则展开式唯一,且这个展开式就是 $f(x)$ 在点 x_0 的泰勒级数.

在泰勒级数(8-13)中取 $x_0 = 0$,得

$$f(0) + f'(0)x + \frac{f''(0)}{2!}x^2 + \cdots + \frac{f^{(n)}(0)}{n!}x^n + \cdots, \quad (8\text{-}14)$$

级数(8-14)称为 $f(x)$ 的麦克劳林级数.

下面将具体讨论把函数 $f(x)$ 展开为 x 的幂级数的方法.

8.5.2　函数展开成幂级数

将函数展开成幂级数的方法有两种,直接展开法和间接展开法.

1. 直接展开法

要把函数 $f(x)$ 展开成 x 的幂级数,可以按照下列步骤进行:

第一步,求出 $f(x)$ 的各阶导数 $f^{(n)}(x)$, $n=1,2,\cdots$,如果在 $x=0$ 处某阶导数不存在,就停止进行,例如在 $x=0$ 处 $f(x)=x^{\frac{7}{3}}$ 的三阶导数不存在,它就不能展开为 x 的幂级数.

第二步,求 $f^{(n)}(x)$ 在 $x=0$ 的值 $f^{(n)}(0)$, $n=0,1,2,\cdots$.

第三步,写出幂级数

$$f(0) + f'(0)x + \frac{f''(0)}{2!}x^2 + \cdots + \frac{f^{(n)}(0)}{n!}x^n + \cdots,$$

并求出收敛半径 R 与收敛域.

第四步,考察在收敛域内 $R_n(x)$ 的极限

$$\lim_{n\to\infty} R_n(x) = \lim_{n\to\infty} \frac{f^{(n+1)}(\xi)}{(n+1)!}x^{n+1} \quad (\xi \text{ 介于 } x \text{ 与 } x_0 \text{ 之间})$$

是否为零. 如果 $\lim\limits_{n\to\infty} R_n(x) = 0$,则 $f(x)$ 在收敛域内有展开式

$$f(x) = f(0) + f'(0)x + \frac{f''(0)}{2!}x^2 + \cdots + \frac{f^{(n)}(0)}{n!}x^n + \cdots.$$

例 8-27　将函数 $f(x) = e^x$ 展开成 x 的幂级数.

解　因为 $f^{(n)}(x) = e^x$,故 $f^{(n)}(0) = 1$,可得级数

$$\sum_{n=0}^{\infty} \frac{f^{(n)}(0)}{n!}x^n = \sum_{n=0}^{\infty} \frac{x^n}{n!} = 1 + x + \frac{1}{2!}x^2 + \cdots + \frac{1}{n!}x^n + \cdots,$$

它的收敛半径 $R = +\infty$.

对于任何有限的数 x,ξ(ξ 介于 0 与 x 之间),有

$$|R_n(x)| = \left| \frac{e^{\xi}}{(n+1)!}x^{n+1} \right| < e^{|x|} \cdot \frac{|x|^{n+1}}{(n+1)!},$$

因为 $e^{|x|}$ 是有限数,而 $\sum\limits_{n=0}^{\infty} \frac{|x|^{n+1}}{(n+1)!}$ 是收敛级数,由级数收敛的必要条件得

$$\lim_{n\to\infty} \frac{|x|^{n+1}}{(n+1)!} = 0, \text{即} \lim_{n\to\infty} |R_n(x)| = 0,$$

从而 $\lim\limits_{n\to\infty} R_n(x) = 0$. 于是得 e^x 的麦克劳林展开式为

$$e^x = 1 + x + \frac{1}{2!}x^2 + \cdots + \frac{1}{n!}x^n + \cdots = \sum_{n=0}^{\infty} \frac{x^n}{n!} \quad (-\infty < x < +\infty).$$

例 8-28　将函数 $f(x) = \sin x$ 展开成 x 的幂级数.

解　因为 $f^{(n)}(x) = \sin\left(x + n \cdot \frac{\pi}{2}\right)$，所以 $f(0) = 0, f'(0) = 1, f''(0) = 0, f'''(0) = -1, \cdots, f^{(2k)}(0) = 0, f^{(2k+1)}(0) = (-1)^k$，得到级数

$$x - \frac{x^3}{3!} + \frac{x^5}{5!} - \frac{x^7}{7!} + \cdots + (-1)^n \frac{x^{2n+1}}{(2n+1)!} + \cdots,$$

它的收敛半径为 $R = +\infty$.

对于任何有限的数 $x, \xi(\xi$ 介于 0 与 x 之间)，有

$$|R_n(x)| = \left| \frac{\sin\left[\xi + \frac{(n+1)\pi}{2}\right]}{(n+1)!} x^{n+1} \right| \leqslant \frac{|x|^{n+1}}{(n+1)!} \to 0 (n \to \infty).$$

于是得 $\sin x$ 的麦克劳林展开式为

$$\sin x = x - \frac{x^3}{3!} + \frac{x^5}{5!} - \frac{x^7}{7!} + \cdots + (-1)^n \frac{x^{2n+1}}{(2n+1)!} + \cdots$$

$$= \sum_{n=0}^{\infty} \frac{(-1)^n}{(2n+1)!} x^{2n+1} \quad (-\infty < x < +\infty).$$

2. 间接展开法

直接展开法虽然步骤明确，但是计算量较大，而且判别 $\lim_{n\to\infty} R_n(x) = 0$ 是否成立往往比较困难. 因此我们通常利用已知函数的展开式，通过幂级数的性质和运算，求出有关函数的幂级数展开式，这就是间接展开法. 间接展开法使用起来比较方便，不需要验证余项的极限是否为零，但是需要掌握一些基本初等函数的展开式及其收敛域.

例 8-29　将函数 $f(x) = \cos x$ 展开成 x 的幂级数.

解　因为 $\cos x = (\sin x)'$，又 $\sin x$ 的麦克劳林展开式为

$$\sin x = x - \frac{x^3}{3!} + \frac{x^5}{5!} - \frac{x^7}{7!} + \cdots + (-1)^n \frac{x^{2n+1}}{(2n+1)!} + \cdots$$

$$(-\infty < x < +\infty),$$

将上式对 x 求导得

$$\cos x = 1 - \frac{x^2}{2!} + \frac{x^4}{4!} - \frac{x^6}{6!} + \cdots + (-1)^n \frac{x^{2n}}{(2n)!} + \cdots$$

$$= \sum_{n=0}^{\infty} \frac{(-1)^n}{(2n)!} x^{2n} \quad (-\infty < x < +\infty).$$

例 8-30　将函数 $f(x) = \ln(1+x)$ 展开成 x 的幂级数.

解　因为 $f'(x) = \frac{1}{1+x}$，而 $\frac{1}{1+x}$ 是收敛的等比级数

$\sum_{n=0}^{\infty} (-1)^n x^n \quad (-1 < x < 1)$ 的和函数，即

$$\frac{1}{1+x} = 1 - x + x^2 - x^3 + \cdots + (-1)^n x^n + \cdots \quad (-1 < x < 1),$$

所以将上式从 0 到 x 积分,得

$$\ln(1+x) = x - \frac{x^2}{2} + \frac{x^3}{3} - \frac{x^4}{4} + \cdots + (-1)^n \frac{x^{n+1}}{n+1} + \cdots$$
$$(-1 < x < 1),$$

又因为当 $x = 1$ 时,级数 $\displaystyle\sum_{n=0}^{\infty} (-1)^n \frac{x^{n+1}}{n+1} = \sum_{n=0}^{\infty} (-1)^n \frac{1}{n+1}$ 是收敛的交错级数,而 $\ln(1+x)$ 在 $x = 1$ 处有定义且连续,所以上述展开式在 $x = 1$ 处也成立. 于是可得 $\ln(1+x)$ 的麦克劳林展开式为

$$\ln(1+x) = x - \frac{x^2}{2} + \frac{x^3}{3} - \frac{x^4}{4} + \cdots + (-1)^n \frac{x^{n+1}}{n+1} + \cdots$$
$$= \sum_{n=0}^{\infty} (-1)^n \frac{x^{n+1}}{n+1} \quad (-1 < x \leqslant 1).$$

二项式函数 $f(x) = (1+x)^\alpha$(α 为任意常数)的麦克劳林级数可以由直接展开法与间接展开法结合起来得到. 这里直接给出:

$$(1+x)^\alpha = 1 + \alpha x + \frac{\alpha(\alpha-1)}{2!} x^2 + \cdots + \frac{\alpha(\alpha-1)\cdots(\alpha-n+1)}{n!} x^n + \cdots$$
$$= 1 + \sum_{n=1}^{\infty} \frac{\alpha(\alpha-1)\cdots(\alpha-n+1)}{n!} x^n.$$

该级数的收敛半径 $R = 1$. 在端点 $x = \pm 1$ 的收敛情况由 α 的取值而定:当 $\alpha \leqslant -1$ 时,收敛域为 $(-1,1)$;当 $-1 < \alpha < 0$ 时,收敛域为 $(-1,1]$;当 $\alpha > 0$ 时,收敛域为 $[-1,1]$.

例如,当 $\alpha = -1$ 时,得到已知的等比级数

$$\frac{1}{1+x} = 1 - x + x^2 - x^3 + \cdots + (-1)^n x^n + \cdots \quad (-1 < x < 1).$$

$$(8\text{-}15)$$

再如,当 $\alpha = -\frac{1}{2}$ 时,得到

$$\frac{1}{\sqrt{1+x}} = 1 - \frac{1}{2} x + \frac{1 \cdot 3}{2 \cdot 4} x^2 - \frac{1 \cdot 3 \cdot 5}{2 \cdot 4 \cdot 6} x^3 + \cdots \quad (-1 < x \leqslant 1).$$

将式(8-15)中的 x 换为 x^2,有

$$\frac{1}{1+x^2} = 1 - x^2 + x^4 - x^6 + \cdots + (-1)^n x^{2n} + \cdots \quad (-1 < x < 1).$$

$$(8\text{-}16)$$

因为 $(\arctan x)' = \dfrac{1}{1+x^2}$,$\arctan x = \displaystyle\int_0^x \frac{1}{1+t^2} \mathrm{d}t$,将式(8-16)从 0 到 x 积分,得 $\arctan x$ 的麦克劳林展开式为

$$\arctan x = x - \frac{x^3}{3} + \frac{x^5}{5} - \frac{x^7}{7} + \cdots + (-1)^n \frac{x^{2n+1}}{2n+1} + \cdots$$
$$= \sum_{n=0}^{\infty} (-1)^n \frac{x^{2n+1}}{2n+1} \quad (-1 \leqslant x \leqslant 1).$$

注意:当 $x = \pm 1$ 时,由于相应的级数为收敛的交错级数,而 $\arctan x$ 在 $x = \pm 1$ 处有定义且连续,所以上式的收敛域为 $[-1,1]$.

例 8-31   将函数 $f(x) = \mathrm{e}^{-x^2}$ 展开成 x 的幂级数.

解 因为 $e^x = 1 + x + \dfrac{1}{2!}x^2 + \cdots + \dfrac{1}{n!}x^n + \cdots \quad (-\infty < x < +\infty)$,

把 x 换成 $-x^2$, 得

$$e^{-x^2} = 1 - x^2 + \dfrac{x^4}{2!} - \dfrac{x^6}{3!} + \cdots + (-1)^n \dfrac{x^{2n}}{n!} + \cdots \quad (-\infty < x < +\infty).$$

例 8-32 将函数 $f(x) = \sin x$ 展开成 $\left(x - \dfrac{\pi}{4}\right)$ 的幂级数.

解 因为

$$\sin x = \sin\left[\dfrac{\pi}{4} + \left(x - \dfrac{\pi}{4}\right)\right]$$

$$= \sin\dfrac{\pi}{4}\cos\left(x - \dfrac{\pi}{4}\right) + \cos\dfrac{\pi}{4}\sin\left(x - \dfrac{\pi}{4}\right)$$

$$= \dfrac{\sqrt{2}}{2}\left[\cos\left(x - \dfrac{\pi}{4}\right) + \sin\left(x - \dfrac{\pi}{4}\right)\right],$$

由

$$\cos\left(x - \dfrac{\pi}{4}\right) = 1 - \dfrac{1}{2!}\left(x - \dfrac{\pi}{4}\right)^2 + \dfrac{1}{4!}\left(x - \dfrac{\pi}{4}\right)^4 - \cdots$$

$$(-\infty < x < +\infty),$$

$$\sin\left(x - \dfrac{\pi}{4}\right) = \left(x - \dfrac{\pi}{4}\right) - \dfrac{1}{3!}\left(x - \dfrac{\pi}{4}\right)^3 + \dfrac{1}{5!}\left(x - \dfrac{\pi}{4}\right)^5 - \cdots$$

$$(-\infty < x < +\infty),$$

所以 $\sin x = \dfrac{\sqrt{2}}{2}\left[1 + \left(x - \dfrac{\pi}{4}\right) - \dfrac{1}{2!}\left(x - \dfrac{\pi}{4}\right)^2 - \dfrac{1}{3!}\left(x - \dfrac{\pi}{4}\right)^3 + \right.$

$$\left. \dfrac{1}{4!}\left(x - \dfrac{\pi}{4}\right)^4 + \dfrac{1}{5!}\left(x - \dfrac{\pi}{4}\right)^5 - \cdots\right] \quad (-\infty < x < +\infty).$$

例 8-33 将函数 $f(x) = \dfrac{3}{(1-x)(1+2x)}$ 展开成 x 的幂级数.

解 因为

$$f(x) = \dfrac{1}{1-x} + \dfrac{2}{1+2x},$$

而

$$\dfrac{1}{1-x} = \sum_{n=0}^{\infty} x^n, \quad x \in (-1,1),$$

$$\dfrac{1}{1+2x} = \sum_{n=0}^{\infty} (-1)^n (2x)^n, \quad x \in \left(-\dfrac{1}{2}, \dfrac{1}{2}\right),$$

所以 $\quad f(x) = \dfrac{3}{(1-x)(1+2x)} = \sum_{n=0}^{\infty} x^n + 2\sum_{n=0}^{\infty} (-1)^n (2x)^n$

$$= \sum_{n=0}^{\infty} \left[1 + (-1)^n 2^{n+1}\right]x^n,$$

收敛域为 $(-1,1) \bigcap \left(-\dfrac{1}{2}, \dfrac{1}{2}\right) = \left(-\dfrac{1}{2}, \dfrac{1}{2}\right).$

我们将常用函数的麦克劳林展开式列在下面,这些展开式在近 □ 幂级数的应用似计算中有非常重要的应用.

$$(1)e^x = 1 + x + \frac{1}{2!}x^2 + \cdots + \frac{1}{n!}x^n + \cdots \quad (-\infty < x < +\infty);$$

$$(2)\sin x = x - \frac{x^3}{3!} + \frac{x^5}{5!} - \frac{x^7}{7!} + \cdots + (-1)^n\frac{x^{2n+1}}{(2n+1)!} + \cdots$$
$$(-\infty < x < +\infty);$$

$$(3)\cos x = 1 - \frac{x^2}{2!} + \frac{x^4}{4!} - \frac{x^6}{6!} + \cdots + (-1)^n\frac{x^{2n}}{(2n)!} + \cdots$$
$$(-\infty < x < +\infty);$$

$$(4)\ln(1+x) = x - \frac{x^2}{2} + \frac{x^3}{3} - \frac{x^4}{4} + \cdots + (-1)^n\frac{x^{n+1}}{n+1} + \cdots$$
$$(-1 < x \leqslant 1);$$

$$(5)\,(1+x)^\alpha = 1 + \alpha x + \frac{\alpha(\alpha-1)}{2!}x^2 + \cdots +$$
$$\frac{\alpha(\alpha-1)\cdots(\alpha-n+1)}{n!}x^n + \cdots \quad (-1 < x < 1);$$

特别地,

$$\frac{1}{1-x} = 1 + x + x^2 + x^3 + \cdots + x^n + \cdots \quad (-1 < x < 1);$$

$$\frac{1}{1+x} = 1 - x + x^2 - x^3 + \cdots + (-1)^n x^n + \cdots \quad (-1 < x < 1);$$

$$(6)\arctan x = x - \frac{x^3}{3} + \frac{x^5}{5} - \frac{x^7}{7} + \cdots + (-1)^n\frac{x^{2n+1}}{2n+1} + \cdots$$
$$(-1 \leqslant x \leqslant 1).$$

习题 8.5

1.将下列函数展开成 x 的幂级数,并指出其收敛域:

(1)3^x;   (2)$\sin\frac{x}{2}$;

(3)$\ln(3+x)$;   (4)$\frac{1}{3-x}$;

(5)$\frac{x}{x^2-x-2}$;   (6)$\ln(1-x-2x^2)$.

2.将 $f(x) = e^x$ 展开成 $(x-3)$ 的幂级数,并指出其收敛域.

3.将 $f(x) = \cos x$ 展开成 $\left(x+\frac{\pi}{3}\right)$ 的幂级数,并指出其收敛域.

4.将 $f(x) = \frac{1}{x+2}$ 展开成 $(x-4)$ 的幂级数,并指出其收敛域.

数学实验 8

1.实验目的与内容

(1) 运用 MATLAB 求常数项级数的和;

(2) 运用 MATLAB 将函数展开为幂级数.

2. MATLAB 命令

求级数的和与幂级数展开命令

MATLAB 中主要用 symsum,taylor 求级数的和及进行泰勒展开（表 8-1）.

表 8-1　MATLAB 求级数的和与幂级数展开命令

调用格式	描述
symsum(s,v,a,b)	表达式 s 关于变量 v 从 a 到 b 求和
taylor(f,n,v,a)	将函数 f 在 a 点展为 n 阶泰勒多项式,v 为变量

注:可以用 help symsum,help taylor 查阅上述命令的详细信息.

3. 实验案例

例 8-34　计算级数 $\sum\limits_{n=1}^{\infty}\dfrac{1}{n(n+1)}$ 的和.

程序代码:

```
>> syms n
>> f = 1/(n * (n+1));
>> s = symsum(f,n,1,inf)
```

运行结果:

s =

$\qquad$ 1

例 8-35　判断级数 $\sum\limits_{n=1}^{\infty}\ln\left(\dfrac{n+1}{n}\right)$ 的收敛性.

程序代码:

```
>> syms n
>> f = log((n+1)/n);
>> s = symsum(f,n,1,inf)
```

运行结果:

s =

$\qquad$ Inf

所以这个级数是发散的.

例 8-36　求函数 $y=\sin x$ 的泰勒级数,并考察它的泰勒展开式的前几项构成的多项式函数向 $y=\sin x$ 的图形逼近情况.

(1) 求函数 $y=\sin x$ 的泰勒级数

程序代码:

```
>> syms x;
>> f = sin(x);
>> y1 = taylor(f,1,x,0)    % 将函数 f 在 0 点展为 1 阶泰勒
多项式
>> y2 = taylor(f,2,x,0)    % 将函数 f 在 0 点展为 2 阶泰勒
多项式
>> y3 = taylor(f,3,x,0)    % 将函数 f 在 0 点展为 3 阶泰勒
多项式
>> y4 = taylor(f,4,x,0)    % 将函数 f 在 0 点展为 4 阶泰勒
```

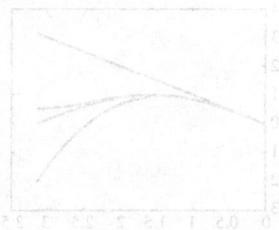

多项式

$>>$ y5 = taylor(f,5,x,0)   % 将函数 f 在 0 点展为 5 阶泰勒

多项式

$>>$ y6 = taylor(f,6,x,0)   % 将函数 f 在 0 点展为 6 阶泰勒

多项式

输出结果：

y1 =

0

y2 =

x

y3 =

x

y4 =

− x^3/6 + x

y5 =

− x^3/6 + x

y6 =

x^5/120 − x^3/6 + x

然后在同一坐标系里做出函数 $y = \sin x$ 和它的泰勒展开式的前

几项构成的多项式函数 $y = x, y = x − \dfrac{x^3}{3!}, y = x − \dfrac{x^3}{3!} + \dfrac{x^5}{5!} + \cdots$ 的

图形,观测这些多项式函数的图形向 $y = \sin x$ 的图形逼近的情况.

(2)作函数 $y = \sin x$ 和它的泰勒展开式前几项构成的多项式图

像

程序代码：

$>>$ x = 0 : 0. 01 : pi;

$>>$ f = sin(x); y2 = x; y4 = x − x. ^3/6; y6 = x − x. ^3/6

+ x. ^5/120;

$>>$ plot(x,f,x,y2,':',x,y4,':',x,y6,':')

输出结果如图 8-1 所示.

例 8-37   将函数 $f(x) = \dfrac{1}{x^2 + 4x + 3}$ 展开为关于 $x − 1$ 的泰

勒级数.

程序代码：

$>>$ syms x

$>>$ f = 1/(x^2 + 4 * x + 3);

$>>$ taylor(f,6,x,1)

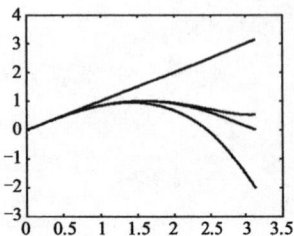
图 8-1

□ 实验 8 补充例题

运行结果

ans =

(7 * (x − 1)^2)/128 − (3 * x)/32 − (15 * (x − 1)^

3)/512 + (31 * (x − 1)^4)/2048 − (63 * (x − 1)^

5)/8192 + 7/32

练习

1.用 MATLAB 计算下列级数的和：

(1) $\dfrac{1}{3} + \dfrac{1}{\sqrt{3}} + \dfrac{1}{\sqrt[2]{3}} + \dfrac{1}{\sqrt[3]{3}} + \cdots$;　　(2) $\dfrac{1}{\displaystyle\sum_{n=1}^{\infty} (\ln(n+1))^n}$;

(3) $\displaystyle\sum_{n=1}^{\infty} \dfrac{1}{n^4}$;　　(4) $\displaystyle\sum_{n=1}^{\infty} \dfrac{1}{n^6}$.

2.用 MATLAB 的 taylor 命令观测函数 $y = f(x)$ 的麦克劳林展开式的前几项，然后在同一坐标系里做出函数 $y = f(x)$ 和它的泰勒展开式的前几项构成的多项式函数的图形，观测这些多项式函数的图形向 $y = f(x)$ 的图形逼近的情况.

(1) $f(x) = \arcsin x$;　　(2) $f(x) = \arctan x$;

(3) $f(x) = \mathrm{e}^{x^2}$.

3.用 MATLAB 将函数 $f(x) = \mathrm{e}^x$ 分别展开成关于 x 和 $x - 1$ 的幂级数，输出前 6 项. 　□数学建模：蠕虫爬橡皮绳模型

本章小结

一、知识点结构图

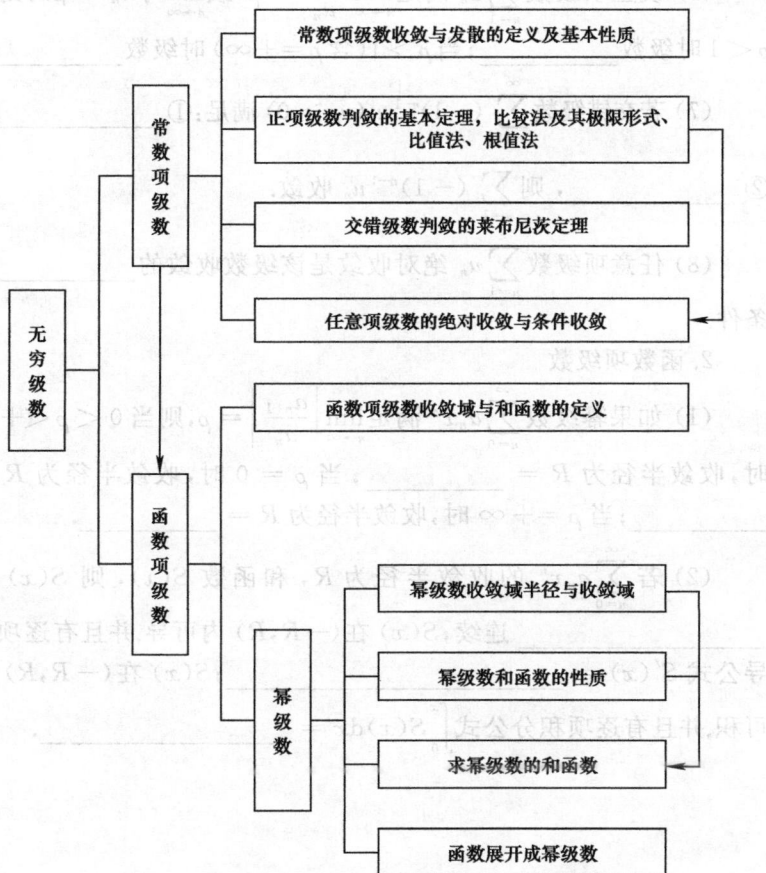

```
                    ┌──────────────────────────────────────┐
                    │  常数项级数收敛与发散的定义及基本性质   │
                    └──────────────────────────────────────┘
                    ┌──────────────────────────────────────┐
            ┌───┐   │  正项级数判敛的基本定理，比较法及其极限形式、│
            │常 │   │           比值法、根值法              │
            │数 │   └──────────────────────────────────────┘
            │项 │   ┌──────────────────────────────────────┐
            │级 │   │      交错级数判敛的莱布尼茨定理         │
            │数 │   └──────────────────────────────────────┘
            └───┘   ┌──────────────────────────────────────┐
                    │   任意项级数的绝对收敛与条件收敛         │
   ┌───┐            └──────────────────────────────────────┘
   │无 │            ┌──────────────────────────────────────┐
   │穷 │            │    函数项级数收敛域与和函数的定义        │
   │级 │            └──────────────────────────────────────┘
   │数 │   ┌───┐    ┌──────────────────────────────────────┐
   └───┘   │函 │    │      幂级数收敛域半径与收敛域          │
           │数 │    └──────────────────────────────────────┘
           │项 │    ┌──────────────────────────────────────┐
           │级 │┌──┐│        幂级数和函数的性质             │
           │数 ││幂││└──────────────────────────────────────┘
           └───┘│级││┌──────────────────────────────────────┐
                │数│││         求幂级数的和函数              │
                └──┘└──────────────────────────────────────┘
                    ┌──────────────────────────────────────┐
                    │        函数展开成幂级数               │
                    └──────────────────────────────────────┘
```

二、知识点自我检验

1. 常数项级数

(1) 常数项级数 $\sum\limits_{n=1}^{\infty} u_n$ 收敛的定义：_____

_____.

(2) 级数收敛的必要条件：_____.

(3) 等比级数 $\sum\limits_{n=0}^{\infty} aq^n$ 当_____时收敛；当_____时发散；$p-$级数 $\sum\limits_{n=1}^{\infty} \dfrac{1}{n^p}(p>0)$ 当_____时收敛，当_____时发散.

(4) 正项级数 $\sum\limits_{n=1}^{\infty} u_n$ 收敛的充分必要条件是_____.

(5) 若正项级数 $\sum\limits_{n=1}^{\infty} u_n$ 和 $\sum\limits_{n=1}^{\infty} v_n$ 满足 $u_n \leqslant kv_n (n=1,2,\cdots)$，$k$ 是大于零的常数. ① 若 $\sum\limits_{n=1}^{\infty} v_n$ 收敛，则 $\sum\limits_{n=1}^{\infty} u_n$_____；② 若级数 $\sum\limits_{n=1}^{\infty} u_n$ 发散，则级数 $\sum\limits_{n=1}^{\infty} v_n$_____.

(6) 设正项级数 $\sum\limits_{n=1}^{\infty} u_n$ 满足 $\lim\limits_{n\to\infty} \dfrac{u_{n+1}}{u_n} = \rho$（或 $\lim\limits_{n\to\infty} \sqrt[n]{u_n} = \rho$），则当 $\rho<1$ 时级数_____；当 $\rho>1$（含 $\rho=+\infty$）时级数_____.

(7) 若交错级数 $\sum\limits_{n=1}^{\infty} (-1)^{n-1} u_n (u_n>0)$ 满足：①_____；② _____，则 $\sum\limits_{n=1}^{\infty} (-1)^{n-1} u_n$ 收敛.

(8) 任意项级数 $\sum\limits_{n=1}^{\infty} u_n$ 绝对收敛是该级数收敛的_____条件.

2. 函数项级数

(1) 如果幂级数 $\sum\limits_{n=0}^{\infty} a_n x^n$ 满足 $\lim\limits_{n\to\infty} \left| \dfrac{a_{n+1}}{a_n} \right| = \rho$，则当 $0<\rho<+\infty$ 时，收敛半径为 $R=$_____；当 $\rho=0$ 时，收敛半径为 $R=$_____；当 $\rho=+\infty$ 时，收敛半径为 $R=$_____.

(2) 若 $\sum\limits_{n=0}^{\infty} a_n x^n$ 的收敛半径为 R，和函数 $S(x)$，则 $S(x)$ 在_____连续；$S(x)$ 在 $(-R,R)$ 内可导，并且有逐项求导公式 $S'(x)=$_____；$S(x)$ 在 $(-R,R)$ 内可积，并且有逐项积分公式 $\int_0^x S(x)\mathrm{d}x=$_____.

总习题 8A

1.填空题:

(1) 若级数 $\displaystyle\sum_{n=1}^{\infty}(u_n-2)$ 收敛,则 $\lim\limits_{n\to\infty}u_n=$ _____.

(2) 使级数 $\displaystyle\sum_{n=1}^{\infty}(-1)^{n-1}\dfrac{1}{n^p}$ 发散的 p 值范围是 _____.

(3) 已知 $\displaystyle\sum_{n=1}^{\infty}(-1)^{n-1}u_n=2$,$\displaystyle\sum_{n=1}^{\infty}u_{2n+1}=5$,则 $\displaystyle\sum_{n=1}^{\infty}u_n=$ _____.

(4) 设 $\displaystyle\sum_{n=1}^{\infty}a_nx^n$ 的收敛半径为 R,则 $\displaystyle\sum_{n=1}^{\infty}a_nx^{2n+1}$ 的收敛半径为 _____.

(5) $f(x)=\dfrac{1}{x}$ 展开成 $x-1$ 的幂级数为 _____.

2.单项选择题:

(1) 设 α 为常数,则级数 $\displaystyle\sum_{n=1}^{\infty}\left[\dfrac{\sin n\alpha}{n^2}-\dfrac{1}{\sqrt{n}}\right]$ ( ).

A.绝对收敛;   B.发散;

C.条件收敛;   D.敛散性与 α 的取值有关.

(2) 设 $k>0$,则级数 $\displaystyle\sum_{n=2}^{\infty}(-1)^n\dfrac{k+n}{n^2}$ ( ).

A.发散;   B.条件收敛;

C.绝对收敛;   D.敛散性与 k 值有关.

(3) 正项级数 $\displaystyle\sum_{n=1}^{\infty}u_n$ 收敛的充分必要条件是( ).

A. $\lim\limits_{n\to0}u_n=0$;

B. $\lim\limits_{n\to0}u_n=0$ 且 $u_n\geqslant u_{n+1}(n=1,2,\cdots)$;

C. $\lim\limits_{n\to\infty}\dfrac{u_{n+1}}{u_n}=\rho<1$;

D. 部分和数列有界.

(4) 级数 $\displaystyle\sum_{n=2}^{\infty}(-1)^n\dfrac{1}{\pi^n}\sin\dfrac{\pi}{n}$ ( ).

A.发散;   B.条件收敛;

C.绝对收敛;   D.不能判断敛散性.

(5) 下列级数中条件收敛的是( ).

A. $\displaystyle\sum_{n=1}^{\infty}\sin\dfrac{1}{n^2}$;   B. $\displaystyle\sum_{n=1}^{\infty}(-1)^n\dfrac{1}{n^2}$;

C. $\displaystyle\sum_{n=1}^{\infty}(-1)^n\dfrac{1}{\sqrt{n}}$;   D. $\displaystyle\sum_{n=1}^{\infty}(-1)^n\dfrac{1}{2^n}$.

(6) 设幂级数 $\displaystyle\sum_{n=1}^{\infty}a_nx^n$ 的收敛半径为 3,则幂级数 $\displaystyle\sum_{n=1}^{\infty}na_n$

$(x-1)^{n-1}$ 的必定收敛的区间为(　　　　　　　).

A. $(-2,4)$;　　　　　　　　B. $[-2,4]$;

C. $(-3,3)$;　　　　　　　　D. $(-4,2)$.

3.判断下列级数的敛散性.

(1) $\displaystyle\sum_{n=1}^{\infty}\frac{1}{\sqrt{n+1}+\sqrt{n}}$;　　　　(2) $\displaystyle\sum_{n=1}^{\infty}\frac{3^{2n-1}}{(2n-1)2^{2n-1}}$;

(3) $\displaystyle\sum_{n=1}^{\infty}\left[\frac{1}{n}-\ln\left(1+\frac{1}{n}\right)\right]$;　　　　(4) $\displaystyle\sum_{n=1}^{\infty}\frac{1}{n^2-\ln n}$;

(5) $\displaystyle\sum_{n=1}^{\infty}n^2\sin\frac{\pi}{2^n}$;　　　　(6) $\displaystyle\sum_{n=1}^{\infty}\frac{n^3(\sqrt{2}+1)^n}{3^n}$.

4.判断下列级数是否收敛,如果是收敛的,是绝对收敛还是条件收敛?

(1) $\displaystyle\sum_{n=1}^{\infty}\frac{\cos n}{3^n}$;　　　　(2) $\displaystyle\sum_{n=1}^{\infty}(-1)^{n-1}\frac{n!}{2^{n^2}}$;

(3) $\displaystyle\sum_{n=2}^{\infty}(-1)^n\frac{\ln n}{n}$;　　　　(4) $\displaystyle\sum_{n=1}^{\infty}(-1)^{n-1}\frac{2^n}{n(n+1)}$.

5.求下列幂级数的收敛域:

(1) $\displaystyle\sum_{n=0}^{\infty}\frac{x^n}{n+1}$;　　　　(2) $\displaystyle\sum_{n=1}^{\infty}\frac{4^n+(-5)^n}{n}x^n$;

(3) $\displaystyle\sum_{n=1}^{\infty}(-1)^n\frac{x^n}{n^2}$;　　　　(4) $\displaystyle\sum_{n=1}^{\infty}\frac{(x-5)^n}{\sqrt{n}}$;

(5) $\displaystyle\sum_{n=1}^{\infty}(-1)^{n-1}x^{n^2}$;　　　　(6) $\displaystyle\sum_{n=1}^{\infty}\frac{(-1)^{n-1}}{3n-2}(x+4)^{2n-1}$.

6.将函数 $f(x)=\dfrac{x}{9+x^2}$ 展开成 x 的幂级数.

7.将函数 $f(x)=\dfrac{x}{x^2-2x-3}$ 展开成 x 的幂级数.

8.将 $f(x)=\ln x$ 展开成 $x-2$ 的幂级数.

9.求幂级数 $\displaystyle\sum_{n=1}^{\infty}\frac{x^{2n-1}}{2n-1}$ 的和函数.

10.求幂级数 $\displaystyle\sum_{n=1}^{\infty}\frac{(2n+1)x^{2n}}{n!}$ 的和函数.

11.设幂级数 $\displaystyle\sum_{n=1}^{\infty}a_nx^n$ 与 $\displaystyle\sum_{n=1}^{\infty}b_nx^n$ 的收敛半径分别为 $\dfrac{\sqrt{5}}{3}$ 与 $\dfrac{1}{3}$,求 $\displaystyle\sum_{n=1}^{\infty}\frac{a_n^2}{b_n^2}x^n$ 的收敛半径.

12.设正项级数 $\displaystyle\sum_{n=1}^{\infty}u_n$ 与 $\displaystyle\sum_{n=1}^{\infty}v_n$ 都收敛,证明级数 $\displaystyle\sum_{n=1}^{\infty}u_nv_n$ 与级数 $\displaystyle\sum_{n=1}^{\infty}(u_n+v_n)^2$ 均收敛.

总习题 8B

1. 求下列级数的和：

(1) $\sum\limits_{n=1}^{\infty} \dfrac{1}{n(n+1)(n+2)}$;

(2) $\sum\limits_{n=1}^{\infty} \arctan \dfrac{1}{n^2+n+1}$.

2. 证明 $\lim\limits_{n\to\infty} \dfrac{n!}{n^n} = 0$.

3. 求下列级数的和：

(1) $\sum\limits_{n=1}^{\infty} \dfrac{n^2}{n!}$;

(2) $\sum\limits_{n=0}^{\infty} (-1)^n \dfrac{n+1}{(2n+1)!}$.

4. 若正数列 $\{a_n\}$ 单调递减，且 $\sum\limits_{n=1}^{\infty} (-1)^n a_n$ 发散，试判断

$\sum\limits_{n=1}^{\infty} \dfrac{1}{(a_n+1)^n}$ 是否收敛，说明理由.

5. 设 $I_n = \int_0^{\frac{\pi}{4}} \sin^n x \cos x \, \mathrm{d}x, n = 0,1,2,\cdots,$ 求 $\sum\limits_{n=0}^{\infty} I_n$.

6. 求下列幂级数的收敛域：

(1) $\sum\limits_{n=1}^{\infty} \dfrac{2^n + (-1)^n}{n} (x-1)^n$;

(2) $\sum\limits_{n=1}^{\infty} \dfrac{n!}{n^n} x^n$.

7. 求级数 $\sum\limits_{n=2}^{\infty} \dfrac{1}{(n^2-1)2^n}$ 的和.

8. 将下列函数展开成 x 的幂级数.

(1) $\dfrac{\mathrm{d}}{\mathrm{d}x} \left(\dfrac{\mathrm{e}^x - 1}{x} \right)$;

(2) $\int_0^x \dfrac{\sin t}{t} \mathrm{d}t$.

第 9 章

微分方程和差分方程

内容导读

寻求变量之间的函数关系,是科学技术和实际应用中的一个重要课题. 然而在许多问题中,往往不能直接找出所需要的函数关系,但是根据这些学科的某些基本原理,有时可以得到含有所求函数及其微分(导数)或差分之间的关系式. 这样的关系式就是微分方程或差分方程. 微分方程处理的是连续变量,而差分方程处理的是依次取非负整数值的离散变量.

微分方程有着具体的实际背景,它从生产实践与科学技术中产生,又成为现代科学技术分析问题与解决问题的强有力工具. 微分方程是与微积分一起成长起来的,是学习泛函分析、数理方程、微分几何的必要准备,本身也在工程力学、流体力学、天体力学、电路振荡分析、工业自动控制以及化学、生物、经济等领域有广泛的应用.

本章主要介绍微分方程及差分方程的一些基本概念和几种常用的微分方程及差分方程的解法.

9.1 微分方程的基本概念

下面通过几个具体例题来说明微分方程的基本概念.

例 9-1 一曲线通过点 $(1,2)$,且在该曲线上任一点 $M(x,y)$ 处的切线的斜率为 $2x$,求此曲线的方程.

解 设所求曲线的方程为 $y = y(x)$. 根据导数的几何意义,可知未知函数 $y = y(x)$ 应满足关系式

$$\frac{\mathrm{d}y}{\mathrm{d}x} = 2x. \tag{9-1}$$

此外,未知函数 $y = y(x)$ 还应满足下列条件:

$$x = 1 \text{ 时 } y = 2,\text{简记为 } y\big|_{x=1} = 2. \tag{9-2}$$

对式(9-1)两端积分,得

$$y = x^2 + C, \tag{9-3}$$

其中 C 是任意常数.

把条件"$x = 1$ 时 $y = 2$"代入式(9-3),得

$$2 = 1 + C,$$

由此得出 $C = 1$. 把 $C = 1$ 代入式(9-3),得所求曲线方程

$$y = x^2 + 1. \tag{9-4}$$

例 9-2　某商品的需求量 Q 对价格 P 的弹性为 $-P\ln 3$，若该商品的最大需求量为 1200（即 $P = 0$ 时，$Q = 1200$）. 试求需求量 Q 与价格 P 的函数关系.

解　由已知有

$$\frac{P}{Q} \cdot \frac{dQ}{dP} = -P\ln 3, \tag{9-5}$$

即

$$\frac{dQ}{Q} = -\ln 3 dP. \tag{9-6}$$

此外，还有 $\quad\quad P = 0$ 时，$Q = 1200.$ $\tag{9-7}$

对式（9-6）两端积分，得

$$Q = Ce^{-P\ln 3}, \tag{9-8}$$

其中 C 为任意常数.

把条件式（9-7）代入式（9-8），得到 $C = 1200.$

于是需求量 Q 与价格 P 的函数关系为

$$Q = 1200 \times 3^{-P}. \tag{9-9}$$

这两个例子中的关系式（9-1）和式（9-5）都含有未知函数的导数，它们都是微分方程.

一般地，含有未知函数的导数或微分的方程，称为微分方程. 未知函数是一元函数的，称为常微分方程；未知函数是多元函数的，称为偏微分方程. 本章只讨论常微分方程.

微分方程中所出现的未知函数的最高阶导数（或微分）的阶数，称为微分方程的阶.

例如，方程（9-1）和方程（9-5）都是一阶微分方程. 而方程

$$y'' - 2y' + y = \sin x$$

及

$$y'' + y = 0$$

都是二阶微分方程.

n 阶微分方程的一般形式为

$$F(x, y, y', \cdots, y^{(n)}) = 0.$$

如果把某个函数代入微分方程，能使微分方程两端恒等，则称这个函数为微分方程的解. 例如，式（9-3）和式（9-4）都是方程（9-1）的解；式（9-8）和式（9-9）都是方程（9-5）的解.

如果微分方程的解中含有相互独立的任意常数，且任意常数的个数与微分方程的阶数相同，这样的解叫作微分方程的通解. 例如，式（9-3）是方程（9-1）的解，它含有一个任意常数，而方程（9-1）是一阶的，所以式（9-3）是方程（9-1）的通解. 又如，式（9-8）是方程（9-5）的通解.

在微分方程通解中给任意常数以确定的值后，就得到微分方程的特解. 例如，式（9-4）是方程（9-1）的特解，式（9-9）是方程（9-5）的特解.

用来确定通解中任意常数的条件称为初始条件. 如例 9-1 中的

□ 即时练习 9-1

方程 $\left(\dfrac{dy}{dt}\right)^2 + t\dfrac{dy}{dt} + y = 0$ 是常微分方程还是偏微分方程？

方程 $\dfrac{\partial^2 T}{\partial x^2} + \dfrac{\partial^2 T}{\partial y^2} + \dfrac{\partial^2 T}{\partial z^2} = 0$ 是常微分方程还是偏微分方程？

□ 即时练习 9-2

方程 $\dfrac{d^2 y}{dt^2} + \dfrac{g}{l}\sin y = 0$ 是几阶微分方程？

方程 $y^{(n)} + 1 = 0$ 是几阶微分方程？

条件式(9-2),例 9-2 中的条件式(9-7),就是初始条件.

设微分方程中的未知函数为 $y = y(x)$,如果微分方程是一阶的,通常用来确定任意常数的条件是

$$x = x_0 \text{ 时},y = y_0,$$

或写成

$$y|_{x=x_0} = y_0,$$

其中 x_0 和 y_0 都是给定的值;如果微分方程是二阶的,通常用来确定任意常数的条件是

$$x = x_0 \text{ 时},y = y_0,y' = y_0',$$

或写成

$$y|_{x=x_0} = y_0,y'|_{x=x_0} = y_0'.$$

其中 x_0 和 y_0 以及 y_0' 都是给定的值.

求微分方程满足某初始条件的解的问题称为初值问题.如求微分方程 $y' = f(x,y)$ 满足初始条件 $y|_{x=x_0} = y_0$ 的解的初值问题,记为

$$\begin{cases} y' = f(x,y), \\ y|_{x=x_0} = y_0, \end{cases}$$

它的解 $y = \varphi(x)$ 的图像是一条曲线,通常称为微分方程的积分曲线,该曲线通过点 (x_0,y_0).

例 9-3   验证:函数 $y = C_1 x^2 + C_2 + \dfrac{1}{3}x^3$(其中 C_1,C_2 为任意常数)是二阶微分方程 $xy'' - y' = x^2$ 的通解,并求满足初始条件 $y|_{x=1} = \dfrac{1}{3},y'|_{x=1} = 3$ 的特解.

解   对于 $y = C_1 x^2 + C_2 + \dfrac{1}{3}x^3$,可求得

$$y' = 2C_1 x + x^2,y'' = 2C_1 + 2x.$$

将 y,y' 及 y'' 代入原方程的左边,有

$$x(2C_1 + 2x) - 2C_1 x - x^2 = x^2.$$

上式是恒等式,又 $y = C_1 x^2 + C_2 + \dfrac{1}{3}x^3$ 中含有 2 个相互独立的任意常数,所以 $y = C_1 x^2 + C_2 + \dfrac{1}{3}x^3$ 是原方程的通解.

将条件 $x = 1$ 时,$y = \dfrac{1}{3},y' = 3$ 代入 y 和 y' 的表达式中,得

$$\begin{cases} C_1 + C_2 + \dfrac{1}{3} = \dfrac{1}{3}, \\ 2C_1 + 1 = 3, \end{cases}$$

解得

$$C_1 = 1,C_2 = -1.$$

于是得所求的特解为

$$y = \dfrac{1}{3}x^3 + x^2 - 1.$$

习题 9.1

1. 指出下列微分方程的阶数：

(1) $x\mathrm{d}x + y\mathrm{d}y = 0$；　　　　(2) $\dfrac{\mathrm{d}y}{\mathrm{d}x} = 2x^2 y$；

(3) $(y')^2 - y' + y = 0$；　　　(4) $y'' + x(y')^3 = 0$；

(5) $y'y''' - x^2 y = 1$；　　　　(6) $\dfrac{\mathrm{d}^2 y}{\mathrm{d}x^2} = \sin x$.

2. 验证下列函数是否为所给微分方程的解，并指出解的类型：

(1) $3y - xy' = 0$，$y = Cx^3$；

(2) $\dfrac{\mathrm{d}y}{\mathrm{d}x} = 2xy$，$y = \mathrm{e}^{x^2}$；

(3) $y'' - 7y' + 12y = 0$，$y = C_1 \mathrm{e}^{3x} + C_2 \mathrm{e}^{4x}$；

(4) $y'' - 10y' + 9y = \mathrm{e}^{2x}$，$y = \dfrac{1}{2}(\mathrm{e}^{9x} + \mathrm{e}^{x}) - \dfrac{1}{7}\mathrm{e}^{2x}$.

3. 试验证函数 $y = \mathrm{e}^x \displaystyle\int_0^x \mathrm{e}^{t^2} \mathrm{d}t + C\mathrm{e}^x$ 是微分方程 $y' - y = \mathrm{e}^{x^2 + x}$ 的解，并求满足初始条件 $y|_{x=0} = 0$ 的特解.

4. 验证函数 $y = 2(\cos 2x - \sin 3x)$ 是初值问题

$$\begin{cases} \dfrac{\mathrm{d}^2 y}{\mathrm{d}x^2} + 4y = 10\sin 3x, \\ y|_{x=0} = 2, \ y'|_{x=0} = -6 \end{cases}$$

的解.

9.2　一阶微分方程

一阶微分方程的一般形式为 $F(x, y, y') = 0$，本节讨论几种常见的一阶微分方程的解法.

9.2.1　可分离变量的微分方程

如果一个一阶微分方程可以化成

$$g(y)\mathrm{d}y = f(x)\mathrm{d}x \tag{9-10}$$

的形式，则称原方程为可分离变量的微分方程. 其中 $f(x)$ 和 $g(y)$ 都是连续函数. 方程(9-10) 称为已分离变量的微分方程.

对于可分离变量的微分方程，经过简单的代数运算，将其化为已分离变量的方程(9-10)，再将方程(9-10) 两端同时积分，得

$$\int g(y)\mathrm{d}y = \int f(x)\mathrm{d}x + C. \tag{9-11}$$

其中 C 是任意常数，式(9-11)是式(9-10)的通解表达式.

注意：今后为明显起见，将不定积分 $\displaystyle\int f(x)\mathrm{d}x$ 只看作是 $f(x)$ 的一个原函数，而将积分常数 C 单独写出来.

□ 即时练习 9-3

对微分方程 $\dfrac{\mathrm{d}y}{\mathrm{d}x} = -\dfrac{x}{y}$ 分离变量.

例 9-4   求微分方程 $\dfrac{\mathrm{d}y}{\mathrm{d}x} = 2xy$ 的通解.

解   当 $y \neq 0$ 时,分离变量后得

$$\frac{1}{y}\mathrm{d}y = 2x\mathrm{d}x,$$

两边积分得

$$\ln|y| = x^2 + C_1,$$

即

$$|y| = \mathrm{e}^{x^2 + C_1}.$$

所以 $y = \pm \mathrm{e}^{x^2 + C_1} = C_2 \mathrm{e}^{x^2}$,这里 $C_2 = \pm \mathrm{e}^{C_1}$ 为任意非零常数.

注意到 $y = 0$ 也是方程的解,令 C 为任意常数,则所给微分方程的通解为

$$y = C\mathrm{e}^{x^2}.$$

以后为了运算方便起见,对于类似这样的问题,通常把 $\ln|y|$ 写成 $\ln y$,把任意常数 C_1 写成 $\ln C$,并在最后把 C 看成可正可负可为零的任意常数. 如在例 9-4 中,可从

$$\ln y = x^2 + \ln C$$

直接得到

$$y = C\mathrm{e}^{x^2} \quad (C \text{ 为任意常数}).$$

例 9-5   求微分方程 $x\mathrm{d}y + 2y\mathrm{d}x = 0$ 满足初始条件 $y|_{x=2} = 1$ 的特解.

解   分离变量得

$$\frac{\mathrm{d}y}{y} = -2\frac{\mathrm{d}x}{x},$$

两边积分,得

$$\ln y = -2\ln x + \ln C \text{ 或 } \ln y = \ln(Cx^{-2}),$$

于是,原方程的通解为 $y = Cx^{-2}$.

由 $y|_{x=2} = 1$,代入上式,得 $C = 4$. 故所求特解为

$$x^2 y = 4.$$

9.2.2   齐次方程

有些微分方程虽然不是可分离变量的方程,但是经过适当的变形就可以化为可分离变量的方程,下面介绍的齐次方程就是其中一种.

如果一阶微分方程 $\dfrac{\mathrm{d}y}{\mathrm{d}x} = f(x, y)$ 中的函数 $f(x, y)$ 可写成 $\dfrac{y}{x}$ 的函数,即 $f(x, y) = \varphi\left(\dfrac{y}{x}\right)$,则称这方程为齐次方程. 例如

$$(x + y)\mathrm{d}x + (y - x)\mathrm{d}y = 0$$

是齐次方程. 因为它可化为 $\dfrac{\mathrm{d}y}{\mathrm{d}x} = \dfrac{x + y}{x - y} = \dfrac{1 + \dfrac{y}{x}}{1 - \dfrac{y}{x}}$.

在齐次方程 $\dfrac{dy}{dx} = \varphi\left(\dfrac{y}{x}\right)$ 中，令 $u = \dfrac{y}{x}$，即 $y = ux$，则 $\dfrac{dy}{dx} = u +$
$x\dfrac{du}{dx}$. 原方程化为

$$u + x\frac{du}{dx} = \varphi(u),$$

分离变量，得

$$\frac{du}{\varphi(u) - u} = \frac{dx}{x}.$$

两端积分，得

$$\int \frac{du}{\varphi(u) - u} = \int \frac{dx}{x} + C.$$

求出积分后，再将 $u = \dfrac{y}{x}$ 代入就得到所给齐次方程的通解.

例 9-6　　求方程 $x\dfrac{dy}{dx} = y(1 + \ln y - \ln x)$ 的通解.

解　　原方程可写成

$$\frac{dy}{dx} = \frac{y}{x}\left(1 + \ln\frac{y}{x}\right),$$

因此该方程为齐次方程.

令 $\dfrac{y}{x} = u$，则

$$y = ux, \quad \frac{dy}{dx} = u + x\frac{du}{dx},$$

于是原方程变为

$$u + x\frac{du}{dx} = u(1 + \ln u),$$

即

$$x\frac{du}{dx} = u\ln u.$$

分离变量，得

$$\frac{du}{u\ln u} = \frac{dx}{x}.$$

两边积分，得　　　　$\ln\ln u = \ln x + \ln C$，

于是　　　　　　　　$\ln u = Cx$，

再将 $u = \dfrac{y}{x}$ 代入，得到所给方程的通解

$$\ln\frac{y}{x} = Cx,$$

即 $\dfrac{y}{x} = e^{Cx}$ 或 $y = xe^{Cx}$.

例 9-7　　求微分方程

$$x dy = \left(2x\tan\frac{y}{x} + y\right)dx$$

满足初始条件 $y\big|_{x=2} = \dfrac{\pi}{2}$ 的特解.

□ 即时练习 9-4

微分方程 $\dfrac{dy}{dx} = \dfrac{y}{x} + \tan\dfrac{y}{x}$

是齐次方程吗？

解 原方程可写成

$$\frac{dy}{dx} = 2\tan\frac{y}{x} + \frac{y}{x}.$$

令 $\frac{y}{x} = u$，即 $y = ux, \frac{dy}{dx} = u + x\frac{du}{dx}$，代入得

$$u + x\frac{du}{dx} = 2\tan u + u \text{ 或 } x\frac{du}{dx} = 2\tan u.$$

分离变量，得
$$\cot u\, du = \frac{2dx}{x},$$

两边积分，得
$$\ln\sin u = 2\ln x + \ln C,$$
即
$$\sin u = Cx^2.$$

将 $u = \frac{y}{x}$ 代入，得到所给方程的通解为

$$\sin\frac{y}{x} = Cx^2.$$

将 $x = 2, y = \frac{\pi}{2}$ 代入通解中得 $C = \frac{\sqrt{2}}{8}$，于是，所求特解为

$$\sin\frac{y}{x} = \frac{\sqrt{2}}{8}x^2.$$

9.2.3　一阶线性微分方程

形如

$$\frac{dy}{dx} + P(x)y = Q(x) \tag{9-12}$$

的方程叫作一阶线性微分方程（其中 $P(x), Q(x)$ 都是已知的连续函数），因为它对于未知函数 y 及其一阶导数 y' 是一次方程. 如果 $Q(x)$ 不恒等于零，则方程（9-12）称为一阶非齐次线性微分方程；如果 $Q(x) \equiv 0$，则方程变为

$$\frac{dy}{dx} + P(x)y = 0. \tag{9-13}$$

方程（9-13）称为与一阶非齐次线性微分方程（9-12）相对应的一阶齐次线性微分方程.

□ 即时练习 9-5
方程 $y' + y\sin x = 0$ 是一阶齐次线性还是非齐次线性微分方程？

先讨论一阶齐次线性微分方程（9-13），易知方程（9-13）是可分离变量的微分方程，分离变量，得

$$\frac{dy}{y} = -P(x)dx.$$

两边积分，得

$$\ln y = -\int P(x)dx + \ln C,$$

或
$$y = Ce^{-\int P(x)dx}.$$

不难看出，方程（9-13）是方程（9-12）的一种特殊情况. 因此，它们的解之间也应有一定的关系. 如果将方程（9-13）的通解作为方程（9-12）的通解显然是不可能的. 但是，如果设想方程（9-13）的通解

中的常数 C 为某一函数 $u(x)$，它有可能成为方程(9-12)的解. 为此, 设

$$y = u(x)\mathrm{e}^{-\int P(x)\mathrm{d}x}, \tag{9-14}$$

于是

$$\frac{\mathrm{d}y}{\mathrm{d}x} = u'(x)\mathrm{e}^{-\int P(x)\mathrm{d}x} - u(x)P(x)\mathrm{e}^{-\int P(x)\mathrm{d}x}. \tag{9-15}$$

将式(9-14)和式(9-15)代入方程(9-12)得

$$u'(x)\mathrm{e}^{-\int P(x)\mathrm{d}x} - u(x)\mathrm{e}^{-\int P(x)\mathrm{d}x}P(x) + P(x)u(x)\mathrm{e}^{-\int P(x)\mathrm{d}x} = Q(x),$$

化简得
$$u'(x) = Q(x)\mathrm{e}^{\int P(x)\mathrm{d}x},$$

从而

$$u(x) = \int Q(x)\mathrm{e}^{\int P(x)\mathrm{d}x}\mathrm{d}x + C,$$

于是非齐次线性方程(9-12)的通解为

$$y = \mathrm{e}^{-\int P(x)\mathrm{d}x}\left[\int Q(x)\mathrm{e}^{\int P(x)\mathrm{d}x}\mathrm{d}x + C\right]. \tag{9-16}$$

上述通过把对应的齐次线性微分方程通解中的任意常数变为待定函数, 然后求出非齐次线性方程通解的方法, 称为常数变易法. 通解(9-16)可以写成

$$y = C\mathrm{e}^{-\int P(x)\mathrm{d}x} + \mathrm{e}^{-\int P(x)\mathrm{d}x}\int Q(x)\mathrm{e}^{\int P(x)\mathrm{d}x}\mathrm{d}x, \tag{9-17}$$

上式右边第一项是对应的齐次线性方程的通解, 第二项是非齐次线性方程的一个特解. 由此可见, 一阶非齐次线性方程的通解等于它所对应的齐次线性方程的通解与非齐次线性方程的一个特解之和.

例 9-8　　求方程 $\dfrac{\mathrm{d}y}{\mathrm{d}x} - \dfrac{2y}{x+1} = (x+1)^{\frac{5}{2}}$ 的通解.

解　所给方程是一阶非齐次线性方程. 可以使用常数变易法求解此方程.

先求对应的齐次线性方程 $\dfrac{\mathrm{d}y}{\mathrm{d}x} - \dfrac{2y}{x+1} = 0$ 的通解.

分离变量得

$$\frac{\mathrm{d}y}{y} = \frac{2\mathrm{d}x}{x+1},$$

两边积分得

$$\ln y = 2\ln(x+1) + \ln C,$$

齐次线性方程的通解为

$$y = C(x+1)^2.$$

接下来使用常数变易法. 把 C 换成 $u(x)$, 即令 $y = u(x+1)^2$, 代入所给非齐次线性方程, 得

$$u' \cdot (x+1)^2 + 2u \cdot (x+1) - \frac{2}{x+1}u \cdot (x+1)^2 = (x+1)^{\frac{5}{2}},$$

即
$$u' = (x+1)^{\frac{1}{2}},$$

两边积分,得

$$u = \frac{2}{3}(x+1)^{\frac{3}{2}} + C.$$

再把上式代入 $y = u(x+1)^2$ 中,即得所求方程的通解为

$$y = (x+1)^2 \left[\frac{2}{3}(x+1)^{\frac{3}{2}} + C \right].$$

在求解一阶线性微分方程时,也可以将式(9-16)作为公式直接应用.

例 9-9　求方程 $y'\cos x + y\sin x = 1$ 的通解.

解　方程可变形为 $y' + y\tan x = \dfrac{1}{\cos x} = \sec x$,其中

$$P(x) = \tan x, Q(x) = \sec x,$$

由通解公式(9-16)得

$$y = \mathrm{e}^{-\int \tan x \mathrm{d}x} \left(\int \sec x \cdot \mathrm{e}^{\int \tan x \mathrm{d}x} \mathrm{d}x + C \right) = \cos x \left(\int \sec^2 x \mathrm{d}x + C \right)$$
$$= \cos x (\tan x + C) = \sin x + C\cos x.$$

例 9-10　求微分方程 $y\mathrm{d}x + (x - y^3)\mathrm{d}y = 0$(设 $y > 0$)的通解.

解　如果将原方程化为

$$\frac{\mathrm{d}y}{\mathrm{d}x} + \frac{y}{x - y^3} = 0,$$

则它既不是齐次方程,也不是一阶线性微分方程,无法用前面的方法来求解.

如果将原方程化为

$$\frac{\mathrm{d}x}{\mathrm{d}y} + \frac{x - y^3}{y} = 0,$$

即

$$\frac{\mathrm{d}x}{\mathrm{d}y} + \frac{1}{y}x = y^2.$$

将 x 看成 y 的函数,它是形如

$$x' + P(y)x = Q(y)$$

的一阶线性微分方程. 利用公式(9-16),得所给方程的通解为

$$x = \mathrm{e}^{-\int P(y)\mathrm{d}y} \left(\int Q(y) \mathrm{e}^{\int P(y)\mathrm{d}y} \mathrm{d}y + C \right)$$
$$= \mathrm{e}^{-\int \frac{1}{y}\mathrm{d}y} \left(\int y^2 \mathrm{e}^{\int \frac{1}{y}\mathrm{d}y} \mathrm{d}y + C \right)$$
$$= \frac{1}{y} \left(\frac{1}{4}y^4 + C \right)$$
$$= \frac{1}{4}y^3 + \frac{C}{y}.$$

9.2.4　伯努利方程

形如

$$\frac{\mathrm{d}y}{\mathrm{d}x} + P(x)y = Q(x)y^n \ (n \neq 0, 1)$$

的一阶微分方程,称为伯努利(Bernoulli)方程.当 $n=0$ 或 1 时是线性微分方程.

□ 人物 — 雅各布·伯努利

伯努利方程可以通过变量替换化为一阶线性微分方程,用 y^n 同除方程两端,得

$$y^{-n}\frac{\mathrm{d}y}{\mathrm{d}x}+P(x)y^{1-n}=Q(x).$$

令 $z=y^{1-n}$,则 $\frac{\mathrm{d}z}{\mathrm{d}x}=(1-n)y^{-n}\frac{\mathrm{d}y}{\mathrm{d}x}$,即 $y^{-n}\frac{\mathrm{d}y}{\mathrm{d}x}=\frac{1}{1-n}\frac{\mathrm{d}z}{\mathrm{d}x}$,代入上式并整理,得

$$\frac{\mathrm{d}z}{\mathrm{d}x}+(1-n)P(x)z=(1-n)Q(x).$$

这是以 z 为未知函数的一阶线性微分方程. 由此方程解出 $z=z(x)$,再以 y^{1-n} 代替 z,就可求得伯努利方程的通解.

例 9-11　求微分方程 $\dfrac{\mathrm{d}y}{\mathrm{d}x}-3xy=xy^2$ 的通解.

解　用 y^2 同除方程两端,得

$$y^{-2}\frac{\mathrm{d}y}{\mathrm{d}x}-3xy^{-1}=x,$$

令 $z=y^{-1}$,则 $\dfrac{\mathrm{d}z}{\mathrm{d}x}=-y^{-2}\dfrac{\mathrm{d}y}{\mathrm{d}x}$.

于是,原方程可化为

$$\frac{\mathrm{d}z}{\mathrm{d}x}+3xz=-x,$$

这个一阶线性微分方程的通解为

$$z=\mathrm{e}^{-\int 3x\mathrm{d}x}\left[\int(-x)\mathrm{e}^{\int 3x\mathrm{d}x}\mathrm{d}x+C\right]=C\mathrm{e}^{-\frac{3}{2}x^2}-\frac{1}{3}.$$

将 $z=y^{-1}$ 代入上式,即得到原方程的通解为

□ 存在性与唯一性定理

$$\frac{1}{3}\left(1+\frac{3}{y}\right)\mathrm{e}^{\frac{3}{2}x^2}=C.$$

习题 9.2

1.求下列微分方程的通解或给定条件下的特解:

(1) $y'=\mathrm{e}^{x-y}$;

(2) $3x^2+5x-5y'=0$;

(3) $(\mathrm{e}^{x+y}-\mathrm{e}^x)\mathrm{d}x+(\mathrm{e}^{x+y}+\mathrm{e}^y)\mathrm{d}y=0$;

(4) $\dfrac{\mathrm{d}y}{\mathrm{d}x}=-\dfrac{y}{x}$;

(5) $\cos x \cdot \sin y \cdot \mathrm{d}x+\sin x \cdot \cos y \cdot \mathrm{d}y=0$;

(6) $xy\mathrm{d}x+\sqrt{1-x^2}\,\mathrm{d}y=0$;

(7) $y'\sin x=y\ln y,y\big|_{x=\frac{\pi}{2}}=\mathrm{e}$;

(8) $x\mathrm{d}x+y\mathrm{e}^{-x}\mathrm{d}y=0,y\big|_{x=0}=1$.

2.求下列微分方程的通解:

(1) $(x-2y)\mathrm{d}y=2y\mathrm{d}x$;

$(2)x^2y' + xy = y^2$;

$(3)(x^2 + y^2)dx - xydy = 0$;

$(4)xy' = -2\sqrt{xy} + y$;

$(5)(x^3 + y^3)dx - 3xy^2dy = 0$;

$(6)(1 + 2e^{\frac{x}{y}})dx + 2e^{\frac{x}{y}}(1 - \frac{x}{y})dy = 0$.

3. 求下列微分方程的通解:

$(1)y' + 2xy = 2xe^{-x^2}$; $\qquad$ $(2)\dfrac{dy}{dx} + y = e^{-x}$;

$(3)xy' + y = \cos x$; $\qquad\qquad$ $(4)y' = \dfrac{y + \ln x}{x}$;

$(5)xy' - y = 1 + x^2$; $\qquad\qquad$ $(6)y' + y\cos x = e^{-5\sin x}$;

$(7)y' - \dfrac{y}{x} = \dfrac{1}{1+x}$; $\qquad\qquad$ $(8)y' - 2xy = e^{x^2}\cos x$;

$(9)(x-2)\dfrac{dy}{dx} = y + 2(x-2)^3$;

$(10)(y^2 - 6x)\dfrac{dy}{dx} + 2y = 0$.

4. 求下列微分方程满足所给初始条件的特解:

$(1)xy' + 2y = x, y\big|_{x=1} = 0$;

$(2)xy' + y = e^x, y\big|_{x=1} = e$;

$(3)y' - \dfrac{y}{x} = \dfrac{1+x^3}{x}, y\big|_{x=1} = 0$;

$(4)xy' + y = \sin x, y\big|_{x=\pi} = 1$.

5. 求一曲线方程,该曲线通过原点,并且它在点(x, y)处的切线斜率为 $2x + y$.

6. 设 y_1 是一阶齐次线性方程 $y' + P(x)y = 0$ 的解;y_2 是对应的一阶非齐次线性方程 $y' + P(x)y = Q(x)$ 的解. 证明:$y = Cy_1 + y_2$(C 为任意常数) 也是 $y' + P(x)y = Q(x)$ 的解.

7. 设 y_1 是微分方程 $y' + P(x)y = Q_1(x)$ 的一个解,y_2 是微分方程 $y' + P(x)y = Q_2(x)$ 的一个解. 证明:$y = y_1 + y_2$ 是微分方程 $y' + P(x)y = Q_1(x) + Q_2(x)$ 的解.

8. 求下列微分方程的通解:

$(1)y' + 2xy = 2xy^2$; $\qquad\qquad$ $(2)xy' + y = y^2\ln x$.

9.3　可降阶的二阶微分方程

二阶微分方程的一般形式为
$$F(x, y, y', y'') = 0. \tag{9-18}$$
有些二阶微分方程可以通过变量代换,化成一阶微分方程来求解,具有这种性质的方程称为可降阶的微分方程. 相应的求解方法称为降阶法.

下面介绍三种容易用降阶法求解的二阶微分方程.

9.3.1　$y'' = f(x)$ 型的微分方程

这种二阶微分方程不显含未知函数 y 及其一阶导数,直接积分两次就可得到原方程的通解.

例 9-12　求方程 $y'' = \sin x$ 的通解.

解　对方程两边积分,得

$$y' = \int \sin x \, \mathrm{d}x = -\cos x + C_1,$$

对上式两端再求积分得

$$y = -\sin x + C_1 x + C_2.$$

这就是所要求的通解.

对形如

$$y^{(n)} = f(x) \tag{9-19}$$

的 n 阶微分方程,只要对方程两端接连积分 n 次,即可求得方程的通解.

例 9-13　求方程 $y''' = x\mathrm{e}^x$ 的通解.

解　对方程两边积分,得

$$y'' = \int x\mathrm{e}^x \mathrm{d}x = \int x \mathrm{d}\mathrm{e}^x = x\mathrm{e}^x - \mathrm{e}^x + C_1.$$

再积分一次,得

$$
\begin{aligned}
y' &= \int [(x-1)\mathrm{e}^x + C_1]\mathrm{d}x = \int (x-1)\mathrm{d}(\mathrm{e}^x) + C_1 x \\
&= (x-1)\mathrm{e}^x - \int \mathrm{e}^x \mathrm{d}x + C_1 x \\
&= (x-2)\mathrm{e}^x + C_1 x + C_2.
\end{aligned}
$$

最后积分一次,得

$$
\begin{aligned}
y &= \int (x-2)\mathrm{e}^x \mathrm{d}x + \frac{C_1}{2}x^2 + C_2 x \\
&= \int (x-2)\mathrm{d}(\mathrm{e}^x) + \frac{C_1}{2}x^2 + C_2 x \\
&= (x-3)\mathrm{e}^x + \frac{C_1}{2}x^2 + C_2 x + C_3.
\end{aligned}
$$

所以所给方程的通解为

$$y = (x-3)\mathrm{e}^x + \frac{C_1}{2}x^2 + C_2 x + C_3.$$

9.3.2　$y'' = f(x, y')$ 型的微分方程

方程

$$y'' = f(x, y') \tag{9-20}$$

的特点是右端不显含未知函数 y. 如果设 $y' = p$,则

$$y'' = \frac{\mathrm{d}p}{\mathrm{d}x} = p',$$

从而方程(9-20)成为

$$p' = f(x, p).$$

这是一个关于 x, p 的一阶微分方程.设其通解为 $p = \varphi(x, C_1)$,则

$$\frac{\mathrm{d}y}{\mathrm{d}x} = \varphi(x, C_1).$$

对它积分得方程(9-20)的通解为

$$y = \int \varphi(x, C_1) \mathrm{d}x + C_2.$$

例 9-14   求方程 $y'' = \dfrac{1}{x}y' + x\mathrm{e}^x$ 的通解.

解   所给方程是 $y'' = f(x, y')$ 型的.设 $y' = p$,则 $y'' = p'$,于是原方程化为

$$p' = \frac{1}{x}p + x\mathrm{e}^x.$$

这是关于 p 的一阶线性微分方程.因此

$$p = \mathrm{e}^{\int \frac{1}{x}\mathrm{d}x} \left(\int x \cdot \mathrm{e}^x \cdot \mathrm{e}^{-\int \frac{1}{x}\mathrm{d}x} \mathrm{d}x + C \right) = x(\mathrm{e}^x + C_1),$$

于是

$$y' = p = x(\mathrm{e}^x + C_1),$$

从而所给方程的通解为

$$y = (x - 1)\mathrm{e}^x + \frac{C_1}{2}x^2 + C_2.$$

例 9-15   求微分方程

$$(1 + x^2)y'' = 2xy'$$

满足初始条件

$$y|_{x=0} = 1, y'|_{x=0} = 3$$

的特解.

解   所给方程是 $y'' = f(x, y')$ 型的.设 $y' = p$,代入方程并分离变量后,有

$$\frac{\mathrm{d}p}{p} = \frac{2x}{1 + x^2}\mathrm{d}x.$$

两边积分,得

$$\ln p = \ln(1 + x^2) + \ln C_1,$$

所以

$$p = C_1(1 + x^2),$$

由条件 $y'|_{x=0} = 3$,得 $C_1 = 3$.

从而

$$y' = 3(1 + x^2),$$

两边再积分,得

$$y = x^3 + 3x + C_2,$$

由条件 $y|_{x=0} = 1$,得 $C_2 = 1$.

于是所求的特解为

$$y = x^3 + 3x + 1.$$

9.3.3 $y'' = f(y, y')$ 型的微分方程

方程

$$y'' = f(y, y') \tag{9-21}$$

的特点是不明显地含自变量 x. 为了求出它的解, 设 $y' = p$, 则有

$$y'' = \frac{\mathrm{d}p}{\mathrm{d}x} = \frac{\mathrm{d}p}{\mathrm{d}y} \cdot \frac{\mathrm{d}y}{\mathrm{d}x} = p\frac{\mathrm{d}p}{\mathrm{d}y}.$$

原方程化为

$$p\frac{\mathrm{d}p}{\mathrm{d}y} = f(y, p).$$

设方程 $p\dfrac{\mathrm{d}p}{\mathrm{d}y} = f(y, p)$ 的通解为 $y' = p = \varphi(y, C_1)$, 则原方程

的通解为

$$\int \frac{\mathrm{d}y}{\varphi(y, C_1)} = x + C_2.$$

例 9-16 求微分方程 $yy'' - y'^2 = 0$ 的通解.

解 设 $y' = p$, 则 $y'' = p\dfrac{\mathrm{d}p}{\mathrm{d}y}$,

代入方程, 得

$$yp\frac{\mathrm{d}p}{\mathrm{d}y} - p^2 = 0.$$

在 $y \neq 0, p \neq 0$ 时, 约去 p 并分离变量, 得

$$\frac{\mathrm{d}p}{p} = \frac{\mathrm{d}y}{y}.$$

两边积分得

$$\ln p = \ln y + \ln C_1,$$

即

$$p = C_1 y \quad \text{或} \quad y' = C_1 y.$$

再分离变量并两边积分, 得原方程的通解为 $\ln y = C_1 x + \ln C_2$,

即

$$y = C_2 \mathrm{e}^{C_1 x}.$$

习题 9.3

1. 求下列微分方程的通解:

(1) $y'' = x + \mathrm{e}^x$; (2) $y'' = y' + x$;

(3) $y^3 y'' - 1 = 0$; (4) $y'' = (y')^3 + y'$.

2. 求下列微分方程满足所给初始条件的特解:

(1) $(1 - x^2)y'' - xy' = 0, y\big|_{x=0} = 0, y'\big|_{x=0} = 1$;

(2) $y'' = 3\sqrt{y}, y\big|_{x=0} = 1, y'\big|_{x=0} = 2$.

9.4　二阶常系数线性微分方程

在实际问题中,应用较多的一类高阶微分方程是二阶常系数线性微分方程,其一般形式为

$$y'' + py' + qy = f(x), \qquad (9\text{-}22)$$

其中 p,q 为实常数, $f(x)$ 为已知的连续函数.

为了研究二阶常系数线性微分方程的解法,先来研究其解的结构.

9.4.1　二阶常系数线性微分方程的解的结构

在方程(9-22)中,若 $f(x) \equiv 0$,则方程

$$y'' + py' + qy = 0 \qquad (9\text{-}23)$$

□ 即时练习 9-6
方程 $y'' + 6y' + 9y = x$ 是否为二阶常系数齐次线性微分方程?

称为二阶常系数齐次线性微分方程.相应的 $f(x)$ 不恒为零时,方程(9-22)称为二阶常系数非齐次线性微分方程,此时方程(9-23)称为与它对应的二阶常系数齐次线性微分方程.

定理 9-1　如果函数 $y_1(x), y_2(x)$ 是方程

$$y'' + py' + qy = 0$$

的两个解,那么

$$y = C_1 y_1(x) + C_2 y_2(x)$$

也是方程的解,其中 C_1, C_2 是任意常数.

直接计算 $y = C_1 y_1(x) + C_2 y_2(x)$ 的一、二阶导数,代入方程验算即可证明该定理,此处从略.

定理 9-1 表明:若 $y_1(x), y_2(x)$ 是齐次线性方程(9-23)的解,则它们的线性组合 $C_1 y_1(x) + C_2 y_2(x)$ 也是该方程的解,其中 C_1, C_2 是任意常数.这个解是不是方程(9-23)的通解呢?

一个二阶微分方程的通解中应含有两个相互独立的任意常数,若 $y_2(x) = k y_1(x)$(k 是常数),则

$$C_1 y_1(x) + C_2 y_2(x) = (C_1 + kC_2) y_1(x) = C y_1(x),$$

其中 $C = C_1 + kC_2$,即将常数合并为一个,这样 $y = C_1 y_1(x) + C_2 y_2(x)$ 就不是方程(9-23)的通解.

那么,在什么情况下, $C_1 y_1(x) + C_2 y_2(x)$ 才是方程(9-23)的通解呢?为此,引进两个函数线性相关和线性无关的定义.

定义 9-1　设两个函数 $y_1(x), y_2(x)$ 在区间 I 上有定义,若存在两个不全为零的常数 k_1, k_2,使得在区间 I 上有恒等式

$$k_1 y_1(x) + k_2 y_2(x) \equiv 0$$

成立,则称函数 $y_1(x), y_2(x)$ 在区间 I 上线性相关;否则称函数 $y_1(x), y_2(x)$ 在区间 I 上线性无关.

例如,函数 $\sin 2x$ 与 $\sin x \cos x$ 在区间 $(-\infty, +\infty)$ 上是线性相关的.因为若取 $k_1 = 1, k_2 = -2$,则在 $(-\infty, +\infty)$ 上有恒等式

$$k_1 \sin 2x + k_2 \sin x \cos x \equiv 0$$

成立,而函数 e^x 与 xe^x 在区间 $(-\infty, +\infty)$ 上线性无关.这是因为仅当 $k_1 = k_2 = 0$ 时,在 $(-\infty, +\infty)$ 上才有恒等式

$$k_1 e^x + k_2 xe^x \equiv 0$$

成立.

　　函数线性相关和线性无关的概念也可以推广到 $n(n > 2)$ 个函数的情形.

　　对于区间 I 上的两个函数 $y_1(x), y_2(x)$,可如下判别它们是否线性相关:若 $\dfrac{y_2(x)}{y_1(x)} \equiv$ 常数,则 $y_1(x), y_2(x)$ 在区间 I 上线性相关;若 $\dfrac{y_2(x)}{y_1(x)}$ 不恒为常数,则 $y_1(x), y_2(x)$ 在区间 I 上线性无关.

定理 9-2　　如果函数 $y_1(x), y_2(x)$ 是方程

$$y'' + py' + qy = 0$$

的两个线性无关的解,那么

$$y = C_1 y_1(x) + C_2 y_2(x) \quad (C_1 、 C_2 \text{ 是任意常数})$$

是该方程的通解.

　　定理 9-2 表明:求二阶常系数齐次线性微分方程的通解,只要求得它的两个线性无关解即可.

　　例如,可以验证 $y_1 = \cos x$ 与 $y_2 = \sin x$ 是二阶常系数齐次线性微分方程 $y'' + y = 0$ 的两个解,而且 $\dfrac{y_2}{y_1} = \dfrac{\sin x}{\cos x} = \tan x \neq$ 常数,即 y_1 与 y_2 线性无关.所以,由定理 9-2, $y = C_1 \cos x + C_2 \sin x$ 是该方程的通解.

　　在本章 9.2 节中已经看到,一阶非齐次线性微分方程的通解由两部分构成:一部分是其对应的齐次方程的通解;另一部分是非齐次方程本身的一个特解.实际上,不仅一阶非齐次线性微分方程的通解具有这样的结构,二阶及更高阶的非齐次线性微分方程的通解也具有这样的结构.

定理 9-3　　设 $y^*(x)$ 是二阶常系数非齐次线性方程

$$y'' + py' + qy = f(x)$$

的一个特解,$Y(x)$ 是对应的齐次线性方程的通解,那么

$$y = Y(x) + y^*(x)$$

是二阶常系数非齐次线性微分方程的通解.

　　例如,可以验证 $y^* = x^2 - 2$ 是二阶常系数非齐次线性方程 $y'' + y = x^2$ 的特解,而且由前面所述 $Y = C_1 \cos x + C_2 \sin x$ 是对应的二阶齐次线性方程 $y'' + y = 0$ 的通解.由定理 9-3,原方程 $y'' + y = x^2$ 的

□ 即时练习 9-7

函数 x^2 与 x 在区间 $(-\infty, +\infty)$ 上是否线性相关?函数 x^2 与 $6x^2$ 在区间 $(-\infty, +\infty)$ 上是否线性相关?

通解即为

$$y = Y + y^* = C_1 \cos x + C_2 \sin x + x^2 - 2.$$

下面的结论对求解某些二阶常系数非齐次线性微分方程是有用的.

定理 9-4   设有非齐次线性微分方程 $y'' + py' + qy = f_1(x) + f_2(x)$,而 y_1^* 与 y_2^* 分别是方程

$$y'' + py' + qy = f_1(x)$$

与

$$y'' + py' + qy = f_2(x)$$

的特解,则 $y_1^* + y_2^*$ 就是原方程的特解.

9.4.2   二阶常系数齐次线性微分方程的解法

由以上的讨论可知,求二阶常系数齐次线性微分方程的通解,只需要求得它的两个线性无关的特解.

为了寻找方程(9-23)的特解,需进一步观察方程(9-23)的特点.根据方程(9-23)的特点及指数函数的导数的特点,可设想方程(9-23)有形如 $y = e^{rx}$ 形式的解.为此将 $y = e^{rx}$ 代入方程

$$y'' + py' + qy = 0,$$

得

$$(r^2 + pr + q)e^{rx} = 0.$$

由此可见,只要 r 满足代数方程 $r^2 + pr + q = 0$,函数 $y = e^{rx}$ 就是微分方程的解.

方程

$$r^2 + pr + q = 0 \tag{9-24}$$

称为微分方程 $y'' + py' + qy = 0$ 的特征方程.特征方程的两个根 r_1, r_2 可用公式

$$r_{1,2} = \frac{-p \pm \sqrt{p^2 - 4q}}{2}$$

求出.

下面将通过特征方程的根的不同情形,讨论二阶常系数齐次线性微分方程的通解.

(1)当 $p^2 - 4q > 0$ 时,特征方程有两个不相等的实根 r_1, r_2.函数 $y_1 = e^{r_1 x}$,$y_2 = e^{r_2 x}$ 是方程的两个线性无关的解.这是因为,$\dfrac{y_1}{y_2} = \dfrac{e^{r_1 x}}{e^{r_2 x}} = e^{(r_1 - r_2)x}$ 不是常数.

因此方程(9-23)的通解为

$$y = C_1 e^{r_1 x} + C_2 e^{r_2 x}.$$

(2)当 $p^2 - 4q = 0$ 时,特征方程有两个相等的实根 $r_1 = r_2 =$

$-\dfrac{p}{2}$. 此时函数 $y_1 = \mathrm{e}^{r_1 x}$ 是方程(9-23) 的解. 要求通解还需找一个

与 $y_1 = \mathrm{e}^{r_1 x}$ 线性无关的解 y_2, 使 $\dfrac{y_2}{y_1} = u(x) \neq k(k$ 是常数), 即 $y_2 =$

$u(x)\mathrm{e}^{r_1 x}$, 其中 $u(x)$ 是待定的函数. 下面来求 $u(x)$.

将 $y_2, y_2' = \mathrm{e}^{r_1 x}(u' + r_1 u), y_2'' = \mathrm{e}^{r_1 x}(u'' + 2r_1 u' + r_1{}^2 u)$ 代入方程(9-23), 得到

$$\mathrm{e}^{r_1 x}\left[(u'' + 2r_1 u' + r_1^2 u) + p(u' + r_1 u) + qu\right] = 0.$$

整理后得

$$\mathrm{e}^{r_1 x}\left[u'' + (2r_1 + p)u' + (r_1^2 + pr_1 + q)u\right] = 0.$$

因为 $\mathrm{e}^{r_1 x} \neq 0, r_1$ 为 $r^2 + pr + q = 0$ 的重根, 故 $r_1{}^2 + pr_1 + q = 0$ 且 $2r_1 + p = 0$, 于是得 $u''(x) = 0$. 因为这里只要得到一个不为常数的解, 所以不妨取 $u = x$, 由此得到方程(9-23) 的另一个解

$$y_2 = x\mathrm{e}^{r_1 x}.$$

因此方程(9-23) 的通解为

$$y = C_1 \mathrm{e}^{r_1 x} + C_2 x \mathrm{e}^{r_1 x}.$$

(3) 当 $p^2 - 4q < 0$ 时, 特征方程有一对共轭复根 $r_1, r_2. r_1 =$ ☐ 复值函数与复值解

$\alpha + \mathrm{i}\beta, r_2 = \alpha - \mathrm{i}\beta$, 其中 $\alpha = -\dfrac{p}{2}, \beta = \dfrac{\sqrt{4q - p^2}}{2}$. 那么 $y_1 = \mathrm{e}^{(\alpha + \mathrm{i}\beta)x}$,

$y_2 = \mathrm{e}^{(\alpha - \mathrm{i}\beta)x}$ 是方程(9-23) 的两个线性无关的特解.

为得到实数形式的解, 利用欧拉公式 $\mathrm{e}^{\mathrm{i}x} = \cos x + \mathrm{i}\sin x$ 将这两 ☐ 欧拉与欧拉方程
个解写成

$$y_1 = \mathrm{e}^{(\alpha + \mathrm{i}\beta)x} = \mathrm{e}^{\alpha x} \cdot \mathrm{e}^{\mathrm{i}\beta x} = \mathrm{e}^{\alpha x}(\cos\beta x + \mathrm{i}\sin\beta x),$$

$$y_2 = \mathrm{e}^{(\alpha - \mathrm{i}\beta)x} = \mathrm{e}^{\alpha x} \cdot \mathrm{e}^{-\mathrm{i}\beta x} = \mathrm{e}^{\alpha x}(\cos\beta x - \mathrm{i}\sin\beta x).$$

由于 y_1, y_2 是共轭复值函数, 且 y_1, y_2 都是方程(9-23) 的解, 根据定理 9-1, 得

$$\bar{y}_1 = \frac{1}{2}(y_1 + y_2) = \mathrm{e}^{\alpha x}\cos\beta x, \quad \bar{y}_2 = \frac{1}{2\mathrm{i}}(y_1 - y_2) = \mathrm{e}^{\alpha x}\sin\beta x$$

也都是方程(9-23) 的解, 且 $\dfrac{\bar{y}_1}{\bar{y}_2} = \dfrac{\mathrm{e}^{\alpha x}\cos\beta x}{\mathrm{e}^{\alpha x}\sin\beta x} = \cot\beta x \neq$ 常数, 即 $\bar{y}_1, \bar{y}_2$ 线性无关.

所以, 微分方程(9-23) 的通解为 $y = \mathrm{e}^{\alpha x}(C_1\cos\beta x + C_2\sin\beta x)$.

由上面的分析可知, 求二阶常系数齐次线性微分方程 $y'' + py' + qy = 0$ 的通解的步骤为:

第一步, 写出微分方程的特征方程 $r^2 + pr + q = 0$.

第二步, 求出特征方程的两个根 r_1, r_2.

第三步, 根据特征方程的两个根的不同情况, 按照表9-1写出微分方程(9-23) 的通解.

表 9-1

特征方程 $r^2 + pr + q = 0$ 的两个根 r_1, r_2	微分方程 $y'' + py' + qy = 0$ 的通解
两个不相等的实根 r_1, r_2	$y = C_1 e^{r_1 x} + C_2 e^{r_2 x}$
两个相等的实根 $r_1 = r_2$	$y = C_1 e^{r_1 x} + C_2 x e^{r_1 x}$
一对共轭复根 $r_{1,2} = \alpha \pm \mathrm{i}\beta$	$y = e^{\alpha x}(C_1 \cos\beta x + C_2 \sin\beta x)$

例 9-17　求微分方程 $y'' - 3y' + 2y = 0$ 的通解.

解　特征方程为 $r^2 - 3r + 2 = 0$,即 $(r-1)(r-2) = 0$,有不相等的实根 $r_1 = 1, r_2 = 2$,因此,所求通解为
$$y = C_1 e^x + C_2 e^{2x}.$$

例 9-18　求微分方程 $y'' - 12y' + 36y = 0$ 的通解.

解　特征方程为 $r^2 - 12r + 36 = 0$,即 $(r-6)^2 = 0$,即有重根 $r = 6$,因此,方程的通解为
$$y = e^{6x}(C_1 + C_2 x).$$

例 9-19　求微分方程 $y'' - 2y' + 5y = 0$ 的通解.

解　特征方程为　$r^2 - 2r + 5 = 0$.
因为 $p^2 - 4q = (-2)^2 - 4 \times 5 < 0$,其特征根是一对共轭复根.
由 $\alpha = -\dfrac{p}{2} = -\dfrac{(-2)}{2} = 1, \beta = \dfrac{\sqrt{4q - p^2}}{2} = \dfrac{4}{2} = 2$,知 $\alpha \pm \mathrm{i}\beta = 1 \pm 2\mathrm{i}$,因此所求通解是 $y = e^x(C_1 \cos 2x + C_2 \sin 2x)$.

上面讨论的二阶常系数齐次线性微分方程所用的求解方法以及方程的通解形式也可以推广到 n 阶常系数齐次线性微分方程.

例 9-20　求微分方程 $y''' + 8y = 0$ 的通解.

解　特征方程为 $r^3 + 8 = 0$. 即
$$(r + 2)(r^2 - 2r + 4) = 0,$$
其特征根为
$$r_1 = -2, r_2 = 1 + \sqrt{3}\,\mathrm{i}, r_3 = 1 - \sqrt{3}\,\mathrm{i}.$$
因此所求通解为 $y = C_1 e^{-2x} + e^x(C_2 \cos\sqrt{3}\,x + C_3 \sin\sqrt{3}\,x)$.

9.4.3　二阶常系数非齐次线性微分方程的解法

二阶常系数非齐次线性微分方程
$$y'' + py' + qy = f(x)$$
的通解是对应的齐次线性微分方程
$$y'' + py' + qy = 0$$
的通解 Y 与非齐次方程本身的一个特解 y^* 之和. 即
$$y = Y + y^*.$$

由前面可知,二阶常系数齐次线性微分方程的通解已可求得,

所以这里只需研究如何求出非齐次线性微分方程的一个特解. 只介绍当二阶常系数非齐次线性方程中的 $f(x)$ 取两种常见形式时, 求特解 y^* 的方法. 这种方法称为待定系数法, 其基本思想是: 根据 $f(x)$ 的形式, 先确定 y^* 的类型, 而其中某些系数是待定的; 然后把它代入原方程, 求出这些系数.

1. $f(x) = e^{\lambda x} P_m(x)$ 型

其中 λ 是常数, $P_m(x)$ 是 x 的 m 次多项式, 即

$$P_m(x) = a_0 x^m + a_1 x^{m-1} + \cdots + a_{m-1} x + a_m,$$

其中 $a_0, a_1, \cdots, a_m$ 为常数, 且 $a_0 \neq 0$.

因为多项式与指数函数乘积的各阶导数仍然是多项式与指数函数的乘积, 故设想 $y^* = Q(x) e^{\lambda x}$ (其中 $Q(x)$ 是某个多项式) 是非齐次微分方程的一个特解, 为此求得

$$y^{*\prime} = Q'(x) e^{\lambda x} + \lambda Q(x) e^{\lambda x} = e^{\lambda x}(Q'(x) + \lambda Q(x)),$$

$$\begin{aligned} y^{*\prime\prime} &= \lambda e^{\lambda x}(Q'(x) + \lambda Q(x)) + e^{\lambda x}(Q''(x) + \lambda Q'(x)) \\ &= e^{\lambda x}(Q''(x) + 2\lambda Q'(x) + \lambda^2 Q(x)). \end{aligned}$$

将 $y^*, y^{*\prime}, y^{*\prime\prime}$ 代入原方程, 得

$$e^{\lambda x}[Q''(x) + 2\lambda Q'(x) + \lambda^2 Q(x)] + p e^{\lambda x}[Q'(x) + \lambda Q(x)] + q Q(x) e^{\lambda x} = P_m(x) e^{\lambda x}.$$

约去 $e^{\lambda x} \neq 0$, 再按 $Q''(x), Q'(x), Q(x)$ 合并, 得

$$Q''(x) + (2\lambda + p) Q'(x) + (\lambda^2 + p\lambda + q) Q(x) = P_m(x). \quad (9\text{-}25)$$

注意: 式 (9-25) 左端仍然是多项式. 与原方程对应的齐次线性方程的特征方程是 $r^2 + pr + q = 0$.

以下分三种情况讨论:

(1) λ 不是特征方程的根, 即 $\lambda^2 + p\lambda + q \neq 0$, 因为 $Q'(x)$ 与 $Q''(x)$ 的次数低于 $Q(x)$ 的次数, 以及 $P_m(x)$ 是 m 次多项式, 所以, 要使式 (9-25) 两端恒等, $Q(x)$ 应是一个 m 次多项式. 令

$$Q(x) = Q_m(x) = b_0 x^m + b_1 x^{m-1} + \cdots + b_{m-1} x + b_m,$$

代入式 (9-25), 比较等式两端 x 的同次幂的系数, 就得到含有 $b_0, b_1, \cdots, b_m$ 作为未知数的 $m+1$ 个方程的联立方程组, 从而可以求出 $b_0, b_1, \cdots, b_m$, 从而得到所求的特解 $y^* = Q_m(x) e^{\lambda x}$.

(2) λ 是特征方程的单根, 即 $\lambda^2 + p\lambda + q = 0$ 而 $2\lambda + p \neq 0$, 要使式 (9-25) 两端恒等, 那么 $Q'(x)$ 应是一个 m 次多项式; 令 $Q(x) = x Q_m(x)$, 并且可以用同样的方法确定 $Q_m(x)$ 的系数 $b_0, b_1, \cdots, b_m$, 即可得到 $y^* = x Q_m(x) e^{\lambda x}$.

(3) λ 是特征方程的重根, 即 $\lambda^2 + p\lambda + q = 0$ 且 $2\lambda + p = 0$, 要使式 (9-25) 两端恒等, 那么 $Q''(x)$ 应是一个 m 次多项式; 令 $Q(x) = x^2 Q_m(x)$. 用同样的方法确定 $Q_m(x)$ 的系数 $b_0, b_1, \cdots, b_m$, 即可得到

$$y^* = x^2 Q_m(x) e^{\lambda x}.$$

综合以上所述,可得到如下结论:

二阶常系数非齐次线性微分方程 $y'' + py' + qy = e^{\lambda x} P_m(x)$ 具有如下形式的特解

$$y^* = x^k Q_m(x) e^{\lambda x},$$

其中 $Q_m(x)$ 是与 $P_m(x)$ 同次的多项式,而 k 按 λ 不是特征方程的根、是特征方程的单根或是特征方程的重根依次取为 0,1 或 2.

例 9-21 求微分方程 $y'' + 5y' + 4y = 3 - 2x$ 的通解.

解 先求对应的齐次方程的通解. 特征方程 $r^2 + 5r + 4 = 0$,$(r+4)(r+1) = 0$,解得特征根为 $r_1 = -4, r_2 = -1$.

所以对应的齐次方程的通解为 $Y = C_1 e^{-4x} + C_2 e^{-x}$.

由于 $\lambda = 0$ 不是特征方程的根,又由 $f(x) = 3 - 2x$,故设原方程的特解为

$$y^* = b_0 x + b_1.$$

上式两端对 x 求导,有 $y^{*'} = b_0, y^{*''} = 0$,代入原方程,得

$$5b_0 + 4b_1 + 4b_0 x = 3 - 2x,$$

比较两端同次项的系数,得 $\begin{cases} 5b_0 + 4b_1 = 3, \\ 4b_0 = -2, \end{cases}$ 求得 $b_0 = -\dfrac{1}{2}, b_1 = \dfrac{11}{8}$.

于是,原方程的特解为

$$y^* = -\frac{1}{2}x + \frac{11}{8}.$$

从而原方程的通解为

$$y = C_1 e^{-4x} + C_2 e^{-x} - \frac{1}{2}x + \frac{11}{8}.$$

例 9-22 求微分方程 $y'' - 5y' + 6y = xe^{2x}$ 的通解.

解 先求对应的齐次方程的通解. 特征方程为 $r^2 - 5r + 6 = 0$,因式分解可得 $(r-3)(r-2) = 0$,从而,特征根为 $r_1 = 2, r_2 = 3$,所以对应的齐次方程的通解为

$$Y = C_1 e^{2x} + C_2 e^{3x}.$$

由于 $\lambda = 2$ 是特征方程的单根,且由 $f(x) = xe^{2x}$,故设原方程的特解为

$$y^* = x(b_0 x + b_1) e^{2x}.$$

求出 $y^{*'}, y^{*''}$,代入原方程并化简,得

$$-2b_0 x + 2b_0 - b_1 = x,$$

比较两端同次幂的系数,有

$$\begin{cases} -2b_0 = 1, \\ 2b_0 - b_1 = 0. \end{cases}$$

解得 $b_0 = -\dfrac{1}{2}, b_1 = -1$.

所以原方程的特解为　$y^* = x\left(-\dfrac{1}{2}x - 1\right)e^{2x}$.

从而原方程的通解为

$$y = C_1 e^{2x} + C_2 e^{3x} - \frac{1}{2}(x^2 + 2x)e^{2x}.$$

例 9-23　求微分方程 $y'' - 8y' + 16y = e^{4x}$ 的通解.

解　先求对应的齐次方程的通解. 由特征方程 $r^2 - 8r + 16 = 0$, 求得特征根 $r_1 = r_2 = 4$. 故对应的齐次方程的通解为

$$Y = (C_1 + C_2 x)e^{4x}.$$

由于 $\lambda = 4$ 是特征方程的重根, 又 $f(x) = e^{4x}$, 故设原方程的特解为 $y^* = Ax^2 e^{4x}$. 对 y^* 求导, 得

$$y^{*\prime} = 2Ax(1 + 2x)e^{4x},$$
$$y^{*\prime\prime} = 2A(1 + 8x + 8x^2)e^{4x}.$$

将 $y^{*\prime}, y^{*\prime\prime}$ 代入原方程并化简, 得

$$2Ae^{4x} = e^{4x}.$$

故 $A = \dfrac{1}{2}$, 于是原方程的一个特解为

$$y^* = \frac{1}{2}x^2 e^{4x}.$$

从而原方程的通解为

$$y = (C_1 + C_2 x)e^{4x} + \frac{1}{2}x^2 e^{4x}.$$

2. $f(x) = e^{\lambda x}[P_l(x)\cos\omega x + P_n(x)\sin\omega x]$ 型

其中 λ, ω 是常数, $P_l(x)$ 与 $P_n(x)$ 分别是 l 次与 n 次多项式, 其中有一个可以为零.

对于形如 $y'' + py' + qy = e^{\lambda x}[P_l(x)\cos\omega x + P_n(x)\sin\omega x]$ 的微分方程, 可以推得, 它具有如下形式的特解

$$y^* = x^k e^{\lambda x}[R_m^{(1)}(x)\cos\omega x + R_m^{(2)}(x)\sin\omega x],$$

其中 $R_m^{(1)}(x), R_m^{(2)}(x)$ 都是 m 次多项式, $m = \max\{l, n\}$, k 按 $\lambda \pm i\omega$ 不是特征方程的根或是特征方程的根依次取 0 或 1.

例 9-24　求微分方程 $y'' + 3y' + 2y = e^x \cos x$ 的通解.

解　先求对应的齐次方程的通解. 由特征方程 $r^2 + 3r + 2 = 0$, 求得特征根 $r_1 = -1, r_2 = -2$. 故对应的齐次方程的通解为

$$Y = C_1 e^{-x} + C_2 e^{-2x}.$$

又因为 $f(x) = e^x \cos x, \lambda = 1, \omega = 1, 1 \pm i$ 不是特征方程的根, $m = \max\{0, 0\} = 0$, 所以可设原方程的特解为

$$y^* = e^x(a\cos x + b\sin x).$$

求出 $y^{*\prime}$,$y^{*\prime\prime}$,代入原方程并化简,得

$$(5b - 5a)e^x\sin x + (5b + 5a)e^x\cos x = e^x\cos x.$$

比较两端同次幂的系数,有

$$\begin{cases} 5b - 5a = 0, \\ 5b + 5a = 1, \end{cases}$$

得 $a = b = \dfrac{1}{10}$. 于是原方程的特解为

$$y^* = \frac{1}{10}e^x(\cos x + \sin x).$$

从而原方程的通解为

$$y = C_1e^{-x} + C_2e^{-2x} + \frac{1}{10}e^x(\cos x + \sin x).$$

例 9-25   求微分方程 $y'' - 2y' + 5y = e^x\sin 2x$ 的通解.

解   对应的齐次方程为 $y'' - 2y' + 5y = 0$,特征方程为 $r^2 - 2r + 5 = 0$,解得 $r_{1,2} = 1 \pm 2i$. 所以,对应的齐次方程的通解为 $Y = e^x(C_1\cos 2x + C_2\sin 2x)$.

由 $f(x) = e^x\sin 2x$,$\lambda = 1$,$\omega = 2$;$1 \pm 2i$ 是特征方程的根,$m = \max\{0,0\} = 0$.所以可设原方程的特解为

$$y^* = xe^x(a\cos 2x + b\sin 2x).$$

求出 $y^{*\prime}$,$y^{*\prime\prime}$,代入原方程并化简,得

$$e^x(4b\cos 2x - 4a\sin 2x) = e^x\sin 2x.$$

比较 $\cos 2x$ 与 $\sin 2x$ 的系数,得

$$\begin{cases} 4b = 0, \\ -4a = 1. \end{cases}$$

即 $a = -\dfrac{1}{4}$,$b = 0$,所以原方程的一个特解为

$$y^* = -\frac{1}{4}xe^x\cos 2x.$$

从而原方程的通解为

$$y = e^x(C_1\cos 2x + C_2\sin 2x) - \frac{1}{4}xe^x\cos 2x.$$

习题 9.4

1.求下列微分方程的通解:

(1)$y'' - 9y = 0$;   (2)$4y'' - 12y' + 9y = 0$;

(3)$y'' + y' + y = 0$;   (4)$y'' + 6y' + 9y = 0$;

(5)$y'' + 4y' = 0$;   (6)$y'' + y = 0$;

(7)$9\dfrac{d^2y}{dx^2} + 12\dfrac{dy}{dx} + 4y = 0$;   (8)$\dfrac{d^2y}{dx^2} - 2\dfrac{dy}{dx} + 4y = 0$.

2.求下列微分方程满足所给初始条件的特解：

(1)$y'' - 4y' + 4y = 0$,　　　$y|_{x=0} = 1, y'|_{x=0} = 1$;

(2)$y'' + 2y' + 10y = 0$,　　　$y|_{x=0} = 1, y'|_{x=0} = 2$;

(3)$y'' - 3y' - 4y = 0$,　　　$y|_{x=0} = 0, y'|_{x=0} = -5$;

(4)$y'' + 25y = 0$,　　　　　$y|_{x=0} = 2, y'|_{x=0} = 5$.

3.求下列微分方程的通解或给定条件下的特解：

(1)$2y'' + y' - y = 2e^x$;

(2)$2y'' + 5y' = 5x^2 - 2x - 1$;

(3)$y'' + 3y' + 2y = e^{-x}\cos x$;

(4)$y'' + 3y' + 2y = 3xe^{-x}$;

(5)$y'' - 7y' + 6y = \sin x$;

(6)$y'' + y = e^x + \cos x$;

(7)$y'' - 5y' + 6y = (12x - 7)e^{-x}, y|_{x=0} = 0, y'|_{x=0} = 0$;

(8)$y'' + 4y = \sin x, y|_{x=0} = 1, y'|_{x=0} = 1$.

9.5　微分方程在经济中的应用

　　微分方程在经济中有着十分广泛的应用,这里仅举几个常见的例子.

　　例 9-26　某林区实行封山养林,现有木材 10 万 m³,如果在每一时刻 t,木材的变化率与当时的木材数成正比.假设 10 年后这林区的木材为 20 万 m³.若规定该林区的木材量达到 40 万 m³ 时才可砍伐,问至少多少年后才能砍伐?

　　解　如果时间 t 以年为单位,假设任一时刻 t 木材的数量为 $P(t)$ 万 m³,由题意

$$\frac{dP}{dt} = kP \quad (k \text{ 为比例系数}),$$

且 $t = 0$ 时,$P = 10$;$t = 10$ 时,$P = 20$.

　　容易求出此方程的通解为

$$P = Ce^{kt}.$$

将 $t = 0$ 时,$P = 10$ 代入,得 $C = 10$,于是

$$P = 10e^{kt}.$$

再将 $t = 10$ 时,$P = 20$ 代入,得 $k = \dfrac{\ln 2}{10}$,所以

$$P = 10e^{\frac{\ln 2}{10}t} = 10 \cdot 2^{\frac{t}{10}}.$$

　　令 $P = 40$,求得 $t = 20$.故若规定该林区的木材量达到 40 万 m³ 时才可砍伐,至少 20 年后才可以砍伐.

　　例 9-27　某商场的销售成本 y 和存贮费用 S 均为时间 t 的函数,随着时间 t 的增长,销售成本的变化率等于存贮费用的倒数与常数 5 之和,而存贮费用的变化率为存贮费用的 $\left(-\dfrac{1}{3}\right)$ 倍.若当 $t =$

0 时,销售成本 $y = 0$,存贮费用 $S = 10$. 试求销售成本 y 与时间 t 的函数关系及存贮费用 S 与时间 t 的函数关系.

解 由已知

$$\frac{dy}{dt} = \frac{1}{S} + 5, \tag{9-26}$$

$$\frac{dS}{dt} = -\frac{1}{3}S. \tag{9-27}$$

求解微分方程(9-27)得

$$S = Ce^{-\frac{t}{3}}.$$

由 $t = 0$ 时, $S = 10$ 得到 $C = 10$,所以存贮费用 S 与时间 t 的函数关系为

$$S = 10e^{-\frac{t}{3}}.$$

将上式代入微分方程(9-26),得

$$\frac{dy}{dt} = \frac{1}{10}e^{\frac{t}{3}} + 5,$$

从而解得

$$y = \frac{3}{10}e^{\frac{t}{3}} + 5t + C_1.$$

由 $t = 0$ 时, $y = 0$ 得到 $C_1 = -\frac{3}{10}$,从而销售成本 y 与时间 t 的函数关系为

$$y = \frac{3}{10}e^{\frac{t}{3}} + 5t - \frac{3}{10}.$$

例 9-28 在经济研究中发现,某一地区的国民收入 y、国民储蓄额 S 和投资额 I 都是时间 t 的函数,且在任一时刻 t,储蓄额 $S(t)$ 为国民收入 $y(t)$ 的 $\frac{1}{10}$,投资额 $I(t)$ 是国民收入增长率 $\frac{dy}{dt}$ 的 $\frac{1}{3}$,若 $y(0) = 5$(亿元),且在时刻 t 的储蓄额全部用于投资,试求国民收入函数 $y(t)$.

解 由题意有

$$\begin{cases} S = \frac{1}{10}y, \\ I = \frac{1}{3}\frac{dy}{dt}. \end{cases}$$

再由假设,在任意时刻 t 有 $S = I$,于是

$$\frac{dy}{dt} = \frac{3}{10}y.$$

求得此方程的通解为

$$y = Ce^{\frac{3}{10}t}.$$

将 $t = 0$ 时, $y = 5$ 代入,得到 $C = 5$,所以国民收入函数为

$$y = 5e^{\frac{3}{10}t}.$$

例 9-29 某产品的销售量 $x(t)$ 是时间 t 的函数. 若该商品的

销售量对时间的增长率 $\dfrac{\mathrm{d}x}{\mathrm{d}t}$ 与销售量及接近于饱和水平的程度 $N -$

$x(t)$ 之积成正比（N 为饱和度，$k > 0$ 为比例常数），且当 $t = 0$ 时，

$x = \dfrac{1}{4}N$. 试求：

(1) 销售量 $x(t)$ 的表达式；

(2) 求 $x(t)$ 增长最快的时刻 T.

解　(1) 根据题意知

$$\frac{\mathrm{d}x}{\mathrm{d}t} = kx(N - x). \tag{9-28}$$

此方程为可分离变量的微分方程. 分离变量得

$$\frac{\mathrm{d}x}{x(N - x)} = k\mathrm{d}t,$$

可求得通解为

$$x = \frac{N}{1 + \dfrac{1}{C}\mathrm{e}^{-Nkt}}.$$

由 $t = 0$ 时，$x = \dfrac{1}{4}N$，得 $C = \dfrac{1}{3}$. 所以

$$x = x(t) = \frac{N}{1 + 3\mathrm{e}^{-Nkt}}.$$

(2) 由上式可得

$$\frac{\mathrm{d}x}{\mathrm{d}t} = \frac{3N^2 k\mathrm{e}^{-Nkt}}{(1 + 3\mathrm{e}^{-Nkt})^2},$$

$$\frac{\mathrm{d}^2 x}{\mathrm{d}t^2} = \frac{-3N^3 k^2 \mathrm{e}^{-Nkt}(1 - 3\mathrm{e}^{-Nkt})}{(1 + 3\mathrm{e}^{-Nkt})^3}.$$

令 $\dfrac{\mathrm{d}^2 x}{\mathrm{d}t^2} = 0$，得 $T = \dfrac{\ln 3}{kN}$.

当 $t < T$ 时，$\dfrac{\mathrm{d}^2 x}{\mathrm{d}t^2} > 0$；当 $t > T$ 时，$\dfrac{\mathrm{d}^2 x}{\mathrm{d}t^2} < 0$. 故 $T = \dfrac{\ln 3}{kN}$ 时，$x(t)$

增长最快.

微分方程 (9-28) 称为逻辑斯蒂（Logistic）方程，它在生物学、经　　　□ 逻辑斯蒂模型
济学等领域有着十分重要的应用.

例 9-30　已知某商品的需求函数与供给函数分别为 $Q_d = a$
$- bP$，$Q_s = -c + dP$　（a, b, c, d 为正常数）.

(1) 求供需相等时的价格 P_e；

(2) 设 $P = P(t)$，$P(0) = P_0$，且在任意时刻 t，价格 $P(t)$ 的变
化率与超额需求 $Q_d - Q_s$ 成正比（比例系数为 $k > 0$），求 $P(t)$ 的表
达式；

(3) 分析 $P(t)$ 随时间的变化情况.

解　(1) 由 $Q_d = Q_s$，得　　　$P_e = \dfrac{a + c}{b + d}$.

(2) 由已知有

$$\frac{\mathrm{d}P}{\mathrm{d}t} = k(Q_d - Q_s),$$

将 $Q_d = a - bP$ 及 $Q_s = dP - c$ 代入并整理,得

$$\frac{\mathrm{d}P}{\mathrm{d}t} + k(b+d)P = k(a+c).$$

这是一阶非齐次线性微分方程,可求得其通解为

$$P(t) = Ce^{-k(b+d)t} + \frac{a+c}{b+d}.$$

由 $P(0) = P_0$,得

$$C = P_0 - \frac{a+c}{b+d} = P_0 - P_e.$$

于是价格 $P(t)$ 的表达式为

$$P(t) = (P_0 - P_e)e^{-k(b+d)t} + P_e.$$

(3) 由于 $P_0 - P_e$ 与 $k(b+d) > 0$ 均为常数,所以

$$\lim_{t \to +\infty} P(t) = \lim_{t \to +\infty} [(P_0 - P_e)e^{-k(b+d)t} + P_e] = P_e.$$

由此可见,随着时间的推移,价格 $P(t)$ 趋向于均衡价格 P_e.

习题 9.5

1. 已知某商品的需求价格弹性为 $-P(\ln P + 1)$,且当 $P = 1$ 时,需求量 $Q = 1$,求商品对价格的需求函数.

2. 已知某商品的需求价格弹性为 $-3P^3$,而市场对该商品的最大需求量为 1 万件,求需求函数.

3. 在某池塘内养鱼,该池塘最多能养 1000 尾,设在 t 时刻该池塘内鱼数 y 是时间 t 的函数,其变化率与鱼数 y 及 $1000 - y$ 的乘积成正比.已知在池塘内放养鱼 100 尾,3 个月后池塘内有鱼 250 尾,求放养 t 个月后池塘内鱼数 $y(t)$ 的公式,并求放养 6 个月后有多少尾鱼?

4. 某商品的净利润 L 随广告费用 x 的变化而变化,假设它们之间的关系式可用如下方程表示:

$$\frac{\mathrm{d}L}{\mathrm{d}x} = k - a(L + x),$$

其中 a, k 均为常数,当 $x = 0$ 时,$L = L_0$,求 L 与 x 的函数关系式.

5. 设某公司的净资产在营运过程中,像银行的存款一样,以年 5% 的连续复利产生利息而使总资产增长,同时,公司还必须以每年 200 百万元的数额支付职工工资.

(1) 给出描述净资产 $W(t)$ 满足的微分方程;

(2) 假设公司初始净资产为 W_0(百万元),求该公司的净资产 $W(t)$.

6. 已知某地区在一个已知时期内的国民收入的增长率为 $\frac{1}{10}$,国民债务的增长率为国民收入的 $\frac{1}{20}$.若 $t = 0$ 时,国民收入为 5 亿

元,国民债务为 0.1 亿元,试分别求出国民收入 y 及国民债务 D 与时间 t 的函数关系.

9.6　差分及差分方程的基本概念

微分方程所研究的变量是连续变化的,但是在经济分析及企业管理中,很多经济数据是以等间隔的时间周期统计的.例如,国民收入按年统计,产品产量按月统计等.通常称这些变量为离散型变量,描述各离散型变量之间关系的数学模型称为离散型模型.差分方程就是经济学和管理学中最常见的一种离散型数学模型,求解差分方程即可得到各离散型变量之间的变化规律.

9.6.1　差分的概念

设变量 y 是时间 t 的函数,如果 $y = y(t)$ 可导,则变量 y 对时间 t 的变化率用 $\dfrac{\mathrm{d}y}{\mathrm{d}t}$ 来刻画;但在某些问题中,时间 t 只能离散地取值,从而 y 也只能相应地离散变化,这时常用规定时间区间上的差商 $\dfrac{\Delta y}{\Delta t}$ 来刻画变量 y 的变化率.如果取 $\Delta t = 1$,那么 $\Delta y = y(t+1) - y(t)$ 就可以近似代表变量 y 的变化率.

定义 9-2　设函数 $y = f(t)$,当自变量 t 依次取遍非负整数时,对应的函数值可以排成一个数列
$$f(0), f(1), \cdots, f(t), f(t+1), \cdots,$$
将其简记为
$$y_0, y_1, \cdots, y_t, y_{t+1}, \cdots.$$

当自变量由 t 变到 $t+1$ 时,相应的函数值之差 $y_{t+1} - y_t$ 称为函数 $y = f(t)$ 在点 t 的一阶差分,记作 Δy_t,即
$$\Delta y_t = y_{t+1} - y_t \quad (t = 0,1,2,\cdots).$$

根据一阶差分的定义,容易得到差分具有如下性质:

(1) $\Delta(C) = 0$,C 为常数;

(2) $\Delta(Cy_t) = C\Delta y_t$,$C$ 为常数,且 $C \neq 0$;

(3) $\Delta(y_t \pm z_t) = \Delta y_t \pm \Delta z_t$;

(4) $\Delta(y_t \cdot z_t) = y_{t+1} \cdot \Delta z_t + z_t \cdot \Delta y_t = y_t \cdot \Delta z_t + z_{t+1} \cdot \Delta y_t$;

(5) $\Delta\left(\dfrac{y_t}{z_t}\right) = \dfrac{z_t \cdot \Delta y_t - y_t \cdot \Delta z_t}{z_t \cdot z_{t+1}}$.

下面给出高阶差分的定义.

□ 即时练习 9-8

计算 $\Delta(3t+4)$.

定义 9-3　函数 $y = f(t)$ 在 t 的一阶差分的差分定义为函数 $y = f(t)$ 在点 t 的二阶差分,记作 $\Delta^2 y_t$,即
$$\Delta^2 y_t = \Delta(\Delta y_t) = \Delta y_{t+1} - \Delta y_t = (y_{t+2} - y_{t+1}) - (y_{t+1} - y_t)$$
$$= y_{t+2} - 2y_{t+1} + y_t.$$

同样,定义函数 $y = f(t)$ 在点 t 的三阶差分,记作 $\Delta^3 y_t$,即

$$\Delta^3 y_t = \Delta(\Delta^2 y_t) = \Delta^2 y_{t+1} - \Delta^2 y_t = \Delta y_{t+2} - 2\Delta y_{t+1} + \Delta y_t$$
$$= y_{t+3} - 3y_{t+2} + 3y_{t+1} - y_t.$$

依次类推,函数 $y = f(t)$ 在点 t 的 n 阶差分定义为

$$\Delta^n y_t = \Delta(\Delta^{n-1} y_t).$$

例 9-31   设 $y_t = 3t^2 - 4t + 2$,求 $\Delta y_t, \Delta^2 y_t, \Delta^3 y_t$.

解 $\Delta y_t = 3\Delta(t^2) - 4\Delta(t) + \Delta(2)$
$$= 3[(t+1)^2 - t^2] - 4(t+1-t) + 0$$
$$= 3(2t+1) - 4$$
$$= 6t - 1.$$
$$\Delta^2 y_t = \Delta(\Delta y_t) = \Delta(6t - 1)$$
$$= \Delta(6t) - \Delta(1) = 6.$$
$$\Delta^3 y_t = \Delta(\Delta^2 y_t) = \Delta(6) = 0.$$

例 9-32   设 $y_t = 4^t$,求 $\Delta^n y_t$.

解 $\Delta y_t = y_{t+1} - y_t = 4^{t+1} - 4^t = 3 \cdot 4^t = 3y_t,$
$$\Delta^2 y_t = \Delta(\Delta y_t) = 3\Delta y_t = 3^2 y_t,$$
$$\vdots$$
$$\Delta^n y_t = 3^n y_t.$$

9.6.2   差分方程的基本概念

先看下面的例子.

例 9-33   设存入银行 A_0 元,年复利率为 r,求 t 年后在银行里的存款额.

解   设 y_t 为 t 年后在银行里的存款额,由已知 y_t 需满足如下方程:

$$\begin{cases} \Delta y_t = y_{t+1} - y_t = ry_t & (t = 0, 1, 2, \cdots), \\ y_0 = A_0. \end{cases}$$

这样的方程就是差分方程.一般地,有如下定义:

定义 9-4   含有未知函数的差分或者含有未知函数几个不同时期的值的方程称为差分方程.其一般形式为

$$F(t, y_t, \Delta y_t, \Delta^2 y_t, \cdots, \Delta^n y_t) = 0,$$

或

$$G(t, y_t, y_{t+1}, \cdots, y_{t+n}) = 0,$$

或

$$H(t, y_t, y_{t-1}, \cdots, y_{t-n}) = 0.$$

差分方程中实际含有未知函数差分的最高阶数或方程中未知函数的最大下标与最小下标的差数称为差分方程的阶.如例9-33中的差分方程是一阶的,而方程 $y_{t+3} - 3y_{t+2} + 3y_{t+1} + 3 = 0$ 为二阶差分方程.

差分方程的不同形式之间可以相互转化.

例 9-34   把 $y_{t+2} - 2y_{t+1} - y_t = 3^t$ 化为其他两种形式.

解   此方程首先可化为

□ 即时练习 9-9
方程 $y_{t+2} - 2y_{t+1} - y_t = 3^t$ 是几阶差分方程?

$$y_t - 2y_{t-1} - y_{t-2} = 3^{t-2},$$

又方程左边可写成

$$y_{t+2} - 2y_{t+1} - y_t = (y_{t+2} - y_{t+1}) - (y_{t+1} - y_t) - 2y_t$$
$$= \Delta y_{t+1} - \Delta y_t - 2y_t = \Delta^2 y_t - 2y_t,$$

于是原方程可化为

$$\Delta^2 y_t - 2y_t = 3^t.$$

定义 9-5　如果一个函数代入差分方程后可以使方程成为恒等式,则称此函数为这个差分方程的解.

如果差分方程的解中含有相互独立的任意常数个数等于差分方程的阶数,则称该解为差分方程的通解.确定了任意常数的解称为差分方程的特解.用来确定任意常数的条件称为初始条件.

例如,可以验证,$y_t = C(1+r)^t$(C 为任意常数)是例 9-33 中差分方程的通解,而 $y_t = A_0(1+r)^t$ 是满足初始条件 $y_0 = A_0$ 的特解.

习题 9.6

1.求下列函数的差分:

(1)$y_t = C$,求 Δy_t;　　　　　　(2)$y_t = t^2 + 2t - 1$,求 $\Delta^2 y_t$;

(3)$y_t = e^t$,求 $\Delta^2 y_t$;　　　　　(4)$y_t = \cos t$,求 $\Delta^2 y_t$.

2.将下列差分方程化成用函数值形式表示的方程,并指出方程的阶数:

(1)$\Delta y_t = 2$;　　　　　　　　(2)$\Delta y_t - 2y_t - 5 = 0$;

(3)$\Delta^2 y_t - 3\Delta y_t - 3y_t = 2$;　(4)$\Delta^3 y_t + y_t + 2 = 0$.

3.将差分方程 $y_{t+3} - 2y_{t+2} + 3y_{t+1} + y_t = 2t - 1$ 化成以函数差分表示的形式.

4.试证下列函数是所给差分方程的解:

(1)$y_t = C + 2t$,$y_{t+1} - y_t = 2$;

(2)$y_t = C_1(-2)^t + C_2 3^t$,$y_{t+2} - y_{t+1} - 6y_t = 0$;

(3)$y_t = C_1 + C_2 2^t - t$,$y_{t+2} - 3y_{t+1} + 2y_t = 1$.

9.7　一阶常系数线性差分方程

一阶常系数线性差分方程的一般形式为

$$y_{t+1} - ay_t = f(t), \tag{9-29}$$

其中 $a \neq 0$ 为常数,$f(t)$ 为已知函数.

当 $f(t) \equiv 0$ 时,称方程

$$y_{t+1} - ay_t = 0 \tag{9-30}$$

为一阶常系数齐次线性差分方程.

当 $f(t)$ 不恒为零时,称方程(9-29)为一阶常系数非齐次线性差分方程.

下面讨论它们的求解方法.

9.7.1   一阶常系数齐次线性差分方程的解法

对一阶常系数齐次线性差分方程(9-30),有如下两种常见解法.

1.迭代法

如果 y_0 已知,由方程(9-30)依次可求出

$$y_1 = ay_0, y_2 = ay_1 = a^2 y_0, \cdots, y_t = a^t y_0,$$

容易验证 $y_t = a^t y_0$ 即为方程(9-30)的解.

2.特征方程法

注意到方程(9-30)的特点是 y_{t+1} 是 y_t 的常数倍,而指数函数 $\lambda^{t+1} = \lambda \cdot \lambda^t$ 满足这个特点.不妨设方程具有如下形式的解

$$y_t = \lambda^t,$$

其中 λ 为非零待定常数,将其代入方程(9-30),有

$$\lambda^t(\lambda - a) = 0,$$

因为 $\lambda^t \neq 0$,所以

$$\lambda - a = 0.$$

它称为一阶常系数齐次线性差分方程(9-30)的特征方程,特征方程的根称为特征根或特征值.解得 $\lambda = a$,即 $y_t = a^t$ 为方程(9-30)的一个特解,显然方程(9-30)的通解为

$$y_t = Ca^t \quad (C \text{ 为任意常数}).$$

9.7.2   一阶常系数非齐次线性差分方程的解法

对于一阶常系数非齐次线性差分方程解的结构,有如下定理:

定理 9-5   设 y_t^* 是一阶常系数非齐次线性差分方程(9-29)的一个特解,而 $\bar{y}_t$ 是一阶常系数齐次差分方程(9-30)的通解,则一阶常系数非齐次差分方程(9-29)的通解为

$$y_t = \bar{y}_t + y_t^*.$$

定理的证明较容易,请读者自证.

由于前面已经讨论过一阶常系数齐次线性差分方程(9-30)通解的求法,所以求一阶常系数非齐次差分方程(9-29)的通解问题就在于如何求出其自身的一个特解 y_t^*.下面以方程(9-29)右端的非齐次项 $f(t) = b^t P_m(t)$ 为例来说明其特解的求法,这里 $b \neq 0$ 为常数,$P_m(t)$ 是已知的 m 次多项式.

可以证明方程(9-29)的特解形式为

$$y_t^* = \begin{cases} b^t Q_m(t), & b \text{ 不是特征根} a, \\ b^t t Q_m(t), & b \text{ 是特征根} a. \end{cases}$$

其中 $Q_m(t)$ 是 m 次多项式,有 $m+1$ 个待定系数,需要将 y_t^* 代入方程(9-29)后比较两端系数求出.

例 9-35   求差分方程 $y_{t+1} - 2y_t = 3t - 2$ 的通解.

解　由特征方程 $\lambda - 2 = 0$,得特征根为 $\lambda = 2$,相应齐次方程的通解为 $\bar{y}_t = C2^t$. 又 $f(t) = 3t - 2 = 1^t(3t - 2)$,$b = 1$ 不是特征根,于是可设原方程的特解为

$$y_t^* = A_1 t + A_0,$$

代入原方程,得

$$-A_1 t + A_1 - A_0 = 3t - 2,$$

比较两端系数得 $A_1 = -3$,$A_0 = -1$,因此

$$y_t^* = -3t - 1.$$

从而原方程的通解为

$$y_t = C2^t - 3t - 1.$$

例 9-36　求差分方程 $y_{t+1} - 2y_t = t2^t$ 满足初始条件 $y_0 = 1$ 的特解.

解　由特征方程 $\lambda - 2 = 0$,得特征根为 $\lambda = 2$,相应齐次方程的通解为 $\bar{y}_t = C2^t$. 又 $f(t) = t2^t$,$b = 2$ 是特征根,于是可设原方程的特解为

$$y_t^* = 2^t t(A_1 t + A_0),$$

代入原方程,得

$$2(2A_1 t + A_1 + A_0)2^t = t2^t,$$

比较两端系数得 $A_1 = \dfrac{1}{4}$,$A_0 = -\dfrac{1}{4}$,因此

$$y_t^* = \frac{1}{4}t(t-1)2^t.$$

从而原方程的通解为

$$y_t = C2^t + \frac{1}{4}t(t-1)2^t,$$

把初始条件 $y_0 = 1$ 代入,得 $C = 1$,从而相应的特解为

$$y_t = 2^t + \frac{1}{4}t(t-1)2^t.$$

另外,当方程(9-29)右端的非齐次项 $f(t) = b^t(p\cos\theta t + q\sin\theta t)$ 时,这里 $b \neq 0$ 为常数,p,q,θ 为常数.

令 $\delta = b(\cos\theta + i\sin\theta)$,可以证明此时方程(9-29)的特解形式为

$$y_t^* = \begin{cases} b^t(A\cos\theta t + B\sin\theta t), & \delta \text{ 不是特征根}, \\ b^t t(A\cos\theta t + B\sin\theta t), & \delta \text{ 是特征根}. \end{cases}$$

其中 A,B 为待定系数,把 y_t^* 代入方程(9-29)后比较两端系数即可将其求出.

习题 9.7

1.求下列差分方程的通解:

(1) $y_{t+1} - y_t = 3 + 2t$;　　　(2) $2y_{t+1} - 6y_t = 3^t$;

(3) $2y_{t+1} - y_t = 2 + t^2$;　　　(4) $y_{t+1} - y_t = t2^t$;

(5) $y_{t+1} - 3y_t = \sin\dfrac{\pi}{2}t$;　　　(6) $y_{t+1} - y_t = \cos\pi t$.

2. 求下列差分方程满足初始条件的特解：

(1) $2y_{t+1} - y_t = 2 + t, y_0 = 4$; 　　 (2) $y_{t+1} + y_t = 40 + 6t^2, y_0 = 21$;

(3) $7y_{t+1} + 2y_t = 7^{t+1}, y_0 = 1$; 　　 (4) $y_{t+1} + 4y_t = 3\sin\pi t, y_0 = 1$.

9.8 差分方程在经济中的应用

差分方程在经济中有着十分广泛的应用，这里仅举几个常见的例子.

例 9-37 （贷款模型）设从银行贷款 P_0 元，月利率为 r，这笔贷款要在 n 个月内按月等额归还，试求每月应偿还多少元？

解 设 y_t 是第 t 个月还欠银行的款额，要求每月偿还 a 元，得差分方程模型

$$\begin{cases} y_{t+1} - (1+r)y_t = -a, \\ y_0 = P_0, \\ y_n = 0. \end{cases}$$

显然方程 $y_{t+1} - (1+r)y_t = -a$ 为一阶常系数非齐次线性差分方程，其对应的齐次方程的通解为 $\bar{y}_t = C(1+r)^t$. 非齐次项 $f(t) = -a = 1^t(-a)$，$b = 1$ 不是特征根，可设非齐次方程的特解为

$$y_t^* = A_0,$$

代入非齐次方程，比较两端系数得到 $A_0 = \dfrac{a}{r}$，于是原方程的通解为

$$y_t = \frac{a}{r} + C(1+r)^t.$$

由已知得

$$\begin{cases} y_0 = P_0 = \dfrac{a}{r} + C, \\ y_n = 0 = \dfrac{a}{r} + C(1+r)^n, \end{cases}$$

消去 C，得到

$$a = \frac{P_0 r(1+r)^n}{(1+r)^n - 1}.$$

这就是每月应偿还的款额.

例 9-38 （动态供需均衡模型）假设生产某种产品要求有一个固定的生产周期，并以此周期作为度量时间 t 的单位. 在此情况下规定，第 t 期的供给量 Q_{st} 由前一期的价格 P_{t-1} 决定，即供给量"滞后"于价格一个周期，而第 t 期的需求量 Q_{dt} 由现期价格 P_t 决定，即需求量是"非时滞"的. 取"时滞"的供给函数和"非时滞"的需求函数的线性形式，且假定每个时期中市场价格总是确定在市场销清的水平上，便有动态供需均衡模型

$$\begin{cases} Q_{dt} = \alpha - \beta P_t (\alpha, \beta > 0), \\ Q_{st} = -\gamma + \delta P_{t-1} (\gamma, \delta > 0), \\ Q_{dt} = Q_{st}. \end{cases}$$

又设当 $t = 0$ 时,初始价格为 P_0.

(1) 试确定价格 P_t 满足的差分方程,并求解该方程;

(2) 分析价格 P_t 随时间 t 的变化情况.

解 (1) 由 $Q_{dt} = Q_{st}$,得

$$P_t + \frac{\delta}{\beta} P_{t-1} = \frac{\alpha + \gamma}{\beta},$$

或

$$P_{t+1} + \frac{\delta}{\beta} P_t = \frac{\alpha + \gamma}{\beta}.$$

此方程为一阶常系数齐次线性差分方程,可求得其通解为

$$P_t = C \left(-\frac{\delta}{\beta} \right)^t + \frac{\alpha + \gamma}{\beta + \delta} \quad (C \text{ 为任意常数}).$$

将 $t = 0$ 时,初始价格为 P_0 代入上式得

$$C = P_0 - \frac{\alpha + \gamma}{\beta + \delta}.$$

记 $\overline{P} = \frac{\alpha + \gamma}{\beta + \delta}$(称为静态均衡价格),于是,满足 $t = 0$ 时,初始价格为 P_0 的特解为

$$P_t = (P_0 - \overline{P}) \left(-\frac{\delta}{\beta} \right)^t + \overline{P}.$$

(2) 1)若初始价格 $P_0 = \overline{P}$,这时

$$P_t = (P_0 - \overline{P}) \left(-\frac{\delta}{\beta} \right)^t + \overline{P} = \overline{P}.$$

这是"静态均衡"的情形.

2)若初始价格 $P_0 \neq \overline{P}$,

当 $\delta < \beta$ 时,

$$\lim_{t \to +\infty} P_t = \lim_{t \to +\infty} \left[(P_0 - \overline{P}) \left(-\frac{\delta}{\beta} \right)^t + \overline{P} \right] = \overline{P},$$

即价格 P_t 趋于均衡价格 $\overline{P}$.

当 $\delta > \beta$ 时,

$$\lim_{t \to +\infty} P_t = \lim_{t \to +\infty} \left[(P_0 - \overline{P}) \left(-\frac{\delta}{\beta} \right)^t + \overline{P} \right] = +\infty,$$

即随着时间延续,价格 P_t 的波动越来越大,且呈发散状态.

当 $\delta = \beta$ 时,在 $t \to +\infty$ 时,价格 P_t 在 P_0 与 $2\overline{P} - P_0$ 这两个数值之间来回摆动.

例 9-39 (消费模型)设 Y_t, C_t, I_t 分别是时期 t 的国民收入、消费和投资,有如下模型:

$$\begin{cases} C_t = \alpha Y_t + a, \\ I_t = \beta Y_t + b, \\ Y_t - Y_{t-1} = \theta(Y_{t-1} - C_{t-1} - I_{t-1}). \end{cases}$$

其中 α,β,a,b 和 θ 都是常数,且 $0 < \alpha < 1, 0 < \beta < 1, 0 < \alpha + \beta < 1,$ $0 < \theta < 1, a \geqslant 0, b \geqslant 0$. 若已知基期国民收入为 Y_0,试求 Y_t 与 t 的函数关系.

解 将 $C_{t-1} = \alpha Y_{t-1} + a$, $I_{t-1} = \beta Y_{t-1} + b$ 两式代入 $Y_t - Y_{t-1} = \theta(Y_{t-1} - C_{t-1} - I_{t-1})$,整理得

$$Y_t - [1 + \theta(1 - \alpha - \beta)]Y_{t-1} = -\theta(a + b).$$

这是一阶常系数非齐次线性差分方程,可求出其通解为

$$Y_t = C[1 + \theta(1 - \alpha - \beta)]^t + \frac{a + b}{1 - \alpha - \beta}.$$

由 $t = 0$ 时国民收入为 Y_0,可确定 $C = Y_0 - \dfrac{a + b}{1 - \alpha - \beta}$,所以

$$Y_t = \left(Y_0 - \frac{a + b}{1 - \alpha - \beta}\right)[1 + \theta(1 - \alpha - \beta)]^t + \frac{a + b}{1 - \alpha - \beta}.$$

这就是 t 期国民收入随时间 t 变化的规律.

习题 9.8

1. 某人购房时向银行贷款 80 万元,银行贷款年利率为 5%,计划在 15 年内以分期付款方式还清贷款,试求每年应偿还多少.

2. 某公司在每年支出总额比前一年增加 10% 的基础上再追加 100 万元,若以 C_t 表示第 t 年的支出总额(单位:百万元),求 C_t 满足的差分方程;若 2017 年该公司的支出总额为 2000 万元,问 3 年后支出总额为多少万元?

3. 设某产品在时期 t 的价格、总供给与总需求分别为 P_t, S_t 与 $D_t, S_t = 2P_t + 1, D_t = -4P_{t-1} + 5$,且 $S_t = D_t$. 试证:$P_{t+1} + 2P_t = 2$,并在已知 P_0 时,求出上述方程的解.

4. 试解下述卡恩模型(Kahn model),即求 Y_t 和 C_t(设 $t = 0$ 时,$Y_t = Y_0$):

$$\begin{cases} Y_t = C_t + I, \\ C_t = \alpha Y_{t-1} + \beta, 0 < \alpha < 1, \beta > 0. \end{cases}$$

其中 Y_t 和 C_t 分别是时期 t 的国民收入和消费,I 是投资,假设每期相同.

数学实验 9

1. 实验目的与内容

运用 MATLAB 求解微分方程

2. MATLAB 命令

求解微分方程的命令

MATLAB 中主要用 dsolve 求符号解析解.

表 9-2　MATLAB 求微分方程的命令

调用格式	描述
dsolve('d_equal1','d_equal2',…, 'condi1','condi2',…,'var1','var2',…)	其中'd_equal'表示待解方程,如果有多个,则求解微分方程组;'condi'表示初始状态,如果没有声明初始状态,则求解微分方程的通解;'var'表示声明变量,缺省时采用系统认定的微分变量

注:可以用 help dsolve 查阅上述命令的详细信息.

3. 实验案例

例 9-40　求一阶微分方程 $y' = ay + b$ 的解析解.

程序代码:

```
>> clear;
>> syms x y
>> y = dsolve('Dy = a * y + b')
```

运行结果:

```
y =
    - (b - C1 * exp(a * t))/a
```

例 9-41　求解一阶线性微分方程 $\dfrac{\mathrm{d}y}{\mathrm{d}x} + 3y = 8, y(0) = 2$.

程序代码:

```
>> clear;
>> syms x y
>> d_equal = 'Dy + 3 * y = 8';
>> condi = 'y(0) = 2';
>> y = dsolve(d_equal,condi,'x')
```

运行结果:

```
y =
    8/3 - (2 * exp(-3 * x))/3
```

例 9-42　求解二阶齐次微分方程 $(1 + x^2)y'' = 2xy', y(0) = 1, y'(0) = 3$.

程序代码:

```
>> clear;
>> syms x y
>> d_equal = '(1 + x^2) * D2y = 2 * x * Dy';
>> condi = 'y(0) = 1,Dy(0) = 3';
>> y = dsolve(d_equal,condi,'x')
```

运行结果:

```
y =
    x * (x^2 + 3) + 1
```

例 9-43　求二阶非齐次微分方程 $y'' = \sin(2x) - y, y(0) = 0, y'(0) = 1$ 的解析解.

程序代码:

```
>> clear;
>> syms x y
>> y = dsolve('D2y = sin(2 * x) - y', 'y(0) = 0', 'Dy(0) =
1', 'x')
```

输出结果：

y =

$$(5 * \sin(x))/3 - \sin(2 * x)/3$$

例 9-44　求解微分方程 $\dfrac{\mathrm{d}y}{\mathrm{d}x} + 2xy = xe^{-x^2}$，并验证结果的正确性.

（1）求解微分方程 $\dfrac{\mathrm{d}y}{\mathrm{d}x} + 2xy = xe^{-x^2}$.

程序代码：

```
>> clear;
>> syms x y
>> y = dsolve('Dy + 2 * x * y = x * exp(- x ^ 2)', 'x')
```

输出结果：

y =

$$C1 * \exp(- x ^ 2) + (x ^ 2 * \exp(- x ^ 2))/2$$

（2）验证结果的正确性.

程序代码：

```
>> diff(y, x) + 2 * x * y - x * exp(- x ^ 2)
```

输出结果：

ans =

$$2 * x * (C1 * \exp(- x ^ 2) + (x ^ 2 * \exp(- x ^ 2))/2) -$$
$$x ^ 3 * \exp(- x ^ 2) - 2 * C1 * x * \exp(- x ^ 2)$$

程序代码：

```
>> simplify(ans)    % 以最简形式显示 ans
```

输出结果：

ans =

0

这表明 $y = y(x)$ 的确是微分方程的解.

□ 数学建模：美日硫磺岛战役模型

练习

1. 求下列微分方程的解析解：

（1）一阶线性方程 $y' - x^3 y = 2$；

（2）伯努利方程 $y' - xy^2 - y = 0$；

（3）高阶线性齐次方程 $y''' - y'' - 3y' + 2y = 0$；

（4）高阶线性非齐次方程 $y'' - 3y' + 2y = 3\sin x$.

2. 求方程 $(1 + x^2)y'' = 2xy'$，$y(0) = 1$，$y'(0) = 3$ 的解析解.

本章小结

一、知识点结构图

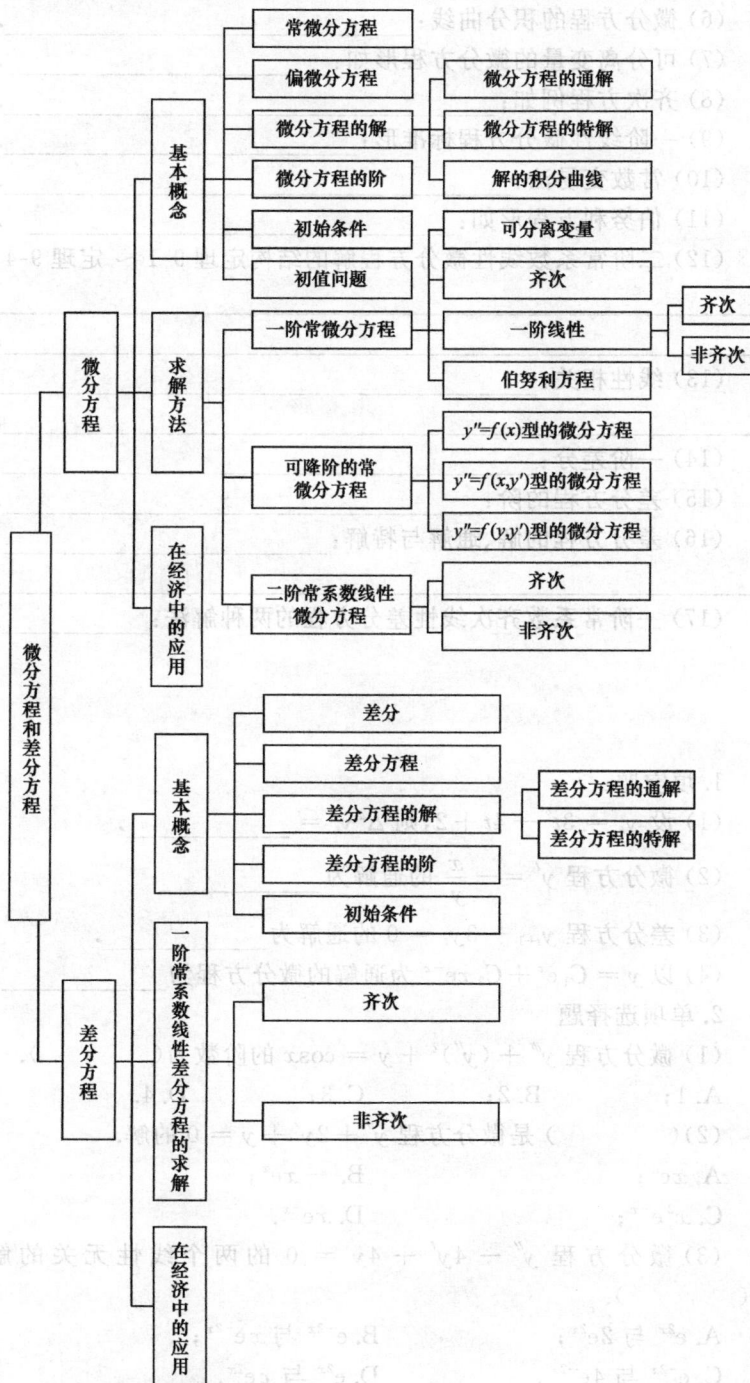

常微分方程

偏微分方程　　　　微分方程的通解

微分方程的解　　　微分方程的特解

微分方程的阶　　　解的积分曲线

初始条件　　　　　可分离变量

初值问题　　　　　齐次

一阶常微分方程　　一阶线性　——　齐次／非齐次

伯努利方程

可降阶的常微分方程
- $y''=f(x)$ 型的微分方程
- $y''=f(x,y')$ 型的微分方程
- $y''=f(y,y')$ 型的微分方程

二阶常系数线性微分方程 —— 齐次／非齐次

基本概念 / 求解方法 / 在经济中的应用

微分方程

差分

差分方程

差分方程的解 —— 差分方程的通解／差分方程的特解

差分方程的阶

初始条件

基本概念 / 一阶常系数线性差分方程的求解 —— 齐次／非齐次 / 在经济中的应用

差分方程

微分方程和差分方程

二、知识点自我检验

(1) 常微分方程：＿＿＿＿＿＿＿＿＿＿＿＿＿＿＿＿＿＿＿＿＿＿＿＿＿．

(2) 微分方程的阶：＿＿＿＿＿＿＿＿＿＿＿＿＿＿＿＿＿＿＿＿＿＿＿＿＿．

(3) 微分方程的解、通解与特解：_____

_____.

(4) 初始条件：_____.

(5) 初值问题：_____.

(6) 微分方程的积分曲线：_____.

(7) 可分离变量的微分方程形如：_____.

(8) 齐次方程例如：_____.

(9) 一阶线性微分方程标准形：_____.

(10) 常数变易法：_____.

(11) 伯努利方程形如：_____.

(12) 二阶常系数线性微分方程解的结构定理 9-1 ~ 定理 9-4：

_____

_____.

(13) 线性相关：_____

_____.

(14) 一阶差分：_____.

(15) 差分方程的阶：_____.

(16) 差分方程的解、通解与特解：_____

_____.

(17) 一阶常系数齐次线性差分方程的两种解法：_____.

总习题 9A

1. 填空题：

(1) 设 $y_t = 3t^2 - 4t + 2$，则 $\Delta^2 y_t =$ _____.

(2) 微分方程 $y' = -\dfrac{x}{y}$ 的通解为 _____.

(3) 差分方程 $y_{t+1} - 3y_t = 0$ 的通解为 _____.

(4) 以 $y = C_1 e^x + C_2 x e^{-x}$ 为通解的微分方程为 _____.

2. 单项选择题

(1) 微分方程 $y''' + (y'')^2 + y = \cos x$ 的阶数为（   ）.

A. 1;   B. 2;   C. 3;   D. 4.

(2)（   ）是微分方程 $y'' + 2y' + y = 0$ 的解.

A. xe^x;   B. $-xe^x$;

C. $x^2 e^{-x}$;   D. xe^{-x}.

(3) 微分方程 $y'' - 4y' + 4y = 0$ 的两个线性无关的解是（   ）.

A. e^{2x} 与 $2e^{2x}$;   B. e^{-2x} 与 xe^{-2x};

C. e^{-2x} 与 $4e^{-2x}$;   D. e^{2x} 与 xe^{2x}.

(4) 微分方程 $y'' + y = x$ 有一个特解是（   ）.

A. $y = x$;   B. $y = x^2$;

C. $y = e^x$;   D. $y = \sin x$.

(5) 若 $y_1(x)$ 与 $y_2(x)$ 是某个二阶常系数齐次线性方程的解, 则 $C_1 y_1(x) + C_2 y_2(x)(C_1, C_2$ 为任意常数) 一定是该方程的( ).

    A. 通解;   B. 特解;

    C. 解;   D. 全部解.

(6) 设 $y_1 = e^x \sin 3x$ 和 $y_2 = e^x \cos 3x$ 均为方程 $y'' + py' + qy = 0$ 的解, 则( ).

    A. $p = 2, q = 10$;   B. $p = -2, q = 10$;

    C. $p = 2, q = -10$;   D. $p = -2, q = -10$.

(7) 微分方程 $y'' - 4y' - 5y = e^{-x} + \sin 5x$ 的特解形式可设为( ).

    A. $y* = Ae^{-x} + B\sin 5x$;

    B. $y* = Ae^{-x} + B\sin 5x + C\cos 5x$;

    C. $y* = Axe^{-x} + B\sin 5x$;

    D. $y* = Axe^{-x} + B\sin 5x + C\cos 5x$.

(8) 下列差分方程中阶数为二阶的是( ).

    A. $y_{t+2} + 4y_{t+1} + 3y_t = 2^t$;   B. $y_{t+2} - 3y_{t+1} = t$;

    C. $\Delta y_t - 3y_t = 3$;   D. $\Delta^2 y_t = y_t + 3t^2$.

(9) 函数 $y_t = C2^t + 8$ 是差分方程( ) 的通解.

    A. $y_{t+2} - 3y_{t+1} + 2y_t = 0$;   B. $y_t - 3y_{t-1} + 2y_{t-2} = 0$;

    C. $y_{t+1} - 2y_t = -8$;   D. $y_{t+1} - 2y_t = 8$.

3. 求下列微分方程的通解:

(1) $\cos^2 x \dfrac{dy}{dx} + y = 0$;

(2) $dx + xy\, dy = y^2\, dx + y\, dy$;

(3) $xy' + y - e^x = 0$;

(4) $y'' - 2y' - 3y = 0$.

4. 求下列微分方程满足初始条件的特解:

(1) $x\, dy - e^{-y}\, dx = dx, y\big|_{x=1} = 0$;

(2) $y' + 3y = e^{2x}, y\big|_{x=1} = e^2$;

(3) $y'' - 8y' + 25y = 0, y\big|_{x=0} = 0, y'\big|_{x=0} = 4$.

5. 求微分方程 $y'' - 4y' + 3y = 0$ 的一条积分曲线, 使其在点 $M(0,2)$ 处与直线 $x - y + 2 = 0$ 相切.

6. 铀的衰变速度与当时未衰变的原子的含量 M 成正比. 已知 $t = 0$ 时铀的含量为 M_0, 求在衰变过程中铀含量 $M(t)$ 随时间 t 变化的规律.

7. 某汽车公司在长期的运营中发现每辆汽车的总维修成本 y 对汽车大修时间间隔 x 的变化率等于 $\dfrac{2y}{x} - \dfrac{81}{x^2}$, 已知当大修时间间隔 $x = 1$(年) 时, 总维修成本 $y = 27.5$ 千元. 试求每辆汽车的总维修成本 y 与大修时间间隔 x 的函数关系.

8. 设降落伞从跳伞塔下落后, 所受空气阻力与速度成正比, 并设降落伞离开跳伞塔时速度为零.求降落伞下落速度与时间的函数关系.

总习题 9B

1.填空题：

(1) 微分方程 $y'' - 5y' + 6y = 7$ 满足初始条件 $y\,|_{x=0} = \dfrac{7}{6}$, $y'\,|_{x=0} = -1$ 的特解为_____.

(2) 设可导函数 $f(x)$ 满足方程 $f(x) = \dfrac{1}{2} + \int_0^x [f^2(t) - f(t)]\mathrm{d}t$,则 $f(x) =$ _____.

(3) 设 $y = f(x)$ 满足条件 $y'' + 4y' + 4y = 0, y(0) = 2, y'(0) = 0$,则 $\displaystyle\int_0^{+\infty} y(x)\mathrm{d}x =$ _____.

(4) 设函数 $\varphi(x)$ 连续且满足 $\varphi(x) = \mathrm{e}^x + \displaystyle\int_0^x t\varphi(t)\mathrm{d}t - x\int_0^x \varphi(t)\mathrm{d}t$,则 $\varphi(x) =$ _____.

2.求下列微分方程的通解：

(1) $y'' - y = 4x\mathrm{e}^x$；

(2) $y''' = \mathrm{e}^{2x} - \cos x$.

3.求下列微分方程的特解：

(1) $y'' - 3y' + 2y = 5, y\,|_{x=0} = 1, y'\,|_{x=0} = 2$；

(2) 求微分方程 $y'' + y = x\cos 2x$ 的一个特解.

4.已知曲线 $y = f(x)$ 过点 $\left(0, -\dfrac{1}{2}\right)$,且其上任一点 (x,y) 处的切线的斜率为 $x\ln(1 + x^2)$,试求该曲线方程.

5.求满足下列方程的可微函数 $f(x)$：

(1) $f(x) = \displaystyle\int_0^x f(t)\mathrm{d}t + \mathrm{e}^x$； (2) $f(x) = \displaystyle\int_0^{2x} f\left(\dfrac{t}{2}\right)\mathrm{d}t + \ln 2$.

6.设某商品在 t 时期的供给量 S_t 与需求量 D_t 都是这一时期该商品价格 P_t 的线性函数,已知 $S_t = 3P_t - 2, D_t = 4 - 5P_t$,且在 t 时期的价格 P_t 由 $t-1$ 时期的价格 P_{t-1} 及供给量与需求量之差 $S_t - D_t$ 按关系式 $P_t = P_{t-1} - \dfrac{1}{16}(S_{t-1} - D_{t-1})$ 确定,试求该商品的价格随时间变化的规律.

7.求方程 $y' + xy = Q(x)$ 的通解和满足 $y\,|_{x=0} = 0$ 的连续解,其中 $Q(x) = \begin{cases} x, & 0 \leqslant x \leqslant 1, \\ 0, & x > 1. \end{cases}$

8.设一条河的两岸为平行直线,水流速度为 a,有一鸭子从岸边点 A 游向正对岸点 O,设鸭子的游速为 $b(b > a)$,且鸭子游动方向始终朝着点 O,已知 $OA = h$,求鸭子游过的轨迹线的方程.

附 录

附录 A MATLAB 介绍

1. MATLAB 简介

MATLAB 是 Mathworks 公司的产品,是一个为科学和工程计算而专门设计的高级交互式软件包. MATLAB 环境集成了图示和精确的数值计算,是一个可以完成各种计算和数据处理的可视化的、强有力的工具.

MATLAB 的应用范围非常广,包括信号和图像处理、通信、控制系统设计、测试和测量、财务建模和分析以及计算生物学等众多应用领域. 附加的工具箱(单独提供的专用 MATLAB 函数集)扩展了 MATLAB 环境,以解决这些应用领域内特定类型的问题.

MATLAB 提供了很多用于记录和分享工作成果的功能. 可以将 MATLAB 代码与其他语言和应用程序集成,来分享 MATLAB 算法和应用.

MATLAB 的主要特点:

(1) 有高性能数值计算的高级算法,特别适合矩阵代数领域;

(2) 有大量事先定义的数学函数,并具有用户自定义函数的能力;

(3) 绘图和显示数据,并具有教育、科学和艺术的图解;

(4) 基于 HTML 的完全帮助系统;

(5) 适合个人应用的强有力的面向矩阵或向量的高级程序设计语言;

(6) 有与用其他语言编写的程序结合和输入输出格式化数据的能力;

(7) 有在多个应用领域解决难题的工具箱.

MATLAB 强大的功能和特性,使得它成为目前国际公认的最优秀的数学应用和最广泛的工程计算软件之一,受到越来越多的大学生和科技工作者的欢迎.

2. MATLAB 常用工具箱

类别	工具箱	备注
数学、统计 与优化	Symbolic Math Toolbox	符号数学工具箱
	Partial Differential Euqation Toolbox	偏微分方程工具箱
	Statistics Toolbox	统计学工具箱
	Curve Fitting Toolbox	曲线拟合工具箱
	Optimization Toolbox	优化工具箱
	Global Optimization Toolbox	全局优化工具箱
	Neural Network Toolbox	神经网络工具箱
	Model-Based Calibration Toolbox	基于模型校正工具箱
信号处理 与通信	Signal Processing Toolbox	信号处理工具箱
	DSP System Toolbox	DSP 系统工具箱
	Communications System Toolbox	通信系统工具箱
	Wavelet Toolbox	小波工具箱
	Fixed-Point Toolbox	定点运算工具箱
	RF Toolbox	射频工具箱
	Phased Array System Toolbox	相控阵系统工具箱
控制系统设计 与分析	Control system Toolbox	控制系统工具箱
	System Indentification Toolbox	系统辨识工具箱
	Fuzzy Logic Toolbox	模糊逻辑工具箱
	Robust Control Toolbox	鲁棒控制工具箱
	Model Predictive Control Toolbox	模型预测控制工具箱
	Aerospace Toolbox	航空航天工具箱
图像处理与 计算机视觉	Image Processing Toolbox	图像处理工具箱
	Computer Vision System Toolbox	计算机视觉工具箱
	Image Acquisition Toolbox	图像采集工具箱
	Mapping Toolbox	地图工具箱
测试与测量	Data Acquisition Toolbox	数据采集工具箱
	Instrument Control Toolbox	仪表控制工具箱
	Image Acquisition Toolbox	图像采集工具箱
	OPC Toolbox	OPC 开发工具箱
	Vehicle Network Toolbox	车载网络工具箱
计算金融	Financial Toolbox	金融工具箱
	Econometrics Toolbox	计算经济学工具箱
	Datafeed Toolbox	数据输入工具箱
	Fixed-Income Toolbox	固定收益工具箱
	Financial Derivatives Toolbox	衍生金融工具箱
计算生物	Bioinformatics Toolbox	生物信息工具箱
	SimBiology Toolbox	生物学工具箱

（续）

类别	工具箱	备注
并行计算	Parallel Computing Toolbox	并行计算工具箱
	MATLAB Distributed Computing Server	MATLAB 分布式计算服务器
数据库访问与报告	Database Toolbox	数据库工具箱
	MATLAB Report Generator	MATLAB 报告生成
MATLAB 代码生成	MATLAB Coder	MATLAB 代码生成
	Filter Design HDL Coder	滤波器设计 HDL 代码生成
MATLAB 应用发布	MATLAB Compiler	MATLAB 编译器混合编程
	MATLAB Builder NE	配合 Microsoft. Net Framework
	MATLAB Builder JA	配合 Java Language
	MATLAB Builder EX	配合 Microsoft Excel
	Spreadsheet Link EX	配合 Microsoft Excel

3. MATLAB 数值运算函数

（1）基本数值运算函数

函数名	含义
abs(x)	纯量的绝对值或向量的长度
angle(z)	复数 z 的相角
sqrt(x)	开平方
real(z)	复数 z 的实部
imag(z)	复数 z 的虚部
conj(z)	复数 z 的共轭复数
round(x)	四舍五入至最近整数
fix(x)	无论正负，舍去小数至最近整数
floor(x)	地板函数，即舍去正小数至最近整数
ceil(x)	天花板函数，即加入正小数至最近整数
rat(x)	将实数 x 化为分数表示
rats(x)	将实数 x 化为多项分数展开
rem(x,y)	求 x 除以 y 的余数
gcd(x,y)	整数 x 和 y 的最大公因数

（续）

函数名	含义
lcm(x,y)	整数 x 和 y 的最小公倍数
exp(x)	自然指数
pow2(x)	2 的指数
log(x)	以 e 为底的对数，即自然对数
log2(x)	以 2 为底的对数
log10(x)	以 10 为底的对数
sign(x)	当 $x < 0$ 时，sign$(x) = -1$ 当 $x = 0$ 时，sign$(x) = 0$ 当 $x > 0$ 时，sign$(x) = 1$

（2）三角函数

函数名	含义
sin(x)	正弦函数
cos(x)	余弦函数
tan(x)	正切函数
asin(x)	反正弦函数
acos(x)	反余弦函数
atan(x)	反正切函数
sinh(x)	双曲正弦函数
cosh(x)	双曲余弦函数
tanh(x)	双曲正切函数
asinh(x)	反双曲正弦函数
acosh(x)	反双曲余弦函数
atanh(x)	反双曲正切函数

（3）适用于向量的常用函数

函数名	含义
min(x)	向量 x 的元素的最小值
max(x)	向量 x 的元素的最大值
mean(x)	向量 x 的元素的平均值

（续）

函数名	含义
median(x)	向量 x 的元素的中位数
std(x)	向量 x 的元素的标准差
diff(x)	向量 x 的相邻元素的差
sort(x)	对向量 x 的元素进行排序
length(x)	向量 x 的元素个数
norm(x)	向量 x 的欧氏长度
sum(x)	向量 x 的元素总和
prod(x)	向量 x 的元素总乘积
cumsum(x)	向量 x 的累计元素总和
cumprod(x)	向量 x 的累计元素总乘积
dot(x,y)	向量 x 和 y 的内积
cross(x,y)	向量 x 和 y 的外积

4. MATLAB 的永久常数

常数	含义
i 或 j	基本虚数单位
eps	系统的浮点精确度
inf	无限大，例如 1/0
nan 或 NaN	非数值，例如 0/0
pi	圆周率
realmax	系统所能表示的最大数值
realmin	系统所能表示的最小数值
nargin	函数输入参数个数

5. MATLAB 运算符号与特殊字符
（1）运算符号

符号	含义	符号	含义
＋	加	…	续行标志
－	减	;	分行符（该行结果不显示）
*	矩阵乘		分行符（该行结果显示）

（续）

符号	含义	符号	含义
. *	向量乘	%	注释标志
^	矩阵乘方	!	操作系统命令提示符
. ^	向量乘方	'	矩阵转置
kron	矩阵 kron 积	,.	向量转置
\	矩阵左除	=	赋值运算
/	矩阵右除	==	关系运算之相等
.\	向量左除	~=	关系运算之不等
./	向量右除	<	关系运算之小于
{}	向量生成或 子阵提取	<=	关系运算之小于等于
()	下标运算或 参数定义	>	关系运算之大于
[]	矩阵生成	>=	关系运算之大于等于
&&	逻辑运算之与	.	结构字段获取符
||	逻辑运算之或	.	点乘运算，常与其他运算符 联合使用（如.\）
~	逻辑运算之非	xor	逻辑运算之异或

（2）控制流程

函数名	功能描述	函数名	功能描述
break	中断循环执行的 语句	if	条件转移语句
case	与 switch 结合 实现多路转移	otherwise	多路转移中的 缺省执行部分
else	与 if 一起使用的 转移语句	return	返回调用函数
elseif	与 if 一起使用的 转移语句	switch	与 case 结合 实现多路转移
end	结束控制语句块	warning	显示警告信息
error	显示错误信息	while	循环语句
for	循环语句		

附录B　基本初等函数补充

1. 指数函数 a^x 性质：$a^{x_1} a^{x_2} = a^{x_1 + x_2}$（加法定理）.

2. 对数函数性质

(1) $\log_a x_1 = \log_a x_2 \Rightarrow x_1 = x_2$；

(2) $\log_a |x_1 x_2| = \log_a |x_1| + \log_a |x_2|$；

(3) $\log_a \left| \dfrac{x_1}{x_2} \right| = \log_a |x_1| - \log_a |x_2|$；

(4) $\log_a 1 = 0, \log_a a = 1, \log_a x = -\log_a \dfrac{1}{x}$；

(5) $\log_a x = \dfrac{\log_b x}{\log_b a}$（换底公式）.

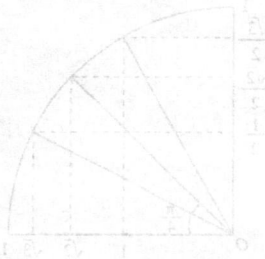

图 B-3

3. 三角函数

测量角的大小时，首先要确定一个单位. 例如，取直角的 1/90（称为度），或取圆弧长等于半径时的圆心角（称为弧度）作为量角的单位. 若不特别声明，今后就采用弧度作为量角的单位. "角"的概念需要推广如下：第一，不仅有锐角或钝角，而且也有大于平角或周角的角，即有任意大小的角. 第二，角也有相反的两个方向，即正角和负角.

(1) 任意角的三角函数的定义

如图 B-1 所示，用 r 表示点 $M(x, y)$ 到原点 O 的距离，则比值

$$\frac{y}{r}, \frac{x}{r}, \frac{y}{x}, \frac{x}{y}, \frac{r}{y}, \frac{r}{x}$$

仅由角 $\angle AOM = \theta$ 的大小所决定（相似三角形对应边成比例），与 r 的大小无关. 因此，我们不妨取 $r = 1$（见图 B-2）.

现在，把 $\theta(-\infty < \theta < +\infty)$ 看作自变量，就可以定义六个（简单）三角函数：

正弦 $\sin\theta = y(-\infty < \theta < +\infty)$；

余弦 $\cos\theta = x(-\infty < \theta < +\infty)$；

正切 $\tan\theta = \dfrac{y}{x}(\theta \neq k\pi + \dfrac{\pi}{2}; k = 0, \pm 1, \pm 2, \cdots)$；

余切 $\cot\theta = \dfrac{x}{y}(\theta \neq k\pi; k = 0, \pm 1, \pm 2, \cdots)$；

正割 $\sec\theta = \dfrac{1}{x}(\theta \neq k\pi + \dfrac{\pi}{2}; k = 0, \pm 1, \pm 2, \cdots)$；

余割 $\csc\theta = \dfrac{1}{y}(\theta \neq k\pi; k = 0, \pm 1, \pm 2, \cdots)$.

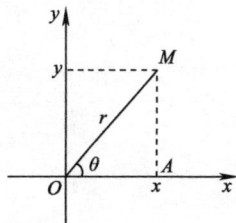

图 B-1

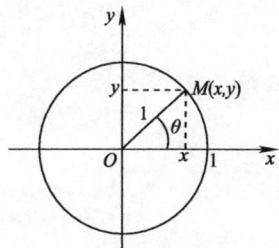

图 B-2

这些函数的函数值是通过几何方法确定的，除极少数的函数值外，其他函数值都是无理数.

(2) 三角函数的特殊值

具体内容见图 B-3 和表 B-1.

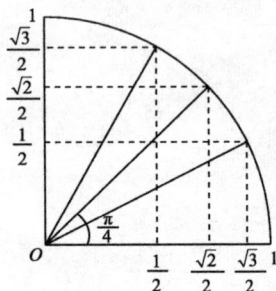

表 B-1 三角函数的特殊值

θ	0	$\dfrac{\pi}{6}$	$\dfrac{\pi}{4}$	$\dfrac{\pi}{3}$	$\dfrac{\pi}{2}$
$\sin\theta$	0	$\dfrac{1}{2}$	$\dfrac{\sqrt{2}}{2}$	$\dfrac{\sqrt{3}}{2}$	1
$\cos\theta$	1	$\dfrac{\sqrt{3}}{2}$	$\dfrac{\sqrt{2}}{2}$	$\dfrac{1}{2}$	0
$\tan\theta$	0	$\dfrac{1}{\sqrt{3}}$	1	$\sqrt{3}$	
$\cot\theta$		$\sqrt{3}$	1	$\dfrac{1}{\sqrt{3}}$	0

图 B-3

（3）主要恒等式

三角函数间的关系：

$$\tan\theta = \frac{\sin\theta}{\cos\theta},\cot\theta = \frac{\cos\theta}{\sin\theta},$$

$$\sin^2\theta + \cos^2\theta = 1, 1 + \tan^2\theta = \sec^2\theta, 1 + \cot^2\theta = \csc^2\theta.$$

简化公式：

$$\begin{cases} \sin\left(\dfrac{\pi}{2} \pm \theta\right) = \cos\theta, \\ \cos\left(\dfrac{\pi}{2} \pm \theta\right) = \mp\sin\theta, \end{cases} \quad （余角公式），$$

$$\begin{cases} \sin(\pi \pm \theta) = \mp\sin\theta, \\ \cos(\pi \pm \theta) = -\cos\theta, \end{cases} \quad （补角公式）.$$

和角公式：

$$\sin(\theta_1 \pm \theta_2) = \sin\theta_1\cos\theta_2 \pm \cos\theta_1\sin\theta_2,$$

$$\cos(\theta_1 \pm \theta_2) = \cos\theta_1\cos\theta_2 \mp \sin\theta_1\sin\theta_2.$$

倍角或半角公式：

$$\sin2\theta = 2\sin\theta\cos\theta, \cos2\theta = \cos^2\theta - \sin^2\theta,$$

$$\sin^2\theta = \frac{1-\cos2\theta}{2}, \cos^2\theta = \frac{1+\cos2\theta}{2}.$$

积化和差公式：

$$\sin\theta_1\cos\theta_2 = \frac{1}{2}\left[\sin(\theta_1 + \theta_2) + \sin(\theta_1 - \theta_2)\right],$$

$$\sin\theta_1\sin\theta_2 = \frac{1}{2}\left[\cos(\theta_1 - \theta_2) - \cos(\theta_1 + \theta_2)\right],$$

$$\cos\theta_1\cos\theta_2 = \frac{1}{2}\left[\cos(\theta_1 + \theta_2) + \cos(\theta_1 - \theta_2)\right].$$

和差化积公式：

$$\sin\theta_1 \pm \sin\theta_2 = 2\sin\frac{\theta_1 \pm \theta_2}{2}\cos\frac{\theta_1 \mp \theta_2}{2},$$

$$\cos\theta_1 - \cos\theta_2 = -2\sin\frac{\theta_1 + \theta_2}{2}\sin\frac{\theta_1 - \theta_2}{2},$$

$$\cos\theta_1 + \cos\theta_2 = 2\cos\frac{\theta_1 + \theta_2}{2}\cos\frac{\theta_1 - \theta_2}{2}.$$

参 考 文 献

[1] 同济大学数学系.高等数学:上册[M].6 版.北京:高等教育出版社,2007.

[2] 同济大学数学系.高等数学:下册[M].6 版.北京:高等教育出版社,2007.

[3] 刘书田.微积分[M].北京:高等教育出版社,2004.

[4] 刘书田,孙惠玲.微积分[M].北京:北京大学出版社,2006.

[5] 吴传生.经济数学 —— 微积分[M].北京:高等教育出版社,2003.

[6] 李辉来,孙毅,张旭利.经济管理数学基础 —— 微积分:上册[M].北京:清华大学出版社,2005.

[7] 李辉来,孙毅,张旭利.经济管理数学基础 —— 微积分:下册[M].北京:清华大学出版社,2005.

[8] 苏德矿,金蒙伟,等.微积分[M].北京:高等教育出版社,2004.

[9] 萧树铁.大学数学数学实验[M].2 版.北京:高等教育出版社,1999.

[10] 陈杰.MATLAB 宝典[M].北京:电子工业出版社,2007.

[11] 徐品方,张红.数学符号史[M].北京:科学出版社,2006.

[12] 姜启源,谢金星,叶俊.数学模型[M].3 版.北京:高等教育出版社,2003.